高职高专“十二五”规划教材

现代钢铁生产概论

黄聪玲　等编

北　京
冶　金　工　业　出　版　社
2022

内容提要

本书以钢铁生产流程为主线，突出生产实际应用与技能，分为炼铁、炼钢和轧钢3篇，较为全面而精练地阐述了钢铁冶金生产的基本原理、工艺以及主要生产设备等多方面的知识。具体来说，本书主要介绍了铁矿石和熔剂，高炉用燃料，铁矿粉造块，高炉冶炼原理，炼铁车间构筑物与设备，高炉操作，炼钢原料，铁水预处理技术，转炉、电炉炼钢，炉外精炼，钢锭模铸，连续铸钢，轧制基本理论，钢坯、型钢、棒线材、板带钢、热轧无缝钢管的生产以及钢材的其他生产方法。每章都附有复习思考题。

通过阅读本书，读者可以对钢铁联合企业的生产过程有一个全面概括的了解，并初步掌握现代钢铁生产的基本知识。

本书为高职高专非冶金工程类专业的教学用书，也可作为对相关人员进行钢铁生产及相关知识的普及教育用书。

图书在版编目(CIP)数据

现代钢铁生产概论/黄聪玲等编．—北京：冶金工业出版社，2011.9（2022.1重印）

高职高专“十二五”规划教材

ISBN 978-7-5024-5641-2

Ⅰ.①现…　Ⅱ.①黄…　Ⅲ.①冶金—生产工艺—高等职业教育—教材　Ⅳ.①TF1

中国版本图书馆CIP数据核字(2011)第140501号

现代钢铁生产概论

出版发行　冶金工业出版社　　**电　话**　(010)64027926

地　址　北京市东城区嵩祝院北巷39号　　**邮　编**　100009

网　址　www.mip1953.com　　**电子信箱**　service@mip1953.com

责任编辑　马文欢　杨　敏　美术编辑　彭子赫　版式设计　葛新霞

责任校对　石　静　责任印制　禹　蕊

北京建宏印刷有限公司印刷

2011年9月第1版，2022年1月第5次印刷

787mm×1092mm　1/16；17.5印张；423千字；263页

定价35.00元

投稿电话　**(010)64027932**　**投稿信箱**　**tougao@cnmip.com.cn**

营销中心电话　**(010)64044283**

冶金工业出版社天猫旗舰店　**yjgycbs.tmall.com**

（本书如有印装质量问题，本社营销中心负责退换）

前 言

中国钢铁工业自新中国成立以来，历经起伏，不断发展壮大。目前中国已形成具有相当规模，布局比较合理，大、中、小型企业相结合，行业比较完整的钢铁工业体系。中国是世界上的钢铁大国已是不争的事实。冶金是一项从金属矿中提炼金属、提纯与合成金属以及用金属制造有用物质过程的技术。钢铁工业是重要的原材料工业部门，为国民经济各部门提供金属材料，也是经济发展的物质基础。2009 年钢铁产业振兴规划指出：钢铁产业要以控制总量、淘汰落后、企业重组、技术改造、优化布局为重点，着力推动钢铁产业结构调整和优化升级，切实增强企业素质和国际竞争力，加快钢铁产业由大到强的转变。

随着钢铁工业的现代化进程的加快，随着自动控制和计算机等技术在钢铁生产中的应用和推广，越来越需要更多的人来掌握和了解钢铁生产的技术和方法，推动钢铁工业技术的提高。本书的编者们希望广大读者，通过对本书的阅读，能对现代钢铁生产全过程和钢材产品有一定的了解和认识。

本书分为炼铁、炼钢、轧钢 3 篇，共 23 章。全书根据钢铁生产全流程，较为全面地阐述了钢铁生产全过程的产品、基本原理、生产工艺和主要生产设备。本书在编排上力求简洁、通俗易懂，用图文并茂的方式介绍钢铁生产过程及钢材产品。本书实用性强，其内容可满足钢铁生产需求，易于学习者掌握。

本书的教学目标是使非冶金、材料专业学生对钢铁生产全过程及最终产品有一个较全面的认识，了解钢铁冶炼、钢材生产的工艺技术和方法，从而正确认识钢铁生产技术与所学专业间的关系，并将所学的专业知识在钢铁行业生产中得以应用。

本书由安徽冶金科技职业学院黄聪玲等编写。各章执编人分别是陈筱莲（第 1 ~4 章、第 10 章）、李长荣（第 5 ~7 章）、章磊晶（第 8 章、第 9 章、第 11 章）、崔晓梅（第 12 ~14 章）、陈健（第 15 章）、黄聪玲（第 16 ~18

章、第23章)、端强（第19~20章)、吴琼（第21~22章)。其中，第1~7章由傅燕乐修改定稿，第8~15章由陈筱莲修改定稿，第16章、第17章、第23章由端强修改定稿，第18~22章由黄聪玲修改定稿。全书最终由黄聪玲整理和审核定稿。

由于编者水平有限，书中不妥之处，敬请广大读者批评指正。

编 者

2011年5月

目　录

第1篇　炼铁生产

第2篇　炼钢生产

第3篇 轧钢生产

绪　　论

0.1　钢铁工业在国民经济中的地位

钢铁工业是国家的基础工业之一，在国民经济中占有极其重要的位置。

钢铁产品在各类原材料中用途最广泛。当今世界的经济和文化发展与钢铁生产有着非常密切的关系，钢铁生产对国防建设具有举足轻重的作用。

自从进入铁器时代以来，钢铁一直是人类社会所使用的最重要的材料。作为国家支柱产业，钢铁生产具有以下特点：

（1）钢铁材料具有良好的物理、力学和工艺性能，可广泛用于工业、农业、国防、交通运输及人们的日常生活。

（2）铁矿石资源较为丰富，冶炼和加工较容易，且生产规模大、效率高、质量好和成本低，具有其他金属生产无可比拟的优势。

（3）将某些金属（如镍、铬、钒、锰等）作为合金元素加入铁中，可获得具有各种性能的金属材料。

（4）钢铁材料具有再循环使用的优势。

目前，任何一种材料都无法取代钢铁的地位。钢铁工业将朝着高产量、多品种、低成本、资源节约、环境友好的方向发展。

0.2　我国钢铁生产概况

我国在2500年前已掌握了钢铁冶金技术，比欧洲早1700年。

1891年，清朝湖广总督张之洞在湖北开办了我国第一个现代钢铁厂——汉阳钢铁厂。以后又相继在大冶、本溪、鞍山、石景山、阳泉等地建起一批小高炉，但发展十分缓慢。

新中国成立后，特别是党的十一届三中全会以来，我国钢铁工业走向持续发展的阶段。目前的钢产量已超过6亿吨，在钢的品种、质量上也取得了重大进展。表0-1为近年来我国钢产量统计。

表0-1　近年来我国钢产量统计表

年　份	1982	1992	1996	2006	2007	2008	2009	2010
产量/万吨	3800	7500	10000	41400	48900	50000	56700	60000

0.3　钢铁生产工艺流程

钢铁生产过程大体可分为炼铁工序、炼钢工序和轧钢工序（见图0-1）。我们把这种生产过程称为钢铁联合生产过程。用这种过程生产钢材的企业称为钢铁联合企业。

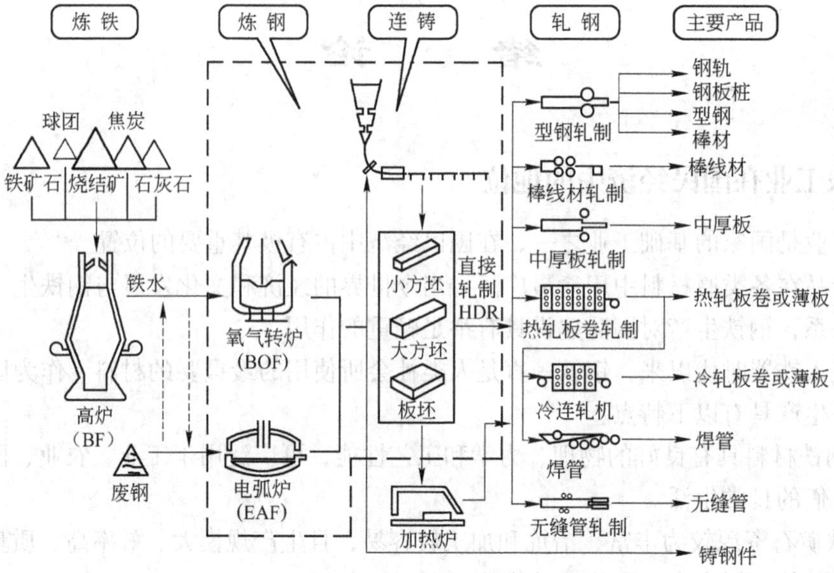

图 0-1　钢铁生产工艺流程图

0.3.1　炼铁工序

现代钢铁联合企业的炼铁工序是由高炉、烧结机及焦炉为主体设备构成的。其核心是高炉，其中包括热风炉和煤气处理等辅助设备。这些设备在生产生铁的同时，还产生大量的煤气和其他副产品，这些副产品可以在能源、化工、建筑材料等部门得到广泛的综合利用。

0.3.2　炼钢工序

炼钢工序的主要目的是把从来自高炉的铁水加以适量的废钢，在炼钢炉内通过氧化、脱碳及造渣过程，降低有害元素，冶炼出符合要求的钢水。

目前炼钢的方法主要有转炉炼钢法和电炉炼钢法。转炉炼钢法因其在生产率、产品质量、成本等方面的优越性，被人们广泛采用。采用这种炼钢工序主要包括四个过程，即原料预处理过程、吹炼过程、炉外精炼过程、连铸过程。

0.3.3　轧钢工序

轧钢工序是把符合要求的钢锭或连铸坯加工成满足用户要求的性能和形状尺寸的钢材的工序。轧制是指金属在二个旋转的轧辊之间进行塑性变形的过程。轧制的目的不仅是改变金属的形状，而且也使金属获得一定组织和性能。

轧制的方式目前大致分为三种：纵轧、斜轧和横轧。纵轧在钢材的生产中应用最为广泛，主要用于轧制各种型材、板带材。横轧主要用于轧制齿轮、车轴等回转体。斜轧主要用于轧制管材及球体等变断面零部件。

钢铁生产工艺流程经过长期的发展和选择，只剩下两种主要的流程，即以转炉炼钢工艺为中心的长流程和以电炉炼钢工艺为中心的短流程。大型钢铁企业是一个复杂而庞大的生产体系。一般由原料处理、炼铁、炼钢、轧钢、能源供应、交通运输等生产环节组成。

0.4　钢铁生产产品

0.4.1　钢铁冶炼产品

钢铁冶炼产品有生铁、钢及铁合金等。

（1）生铁。它是铁和碳及少量硅、锰、硫、磷等元素组成的合金，主要由高炉生产。按用途生铁可分为炼钢生铁和铸造生铁。炼钢生铁是炼钢的主要原料；铸造生铁用于铸造。

（2）钢。它是含碳量低于2%并含有少量其他元素的铁碳合金，是社会生产和日常生活所必需的基本材料。

按组成元素不同，钢可分为碳素钢和合金钢。碳素钢含有规定的碳元素及其他元素如硅、锰等。为改善或获得某种性能，在碳素钢的基础上，加入一种或多种适量元素的钢为合金钢。表0-2列出了钢的分类。

表0-2　钢的分类

分类方法	类　别	名称及要求
冶　炼	冶炼设备	转炉钢、电炉钢
	脱氧程度	镇静钢、半镇静钢、沸腾钢
化学成分	碳素钢	低碳钢　$w(C)<0.25\%$ 中碳钢　$w(C)=0.25\% \sim 0.6\%$ 高碳钢　$w(C)>0.60\%$
	合金钢	低合金钢、中合金钢、高合金钢　合金元素总量分别为 $<3\%$、$3\% \sim 10\%$、$>10\%$
质　量	普通碳素钢	甲类钢、乙类钢、特类钢　$w(S)<0.05\%, w(P)<0.045\%$
	优质碳素钢	$w(S)<0.035\%, w(P)<0.035\%$
	高级优质钢	合金钢　$w(S)<0.02\%, w(P)<0.03\%$
用　途	结构钢	碳素结构钢、建筑用钢、机械用钢 弹簧钢、轴承钢、合金结构钢
	工具钢	碳素工具钢 合金工具钢　刃具用钢、量具用钢、模具钢 高速工具钢
	特殊性能钢	不锈钢，不锈耐酸钢，耐热不锈钢，磁性材料等

钢和生铁最根本的区别是含碳量不同，生铁中 $w(C)>2\%$，钢中 $w(C)\leqslant 2\%$。含碳量的变化引起铁碳合金质的变化。钢的综合性能，特别是力学性能（抗拉强度、韧性、塑性）比生铁好得多，用途也比生铁广泛得多。

（3）铁合金。它是铁与一种或几种元素组成的中间合金，主要用于炼钢脱氧或作为合金添加剂。

0.4.2 钢材产品

根据断面形状的特征，钢材产品可分为板带钢、型钢、钢管和特殊类型钢材等四大类。

（1）板带钢。板带钢是一种宽度与厚度比值（*B/H* 值）很大的扁平断面钢材。它作为成品钢材用于国防建设、国民经济各部门及日常生活。

（2）型钢。型钢常用于机械制造、建筑和结构件等方面。型钢品种繁多，按断面形状可分为简单断面型钢（方钢、圆钢、扁钢、角钢等）和复杂断面型钢（槽钢、工字钢、钢轨等）；按其用途又可分为常用型钢（方钢、圆钢、H 型钢、角钢、槽钢、工字钢等）和特殊用途型钢（钢轨、钢桩、球扁钢、窗框钢等）。

（3）钢管。钢管是全长为中空断面且长度与周长之比值较大的钢材。钢管按用途分为管道用管、锅炉用管、地质钻探管、化工用管、轴承用管、注射针管等。

（4）特殊类型钢材。特殊类型钢材包括周期断面型材、车轮与轮箍及用轧制方法生产的齿轮、钢球、螺丝和丝杆等产品。

0.5 钢铁工业的环境与污染

0.5.1 钢铁工业的环境现状

钢铁工业各生产工序，除了生产出需要的金属及加工成材料外，同时还排出大量的废气、废水和固体废物（炉渣等）。这不仅浪费资源和能源，而且对环境造成严重污染，直接危害人们的健康，影响可持续发展。

0.5.2 钢铁工业主要污染

钢铁工业主要污染有：

（1）废水污染。钢铁工业废水中含多种污染物，主要有挥发成分、氰化物、石油类、悬浮物、砷、铅等。

钢铁工业用水主要是冷却水，其次是煤气洗涤水，以及冲洗设备、地面及除尘用水等。冷却水经降温后循环使用，煤气洗涤水经处理后循环使用，冲洗设备、地面水经处理后投入工业使用或外排。

（2）空气污染。空气污染即空气中含有一种或多种污染物，其存在的量、性质及时间会伤害到人类、植物及动物的生命，损害财物或干扰舒适的生活环境。钢铁工业污染物有烟尘、硫的氧化物、氮的氧化物、有机化合物、碳化合物等。

（3）钢铁渣污染。从矿山开采、金属冶炼到加工成形都有废渣产生，如尾矿、炉渣、粉尘、污泥等，统称钢铁工业固体废物，其中主要是高炉渣和炼钢渣。高炉每炼 1t 生铁要产生 300kg 左右的炉渣；每炼 1t 钢要产生 150kg 左右的钢渣。这些渣如不加以利用，对环境会造成严重的污染。目前高炉渣主要用在水泥行业，钢渣也回收，基本不外排。

（4）噪声污染。钢铁工业的噪声污染也不可忽视，它会影响人们的正常生活，损伤听觉，诱发多种疾病，降低劳动生产率，甚至引发事故，因此必须设法控制。

0.5.3　钢铁工业的环境保护

钢铁工业在某些方面给人留下了污染环境的负面印象，节能环保工作已成为钢铁工业能否生存的关键。因此，我国钢铁工业环境保护是以烟尘治理、污水治理、废渣治理与利用、排放达标与厂区绿化为内涵的。具体来说，一是可燃气体回收利用循环链，从煤炭、焦炭等能源的投入到高炉转炉、焦炉煤气的全面回收利用，实现可燃气体“零”排放；二是工业用水循环链；从企业补充新水到生产过程用水、工业污水回收、污水处理、替代新水，实现水资源利用的循环链；三是固体废弃物循环链，从铁矿石等原料的投入到钢铁产品的生产，固体废弃物全面回收利用。近年来，我国在钢铁工业的环境保护方面做了大量的工作，取得了不同程度的进展，与国际先进水平相比还有较大差距，未来的环保任务相当艰巨。

复习思考题

0-1　钢铁生产主要工序有哪些?

0-2　钢铁冶炼产品有哪些?

0-3　轧钢主要产品有哪些?

0-4　钢铁工业产生的污染有哪些，如何改进钢铁生产的环境?

第1篇

炼铁生产

1 炼铁概述

1.1 高炉生产工艺过程

炼铁是将铁矿石中的铁提炼出来的过程。炼铁生产主要有两类方法：一种是高炉炼铁法；另一种是只用少量焦炭或不用焦炭的非高炉炼铁法。现代钢铁冶炼大规模生产铁的主要方法是高炉炼铁法。

1.1.1 高炉生产工艺流程

高炉炼铁生产工艺过程是由一个高炉本体和五个辅助设备系统完成的。高炉本体和五个辅助设备系统如图 1－1 所示。

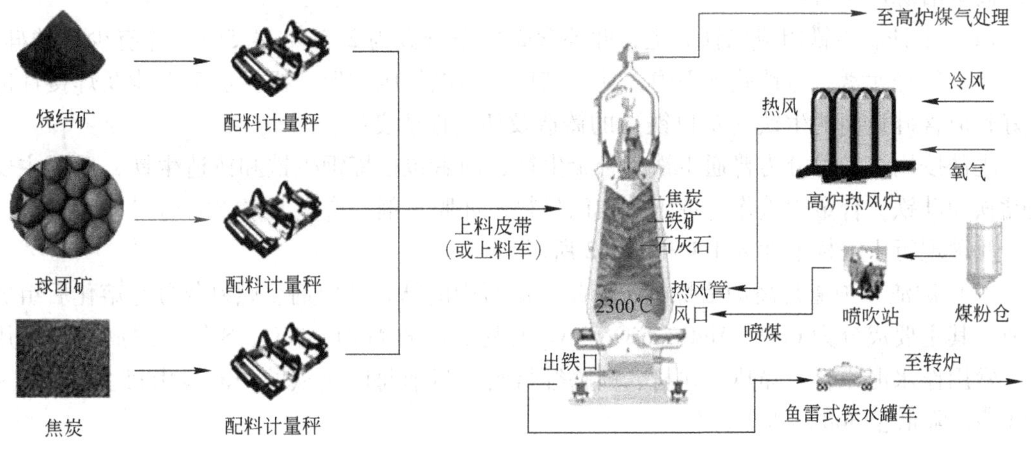

图 1-1　高炉炼铁生产工艺流程图

（1）高炉本体。高炉本体包括炉基、炉壳、炉衬、冷却设备、炉顶装料设备等。高炉的内部空间称为炉型，从上到下分为五段，即炉喉、炉身、炉腰、炉腹、炉缸。整个冶炼过程是在高炉内完成的。

（2）上料系统。上料系统包括储矿槽、筛分、称量和运输设备、皮带上料机向炉顶供料设备。其任务是将高炉所需原燃料通过上料设备装入高炉内。

（3）送风系统。送风系统包括鼓风机、热风炉、冷风管道、热风管道、热风围管等。其任务是将风机送来的冷风经热风炉预热以后送进高炉。

（4）煤气净化系统。煤气净化系统包括煤气导出管、上升管、下降管、重力除尘器、洗涤塔、文氏管、脱水器及高压阀组等，有的高炉也用布袋除尘器进行干法除尘。其任务是将高炉冶炼所产生的荒煤气进行净化处理，以获得合格的气体燃料。

（5）渣铁处理系统。渣铁处理系统包括出铁场、炉前设备、渣铁运输设备、水力冲渣设备等。其任务是将炉内放出的铁、渣按要求进行处理。

（6）喷吹系统。喷吹系统包括喷吹燃料的制备、运输和喷入设备等。其任务是将按一定要求准备好的燃料喷入炉内。

高炉法炼铁的大致冶炼过程是：铁矿石、焦炭和熔剂从高炉炉顶装入，热风从高炉下部风口鼓入，随着风口前焦炭的燃烧，炽热的煤气流高速上升。下降的炉料受到上升煤气流的加热作用，首先进行水分的蒸发，然后被缓慢加热至800～1000℃。铁矿石被炉内煤气CO还原，直至进入1000℃以上的高温区，转变成半熔的黏稠状态，在1200～1400℃的高温下进一步还原，得到金属铁。金属铁吸收焦炭中的碳，进行部分渗碳之后，熔化成铁水。铁水中除含有4%左右的碳之外，还有少量的硅、锰、磷、硫等元素。铁矿石中的脉石也逐步熔化成炉渣。铁水和炉渣穿过高温区焦炭之间的间隙并滴下，积存于炉缸，由铁口排出炉外。

1.1.2 高炉冶炼产品

高炉冶炼产品有：

（1）生铁。生铁组成以铁为主，此外含碳质量分数为2.5%～4.5%，并有少量的硅、锰、磷、硫等元素。生铁质硬而脆，缺乏韧性，不能延压成形，机械加工性能及焊接性能不好，但含硅量高的生铁（灰口铁）的铸造及切削性能良好。

生铁按用途又可分为普通生铁和合金生铁，前者包括炼钢生铁和铸造生铁，后者主要是锰铁和硅铁。合金生铁作为炼钢的辅助材料，如脱氧剂、合金元素添加剂。

我国现行生铁标准如表1-1和表1-2所示。

（2）炉渣。炉渣是高炉冶炼的副产品。矿石中的脉石和熔剂、燃料灰分等熔化后组成炉渣，其主要成分为CaO、MgO、SiO_2、Al_2O_3及少量的MnO、FeO、S等。炉渣有许多用途，常用作水泥原料及隔热、建材、铺路等材料。目前每吨生铁的炉渣量由过去的700～1000kg，降低至300kg以下。

（3）煤气。高炉煤气的化学成分为CO、CO_2、H_2、N_2。由于煤气中含有可燃成分CO、H_2，经除尘脱水后作为燃料，其发热值为（800～900）×4.18168kJ/m^3。随着高炉能量利用的改善而降低，每吨铁可产煤气2000～3000m^3。高炉煤气是无色、无味的气体，有毒易爆炸。应加强煤气的使用管理。

（4）炉尘。炉尘是随高炉煤气逸出的细粒炉料，经除尘处理与煤气分离。炉尘含铁、碳、CaO等有用物质，可作为烧结的原料，每吨铁产炉尘为10～100kg，炉尘随着原料条件的改善而减少。

表 1-1 炼钢生铁国家标准（YB/T 5296—2006）

铁种			炼钢用生铁		
铁号	牌号		炼 04	炼 08	炼 10
	代号		L04	L08	L10
化学成分/%	C		≥3.50		
	Si		≤0.45	>0.45~0.85	>0.85~1.25
	Mn	一组	≤0.40		
		二组	>0.40~1.00		
		三组	>1.00~2.00		
	P	特级	≤0.100		
		一级	>0.100~0.150		
		二级	>0.150~0.250		
		三级	>0.250~0.400		
	S	特类	≤0.020		
		一类	>0.020~0.030		
		二类	>0.030~0.050		
		三类	>0.050~0.070		

表 1-2 铸造生铁国家标准（GB/T 718—2005）

铁号	牌号		铸 34	铸 30	铸 26	铸 22	铸 18	铸 14
	代号		Z34	Z30	Z26	Z22	Z18	Z14
化学成分/%	C		>3.30					
	Si		>3.20~3.60	>2.80~3.20	>2.40~2.80	>2.00~2.40	>1.60~2.00	>1.25~1.60
	Mn	1 组	≤0.50					
		2 组	>0.50~0.90					
		3 组	>0.90~1.30					
	P	1 级	≤0.060					
		2 级	>0.060~0.100					
		3 级	>0.100~0.200					
		4 级	>0.200~0.400					
		5 级	>0.400~0.900					
	S	1 类	≤0.03					
		2 类	≤0.04					
		3 类	≤0.05					

1.1.3 高炉生产主要技术经济指标

高炉生产的技术水平和经济效果可以用技术经济指标来衡量。其主要技术经济指标有以下各项：

（1）高炉有效容积利用系数（η_V）。

$$\eta_V = \frac{P}{V_u}$$

式中 η_V——每立方米高炉有效容积一昼夜内生产铁的吨数，t/(m³·d)；

P——高炉一昼夜生产的合格生铁量，t/d；

V_u——高炉有效容积，m³。

高炉有效容积利用系数 η_V 是衡量高炉生产强化程度的指标。η_V 越大，高炉生产率越高，每天所产生的铁越多。目前我国高炉有效容积利用系数为：大高炉 2.0～2.5t/(m³·d)，小高炉达 3.0t/(m³·d) 以上。

（2）焦比（K）和燃料比（K_f）。

$$K = \frac{Q}{P}$$

式中 K——冶炼1t生铁消耗的干焦量，kg/t；

Q——高炉一昼夜消耗的干焦量，kg/d。

$$K_f = \frac{Q_f}{P}$$

式中 K_f——冶炼1t生铁消耗的焦炭和喷吹燃料的数量之和，kg/t；

Q_f——高炉一昼夜消耗的干焦量和喷吹燃料之和，kg/d。

如果只计算某种喷吹燃料的消耗，则表示煤比（M——每吨生铁消耗的煤粉量）。

焦比和燃料比是衡量高炉物资消耗，特别是能耗的重要指标，它对生铁成本的影响最大，因此降低焦比和燃料比始终是高炉操作者努力的方向。目前我国喷吹高炉的焦比一般低于450kg/t，燃料比小于550kg/t。先进高炉焦比已小于300kg/t，燃料比约450kg/t。将燃料也折合成焦炭计算出的总焦炭量为综合焦比。

（3）冶炼强度（I）。

$$I = \frac{Q}{V_u}$$

$$\eta_V = \frac{I}{K}$$

式中 I——每昼夜每立方米高炉有效容积燃烧的焦炭量，t/(m³·d)。

当高炉喷吹燃料时，每昼夜每立方米高炉有效容积消耗的燃料总量，称为综合冶炼强度（$I_{综}$），即：

$$I_{综} = \frac{Q_f}{V_u}$$

计算冶炼强度要扣除休风时间。冶炼强度是表示高炉生产强化程度的指标，它取决于高炉所能接受的风量，鼓入高炉的风量越多，冶炼强度越高。

利用系数、焦比和冶炼强度之间的关系（当休风时间为零、不喷吹燃料时）为：

$$\eta_V = \frac{I}{K}$$

冶炼强度和焦比均影响利用系数，当采用某一技术措施后，若冶炼强度增加而焦比又降低时，可使利用系数得到最大程度的提高。

（4）生铁合格率。化学成分符合国家标准的生铁为合格生铁。合格生铁占高炉总产量的百分数为生铁合格率，即：

$$生铁合格率 = \frac{生铁合格量}{生铁总产量} \times 100\%$$

生铁合格率是评价高炉产品质量好坏的重要指标，我国一些企业高炉生铁合格率已达100%。

（5）休风率。休风率是指休风时间占规定作业时间（日历时间扣除计划检修时间）的百分数，即：

$$休风率 = \frac{休风时间}{日历时间 - 计划检修时间} \times 100\%$$

休风率反映设备管理维护和高炉的操作水平。降低休风率是高炉增产节焦的重要途径，我国先进高炉休风率已降到1%以下。

（6）生铁成本。生铁成本是指冶炼1t生铁所需的费用，包括原料、燃料、动力、工资、车间经费等。成本受价格因素的影响较大。降低消耗，尤其是降低焦炭消耗是降低成本的重要内容。

（7）炉龄。高炉从开炉到停炉大修之间的时间，为一代高炉的炉龄。延长炉龄是高炉工作者的重要课题，大高炉炉龄要求达到10年以上，国外大型高炉炉龄最长已达20年。

1.2 非高炉炼铁概述

1.2.1 直接还原法生产生铁

直接还原法是指在低于熔化温度之下将铁矿石还原成海绵铁的炼铁生产过程，其产品为直接还原铁（即DRI），也称海绵铁。

该产品未经熔化，仍保持矿石外形，由于还原失氧形成大量气孔，在显微镜下观察图形似海绵而得名。海绵铁的特点是含碳低（<1%），并保存了矿石中的脉石。这些特性使其不宜大规模用于转炉炼钢，只适于代替废钢作为电炉炼钢的原料。

直接还原法分：

（1）气基法。用天然气经裂化产出H_2和CO气体，作为还原剂。

（2）煤基法。以固体（煤炭等）作为还原剂。

直接还原铁量的90%以上是采用气基法生产的。

直接还原法的优点有：

（1）流程短，直接还原铁可作为电炉炼钢原料；

（2）不用焦炭，不受炼焦煤短缺的影响；

（3）污染少，取消了焦炉、烧结等工序；

（4）海绵铁中硫、磷等有害杂质与有色金属含量低，有利于电炉冶炼优质钢种。

直接还原法的缺点有：

（1）对原料要求较高。气基要有天然气；煤基要用灰分熔点高、反应性好的煤。

（2）海绵铁的价格一般比废钢要高。

1.2.2 熔融还原法生产生铁

熔融还原法是指不用高炉而在高温熔融状态下还原铁矿石的方法，其产品是成分与高炉铁水相近的液态铁水。开发熔融还原法的目的是取代或补充高炉法炼铁。与高炉法炼铁流程相比，熔融法炼铁有以下特点：

（1）燃料用煤而不用焦炭，可不建焦炉，减少污染。

（2）可用与高炉一样的块状含铁原料或直接用矿粉做原料。

（3）全用氧气而不用空气，氧气消耗量大。

（4）可生产出与高炉铁水成分、温度基本相同的铁水，供转炉炼钢。

（5）除生产铁水外，还产生大量的高热值煤气

复习思考题

1-1 高炉冶炼的主要产品和副产品有哪些?

1-2 高炉生产的主要技术经济指标有哪些?

1-3 简述非高炉炼铁法的种类和特点。

2 铁矿石和熔剂

原料是高炉冶炼的物质基础，精料是使高炉操作稳定顺行，获得优质、高产、低耗及长寿的基本保证。

高炉冶炼用的原料主要有铁矿石（天然富矿和人造富矿）、燃料（焦炭与喷吹燃料）、熔剂（石灰石和白云石）等。目前，高炉冶炼造渣所用的熔剂主要由烧结矿提供，高炉冶炼基本做到不加熔剂。一般冶炼 1t 生铁需 1.5 ~2.0t 铁矿石，0.4 ~0.6t 焦炭。高炉冶炼是连续的生产过程，因此，必须尽可能为其提供数量充足、品位高、强度好、粒度均匀、粉末少、有害杂质少及性能稳定的原料。

2.1 铁矿石

地壳中天然产出的天然元素或天然化合物称为矿物。而在现有经济技术条件下能从中提取金属或金属化合物的矿物称为矿石。能够用于炼铁的含铁矿物即为铁矿石。

目前用于炼铁的铁矿石主要有四种：磁铁矿、赤铁矿、褐铁矿和菱铁矿。

2.1.1 高炉冶炼对铁矿石的要求

铁矿石（包括人造块矿）是高炉冶炼的主要原料。它直接影响着高炉冶炼过程和经济技术指标，决定铁矿石质量的因素主要有化学成分，物理性质及冶金性能。适于高炉冶炼的铁矿石必须含铁量高、脉石少、有害杂质少、成分稳定、还原性好、软化温度高、强度高、粒度均匀。

2.1.1.1 *矿石含铁量*

矿石含铁量又称矿石品位，是铁矿石的主要质量指标。炼铁要求矿石品位要高。

矿石品位高有利于降低焦比和提高产量。一般认为，矿石品位提高 1%，焦比降低 2%，产量可提高 3%。随着矿石品位的提高，脉石数量减少，熔剂用量和渣量也减少，既节约了热量消耗，又有利于炉况顺行。从矿山开采出来的矿石含铁量一般在 30% ~60% 之间。品位较高、经破碎筛分后可直接入炉冶炼的矿石称为富矿。而品位较低、不能直接入炉冶炼的矿石称为贫矿。贫矿必须经过选矿和造块后才能入炉冶炼。

2.1.1.2 *脉石成分*

铁矿石中除含铁矿物以外的矿物统称为脉石。

铁矿石的脉石成分绝大多数是酸性的 SiO_2，在现代高炉冶炼条件下，为了得到一定碱度的炉渣，就必须在炉料中配加一定数量的碱性熔剂（如石灰石）与 SiO_2 作用形成炉渣。铁矿石中 SiO_2 愈高，需要加入的石灰石也愈多，生成的渣量也愈多，这样将焦比升高，产量下降。所以要求铁矿石中含 SiO_2 愈低愈好。然而，脉石中如含较多的碱性氧化物（CaO、MgO），冶炼时可少加或不加石灰石，对降低焦比是有利的，这种矿石的冶炼价值也较高。

2.1.1.3 有害杂质含量

矿石中有害杂质是指那些对冶炼有妨碍或使钢铁质量变差的元素。

(1) 硫。钢中含硫量在超过一定量时，会使钢材具有热脆性。这是由于 FeS 和 Fe 结合成低熔点（950℃）合金，冷却时凝固成薄膜状，并分布于晶粒界面之间，当钢材被加热到1150～1120℃时，硫化物首先熔化，使钢材沿晶粒界面形成裂纹。所以要求含硫愈低愈好，必须小于0.3%。

(2) 磷。磷以 Fe_2P、Fe_3P 形式熔于铁水。因为磷化物冷凝时聚集于钢的晶界周围，减弱晶粒间的结合力，使钢材在冷却时产生很大的脆性，从而造成钢的冷脆现象。原料中磷在高炉中几乎全部还原进入生铁，所以控制生铁含磷量的唯一途径就是控制原料的含磷量。

(3) 铅和锌。在高炉内铅能还原出来，但不溶于铁水，因其密度大于铁水，所以沉积于炉缸铁水层下面，渗入砖缝破坏炉底砌砖，甚至使炉底砌砖浮起。要求矿石中含铅量低于0.1%。

高炉冶炼中锌也能出来，不溶于铁水，沸点低（905℃），但很容易挥发，在炉内又被氧化成 ZnO，部分 ZnO 沉积在炉身上部炉墙上，形成炉瘤，部分渗入炉衬的孔隙和砖缝中，引起炉衬膨胀而破坏炉衬。矿石中含锌量要小于0.1%。

(4) 砷。砷与磷相似，在高炉冶炼中全部被还原进入生铁，钢中含砷也会使钢材产生“冷脆”现象，并降低钢材焊接性能。要求矿石中含砷小于0.07%。

(5) 碱金属。高炉内的碱金属主要指钾和钠。冶炼过程中，在高炉下部高温区被直接还原生成大量碱蒸气，随煤气上升到低温区以被氧化成碳酸盐沉积在炉料和炉墙上，部分随炉料下降，从而反复循环积累，造成以下危害：1）烧结矿软化温度降低；2）球团矿体积膨胀；3）焦炭反应性增加，强度变差；4）影响料柱透气性，导致高炉结瘤。因此要限制矿石中碱金属的含量。

(6) 铜。铜在高炉冶炼时，全部还原进入生铁。当钢中含铜量小于0.3%时，能改善钢材抗腐蚀性；当超过0.3%时，又会降低钢材的焊接性，并引起钢的“热脆”现象，使轧制时产生裂纹。一般铁矿石允许含铜不超过0.2%。

2.1.1.4 矿石的还原性

铁矿石的还原性是指矿石被还原气体 CO 或 H_2 还原的难易程度，它是评价铁矿石质量的重要指标之一。影响铁矿石还原性的因素主要有矿石组成、矿石结构、致密程度、粒度和气孔率等。磁铁矿的组织致密，最难还原；赤铁矿气孔率中等，较易还原；褐铁矿和菱铁矿在失去结晶水和 CO_2 后，气孔率增加，还原性良好。烧结矿和球团矿的还原性又比天然矿石好。

2.1.1.5 矿石的粒度、强度和软化性能

矿石的粒度是指矿石颗粒的直径。它直接影响着炉料的透气性和传热、传质条件。一般规定入炉矿石的粒度为9～35mm，小于5mm 的粉末不能直接入炉。随着高炉强化冶炼的需要，粒度范围有缩小的趋势。

矿石的机械强度是指矿石耐冲击、抗摩擦、抗挤压的能力，要求机械强度高一些为好。

铁矿石的软化性能包括矿石的软化温度和软化温度区间两个方面。软化温度是指铁矿石在一定的负荷下受热开始变形的温度；软化温度区间是指矿石开始软化到软化终了的温度范围。高炉冶炼要求铁矿石的软化温度要高，软化温度区间要窄。

2.1.2　铁矿石的准备处理

从矿山开采出的矿石其含铁量和化学成分波动很大，粒度大小相差悬殊，从物理化学性质来看，大部分矿石都不能满足高炉冶炼的要求，入炉前必须经过一系列的加工处理。其处理工艺流程如图 2-1 所示。

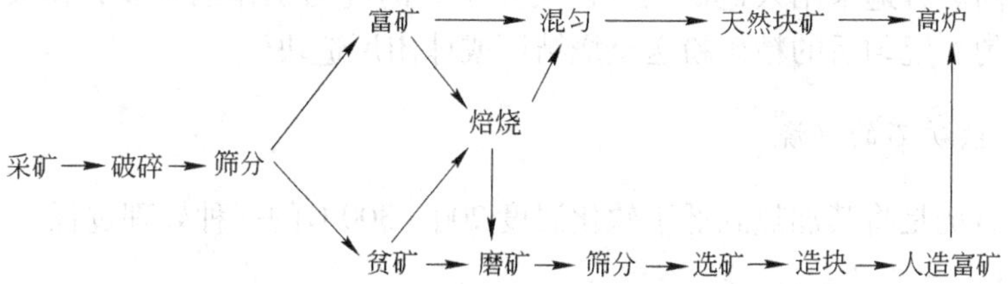

图 2-1　矿石处理工艺流程

2.1.2.1　*采矿*

矿床开采是指用人工或机械对有利用价值的天然矿物资源的开采。根据矿床埋藏深度的不同和技术经济合理性的要求，采矿分为露天开采和地下开采两种方式。

（1）露天开采：是从敞露的地表矿场采出有用矿物的矿床开采方法。

（2）地下开采：当矿石埋藏于地表以下很深时，采用露天开采很困难，也很不经济，故采用地下开采。

2.1.2.2　*破碎和筛分*

矿石破碎筛分的目的是：按高炉冶炼的要求提供适宜的粒度的天然铁矿以及满足贫矿选分处理对粒度的要求。

（1）破碎是指利用破碎机将大块矿石破碎到一定粒度的工艺过程。

根据对产品粒度要求的不同级别，破碎作业分为粗碎、中碎、细碎、粗磨和细磨等。破碎的粒度范围及破碎设备见表 2-1。

表 2-1　破碎作业分类

破碎阶段	粒度/mm		破碎设备
	给　料	产　品	
粗　碎	1000 ~ 300	350 ~ 100	颚式，圆锥破碎机
中　碎	350 ~ 100	100 ~ 40	颚式，圆锥破碎机
细　碎	100 ~ 40	20 ~ 12	锤式破碎机
粗　磨	20 ~ 12	1 ~ 0.1	球磨、棒磨机
细　磨	1 ~ 0.3	−0.1	球磨、棒磨机

（2）筛分就是用筛子对破碎机破碎出来的矿石进行筛分，把大块矿石筛出来，再返回破碎机破碎；筛下的小块即可送入磨矿系统或选矿系统。

富矿经破碎筛分后，其中25～30mm规格可直接供冶炼使用。

2.1.2.3　混匀

混匀又称为中和。其目的在于稳定铁矿石化学成分，从而稳定高炉的操作，保持炉况顺行，改善冶炼指标。

矿石混匀常用的方法是“平铺直取”法，即将不同成分的矿石一层一层铺在地上，达到一定高度后，沿垂直断面截取，由于同时可截取多层的矿石，从而达到混匀的目的。

由于目前高炉普遍采用人造矿入炉，天然矿石的混匀工作已很少，主要是进行烧结、球团原料的混匀。混匀后的精矿粉送至烧结厂或球团厂造块。

2.1.2.4　铁矿石的焙烧

铁矿石的焙烧是将其加热到低于软化温度200～300℃的一种处理过程。

2.1.2.5　铁矿石的富选

随着钢铁工业发展和富矿资源的日益减少，必须大量利用贫矿，而贫矿品位较低，不能满足高炉冶炼的要求，必须对贫矿进行选矿处理，目的是提高矿石品位。

常用的选矿方法有：

（1）重力选矿法（重选法）。根据矿物因密度的不同而在选矿介质中具有不同的沉降速度进行选分。

（2）磁力选矿法（磁选法）。利用矿物磁性差别，在不均匀的磁场中，磁性矿物被磁选机的磁极吸收，而非磁性矿物则被磁极排斥，从而达到选分的目的。

（3）浮游选矿法（浮选法）。利用矿物表面不同的亲水性，选择性地将疏水性强的矿物用泡沫浮到矿浆表面，而亲水性矿物则留在矿浆中，从而实现不同矿物的彼此分离。

矿石经过选分可得到三种产品：精矿、中矿、尾矿。

精矿是选矿后得到的有用矿物含量较高的产品，用于烧结和球团的原料；

中矿为选矿过程中间的产品，需要进一步选分；

尾矿是选矿后留下的废弃物。

2.2　熔剂

矿石中的脉石和焦炭中的灰分大多数为酸性氧化物（SiO_2、Al_2O_3等），这些高熔点的物质在高炉冶炼的温度下无法熔化，因此要加入一些熔剂以解决这些问题。

2.2.1　熔剂的作用

熔剂具有如下作用：

（1）熔剂能与矿石中脉石、焦炭中的灰分生成低熔点的物质，形成易从炉缸流出的炉渣，与铁水分离。

（2）造成一定数量和具有一定物理化学性能的炉渣，去除有害杂质硫，改善生铁质量。

2.2.2 高炉使用的熔剂种类

高炉通常使用碱性熔剂。常用的碱性熔剂是石灰石（$CaCO_3$），为了改善炉渣的性能，常用一定量的白云石（$CaCO_3 \cdot MgCO_3$），在炉渣黏稠时或炉况失常时，短期使用部分萤石（CaF_2），以稀释炉渣，消除堆积（或黏结）物。高炉有时也用酸性熔剂，如高碱度烧结矿配加些硅石以使炉料结构更加合理。

对碱性熔剂的质量要求有：

（1）碱性氧化物（$CaO + MgO$）的含量要高，酸性氧化物（$SiO_2 + Al_2O_3$）含量要低。

（2）硫、磷等有害物质含量要低。

（3）粒度均匀，强度高，粉末少。

值得指出的是，生产熔剂性烧结矿后将熔剂加入烧结料中，高炉可少加或不加熔剂，简化了高炉造渣过程。

复习思考题

2-1 按矿物组成铁矿石可分为几大类，各类铁矿石的主要特征是什么？

2-2 评价铁矿石质量有哪几项指标？

2-3 熔剂在高炉冶炼中的作用是什么？高炉使用的熔剂有几类，最常用的是哪几类？

2-4 简述高炉冶炼对石灰石的质量要求。

2-5 铁矿石在入炉前要经过哪些准备处理？

2-6 铁矿石混匀的目的是什么，何谓“平铺直取”法？

2-7 何谓“选矿”，常用的选矿方法有哪些？

3　高炉用燃料

燃料是高炉冶炼中不可缺少的基本原料之一。现代高炉都使用焦炭做燃料。由于焦煤资源的紧缺，采取从风口喷吹燃料的方法，可以代替部分昂贵的焦炭。

3.1　高炉冶炼对焦炭质量的要求

3.1.1　焦炭在高炉冶炼中的作用

焦炭在高炉冶炼中起着发热剂、还原剂和料柱骨架的作用。焦炭在风口前放出大量的热量并产生煤气，煤气在上升过程中将热量传给炉料，使高炉内各种物理化学反应得以进行。高炉冶炼过程中的热量主要来自燃料的燃烧。焦炭燃烧产生的 CO 及焦炭中的固定碳是铁矿石的还原剂。高炉内是一个充满炉料、熔融铁液和炉渣的料柱，在高温区，焦炭是唯一以固态存在的炉料，起着支撑高达数十米料柱的骨架作用，同时又维持炉内煤气自下而上流动的通路。焦炭的这种作用目前还没有其他燃料所能代替。

3.1.2　高炉冶炼对焦炭质量的要求

3.1.2.1　焦炭的化学成分

焦炭的化学成分常以工业分析来表示，包括固定碳、灰分、硫分、挥发分和水分。

（1）固定碳和灰分。要求含碳量尽量高，灰分尽量低，这样焦炭的发热量愈大，还原剂愈多，有利于降低焦比。灰分中的主要成分是 SiO_2、Al_2O_3 等酸性物质。灰分高，固定碳就低，并使焦炭耐磨强度降低，熔剂消耗量增加。

生产实践证明，灰分增加1%，焦比升高2%，产量降低3%。我国冶金焦灰分一般为11%～14%。

（2）硫分。炼铁原料中的硫有80%的量是由焦炭带入的。因此降低焦炭中的硫很重要。在炼焦过程中，虽然能去除一部分硫，但仍然有70%～80%的硫留在焦炭中，因此要降低焦炭的含硫量必须降低炼焦煤的含硫量。

（3）挥发分。挥发分是炼焦过程中未分解挥发完的 H_2、CH_4、N_2 等物质。挥发分本身对高炉冶炼无影响，但其含量的高低表明焦炭的成熟程度。正常情况下挥发分一般为0.7%～1.2%。含量过高，焦炭成熟程度不够，夹生焦多，强度差；含量过低，则说明焦炭过烧，裂纹深，易碎。所以焦炭中挥发分含量过高或过低，都将影响焦炭的质量和产量。

（4）水分。焦炭的水分是用湿法熄焦时渗入的，通常为2%～6%。焦炭中水分在高炉上部即可蒸发，对高炉冶炼过程没有影响。因为焦炭是按重量入炉的，水分的波动会导致炉缸温度的波动，焦炭中的水分含量要稳定。目前，采用干熄焦工艺，对高炉的稳定十分有利。

3.1.2.2　焦炭的物理性质

（1）机械强度。焦炭的机械强度是指其耐磨性和抗撞击的能力，这是焦炭的重要质量指标。高炉冶炼要求用机械强度高的焦炭。强度低，会在炉内破裂成粉末，增加初渣的黏度，影响料柱透气性，造成炉况不顺、风口烧毁和炉缸堆积等事故。

目前，我国一般用小转鼓测定焦炭强度。小转鼓是一个直径和长度均为1m的封闭圆筒，内壁焊有四条100mm×50mm×10mm的角钢挡板，互成90°布置，进行试验时取粒度大于60mm的焦炭50kg，装入鼓内，以25r/min的速度旋转4min，然后将试样用ϕ25mm和ϕ10mm圆孔筛筛分，大于25mm的焦炭占试样总量的百分比为M_{25}，称为焦炭破碎强度指标；而小于10mm的碎焦所占试样总量的百分数为M_{10}，称为焦炭的磨损强度指标。M_{25}愈大，M_{10}愈小，表明焦炭的强度愈高。一般要求$M_{25} \geqslant 83\%$，$M_{10} \leqslant 10.5\%$。应该指出，小转鼓强度只代表焦炭在常温下的强度，并不代表焦炭在高炉内的实际强度。

（2）粒度均匀，粉末少。要求焦炭粒度大小合适且均匀。大型高炉焦炭粒度范围为20～60mm，小高炉为20～40mm且大于15mm为宜。随着高炉大量使用熔剂性烧结矿以来，矿石粒度普遍降低，为了使高炉所有物料粒度均匀，有利于提高料柱的透气性，可适当降低焦炭的粒度，使之与矿石粒度相匹配。

3.1.2.3　焦炭的化学性质

焦炭的化学性质包括焦炭的燃烧性和反应性两个方面。焦炭的燃烧性是指焦炭与氧在一定的温度下反应生成CO_2的速度，即燃烧速度。反应式为：

$$C + O_2 = CO_2$$

焦炭的反应性是指焦炭在一定的温度下和CO_2作用，生成CO的反应速度。反应式为：

$$C + CO_2 = 2CO$$

在一定的温度下，这些反应速度愈快，则表示燃烧性和反应性愈好。一般认为，为了提高炉顶煤气中CO_2的含量，改善煤气利用程度，在较低温度下，希望焦炭的反应性差些为好；为了扩大燃烧带，使炉缸温度及煤气流分布更为合理，使炉料顺利下降，希望焦炭的燃烧性差一些为好。但焦炭的燃烧性、反应性究竟在多大程度上影响高炉冶炼，有待于进一步研究。

3.2　炼焦生产

3.2.1　炼焦原理

炼焦生产的基本原料是炼焦煤，将炼焦煤在密封的焦炉内隔绝空气高温加热放出水分和吸收气体，随后分解产生煤气和焦油等，剩下以碳为主体的焦炭，这种煤热解过程通常称为煤的干馏。

炼焦的主要产品为冶金焦、焦炉煤气和其他化学产品。

3.2.2　焦化生产工艺流程

现代焦炭生产过程分为洗煤、配煤、炼焦、熄焦及产品处理等工序，如图3-1所示。

（1）洗煤：原煤在炼焦前洗选，目的是降低煤中灰分和洗除其他杂质。

（2）配煤：可用于炼焦的煤主要有气煤、肥煤和瘦煤等。配煤是将各种结焦性不同的煤经洗选后，按一定比例配合炼焦。目的是在保证焦炭质量的前提下，节约日趋减少的焦

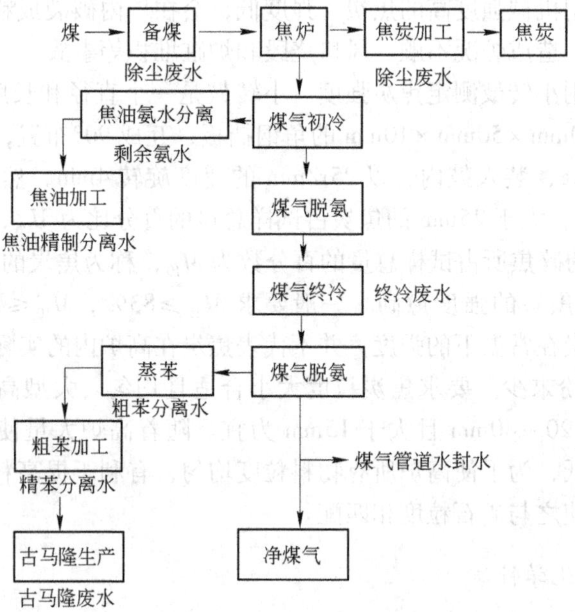

图 3-1　炼焦生产工艺流程图

煤，扩大炼焦用的煤源。

（3）炼焦：将配好的煤料，装入炼焦炉的炭化室，在隔绝空气的条件下，由两侧燃烧室供热，随温度升高，经过干燥、预热、热分解、转化、半焦，结焦成具有一定强度的焦炭。结焦的过程有以下几个阶段：

1）干燥和预热（100～200℃）——煤中水分蒸发和放出 CH_4 和 CO_2 等气体；

2）热分解（200～300℃）——放出气体挥发物；

3）软化（300～500℃）——产生胶质体；

4）半焦（500～800℃）——析出大量液体焦油及气体挥发物，形成多孔状半焦；

5）成焦（900～1000℃）——产生较大的体积收缩，并开始炭化最后形成焦炭。经过一个结焦周期（12～17h），由推焦机把焦炭从焦化室推出。

（4）熄焦：炽热的焦炭由熄焦车立即送出熄焦冷却。

熄焦的办法有以下两种：

1）湿法熄焦。湿法熄焦是将红热的焦炭运到熄焦塔，用高压水喷淋 60～90s。特点是操作简便，投资少。

2）干法熄焦。干法熄焦是将红热的焦炭放入熄焦室内，用 CO_2、惰性气体逆流穿过红焦层进行热交换，焦炭冷却到 200℃ 以下。惰性气体则升温至 800℃ 左右，送到余热锅炉生产蒸气。

干法熄焦优点多。焦炭机械强度好，裂纹少，避免了水分波动而引起的不利影响，但干法熄焦设备的投资较大。

（5）产品处理：炼焦过程不仅产生焦炭，同时还逸出高热值的焦炉煤气和其他可提取化工产品的原料，须妥善处理。

3.3 喷吹燃料

主焦煤的严重短缺，导致焦炭价格上涨，从风口喷吹燃料可以代替部分焦炭。目前，高炉喷吹所用燃料主要是煤粉。

高炉对喷吹用煤粉有以下要求：

(1) 灰分低，固定碳含量高；

(2) 含硫量低；

(3) 可磨性好；

(4) 粒度细。

复习思考题

3-1 焦炭在高炉内起什么作用，高炉冶炼对焦炭有什么要求？

3-2 焦炭强度的主要测定方法是怎样的，M_{10}和M_{25}表示什么？

3-3 简述炼焦工艺过程。

3-4 高炉对喷吹煤粉的要求有哪些？

4 铁矿粉造块

由于对贫矿和多种元素共生复合矿的分选，矿石磨得越细，选出的精矿粉品位越高。同时，富矿开采、破碎过程中也会产生大量的粉料。粒度过细的矿粉不能直接入炉，必须经过人工造块，达到一定粒度后才能进行高炉冶炼。经过人工造块并可用于冶炼的矿石称为人造块矿，也称人造富矿或高炉的“熟料”。人造块矿在造块过程中，除了能改变矿料的粒度组成、机械强度外，还可以去除一部分有害杂质，提高矿料的质量，改变矿相结构和冶金性能。因此，高炉使用熟料，有利于降低焦比，有利于高炉顺行，有利于改善生铁的质量和提高产量。目前高炉普遍采用熟料入炉，熟料率达到90%以上。

人造块矿的生产方法目前主要有两种：烧结法和球团法。

4.1 烧结生产

烧结法生产人造富矿是将矿粉（精矿粉和富矿粉）、熔剂（石灰石和白云石、蛇纹石）、燃料（焦粉、煤粉）按一定比例配好后，经混匀、制粒、蒸汽预热、布料、点火，借助燃料燃烧产生的高温，使烧结料水分蒸发并发生一系列化学反应，产生部分液相黏结，冷却后成块。经破碎和筛分后，最终得到的块矿就是烧结矿。

4.1.1 烧结生产工艺

目前生产上广泛采用带式抽风烧结机生产烧结矿。烧结生产工艺流程如图4-1所示。

其生产工艺过程是将经过准备处理的烧结原料按一定比例配料，再经过加水混合造

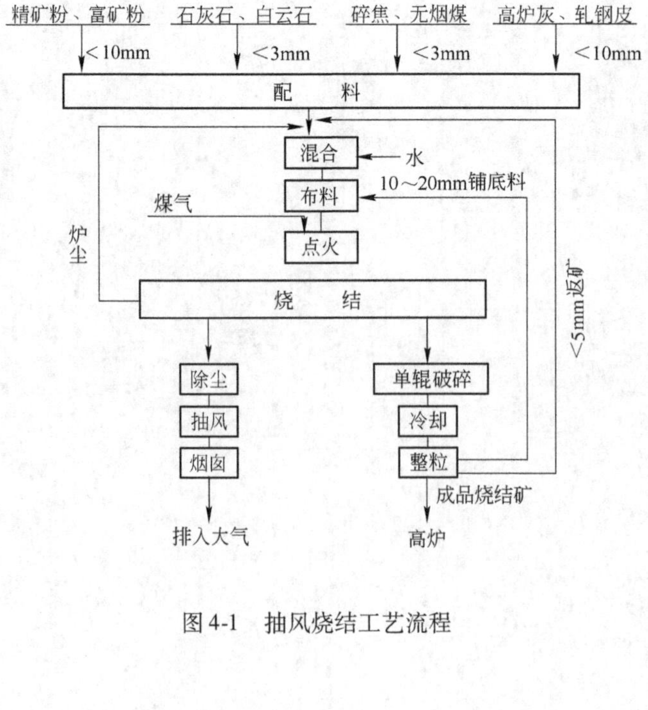

图4-1 抽风烧结工艺流程

球，混合料由布料器铺到烧结机台车上。为了保护台车箅条，在铺入混合料之前，需要在台车上先垫一层约30mm厚的粒度为10～20mm的成品烧结矿作为铺底料。烧结料层经点火器点火，然后台车在向前移动时，依靠抽风机从上而下抽过空气，燃烧其料层中的燃料。燃料产生的高温，使矿粉局部融化或软化，生成一定数量的液相。液相是使铁矿粉固结成形的基础。之后，随着温度的降低，液相冷凝，矿物逐步凝结成块，即为烧结矿。烧结矿从烧结机尾台车上自动卸下，经过破碎机破碎，冷却机冷却，再进行二次破碎筛分，得到成品烧结矿。

4.1.2　烧结过程分析

带式烧结机抽风烧结过程是自上而下进行的，烧结过程有明显的分层性。点火开始以后，依次出现烧结矿层、燃烧层、预热层、干燥层和过湿层，然后后四层又相继消失，最终只剩烧结矿层，如图4-2所示。

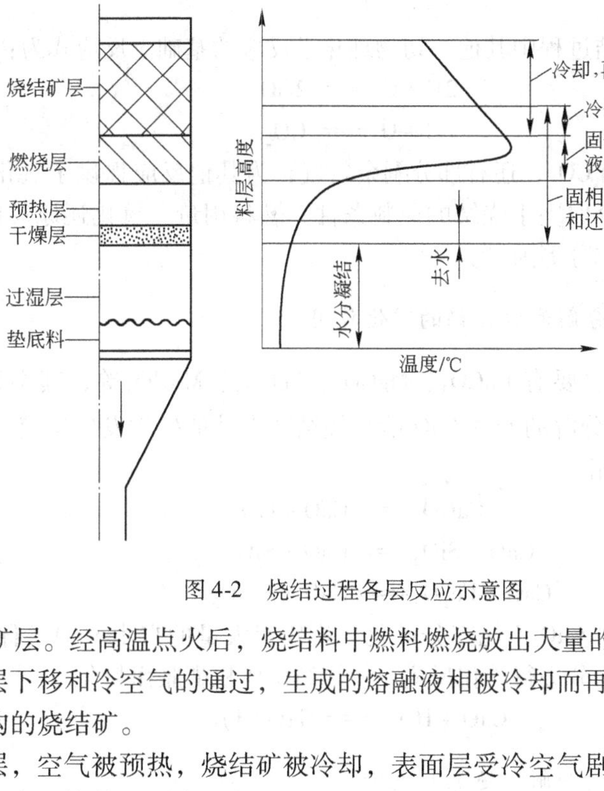

图4-2　烧结过程各层反应示意图

（1）烧结矿层。经高温点火后，烧结料中燃料燃烧放出大量的热量，使料层中矿物熔融，随着燃烧层下移和冷空气的通过，生成的熔融液相被冷却而再结晶（1000～1100℃），凝固成多孔结构的烧结矿。

在烧结矿层，空气被预热，烧结矿被冷却，表面层受冷空气剧冷作用，温度低，低价氧化物被氧化，表层烧结矿强度不好。

（2）燃烧层。燃料燃烧的一层，温度可达1250～1350℃。燃烧层厚度一般为15～50mm。在燃烧层中进行着物料的融化、还原、氧化以及石灰石、硫化物的分解，并形成部分液相。燃烧层中温度最高点移动的速度，称为垂直烧结速度。燃烧层对烧结过程和烧结矿质量影响较大。燃烧层过厚，透气性差，导致产量降低；燃烧层过薄，烧结温度低，液相不足，烧结矿固结不好，强度低。

（3）预热层。混合料被燃烧层下来的高温废气预热，把这一层原料加热至接近燃料的着火点，一般为400～800℃。此层内开始进行固相反应，结晶水及部分碳酸盐分解等。由于传热很快，温度很快降低，故此层很薄。

（4）干燥层。受到预热层下来的废气加热，温度很快上升到100℃以上，混合料中水分大量蒸发，形成干燥层，此层厚度一般为10~30mm。

实际上干燥层与预热层是难以截然分开的。可以统称为干燥预热层。该层中混合料球被急剧加热，迅速干燥，易被破坏，恶化料层透气性。

（5）过湿层。从干燥层下来的废气中含有大量的水分，进入冷料层温度降至露点以下时，水汽将会大量冷凝于料层中，使该层含水量大于原始含水量，形成过湿层。由于此层水分过多，使料层透气性变坏，降低烧结速度。

由此可见，烧结过程是复杂的物理化学反应的综合过程。

4.1.3 烧结过程的基本化学反应

4.1.3.1 固体炭的燃烧

炭的燃烧反应是烧结过程中其他一切物理化学反应的基础。反应式为：

$$2C + O_2 = 2CO$$

$$C + O_2 = CO_2$$

反应后生成的 CO 和 CO_2，还有部分剩余氧气，为其他反应提供了氧化还原气体和热量。燃烧产生的废气成分取决于烧结的原料条件、燃料用量、氧化还原反应的发展程度，以及抽过燃烧层的气体成分等因素。

4.1.3.2 碳酸盐的分解和氧化钙的矿化作用

烧结料中的碳酸盐主要有 $CaCO_3$、$MgCO_3$、$FeCO_3$、$MnCO_3$ 等，其中以 $CaCO_3$ 为主。$CaCO_3$在910℃分解，其分解的产物 CaO 能与烧结料中其他矿物发生反应，生成新的化合物，称为 CaO 的矿化作用。

$$CaCO_3 = CaO + CO_2$$

$$CaO + SiO_2 = CaO \cdot SiO_2$$

$$CaO + Fe_2O_3 = CaO \cdot Fe_2O_3$$

在烧结过程中，如果 CaO 不能充分矿化，将残留大量的自由 CaO（称为自点）在烧结矿中，它将与空气中水分进行消化反应。使烧结矿体积膨胀而粉化。

$$CaO + H_2O = Ca(OH)_2$$

4.1.3.3 铁氧化物的分解、还原和氧化

铁氧化物按氧化程度有三种形式：Fe_2O_3、Fe_3O_4、FeO。

它们之间的转变是逐级进行的。即：

$$Fe_2O_3 \longrightarrow Fe_3O_4 \longrightarrow FeO$$

（1）铁氧化物的分解。在烧结条件下，温度高于1300℃时，Fe_2O_3可以分解。

$$3Fe_2O_3 = 2Fe_3O_4 + 1/2O_2$$

Fe_3O_4在烧结条件下分解压很小，但在有SiO_2存在、温度大于1300℃时，也可能分解。

$$2Fe_3O_4 + 3SiO_2 = 3(2FeO \cdot SiO_2) + O_2$$

FeO 在烧结条件下不能分解。

（2）铁氧化物的还原。在烧结过程中，固体炭颗粒周围具有还原气氛。温度达到 500～600℃时，Fe_2O_3即可完全还原：

$$3Fe_2O_3 + CO = 2Fe_3O_4 + CO_2$$

Fe_3O_4在 900℃以上高温下，当有 SiO_2存在时，能还原：

$$2Fe_3O_4 + 3SiO_2 + 2CO = 3(2FeO \cdot SiO_2) + 2CO_2$$

当有 CaO 存在时，不利于 Fe_3O_4的还原，因为 CaO 先与 SiO_2反应。

在烧结条件下，FeO 被还原的可能性很小。

（3）铁氧化物氧化。在烧结过程中总的气氛是氧化性的，特别是在烧结矿层的冷却过程中，Fe_3O_4和 FeO 可能被再氧化：

$$2Fe_3O_4 + 1/2O_2 = 3Fe_2O_3$$

$$3FeO + 1/2O_2 = Fe_3O_4$$

（4）烧结过程中的脱硫反应。

烧结料中的硫主要来自铁矿粉和燃料。铁矿粉中的硫主要以硫化物和硫酸盐形式存在。燃料中的硫以有机硫形式存在。硫的去除方法主要靠分解、氧化等。

例如，硫化物中的 S 去除反应为：

$$2FeS_2 + 11/2O_2 = Fe_2O_3 + 4SO_2$$

$$FeS_2 = FeS + S$$

$$S + O_2 = SO_2$$

硫酸盐中的硫去除较困难些，要在较高的温度下（1300～1400℃）才能分解去除：

$$CaSO_4 = CaO + SO_2 + 1/2O_2$$

有机硫着火温度比较低，燃烧后以 SO_2形态去除。

烧结过程一般可去除 80% 的硫。

4.1.4 烧结矿质量指标和烧结技术经济指标

4.1.4.1 烧结矿质量指标

（1）烧结矿品位：指含铁量的高低。常用扣除烧结矿中碱性氧化物的含量来计算烧结矿的含铁量。

（2）烧结矿碱度：用烧结矿中 $w(CaO)/w(SiO_2)$的比值表示。

（3）硫及其他有害杂质：硫及其他有害杂质对高炉冶炼不利，会增加焦比和降低生铁质量。要求烧结矿含硫和其他有害杂质越低越好。

（4）还原性：烧结矿的还原性用氧化度表示。氧化度可用下式计算：

$$氧化度 = \left[1 - \frac{w\ (Fe_{FeO})}{3w\ (Fe_{全})}\right] \times 100\%$$

式中 $w(Fe_{FeO})$——烧结矿中以 FeO 形态存在的铁的质量分数，%；

$w(Fe_{全})$——烧结矿中全部铁的质量分数，%。

氧化度越高，烧结矿的还原性越好。

（5）烧结矿的物理性质：指烧结矿的强度、粒度组成和孔隙率，分别用转鼓指数、筛分指数和落下强度表示。

4.1.4.2 烧结生产的主要技术经济指标

（1）利用系数：指在单位时间内每平方米有效烧结面积的产量，单位为t/(m^2·h)。

$$利用系数=\frac{烧结机成品烧结矿台时产量(Q)}{烧结机有效烧结面积(S)}$$

（2）台时产量：每台烧结机单位时间里生产的烧结矿数量，单位为t/(h·台)。

$$台时产量=\frac{烧结矿生产总量}{烧结机实际运行时间}$$

（3）成品率：烧结矿经机尾筛分，筛上为成品烧结矿，筛下为返矿。成品烧结矿占混合料总产量的百分率即为成品率。

$$成品率=\frac{成品矿重量}{混合料总产量}\times100\%$$

（4）烧成率：混合料经烧损后的烧成量（即成品矿加返矿总量）与混合料之比的百分数。

$$烧成率=\frac{（成品矿+返矿）重量}{混合料总产量}\times100\%$$

（5）作业率：指烧结机的日历作业率。

$$作业率=\frac{烧结机实际作业时间(台·时)}{设备日历时间(台·时)}\times100\%$$

4.1.5 带式抽风烧结生产主要设备

4.1.5.1 配料设备

目前烧结生产广泛采用的配料设备是圆盘给料机，其结构如图4-3所示。圆盘给料机具有给料均匀准确、易调节、运行平稳可靠、操作方便等优点。

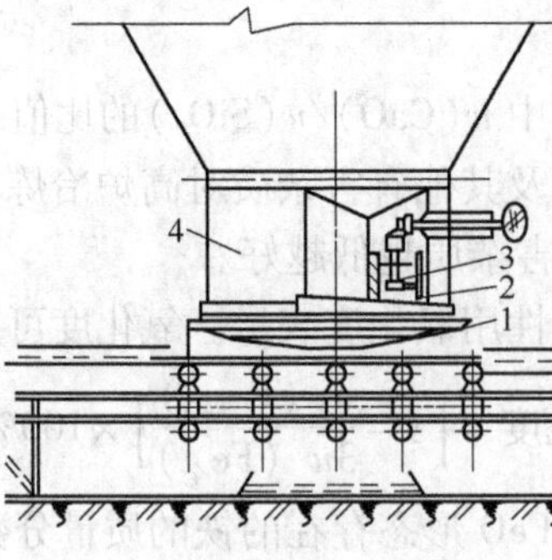

图4-3 烧结配料圆盘给料机

1—底盘；2—刻度标尺；3—出料口闸板；4—圆筒

4.1.5.2　混料设备

一般采用圆筒混合机，其结构如图4-4所示，它的作用是混合和造球。

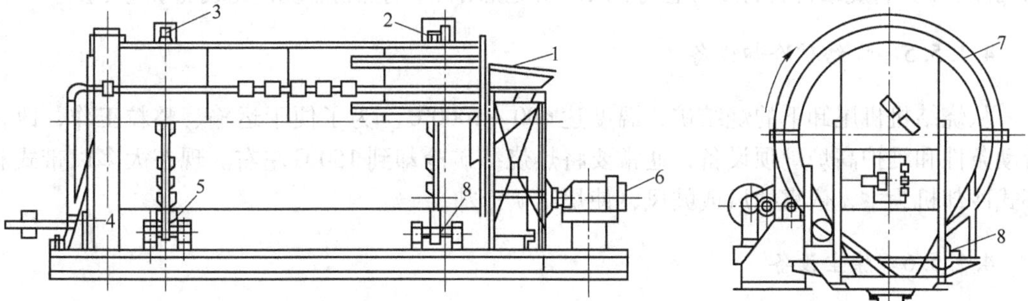

图4-4　圆筒混合机

1—装料漏斗；2—齿环；3—箍；4—卸料漏斗；5—定向轮；6—电动机；7—圆筒；8—托辊

4.1.5.3　烧结机本体设备

（1）布料器。这是将混合料连续装入烧结机台车的装置。

（2）点火器。这是对已经布入烧结机台车的烧结料表面层进行点火的设备。点火所用的燃料一般为焦炉煤气或混合煤气。点火温度为（1150±50）℃。点火时间约1～2min。

（3）台车。这是烧结机的主要组成部分，它直接承受装料、点火、抽风烧结直至机尾卸料，完成烧结作业。台车底部为炉箅条，用以托住烧结料。在台车宽度方向的两侧装有行走轮，台车可以沿机架上的轨道移动。在轨道上彼此相接而又相互独立的台车以环形带式连接，通过机头星轮传动。机尾星轮不带传动装置，是从动轮。

烧结机的大小以有效烧结面积表示，是以台车宽度与有效抽风长度的乘积来表示的。

（4）真空箱（风箱）。真空箱装在烧结机台车下面。台车与真空箱之间装有密封装置。真空箱是将烧结料层上方的空气由上向下抽吸的装置。

图4-5为烧结机示意图。

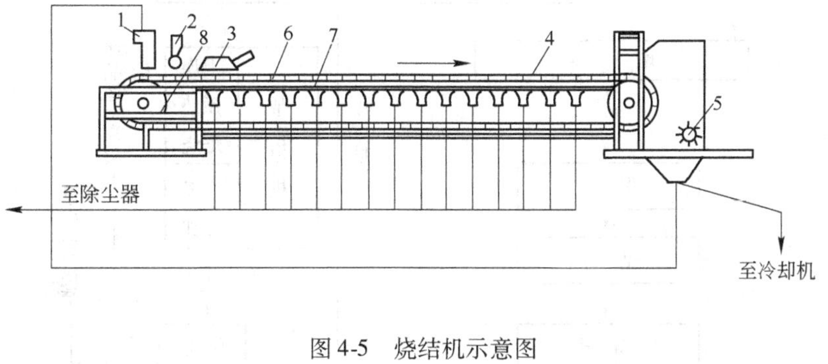

图4-5　烧结机示意图

1—铺底料布料器；2—混合料布料器；3—点火器；4—烧结机；5—单辊破碎机；
6—台车；7—真空箱；8—机头链轮

4.1.5.4　抽风机

抽风机是烧结的主要配套设备。通常选用离心式风机。抽风机通过抽风管道和真空箱从烧结机台车下方将烧结料层上方的空气抽入，以使烧结料中的焦粉燃烧，完成烧结过程。

4.1.5.5　烧结矿冷却设备

从烧结机机尾卸下的烧结矿，温度达600～1000℃。为了便于运输、整粒工作，改善劳动条件和维护高炉炉顶设备，通常要将热烧结矿冷却到150℃左右。现在大多以带式和环式冷却机为主，依靠抽风或鼓风，使烧结矿冷却。

4.1.5.6　除尘设备

烧结生产产生的烟气含尘量较高，为防止污染环境，改善劳动条件，需要进行除尘处理。除尘所用的设备为电除尘器。

4.2　球团生产

球团矿是把细磨铁精矿粉或其他含铁粉料添加少量添加剂混合后，在加水润湿的条件下，通过造球机滚动成球，再经过干燥焙烧，固结成为具有一定强度和冶金性能的球形团矿。随着高炉炼铁技术的进步和细磨精矿技术的提高，球团矿生产得到迅速发展，成为与烧结并驾齐驱的一种造块方法。

生产球团矿的主要原料有细磨精矿粉（<0.074mm占80%以上）。生产酸性球团矿的添加剂为膨润土，生产熔剂性球团矿除了添加膨润土外，还可以添加碱性熔剂。经过准备处理的原料，先进行配料，并用圆筒混料机混合烘干，把混合后的原料加入圆盘造球机造球（加水）。生球经过筛分后用布料机加入焙烧设备，用气体、液体或固体燃料进行焙烧。之后，球团矿在焙烧炉内或专门的带式或环形冷却机上冷却，再经过筛分，得到成品球团矿。返矿经过干磨后再参加造球或直接送往烧结厂作为烧结原料。

造球生产工艺流程如图4-6所示。

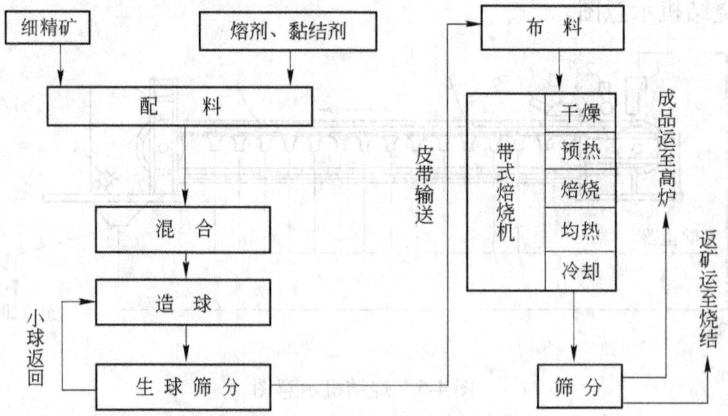

图4-6　球团矿的生产工艺流程

4.2.1 配料、混合与造球

原料经破碎、磨细至规定粒度后，用圆盘给料机给料和控制流量，并经电子秤称量配料。原料的混合大多采用圆筒混料机一次混合流程。

混合料的造球设备主要有圆筒造球机和圆盘造球机。圆盘造球机是目前国内外广泛采用的造球设备。

圆盘造球机的优点是造出的生球粒度均匀，没有循环负荷。

原料加入圆盘后，还需向盘内补加水分，部分以滴状加到原料流上，以产生母球；另一部分以雾状加到成形的母球表面，使母球迅速长大。当粒度达到一定规格时，生球越过盘边而被抛出。造球时间一般需要 3 ~ 10min，生球直径为 8 ~ 16mm。

4.2.2 矿粉成球机理

造球又称滚动成形。加水润湿矿粉是成球的先决条件。磨物料被水润湿之后，首先吸着吸附水、薄膜水，然后吸着毛细水、重力水。矿粉成球过程可分为母球形成、母球长大、生球密实三个阶段。

（1）母球形成。由于细矿粉表面具有过剩的能量，通常带有可以吸引具有极性的水分子而中和表面电荷，形成一层不能自由迁移的吸附水。

进一步润湿物料，在吸附水表面形成薄膜水。这两者组成分子结合水。各个矿粉颗粒被吸附水和薄膜水覆盖。当矿粉颗粒非常接近时，可以形成公共水化膜，把相邻的颗粒胶结起来。但此时颗粒之间不太紧密。

当物料被润湿得超过其最大分子结合水时，水分开始充填于一部分矿粉颗粒之间的空隙中，形成毛细水。这时水分在矿粉颗粒之间的空隙中形成弯曲的液面，产生毛细压力。在毛细压力的作用下，水滴周围的矿粒被拉向水滴中心，形成比较紧密的颗粒结合体，这就是母球。当物料完全被水饱和时，产生了重力水。它在重力作用下发生迁移，对造球不利，易导致生球强度降低和变形。

（2）母球长大。母球长大也是由于毛细作用。在造球机内滚动，原来结构不太紧密的母球压紧，内部过剩的毛细水被挤到母球表面，加上继续加水润湿母球表面，就会不断黏结周围矿粉。这种滚动压紧重复多次，母球便逐步长大至规格尺寸。

（3）生球密实。长大了的生球内部结合力仅靠毛细力，强度不高，因此须经紧密以提高其强度。在这个阶段应停止加水润湿，仅靠机械力作用使生球继续滚动，排出其内部的毛细水至生球表面，为周围矿粉所吸收，生球内部的矿粉颗粒排列更紧密，使薄膜水层相互接触迁移，形成众多颗粒的公共水化膜，再辅以内摩擦力的作用，加强其结合力，获得的生球强度大大提高。

4.2.3 生球的干燥和焙烧

生球的干燥作用在于降低生球中的水分，以免在高温焙烧时发生破裂，影响球团质量。干燥温度一般为 400 ~ 600℃。

生球的焙烧设备主要有三种：竖炉、带式焙烧机和链箅机-回转窑。这里仅介绍带式焙烧机。带式焙烧机是球团矿生产量最大的焙烧设备。它的结构与带式烧结机基本相似。

生球用多辊布料器布入台车，随台车移动，依次经过干燥、预热、焙烧、均热和冷却，再经过破碎、筛分得到成品球团矿。

用带式焙烧机焙烧球团矿一般采用抽风、鼓风混合流程。供热方法：既可以全部使用固体燃料（即在生球表面滚附一层煤粉或焦粉，经点火燃烧，供给焙烧所需热量），也可以全部使用气体和液体燃料，在台车上部的机罩中燃烧，产生的高温废气被下部的抽风机抽过球层进行焙烧。冷却段可采用鼓风或抽风冷却。

4.2.4　球团矿的固结机理

生产熔剂性磁铁矿球团时，在氧化气氛中焙烧，是以磁铁矿氧化成赤铁矿时再结晶及生成铁酸钙黏结相为主要固结形式。当加热到200～300℃时，磁铁矿颗粒开始形成赤铁矿微晶。900℃以上，在强氧化性气氛下，磁铁矿全部氧化成赤铁矿。随着温度继续升高，相互隔开的赤铁矿微晶由于再结晶和晶粒长大以及生成少量铁酸钙液相的黏结作用，促使赤铁矿晶体紧密连成一片，使球团矿具有很高的强度。

关于纯赤铁矿球团的固结机理，尚未在研究探索中。一般认为其是一种简单的高温再结晶过程，即在氧化性气氛下，赤铁矿颗粒在1300℃时才开始结晶，在1300～1400℃范围内，晶粒才能迅速长大，所以再结晶过程较缓慢。

4.2.5　球团矿与烧结矿的比较

（1）球团矿生产适于使用细磨精矿粉。而烧结矿生产多使用粒度较粗的矿粉。粒度越细，品位越高，越有利于球团生产。而细磨精矿粉如用于烧结，料层透气性明显变差，影响烧结生产率。

（2）固结机理不同。烧结矿主要依靠液相固结，而球团矿主要依靠固相固结。

（3）球团矿由于粒度较均匀，含铁量高，还原性好，其冶金性能和冶炼效果比烧结矿好。

（4）因为球团生产率较烧结低，且细磨矿粉的设备投资高，所以单位产品的费用比烧结高。

（5）球团矿的热还原强度比烧结矿差。

总之，随着天然富矿资源日趋减少，大量贫矿被利用，球团矿之生命力越发显现出来，而随着高炉冶炼对合理炉料结构的更高要求，烧结矿与球团矿仍将成为高炉冶炼的主要原料。

复习思考题

4-1　烧结用料有哪些，对它们有什么要求？

4-2　抽风烧结工艺流程是怎样的？

4-3　烧结过程中料层是如何变化的？

4-4　烧结过程有哪些主要物理化学反应？

4-5　烧结矿的质量指标有哪些？

4-6 烧结生产有哪些主要的技术经济指标?
4-7 烧结生产使用的主要设备有哪些?
4-8 球团生产工艺流程是怎样的?
4-9 球团生产的原料有哪些，对它们有什么要求?
4-10 矿粉造球分为哪几个阶段?
4-11 球团矿的固结机理是怎样的?
4-12 球团矿与烧结矿的区别有哪些?

5 高炉冶炼原理

5.1 炉料在炉内的物理化学变化

炉料从炉顶装入高炉后，自上而下运动。被上升的煤气流加热，发生了吸附水的蒸发、结晶水的分解、碳酸盐的分解、焦炭中挥发分的挥发等反应。

5.1.1 高炉炉内的状况

通过国内外高炉解剖研究得到如图5-1所示的典型炉内状况。按炉料物理状态，高炉内大致可分为五个区域，或称五个带：

（1）炉料仍保持装料前块状状态的块状带；

（2）矿石从开始软化到完全软化的软熔带；

（3）已熔化的铁水和炉渣沿焦炭之间的缝隙下降的滴落带；

（4）由于鼓风动能的作用，焦炭做回旋运动的风口带；

（5）风口以下，贮存渣铁完成必要渣铁反应的渣铁带。

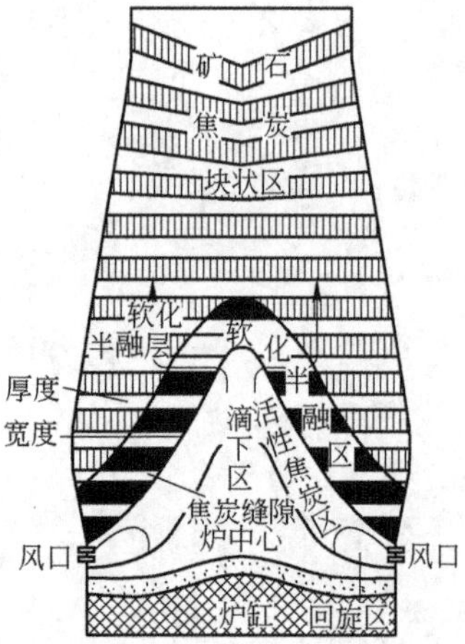

图5-1 炉内的状况

高炉解剖肯定了软熔带的存在。软熔带的形状和位置对高炉内的热交换、还原过程和透气性有着极大的影响。

5.1.2 水分的蒸发与结晶水的分解

在高炉炉料中，水以吸附水与结晶水两种形式存在。

（1）吸附水。吸附水也称物理水，以游离状态存在于炉料中。常压操作时，吸附水一般在105℃以下即蒸发，高炉炉顶温度常在250℃左右，炉内煤气流速很快，因此吸附水在高炉上部就会蒸发完。蒸发时消耗的热量是高炉煤气的余热，所以不会增加焦炭的消耗。相反，由于吸附水蒸发吸热，使煤气的温度降低，体积缩小，煤气流速降低，一方面减少了炉尘的吹出量，另一方面给装料设备和炉顶金属结构的维护带来好处。

（2）结晶水。结晶水也称化合水，以化合物形态存在于炉料中。高炉炉料中的结晶水一般存在于褐铁矿（$n\mathrm{Fe_2O_3}\cdot m\mathrm{H_2O}$）和高岭土（$\mathrm{Al_2O_3}\cdot 2\mathrm{SiO_2}\cdot 2\mathrm{H_2O}$）中，结晶水在高炉内大量分解的温度在400～600℃，分解反应如下：

$$2\mathrm{Fe_2O_3}\cdot 3\mathrm{H_2O} \xlongequal{400\sim500℃} 2\mathrm{Fe_2O_3} + 3\mathrm{H_2O}$$

$$\mathrm{Al_2O_3}\cdot 2\mathrm{SiO_2}\cdot 2\mathrm{H_2O} \xlongequal{500\sim600℃} \mathrm{Al_2O_3}\cdot 2\mathrm{SiO_2} + 2\mathrm{H_2O}$$

这些反应都是吸热反应，消耗高炉内的热量。

5.1.3 挥发物的挥发

挥发物的挥发，包括燃料挥发物的挥发和高炉内其他物质的挥发。

燃料中的挥发分存在于焦炭及煤粉中，焦炭中挥发分质量分数为0.7%～1.2%。焦炭在高炉内到达风口前已被加热到1400～1600℃，挥发分全部挥发。由于挥发分数量少，对煤气成分和冶炼过程影响不大。但在高炉喷吹燃料的条件下，由于煤粉中挥发分含量高，则引起炉缸煤气成分的变化，对还原反应有一定的影响。

除燃料中挥发物外，高炉内还有许多化合物和元素进行少量挥发（也称气化），如S、P、As、K、Na、Zn、Pb、Mn和SiO、PbO、K_2O、Na_2O等。这些元素和化合物的挥发对高炉炉况和炉衬都有影响。

5.1.4 碳酸盐的分解

炉料中的碳酸盐主要来自石灰石（$CaCO_3$）和白云石（$CaCO_3 \cdot MgCO_3$），有时也来自碳酸铁（$FeCO_3$）和碳酸锰（$MnCO_3$）。

其中，$MnCO_3$、$FeCO_3$和$MgCO_3$的分解温度较低，一般在高炉上部分解完毕，对高炉冶炼影响不大，$CaCO_3$的分解温度较高，约910℃，且是吸热反应，对高炉冶炼影响较大。目前多采用熔剂性烧结矿，基本不使用石灰石的措施来降低焦比。

5.2 还原过程和生铁的形成

高炉炼铁的目的，是将铁矿石中的铁和一些有用元素还原出来，所以还原反应是高炉内最基本的化学反应。

5.2.1 基本概念

5.2.1.1 还原反应

还原反应的通式为

$$MeO + X = Me + XO$$

还原反应是还原剂X夺取金属氧化物MeO中的氧，使之变为金属或该金属低价氧化物的反应。高炉炼铁常用的还原剂主要有CO、H_2和固体炭。

5.2.1.2 铁氧化物的还原顺序

氧化物的分解顺序是由高级向低级逐渐转化的，还原顺序与分解顺序相同，遵循逐级还原的原则，从高级氧化物逐级还原到低级氧化物，最后获得单质。因此，铁氧化物的还原顺序为：

	$3Fe_2O_3$—	$2Fe_3O_4$—	6FeO—	6Fe
失氧量/%	0	11.1	33.3	100

5.2.2　高炉内铁氧化物的还原

5.2.2.1　用CO和H_2还原铁氧化物

矿石从炉顶入炉后，在温度未超过900～1000℃时，铁氧化物中的氧是被煤气中的CO和H_2夺取而产生CO_2和H_2O的。这种还原不直接用焦炭中的碳做还原剂，所以称间接还原。

用CO做还原剂的还原反应主要在高炉内小于800℃的区域进行；用H_2作还原剂的还原反应主要在高炉内800～1100℃的区域进行。

5.2.2.2　用固体炭还原铁氧化物

用固体炭还原铁氧化物，生成CO的还原反应称为铁的直接还原。由于矿石在炉内下降过程中，先进行间接还原，残留的铁氧化物主要以FeO形式存在，因此在高炉内具有实际意义的只有FeO + C ══Fe + CO的反应。由于固体炭与铁氧化物进行固相反应，接触面很小，直接进行反应受到很大限制，所以通常认为直接还原要通过气相进行反应，其反应过程如下：

$$
\begin{array}{lll}
 & FeO + CO \xlongequal{\quad} Fe + CO_2 & \Delta_r H_m^{\ominus} = +13180\text{kJ/mol} \\
+) & CO_2 + C \xlongequal{\quad} 2CO & \Delta_r H_m^{\ominus} = -165686\text{kJ/mol} \\
\hline
 & FeO + C \xlongequal{\quad} Fe + CO & \Delta_r H_m^{\ominus} = -152506\text{kJ}
\end{array}
$$

在上述反应中，虽然FeO仍是与CO反应，但气体产物CO_2在高炉下部高温区几乎100%和碳发生气化反应，最终结果是直接消耗了碳。CO只是从中起到了一个传递氧的作用。正因为碳的气化反应的存在和发展，高炉内出现了间接还原和直接还原两种方式。如图5-2所示，直接还原一般在大于1100℃的区域进行，800～1100℃区域为直接还原与间接还原同时存在区，低于800℃的区域是间接还原区。

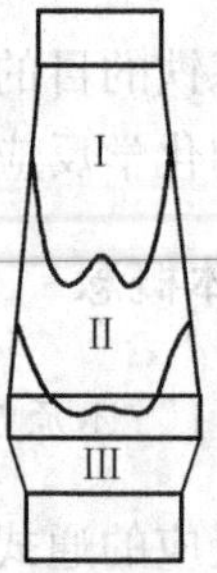

图5-2　直接还原与间接还原区域分布

Ⅰ—低于800℃区域；
Ⅱ—800～1100℃区域；
Ⅲ—高于1100℃区域

5.2.3　铁的直接还原

巴甫洛夫假定，铁矿石在高炉内全部以间接还原的形式还原至FeO，从FeO开始以直接还原的形式还原的铁量与还原出来的总铁量之比，称为铁的直接还原度，记作r_d。

5.2.4　高炉内非铁元素的还原

高炉内除铁元素之外，还有锰、硅、磷等其他元素的还原。根据各氧化物分解压的大小，可知铜、砷、钴、镍在高炉内几乎全部被还原；锰、钒、硅、钛等较难还原，只有部分还原进入生铁。

5.2.4.1　锰的还原

锰是高炉冶炼经常遇到的金属，是贵重金属元素。高炉内的锰由锰矿带入，有的铁矿石中也含有少量的锰。

高炉内锰氧化物的还原与铁氧化物的还原相似，也是由高级向低级逐级还原直到金属锰，顺序为：

$$MnO_2—Mn_2O_3—Mn_3O_4—MnO—Mn$$

5.2.4.2 硅的还原

生铁中的硅主要来源于矿石和焦炭灰分中的 SiO_2，SiO_2是稳定的化合物，它的生成热大，分解压小，比 Fe、Mn 难还原。硅的还原只能在高炉下部高温区（1300℃以上）以直接还原的形式进行，研究和实践表明，硅的还原也是逐级进行的：

$$SiO_2 + C = SiO + CO$$

$$SiO + C = Si + CO$$

其结果是：

$$SiO_2 + 2C = Si + 2CO,\ \Delta_r H_m^{\ominus} = -627980\text{kJ/mol}$$

SiO 也可以通过以下的途径生成：

$$SiO_2 + Si = 2SiO$$

由于 SiO_2在还原时要吸收大量热量，所以硅在高炉内只有少量被还原。还原出来的硅可溶于生铁或生成 FeSi 再溶于生铁。较高的炉温和较低的炉渣碱度有利于硅的还原，以便获得含硅较高的铸造生铁。

由于硅的还原与炉温密切相关，所以铁水中的含硅量可作为衡量炉温水平的标志。

5.2.4.3 磷的还原

炉料中的磷以磷酸钙[$(CaO)_3 \cdot P_2O_5$]的形态存在，有时也以磷酸铁[$(FeO)_3 \cdot P_2O_5 \cdot 8H_2O$]的形态存在。磷酸铁又称蓝铁矿，蓝铁矿的结晶水分解后，形成多微孔的结构较易还原，反应式为：

$$2Fe_3(PO_4)_2 + 16CO = 3Fe_2P + P + 16CO_2$$

磷虽难还原，反应吸热量大，但在高炉冶炼条件下，全部被还原以 Fe_2P 形态溶于生铁。因此，降低生铁中的含磷量的唯一途径是控制炉料中的含磷量。

5.2.4.4 铅、锌、砷的还原

我国的一些铁矿石含有铅、锌、砷等元素，这些元素在高炉冶炼条件下易被还原。

还原出来的铅，不溶于铁，而且因密度大于铁易沉积于炉底，渗入砖缝，破坏炉底；部分铅在高炉内易挥发上升，遇到 CO_2和 H_2O 将被氧化，随炉料一起下降时又被还原，在炉内循环。

还原出来的锌，在炉内挥发、氧化、体积增大使炉墙破坏，或凝附于炉墙形成炉瘤。还原出来的砷，与铁化合影响钢铁性能，使钢冷脆，焊接性能大大降低。

5.2.5 生铁的生成与渗碳过程

生铁的生成，主要是渗碳和已还原的元素进入生铁中，最终得到含 Fe、C、Si、Mn、P、S 等元素的生铁。

矿石在加入高炉内即开始还原，在高炉炉身部位，就已有部分铁矿石在固态时被还原成金属铁。这种铁称为海绵铁。当温度升高到727℃以上时，固体海绵铁发生如下渗碳过程：

$$
\begin{array}{rl}
 & 2CO = CO_2 + C \\
+) & 3Fe_{固} + C_{黑} = Fe_3C \\
\hline
 & 3Fe_{固} + 2CO = Fe_3C_{固} + CO_2
\end{array}
$$

根据高炉解剖资料分析：经初步渗碳的金属铁在1400℃左右时，与炽热的焦炭继续进行固相渗碳，才开始熔化成铁水，穿过焦炭滴入炉缸，熔化后的金属铁与焦炭接触改善，渗碳反应加快：$3Fe_{液} + C_{焦} = Fe_3C_{液}$ 至炉腹处，生铁的最终含碳为4%左右。生铁在渗碳的同时还溶于由直接还原得到的Si、Mn、P等元素，形成最终成分的生铁。

5.3　高炉炉渣与脱硫

高炉生产过程中，铁矿石中的铁氧化物还原出金属铁；铁矿石中的脉石和焦炭（燃料）中的灰分等与熔剂相互作用生成低熔点的化合物，形成非金属的液相，即为炉渣。

5.3.1　高炉渣的成分与作用

5.3.1.1　高炉渣的成分

高炉炉渣主要来源于矿石中的脉石、焦炭（燃料）中的灰分、熔剂中的氧化物、被侵蚀的炉衬等。

组成炉渣的氧化物很多，高炉渣的主要成分有 SiO_2、CaO、Al_2O_3、MgO、MnO、FeO、CaS、CaF_2等。对炉渣性能影响较大且炉渣中含量最多的是 SiO_2、CaO、Al_2O_3、MgO 四种。

炉渣中的各种氧化物可分为碱性氧化物和酸性氧化物两大类。由于CaO和SiO_2的质量分数之和在炉渣中约占80%，而且这两种物质分别代表炉渣成分中的强碱性和强酸性氧化物，所以高炉炉渣碱度一般用 $B = w(CaO)/w(SiO_2)$ 表示。

炉渣的很多物理化学性质与炉渣碱度有关。根据高炉原料和冶炼产品的不同，炉渣的碱度一般在1.0~1.3之间。

5.3.1.2　高炉渣的作用与要求

炉渣对生铁的产量和质量有极其重要的影响。炉渣的基本作用就是渣与铁能有效地分离，获得纯净生铁。

在冶炼过程中高炉炉渣应满足下列几个方面的要求：

（1）炉渣与生铁互不溶解，且密度不同，因而使渣铁得以分离；

（2）应具有较强的脱硫能力，保证生铁的质量；

（3）有利于保护炉况的顺行；

（4）炉渣具有调整生铁成分的作用；

（5）有利于保护炉衬，延长高炉寿命。

5.3.2　生铁去硫

硫是影响钢铁质量的重要因素，高炉中的硫来自矿石、焦炭和喷吹燃料。炉料中焦炭带入的硫最多，占70%～80%。冶炼每吨生铁由炉料带入的总硫量称硫负荷。

5.3.2.1 炉渣去硫

在高炉操作中，一定的原料条件下，实际而有效地降低生铁含硫的措施是提高高炉炉渣的脱硫能力，即提高硫在渣铁间的分配系数 L_s。除气化去硫外，硫在高炉全部变成 CaS 和 FeS。CaS 不溶于生铁而进入炉渣中，FeS 则溶于生铁，生铁去硫主要是将溶于生铁的 FeS 变成不溶于生铁的 CaS，反应式如下：

$$[FeS] + (CaO) = (CaS) + (FeO)$$

生成的 FeO 在高温下与焦炭作用：

$$(FeO) + C = [Fe] + \{CO\}, \Delta_r H_m^\ominus < 0$$

因此，总的脱硫反应可写成：

$$[FeS] + (CaO) + C = (CaS) + [Fe] + \{CO\}, \Delta_r H_m^\ominus < 0$$

从上述脱硫反应式可以看到，要提高炉渣的脱硫能力，必须具备以下条件：

（1）适当高的炉渣碱度。碱度高则 CaO 多，对脱硫有利。

（2）要有足够的炉温。脱硫反应是吸热反应，温度高，则有利于反应的进行。

（3）黏度小。可使生成物 CaS 很快脱离反应的接触面，降低（CaS）的浓度，促进反应的进行。

5.3.2.2 炉外脱硫

炉外脱硫，在国内外愈来愈受到重视。炉外脱硫的目的在于：

（1）为了保证高炉冶炼获得质量合格的生铁。

（2）为了向炼钢提供优质低硫生铁。

（3）炉外脱硫在热力学条件和工艺上都较合理，经济上也合算。

5.3.2.3 炉外脱硫的脱硫剂

炉外脱硫的脱硫剂主要有石灰或石灰石、电石等。

5.4 高炉风口区碳的燃烧

焦炭是高炉炼铁的主要燃料。随着喷吹技术的发展，煤已代替部分焦炭作为高炉燃料使用。

5.4.1 燃料燃烧

焦炭中的碳除部分参加直接还原，有70%以上在风口前燃烧，高炉炉缸内的燃烧反应与一般的燃烧反应不同，它是在充满焦炭的环境中进行，即空气量一定而焦炭过剩的条件下进行的。

燃烧反应的机理一般认为分两步进行：

$$C + O_2 = CO_2 \qquad \Delta_r H_m^\ominus = +400660\text{kJ/mol}$$

$$+)\quad CO_2 + C = 2CO \qquad \Delta_r H_m^\ominus = -165686\text{kJ/mol}$$

$$2C + O_2 = 2CO \qquad \Delta_r H_m^\ominus = +234974\text{kJ/mol}$$

所以，风口前碳的燃烧只能是不完全燃烧，生成 CO 并放出热量。

由于鼓风中总含有一定的水蒸气，灼热的 C 与 H_2O 发生下列反应：

$$C + H_2O \longequal CO + H_2,\ \Delta_r H_m^{\ominus} = -124390\text{kJ/mol}$$

因此，在实际生产条件下，风口前碳燃烧的最终产物由 CO、H_2、N_2组成。

5.4.2 燃烧反应的作用

风口前碳的燃烧反应是高炉内最重要的反应之一，燃烧反应有以下几方面作用：

（1）为高炉冶炼过程提供主要热源；

（2）为还原反应提供 CO、H_2等还原剂；

（3）为炉料下降提供必要的空间。

5.5 炉料和煤气的运动

在高炉冶炼过程中，各种物理化学反应都是在炉料和煤气相向运动的条件下进行的。这个过程伴随着热量与物质的传递与输送。因此，保证炉料在高炉内顺利下降和煤气流的合理分布，是高炉冶炼顺行，获得高产、优质、低耗的前提。

5.5.1 炉料运动

在高炉的冶炼过程中，炉料在炉内的运动是一个固体散料的缓慢移动床，炉料均匀而有节奏地下降是高炉顺行的重要标志。

炉料在炉内下降的基本条件是高炉内不断形成促使炉料下降的自由空间。形成这一空间的因素有：焦炭在风口前燃烧生成煤气；炉料中的碳参加直接还原；炉料在下降过程中重新排列、压紧并熔化成液相，体积缩小；定时放出渣铁等。其中风口前焦炭的燃烧，对炉料的下降影响最大。除此之外，炉料在炉内能否顺利下降还要受到力学因素的支配。

5.5.2 煤气运动

高炉煤气主要产生于炉缸风口前燃料的燃烧。炉缸煤气是高炉冶炼过程中热能与化学能的来源；所以，煤气在上升过程中经过一系列的传热传质后，从炉顶逸出，其体积、成分、温度和压力均发生了变化，见图 5-3。

5.5.2.1 炉顶煤气成分

炉顶煤气成分（体积分数）为：

CO_2	CO	N_2	H_2	CH_4
15%～22%	20%～25%	55%～57%	约2.0%	约0.3%

炉顶煤气中 CO_2与 CO 的总含量基本稳定在 38%～42%之间。

5.5.2.2 煤气温度的变化

炉缸煤气在上升过程中把热量传递给炉料，温度逐渐降低；而炉料在下降过程吸收煤气的热量，温度逐渐上升，这便是炉内热交换现象。一般讨论高炉内热交换时，将高炉分为三个区域（如图 5-4 所示）：

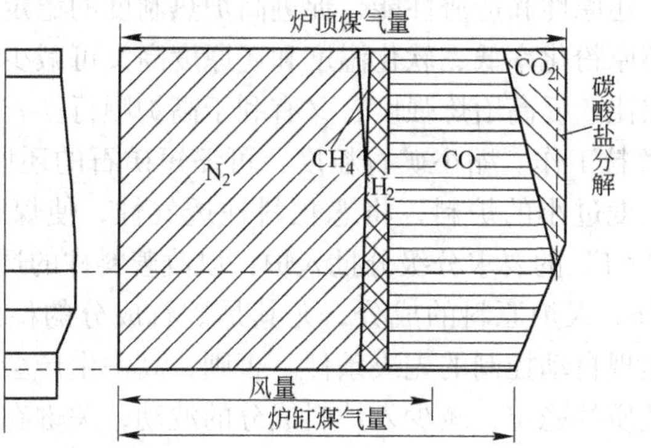

图 5-3 高炉煤气上升过程体积、成分的变化

(1) 在高炉上部区域，炉顶温度即煤气离开高炉时的温度是评价高炉热交换的重要指标。

(2) 在高炉下部区域，炉缸所具有的温度水平是反映炉缸热制度的重要参数。

(3) 在高炉上部和下部热交换区之间存在一个热交换达到平衡的空区，此区的特点是炉料与煤气的温差很小。

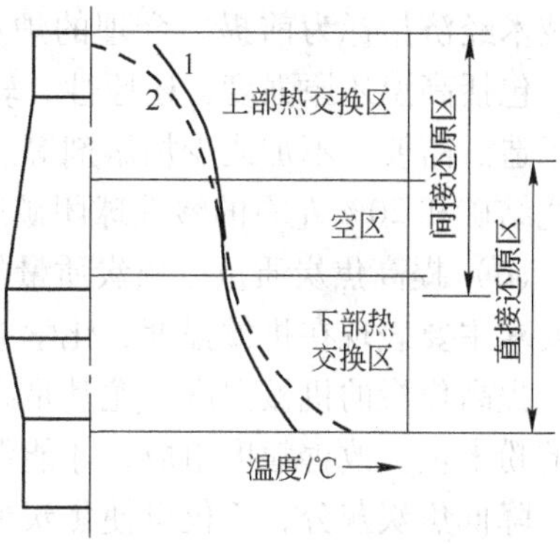

图 5-4 理想高炉的竖向温度分布图

1—煤气；2—炉料

5.5.2.3 煤气压力的变化

煤气在炉内上升过程中，由于克服料柱的阻力产生很大的压头损失（Δp），可表示为 $\Delta p = p_{炉缸} - p_{炉喉}$。当压头损失 Δp 增加到一定程度时，将妨碍高炉顺行。改善高炉下部料柱的透气性是进一步提高冶炼强度、促进高炉顺行的重要措施。

5.6 高炉强化冶炼与节能

高炉强化冶炼的主要目的是提高产量，即提高高炉有效容积利用系数 η_V。从公式 $\eta_V = I/K$ 可知，欲强化冶炼、提高产量，其途径是提高冶炼强度 I 和降低燃料比 K，主要措施是精料、高压操作、高风温、富氧鼓风、加湿与脱湿鼓风、喷吹燃料等。

5.6.1 精料

精料就是全面改善原料质量，为高产、优质、低耗打下物质基础。精料的具体内容可概括为“高、熟、净、匀、小、稳”六个字。此外，还应重视高温冶金性能及合理的炉料结构。

(1) 提高矿石品位。提高矿石品位是指提高入炉矿石的含铁量。提高矿石品位是高炉提高产量和降低燃料比的首要内容。矿石品位提高后，脉石量减少，减少了单位生铁的熔剂用量，降低了单位生铁的渣量，使高炉冶炼单位生铁的热量消耗减少，产量提高，同时又能改善高炉下部透气性，有利于顺行。

(2) 增加熟料比。烧结矿和球团矿统称熟料，也称人造富矿。增加入炉的熟料比，可以改善矿石的透气性、还原性和造渣性能，促进高炉热制度的稳定和炉况顺行。尤其是采用高碱度烧结矿时，还原粉化率低、软化温度和还原度高又可减少熔剂加入量。所以增加熟料比既有利于降低焦比、提高冶炼强度，又有利于高炉顺行。

(3) 加强原料的整粒工作。缩小矿石粒度，可缩短矿石的还原时间，改善还原过程，有利于降低焦比。但粒度过小的炉料，将恶化料柱透气性，使煤气流分布失常，炉尘增多。另外，炉料应按“匀”的要求分级分批入炉，以改善料柱的透气性。

(4) 稳定炉料成分。入炉原料的成分，尤其是矿石成分的稳定是稳定炉况、稳定操作、保证生铁质量及实现自动控制的先决条件。否则，高炉生产会受到很大影响。要保证炉料化学成分和物理性质的稳定，减少入炉料成分的波动，关键在于加强原料的管理，搞好炉料的混匀和中和工作。

(5) 合理的炉料结构。合理的炉料结构是指入炉炉料组成的合理搭配，应以获得最好的技术经济指标为前提。合理的炉料结构，应当符合下列要求：具有优良的高温冶金性能，包括高温还原强度、还原性、软熔特性等；炉料中，以人造富矿为主，炉料的成分能满足造渣需要，不加或少加熔剂等。据生产实践和各种研究表明：高炉用80%左右的高碱度烧结矿和20%左右的酸性球团矿或天然矿块的炉料结构较为理想。

(6) 提高焦炭质量。焦炭质量的优劣对高炉强化冶炼至关重要，高炉冶炼对焦炭的质量要求主要表现在机械强度、化学成分和反应性三方面。

提高焦炭的机械强度，尤其是高温下的机械强度，才能减少焦炭在高炉内摩擦挤压形成的粉末量。改善粒度组成，才能保证料柱透气性良好，保证高炉顺行。

降低焦炭灰分，不仅可使焦炭的固定碳含量增加，降低焦比，提高焦炭的耐磨强度，以提高料柱透气性；而且还能有效地减少熔剂用量，降低渣量，使焦比降低。另外，降低焦炭中的硫含量能有效地降低入炉原料的硫负荷，减少渣量，降低焦比，提高生铁的产量和质量。

5.6.2 高压操作

高压操作是指提高高炉内煤气压力。提高炉内煤气压力是由煤气系统中的高压调节阀组控制阀门的开闭度来实现的。高压的程度用炉顶压力表示。当前的高压水平一般为140~250kPa。

(1) 高压操作有利于提高冶炼强度，即提高产量。

高压操作使炉内的平均煤气压力提高，煤气体积缩小，煤气流速降低，使Δp下降，为提高风量增加产量创造了条件。但高压操作受原料状况、风机能力、操作水平和设备条件的影响。

(2) 高压操作有利于炉况顺行，减少管道行程，降低炉尘吹出量。高压操作后，Δp降低，煤气对炉料下降的阻力减少，有利于高炉顺行。同时，由于炉内煤气流速的降低，炉尘吹出量减少，炉况变得稳定，从而减少了每吨铁的原料消耗量，减少了除尘设备的工作负荷，提高了除尘效率。

(3) 高压操作有利于降低焦比。高压操作对不同条件的高炉，降低焦比的数值也不相同。降低焦比的原因如下：

1) 改善了高炉间接还原。高压操作时，降低了煤气流速，延长了煤气在炉内与矿石的接触时间，改善间接还原，促使间接还原得以充分进行，煤气利用改善，使焦比降低。

2）抑制了高炉内的直接还原。高压操作能使反应 $CO_2 + C = 2CO$ 向左进行，从而抑制了碳的气化反应，使高温区下移；或者说把直接还原推向更高的温度区域进行，因此直接还原度降低，焦比降低。

3）高压操作后，生铁产量提高。高压操作后，炉尘量减少，实际的焦炭负荷增加；冶炼强度提高，使生铁产量增加，单位生铁的热损失减少，焦比降低。

4）高压操作可抑制硅的还原。高压操作后，可使反应 $SiO_2 + 2C = Si + 2CO$ 左移，有利于降低生铁的含硅量，促进焦比降低。

5.6.3 高风温

提高风温是高炉降低焦比和强化冶炼的有效措施。特别是采用喷吹技术之后，使用高风温更为迫切。据统计，风温每提高100℃，可降低焦比8~20kg，增加产量2%~3%。

（1）提高风温有利于降低焦比。高炉内热量收入来源于两方面：一是风口前碳燃烧放出的化学热；二是热风带入的物理热。热风带入的热量占总热量收入的20%~30%。

高风温带入的物理热，增加了高炉内非焦炭燃烧的热收入，减少了作为发热剂所消耗的焦炭。

（2）提高风温能为提高喷吹量和喷吹效率创造条件。风温提高后，鼓风动能增大，有利于活跃炉缸，改善煤气能量的利用，同时炉缸温度升高，为提高喷吹量和喷吹效率创造了条件。

5.6.4 富氧鼓风

提高鼓风中的含氧量，相对降低其中的含氮量，称为富氧鼓风。一般把单位体积风中含有来自工业氧气的氧量称为富氧率。富氧率一般为3%~4%。富氧鼓风对高炉冶炼的作用有以下几方面：

（1）提高冶炼强度。由于鼓风中含氧量的增加，每吨生铁需要的风量减少；若保持入炉风量（包括富氧）不变，相当于增加氧量，从而提高冶炼强度，增加产量。若焦比有所降低，可望增产更多。

（2）对煤气量的影响。富氧之后风量维持不变时，即保持富氧之前的风量，则相当于增加了风中氧量，因而也增加了煤气量。

（3）提高炉缸温度。富氧鼓风之后，单位生铁的煤气量减少，高温区下移，上部热交换区扩大，使炉顶煤气温度降低。同时提高了产量，相对来讲，单位生铁的热损失减少，这是富氧鼓风能降低焦比的原因之一。

5.6.5 脱湿鼓风

采用脱湿鼓风技术，将鼓风中的湿分降低到较低的水平，称为脱湿鼓风。脱湿鼓风能减少风口前水分的分解吸热，以提高干风温度，从而提高风口前理论燃烧温度，有利于降低焦比和增加喷吹量；同时脱湿鼓风能稳定风中的湿分，从而稳定炉况。

5.6.6 喷吹燃料

高炉喷吹燃料是指从风口把煤粉喷入炉缸，使它们代替一部分焦炭在风口前燃烧，以产生还原气体和热量，从而扩大高炉的燃料来源，以达到降低焦比，提高生铁产量、质量的目的。喷吹燃料是高炉强化冶炼的一种手段，亦可作为高炉下部调剂的一种手段。喷吹单位数量的燃料所能代替焦炭的数量称为置换比。喷吹燃料的作用如下：

（1）炉缸煤气量增加，煤气的还原能力增加。高炉喷吹燃料后，考虑到置换比的影响，炉缸煤气量有所增加，同时由于喷吹燃料含有一定数量的 H_2，所以煤气的还原能力也有所增加。

（2）煤气分布改善，中心煤气明显发展。首先是由于喷吹燃料后，鼓风动能显著增大，使炉缸工作更加活跃；其次是由于炉缸煤气体积增大，煤气中 H_2的含量增加，煤气的黏度降低，因而扩散能力增强，使中心煤气得到发展。

（3）有热滞后现象。喷吹燃料后，燃料带入高温区的物理热减少，同时由于喷吹物分解吸收热量和炉缸煤气量增加的原因，炉缸温度降低，要采用提高风温或富氧进行温度补偿。

热滞后现象是高炉喷吹燃料初期，炉缸温度暂时下降，过一段时间后，炉缸温度又上升的现象。产生热滞后的原因，主要是喷吹燃料后，煤气中 CO、H_2的含量增加，改善了间接还原过程，当这部分炉料到达炉缸，减少了高温区的直接还原量，减轻了炉缸的热负荷，使炉缸温度回升。

（4）压差升高。喷吹量增加，压差有增加的趋势，尤其是高炉下部的压差。因为喷吹燃料后，焦炭负荷相应增加，料柱透气性降低；另外，喷吹燃料后，煤气量增加，煤气流速加快，所以压差升高。但这并不妨碍高炉的顺行，因为喷吹燃料后，焦炭负荷增加的同时，炉料的质量增加；而且煤气中 H_2的含量增加，使煤气的黏度降低，扩散能力增加，允许在高压下操作。所以喷吹燃料的高炉常常更易接受风量和风温。喷吹燃料在一定程度上能促进高炉顺行。

（5）生铁质量提高。高炉喷吹燃料之后，因为焦比降低，所以硫负荷降低；而煤气增加，促进间接还原的发展，使高温区渣中 FeO 量减少；炉缸工作全面活跃，渣铁温度高。上述诸方面原因促使炉渣能有高的脱硫能力。因此，喷吹燃料的高炉更适宜于冶炼低硅、低硫生铁。

5.6.7 高炉节能

钢铁工业是高能耗工业，炼铁系统（焦化、烧结、球团、炼铁等工序的总称）直接的能源消耗占钢铁生产总能耗的一半以上。

高炉的能耗包括燃料消耗和动力消耗两方面，其中燃料消耗占总能耗的75%以上。高炉冶炼过程还有许多余能，称为炼铁的二次能源，利用潜力很大。因此，高炉节能的方向，除采取种种措施，降低综合燃料比、降低动力消耗之外，还应在回收和利用二次能源方面下工夫，其重要意义是不亚于提高能源利用率的。

目前，回收和利用二次能源的技术有：炉顶煤气余压发电；回收热风炉烟道废气的余热。

复习思考题

5-1　写出铁氧化物的还原顺序。
5-2　什么是直接还原反应和间接还原反应？
5-3　何为炉渣碱度，高炉炉渣的作用是什么？
5-4　写出脱硫反应式。
5-5　什么是燃烧带，风口前焦炭的燃烧有什么作用？
5-6　简述高炉煤气上升过程体积、成分的变化。
5-7　高炉强化冶炼的措施有哪几方面？简述高风温、高压操作、富氧鼓风、喷吹燃料对高炉冶炼的作用。

6　炼铁车间构筑物与设备

6.1　高炉本体

高炉本体设备包括高炉炉基、炉壳、炉衬、冷却设备及框架等。

6.1.1　高炉炉型

高炉是一个竖立的圆筒形炉子，其内部工作空间剖面的形状为高炉炉型，即通过高炉中心线的剖面轮廓。现在生产的高炉均设计成五段式，由炉缸、炉腹、炉腰、炉身、炉喉组成（见图6-1）。

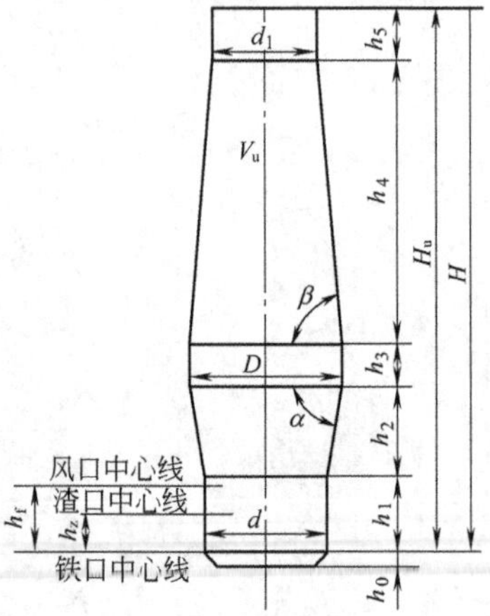

图6-1　高炉炉型各部位采用符号
V_u—高炉有效容积；H—高炉全高；
H_u—有效高度；h_0—死铁层高度；h_1—炉缸高度；
h_2—炉腹高度；h_3—炉腰高度；h_4—炉身高度；
h_5—炉喉高度；d—炉缸直径；D—炉腰直径；
d_1—炉喉直径；α—炉腹角；β—炉身角；
h_f—风口高度；h_z—渣口高度

五段式高炉是近百年来高炉生产实践的科学总结。随着冶炼技术的发展，人们逐渐摸索出炉型发展的规律，这就是炉型必须和炉料、送风制度以及它们在炉内运动的规律相适应。因而形成了上、下部直径小、中间粗的圆筒形，这符合炉料下降时受热膨胀、松动、软熔和最后形成液态渣铁而体积收缩变化过程的需要。也符合煤气流上升，离开炉墙，减少对炉衬的冲刷；煤气在上升过程中热量传给炉料，本身温度降低、体积收缩减小的特点。

6.1.2　高炉炉衬

高炉炉衬是维持合理炉型的保证，炉衬构成了高炉的工作空间，能起到减少炉子的热损失，保护冷却设备和炉壳免受热力和化学侵蚀的作用。它是决定高炉寿命的最重要的因素。

高炉常用的耐火材料有两大类，即陶瓷质材料（包括黏土砖和高铝砖）和炭质材料（炭砖、炭捣料、石墨、碳化硅砖）等。

在设计炉衬时应考虑高炉各部位的破损机理，不同耐火材料抵抗侵蚀的能力及不同冷却装置对砖衬所起的作用。

（1）炉底。炉底破损的主要原因有渣铁的冲刷，炭砖被熔损，重金属渗透，渣铁的静压及高温作用。

近年来，一些高炉采用水冷全炭砖炉底，但多数高炉仍采用综合炉底。

（2）炉缸。炉缸部分的主要矛盾是高温铁水的机械冲刷和铁口维护不良。下部要维护好铁口的深度。

（3）炉腹。炉腹部分的砖衬会被侵蚀，此时主要靠形成的渣皮工作。

（4）炉腰。炉腰是炉腹与炉身之间的过渡段，在结构上有厚墙、薄墙及其过渡形式。对炉腰部分的砖衬应与使用的冷却器结合起来考虑，并要求能尽快形成操作炉型。

（5）炉身。炉身部分要求炉衬耐磨、抗冲刷能力强，特别是炉身下部要考虑用抗炉渣侵蚀性强的耐火材料。炉身砖衬有薄厚两种，现多采用薄壁炉身。

（6）炉喉。炉喉部分由于受炉料下落时的打击，以及煤气流的冲刷，一般不采用耐火材料砌筑，而是用耐磨金属构件组装的炉喉钢砖。大型高炉多采用变径炉喉。

6.1.3　冷却设备

高炉冷却的目的是保护炉衬，维护合理的操作炉型，通过冷却使炉渣凝固形成保护性渣皮代替炉衬工作，保护炉壳及金属结构不被烧坏或变形。所以，要选择合理的冷却设备和冷却制度。高炉冷却形式有水冷、风冷、汽化冷却和软水密闭循环冷却。各高炉由于生产和工作条件不同，所采用的冷却形式、结构、材质及冷却制度也不尽相同。

高炉冷却设备按其结构的不同，可分为外部喷水冷却装置、冷却壁和冷却水箱、风冷和水冷炉底及风口和渣口。

（1）喷水冷却装置。高炉在炉壳外部安装环形喷水环管进行喷水冷却。在冷却壁被烧坏的情况下，进行外部喷水冷却以维持生产。其特点是结构简单，对水质要求不高。

（2）冷却壁和冷却水箱。冷却壁安装在砖衬和炉壳之间，是内部铸有无缝钢管的铸铁板。冷却壁分为光面冷却壁和镶砖冷却壁两种。光面冷却壁用于炉底和炉缸部位，镶砖冷却壁用于炉腹、炉腰和炉身下部。近年来炉腰和炉身下部又多采用带凸台的镶砖冷却壁。两种镶砖冷却壁见图6-2和图6-3。

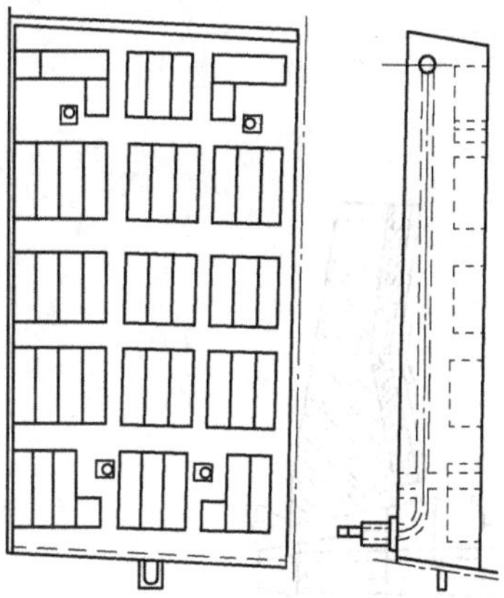

图6-2　镶砖冷却壁

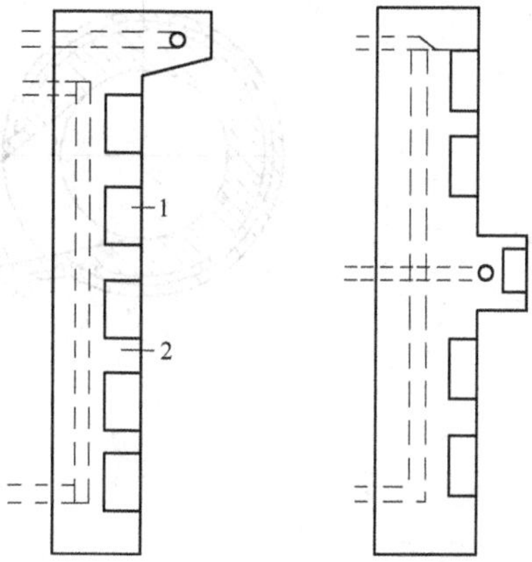

图6-3　带凸台的镶砖冷却壁
1—镶砖；2—铁筋

插入式冷却器有支梁式水箱和扁水箱。

支梁式水箱内部均铸有无缝钢管以通水冷却，其优点是可维持较厚的炉衬，又便于更换损坏的冷却水箱。

扁水箱（如图6-4所示，又称冷却板）埋在炉衬内，只有进出水管穿过炉壳。

（3）软水密闭循环冷却。软水密闭循环冷却近年来在大型高炉上广泛使用，具有冷却

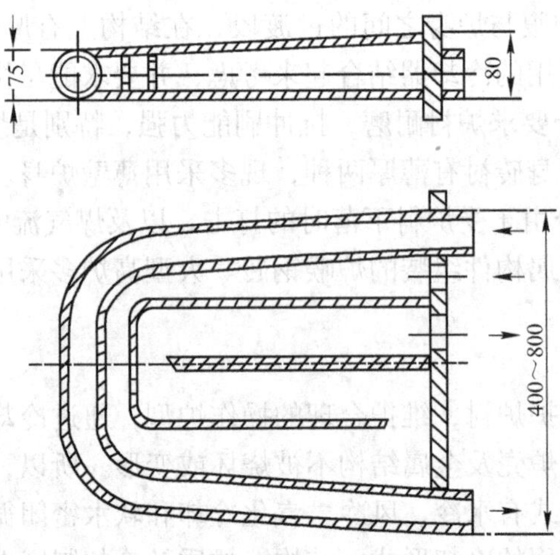

图6-4　铜冷却板

可靠、冷却水量消耗少、动力消耗少等优点。

（4）风冷和水冷炉底。风冷炉底多采用不大于 ϕ40mm×10mm 的无缝钢管。炉底中心部位管间距为250mm，其他部位管间距为350~400mm。通风管设在耐热混凝土的基墩上，用碳捣耐火材料找平，其厚度为100~200mm。新设计的中型以上高炉多采用水冷炉底。

（5）风口和渣口。风口装置是向高炉送风的设备。风口装置由风口、风口二套、风口大套、直吹管、带有窥视孔的弯管、鹅径管、拉杆等组成。其构造如图6-5所示。

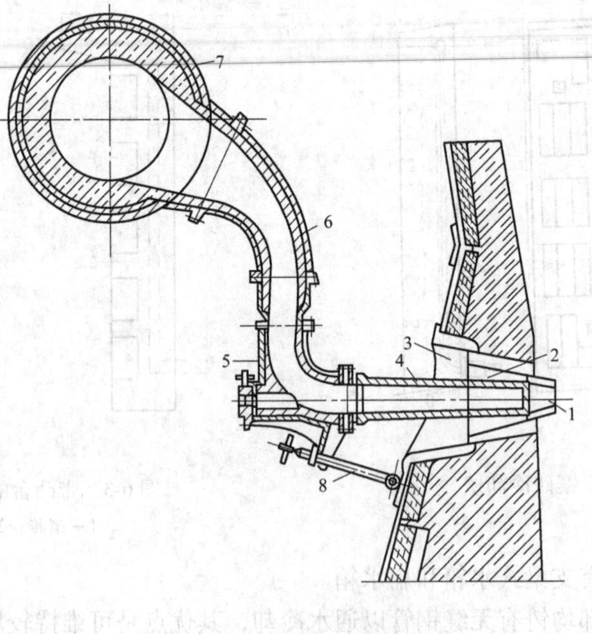

图6-5　风口装置图

1—风口；2—风口二套；3—风口大套；4—直吹管；5—带有窥视孔的弯管；6—固定弯管；7—热风围管；8—拉杆

6.1.4 高炉钢结构

高炉钢结构包括支柱、平台和炉壳。其结构形式如图 6-6 所示。

（1）炉缸支柱式。炉缸支柱式炉顶以上设备重量全部通过炉顶平台，再经过炉壳、炉缸支柱传给基础。小高炉多采用这种形式，见图 6-6（a）。

（2）炉缸炉身支柱式。炉缸炉身支柱式炉顶载荷通过炉顶平台，传给炉身支柱，经炉腰支圈再传给炉缸支柱，见图 6-6（b）。

（3）大框架结构。大框架结构是由四根支柱连成框架，而框架本身为一不与高炉相连接的独立结构。整个炉顶载荷由框架传给基础。近年来，新设计的高炉多采用这种形式，如图 6-6（c）所示。

（4）自立式。自立式全部炉顶载荷均由加厚的炉壳传给基础，结构简单，工作区的工作空间大，钢材消耗少，但炉壳易变形，难更换，多用于小高炉，如图 6-6（d）所示。

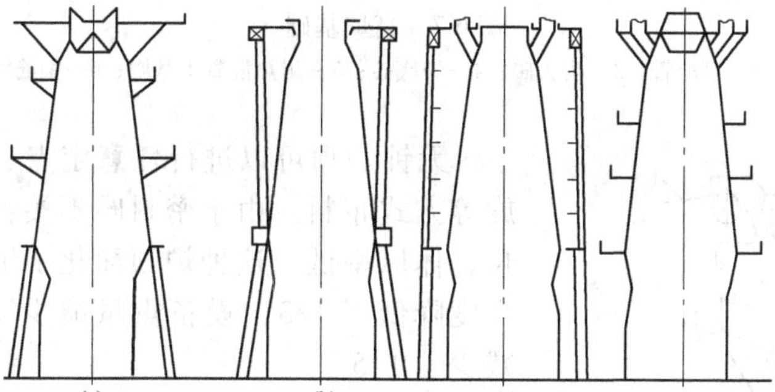

图 6-6 炉体结构形式

（a）炉缸支柱式；（b）炉缸炉身支柱式；（c）大框架结构；（d）自立式

炉壳的作用是承受载荷，固定冷却设备及内衬砌体，防止煤气逸漏。一般采用碳素结构钢板焊成，炉底和炉缸的钢板厚些。炉壳的厚薄与炉容大小、炉体支撑形式等有关。

6.1.5 高炉基础

高炉基础由基座和基墩组成。其作用是将高炉的全部重量均匀地传给地层。其结构如图 6-7 所示。

高炉生产对基础的要求是：要稳固，均匀下沉量不大于 20 ~ 30mm。热稳定性好，结构简单、造价低。基础承受的重量按有效容积的 13 ~ 15 倍估算。基座有圆形的和多边形的，用钢筋混凝土浇筑。基墩包在炉壳内，用耐热混凝土浇筑。

6.1.6 炉顶装料设备

为满足高炉冶炼既能合理布料又能回收煤气的需要，采用无料钟高炉上料系统。其结构如图 6-8 所示。无钟炉顶的主要特点是取消了料钟，而用既能旋转又能调节倾角的旋转溜槽布料。装料顺序是：炉料经受料漏斗 3，再经上密封阀 5，进入称量料罐 6，经料流控制阀（下闸门）7，同时下密封阀 8 打开，料流经中心喉管 9，进入旋转溜槽 10 进行任意方位的布料。

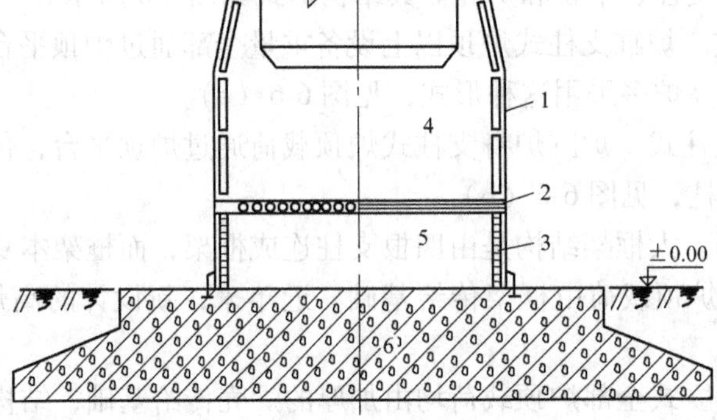

图6-7　高炉基础

1—冷却壁；2—风冷管；3—耐火砖；4—炉底砖；5—耐热混凝土基墩；6—钢筋混凝土基座

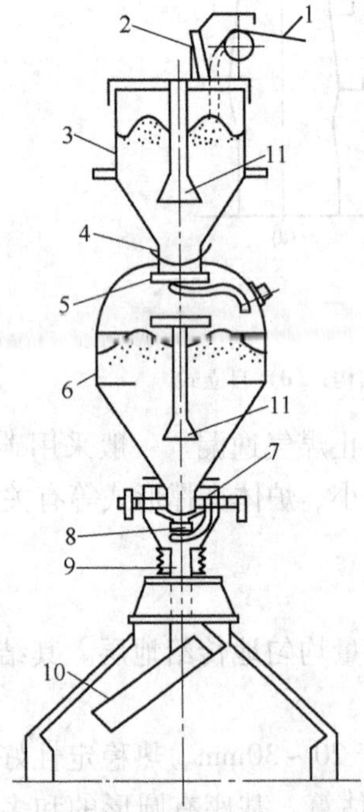

图6-8　串罐式无钟炉顶装置示意图

1—上料皮带机；2—挡板；3—受料漏斗；4—上料闸；5—上密封阀；6—称量料罐；7—料流控制阀（下闸门）；8—下密封阀；9—中心喉管；10—旋转溜槽；11—中心导料器

无钟炉顶可以进行任意定点、扇形、环形、螺旋等方式布料。由于密封阀不接触炉料，因而寿命长，休风率低。这种炉顶简化了炉顶设备，使炉顶高度降低了1/3，设备重量减少了1/2，驱动功率减少了1/5。

6.2　原料供应系统

原料供应系统是指将输送到炼铁车间的原、燃料输送到炉顶的设备。

（1）贮矿槽。贮矿槽位于高炉一侧，起原料的贮存作用及用于解决高炉连续上料和间断供料的矛盾。

（2）槽下设备。采用皮带运输机，设备轻便，便于实现全面的自动控制，从而改善劳动条件。

（3）上料设备。上料设备有两种形式：一种是传统的斜桥卷扬机上料设备；一种是大型高炉上应用的皮带机上料设备。

斜桥卷扬机上料设备包括斜桥、卷扬机、料车。

皮带机上料适用于大高炉，其优点是：上料能力大；炉前操作空间大；便于实现全面自动化；设备简单；易于检修等。采用皮带机上料时，一般在距离高炉较远处设称量配料库，皮带上料机上料流程如图6-9所示。

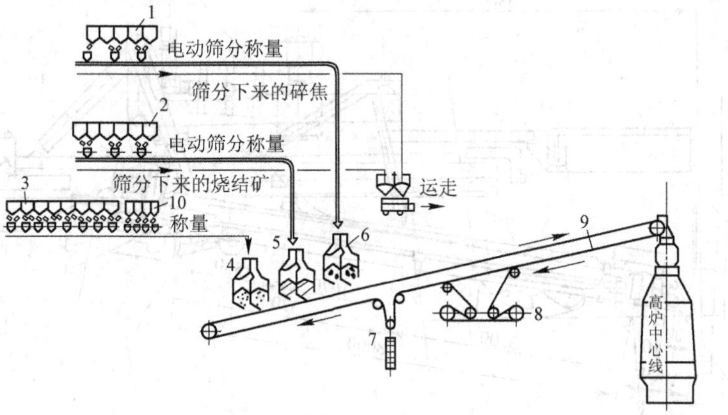

图 6-9　高炉皮带机上料流程示意图

1—焦炭料仓；2—烧结矿料仓；3—矿石料仓；4—矿石及辅助原料集中斗；5—烧结矿集中斗；6—焦炭集中斗；7—皮带机张紧装置；8—皮带机传动机构；9—皮带机；10—辅助原料仓

6.3　渣铁处理系统

渣铁处理系统包括风口工作平台与出铁场、炉前设备、铁水处理及炉渣处理设备。

6.3.1　风口工作平台与出铁场

在风口中心线以下 1.5m 左右的炉缸周围，构成的操作平台称为风口工作平台。

出铁场比风口工作平台低 1.0～1.5m。一般高炉设一个出铁场，铁口数目多时，可设 2～3 个出铁场。

6.3.2　炉前设备

炉前设备主要有开铁口机、泥炮、行车等。

常用的有液压、气动开口机，由吊挂开口机的走行梁、旋转机构、送进机构三部分组成。钻杆为无缝钢管，钻头为双刃，材质为硬质合金。开口机旋转机构如图 6-10 所示。

泥炮是堵铁口的必备设备，目前采用液压泥炮。泥炮由转炮、压炮、锁炮、打泥完成堵口任务。液压泥炮结构如图 6-11 所示。

6.3.3　铁水处理设备

对铁水的处理，除部分小高炉采用炉前铸块外，其余均需要用铁水罐车将铁水拉到炼钢厂热装炼钢，或运到铸铁机车间铸块。铁水罐车由铁水罐、车架、连接缓冲装置、转向架四部分组成。铁水罐的外形结构有锥形、梨形和混铁炉形三种。一般锥形铁水罐用于小高炉，梨形的用于中型以上高炉，混铁炉形的多用于大型高炉，如图 6-12 所示。

铸铁机是一种由许多铸铁模连成的链带。铸铁机除本体外，还配有铁罐牵引、倾翻装置、铁水流槽、铁块冷却、铁模喷浆等装置。

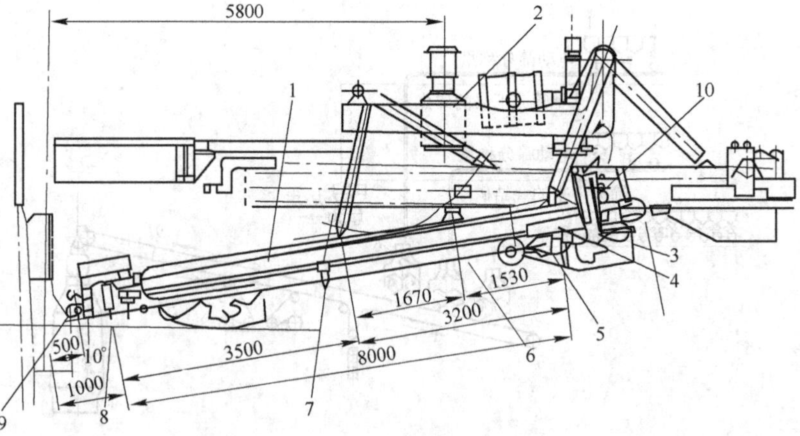

图6-10 宝钢用全气动冲钻式开铁口机

1—导轨；2—升降装置；3—旋转正打击机；4—滑台；5—反打击机；6—钎杆；
7—钎杆吊挂装置；8—对中装置；9—挂钩；10—送进机构

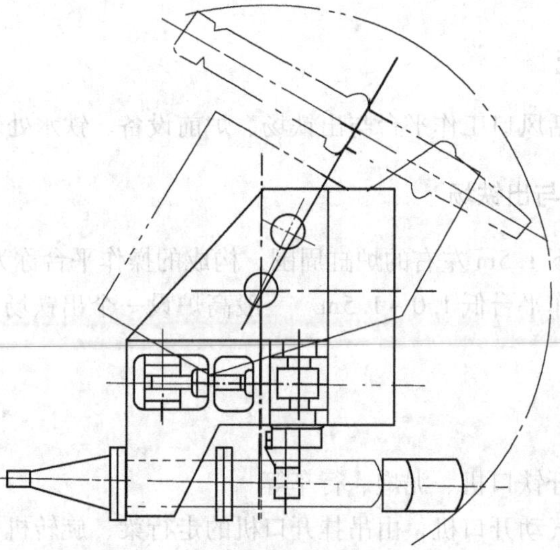

图6-11 MHG60 型液压泥炮

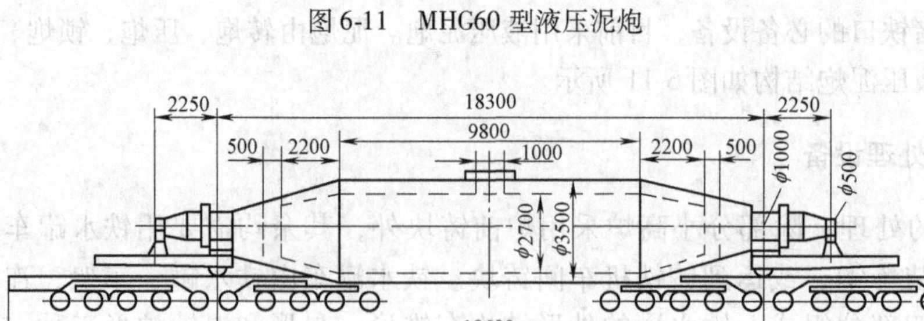

图6-12 混铁炉形铁水车

6.3.4　炉渣处理设备

高炉炉渣的处理，取决于对炉渣利用途径的选择。目前炉渣的处理方式主要有水冲渣法。

水冲渣法包括炉渣水淬处理，主要包括水淬、输送、脱水过滤三个环节。水淬是熔渣液与一定流量和压力的水接触，由于急冷和产生水汽的影响，而粒化为水渣。粒化的渣是良好的水泥原料。

6.4　送风系统

6.4.1　高炉用鼓风机

风是高炉冶炼过程的物质基础之一，鼓风机是高炉冶炼的关键设备。目前，高炉均采用离心式风机和轴流式风机。

离心式鼓风机的结构如图 6-13 所示。

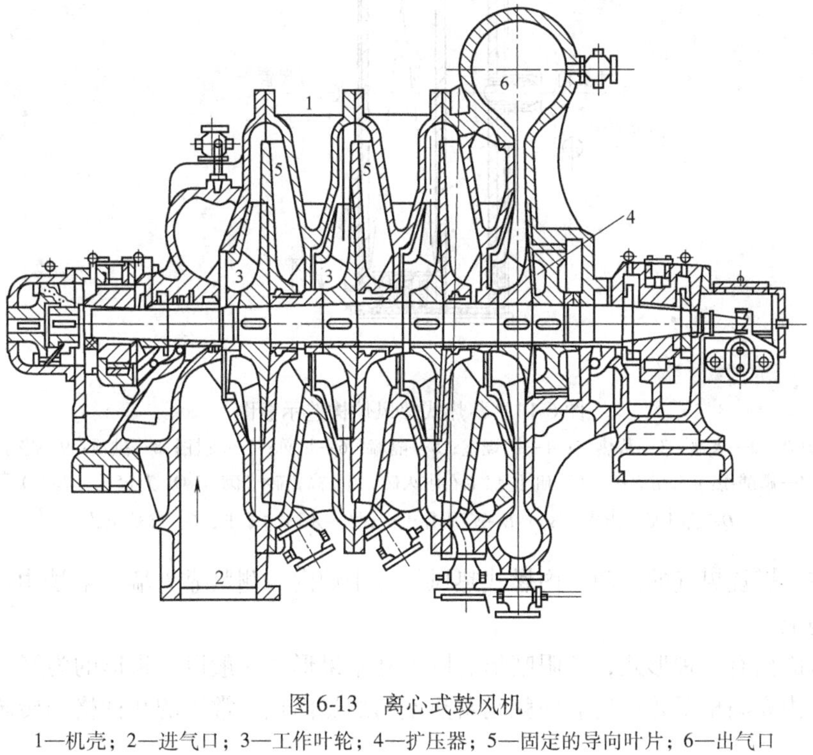

图 6-13　离心式鼓风机

1—机壳；2—进气口；3—工作叶轮；4—扩压器；5—固定的导向叶片；6—出气口

6.4.2　热风炉

使用热风冶炼是提高高炉冶炼强度、降低焦比的主要措施。高炉上采用较多的是蓄热式热风炉。它由炉基、炉壳、拱顶、大墙、燃烧室和蓄热室等部分组成，如图 6-14 所示。

为了确保高炉获得连续稳定的高风温，每座高炉必须配备 3 ~ 4 座热风炉。热风炉蓄热能力的大小常用高炉有效容积所具有的加热面积来表示，一般为 1m^3 炉容 65 ~ 95m^2。

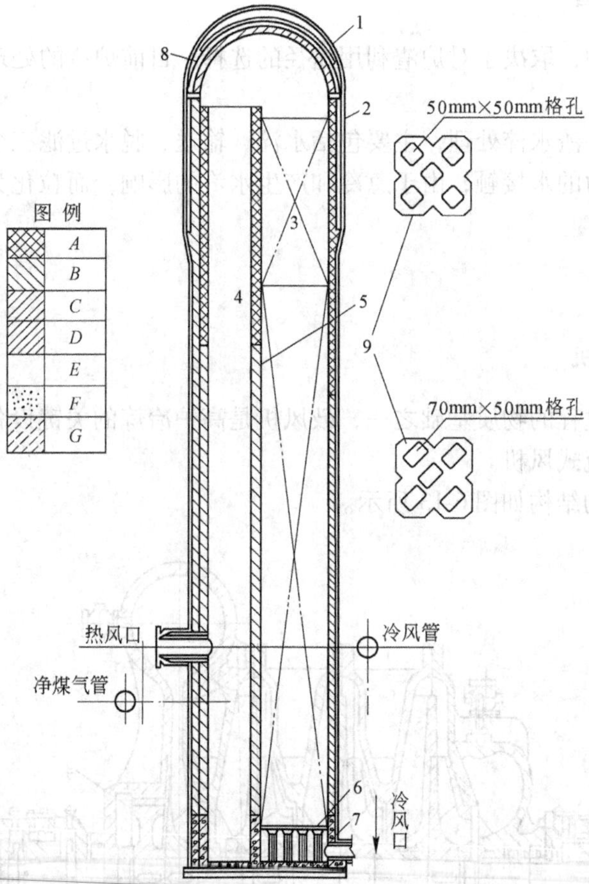

图6-14　蓄热式热风炉构造示意图

1—炉壳；2—大墙；3—蓄热室；4—燃烧室；5—隔墙；6—炉箅；7—支柱；8—拱顶；9—格子砖；
A—磷酸-焦宝石耐火砖；*B*—矾土-焦宝石耐火砖；*C*—高铝砖（砌 Al_2O_3 为65% ~70%）；
D—黏土砖（RN，38）；*E*—轻质黏土砖；*F*—水渣硅藻土；*G*—硅藻土砖

燃烧室是燃烧煤气的空间。内燃式热风炉位于炉内一侧紧靠大墙。隔墙由两层互不错缝的砌体构成。

燃烧室断面有三种形式，即眼睛形、圆形和苹果形。一般以苹果形的为好。

蓄热室内充满格子砖，砖表面就是蓄热室的加热面积。常用的几种格子砖砖型如图6-15所示。

蓄热室内的全部格子砖都由支柱通过炉箅支撑，支柱和炉箅一般用耐热铸铁或球墨铸铁铸成。支柱和炉箅的孔道与格子砖对应相通，以保证透气性良好。

热风炉用阀门有冷风阀、热风阀、混风阀、燃烧阀、煤气切断阀、煤气调节阀、烟道阀、废气阀、放散阀等。

为降低焦比，满足喷吹燃料对风温越来越高的要求，一般采用外燃式热风炉。使用后最高能获得1250℃以上的高风温。

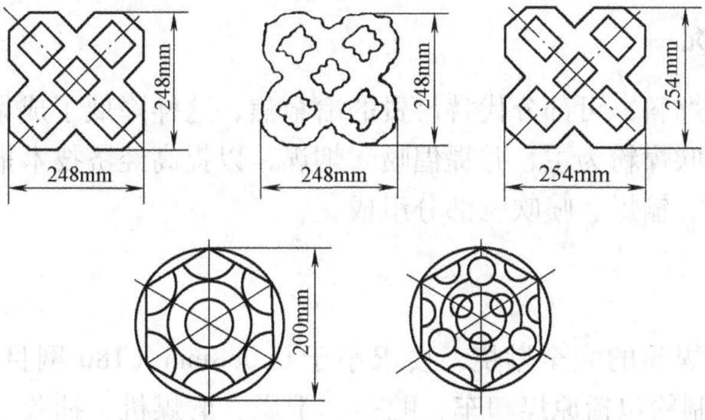

图 6-15　几种常用的蓄热室格子砖砖型

外燃式热风炉的燃烧室独立于蓄热室之外，从根本上消除了隔墙受热不均，杜绝了隔墙短路，燃烧室与蓄热室各自单独膨胀，互不影响，燃烧室为圆形，有利于燃烧和气流分布均匀。外燃式热风炉拱顶连接方式有四种，如图 6-16 所示。它们各有自己的特点，一般认为新日铁式的较为完善。

顶燃式热风炉是将煤气直接引入拱顶燃烧。由于燃烧空间小，需要短焰或无焰烧嘴。又由于取消了燃烧室，从根本上消除了短路的可能性。这种热风炉存在的问题是热风出口燃烧器都集中于顶部，给操作带来了不便，并且高温区开孔多，薄弱环节也多。顶燃式热风炉结构见图 6-17。

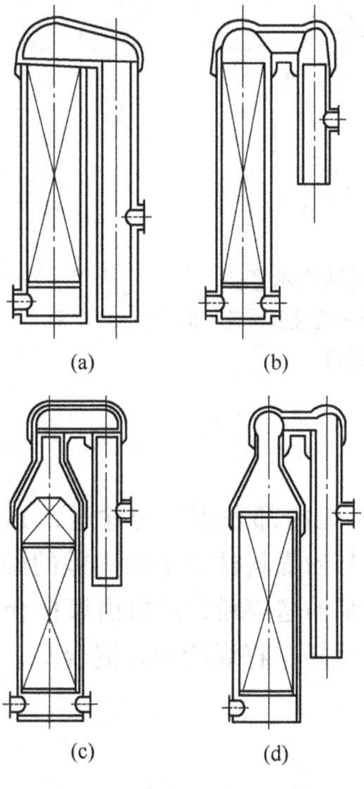

图 6-16　外燃式热风炉形式图

（a）地得式；（b）拷贝式；（c）马琴式；（d）新日铁式

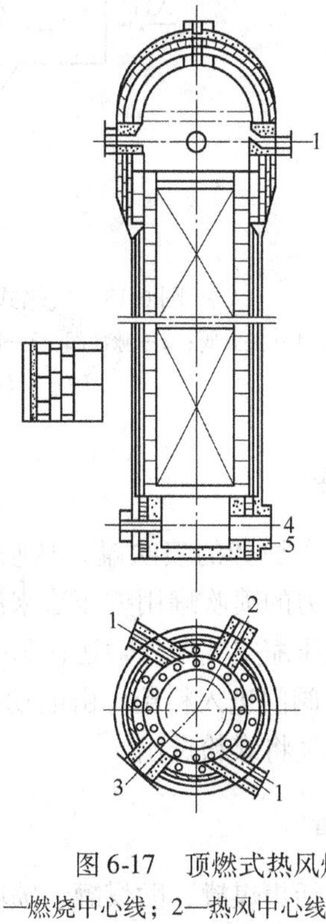

图 6-17　顶燃式热风炉结构

1—燃烧中心线；2—热风中心线；3—上部人孔中心线；4—烟道中心线；5—冷风中心线

6.5　高炉喷吹系统

高炉从风口喷吹燃料，可部分代替昂贵的冶金焦，这样降低了成本，改善了高炉操作指标。目前高炉以喷吹煤粉为主，并提倡喷吹烟煤，以提高经济技术指标。

喷煤工艺由制粉、输煤、喷吹三部分组成。

6.5.1　制粉

为了气力输送和煤粉的完全燃烧，要求小于0.088mm（180网目）的煤粉占85%以上，湿度小于1%。制粉包括原煤卸车、贮存、干燥、磨煤机、捕收、煤粉仓等。对煤粉的收集还有布袋收尘器，如图6-18所示。

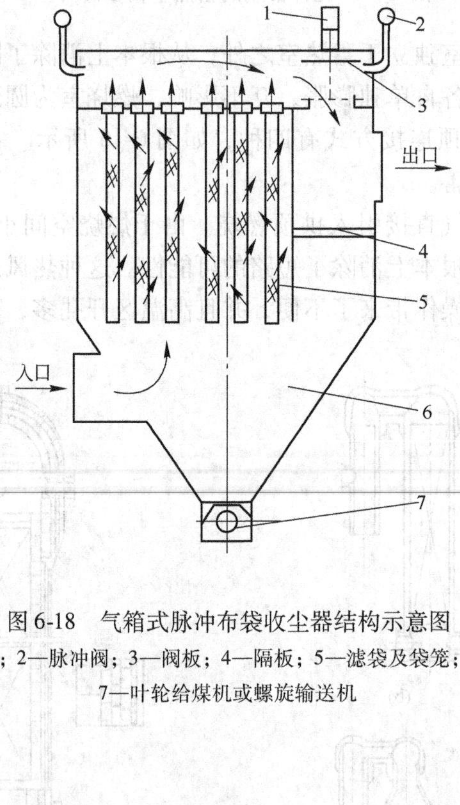

图6-18　气箱式脉冲布袋收尘器结构示意图

1—提升阀；2—脉冲阀；3—阀板；4—隔板；5—滤袋及袋笼；6—灰斗；7—叶轮给煤机或螺旋输送机

6.5.2　煤粉输送

从煤粉仓到高炉旁的喷吹罐，从喷吹罐到风口，煤粉都采用气力输送，其方式有两种：一是带有压力的喷吹罐用差压法来给煤，给煤量是粉煤料柱上下压力差的函数，煤粉进入混合器后用压缩空气向外输送；另一种是用螺旋泵输送煤粉，煤粉由煤粉仓（或喷吹罐）底部，经过阀门进入料箱，由电动机带动螺旋杆旋转，将煤粉压入混合室，借助通入混合室内压缩空气将煤粉送出。

6.5.3　喷吹设备

喷吹设施包括集煤罐、贮煤罐、喷吹罐、输送系统及喷枪。按喷吹罐工作压力可分为高压喷吹和常压喷吹。

（1）常压喷吹。喷吹用的煤粉罐处于常压状态下，由罐下口的输煤泵向高炉进行喷吹，煤粉从喷吹管送上高炉，经分配器分给各风口喷枪，其合适的操作压力为0.13MPa，煤粉浓度（以1kg输送气体中含有的煤粉质量表示）为8～15kg/kg。

（2）高压喷吹。喷吹罐一直在充压状态下，按仓式泵的原理向高炉喷吹煤粉，适合于压力较高的高炉。我国的高压喷吹装置基本上有两种形式，即双罐重叠双系列式和三罐重叠单系列式，如图6-19、图6-20所示。

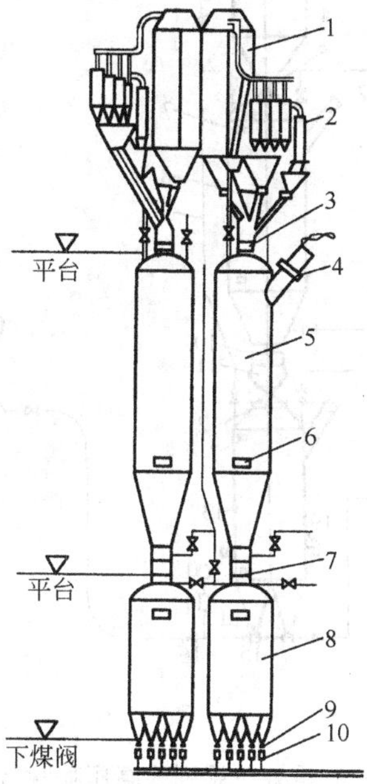

图6-19　双罐重叠双系列式高压喷吹装置系统图

1—布袋除尘器；2—旋风分离器；3—上钟阀；4—爆破膜及重锤阀；
5—贮煤罐；6—料面测定装置；7—下钟阀；8—喷吹罐；
9—旋塞阀；10—混合器

喷枪斜插入直吹管，交角为13°～14°，插入位置应保证煤粉流股与风口不摩擦，否则易烧坏风口。喷枪为内径12～15mm的耐热钢管。喷枪插入位置见图6-21。

煤粉是易燃易爆品，尤其是高压喷吹系统中的容器都处于高压条件下工作，如处理不当，即会发生爆炸。

6.6　煤气处理系统

高炉煤气中含有CO、H_2等可燃气体，其发热值为3000～4000kJ/m^3，占燃料平衡的25%～30%。但从高炉引出的煤气不能直接使用，需经除尘处理。荒煤气的含尘量一般为10～50g/m^3，净化后的煤气含尘量应小于10mg/m^3。

高炉上常用的除尘设备有重力除尘器、洗涤塔、文氏管、脱水器、布袋除尘器。

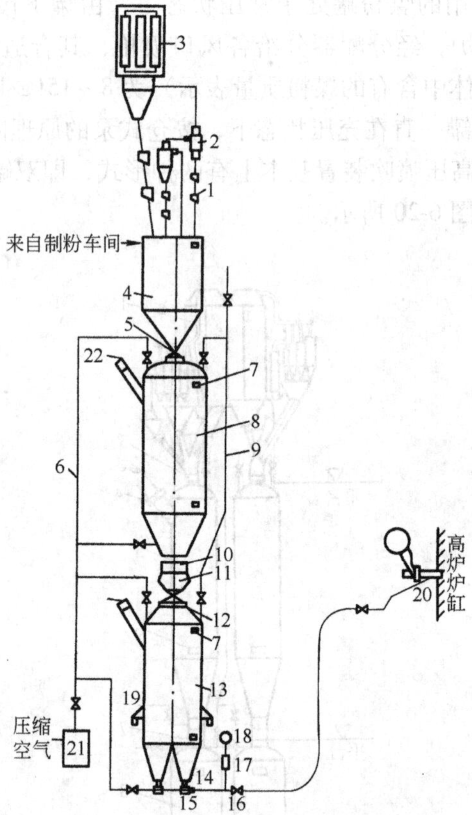

图6-20　三罐重叠单系列式高压喷吹装置系统图

1—收集罐；2—旋风分离器；3—布袋除尘器；4—锁气器；5—上钟阀；6—充气管；7—料面测定装置；8—贮煤罐；9—均压放散管；10—蝶形阀；11—软连接；12—下钟阀；13—喷吹罐；14—旋塞阀；15—混合器；16—自动切断阀；17—引压器；18—电接点压力计；19—电子秤元件；20—喷枪；21—脱水器；22—爆破膜及重锤阀

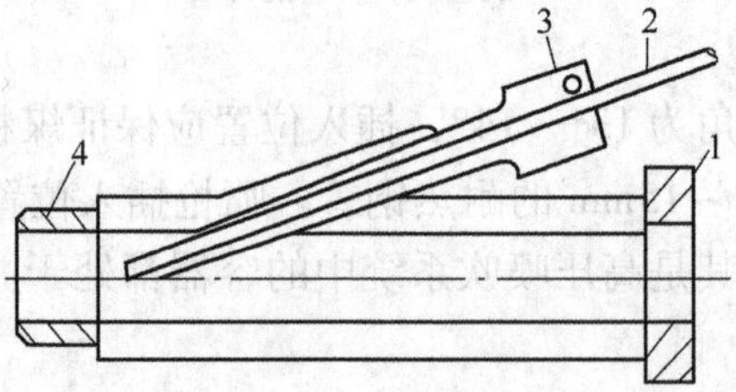

图6-21　喷枪插入位置

1—直吹管；2—喷枪；3—球形逆止阀；4—风口

6.6.1　重力除尘器

高炉煤气从炉头引出，经导出管、上升管、下降管进入重力除尘器。除尘原理是煤气经中心导入管进入除尘器后突然减速和改变流动方向，煤气中的尘粒在重力和惯性作用下沉降。灰尘集于下部，定期排除。重力除尘器一般作为粗除尘器。

6.6.2 洗涤塔和溢流文氏管

洗涤塔和溢流文氏管是半精细除尘设备。洗涤塔是湿法除尘设备，其构造见图6-22，其外壳由8～16mm钢板焊成，内设2～3层喷水管和木格栅，每层均设喷头，上层逆气流方向喷水，下层顺气流方向喷水，灰尘与雾水相碰降至塔底，经水封排出。同时煤气与水进行热交换，使煤气温度降至40℃以下，从而降低了饱和水含量。洗涤塔的除尘效率可达80%以上。

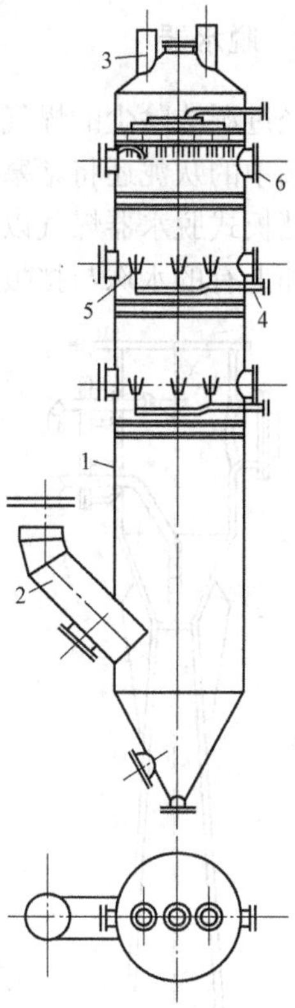

图6-22 空心洗涤塔
1—洗涤塔外壳；2—煤气导入管；3—煤气导出管；4—喷嘴给水管；5—喷嘴；6—人孔

溢流文氏管是由文氏管改造而来的，它不但能起除尘作用，而且还可起到煤气冷却的作用。它的主要特点是喉口流速低和通过喉口的压头损失低。溢流文氏管可代替洗涤塔作为半精细除尘设备。溢流文氏管的构造见图6-23。它由煤气入口管、溢流水箱、收缩管、喉口和扩张管组成。设溢流水箱是为避免灰尘在干湿交界处聚集，防止喉口堵塞。

溢流文氏管的工作原理是煤气以高速通过喉口与净化水冲击，使水雾化后与煤气接触，灰尘润湿，凝聚沉降后随水排出，同时进行热交换，煤气温度降低。其特点是：构造简单，体积小，高度低，钢材消耗为洗涤塔的一半，除尘效率高，耗水量低。存在的问题是阻力比洗涤塔大。

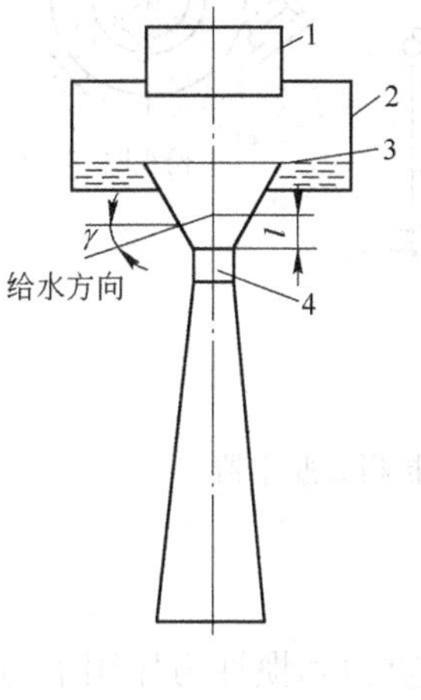

图6-23 溢流文氏管示意图
1—煤气入口；2—溢流水箱；3—溢流口；4—喉口

6.6.3 文氏管

文氏管属精细除尘设备，构造见图6-24。它由收缩管、喉口、扩张管三部分组成。在收缩管中心设一个喷嘴。

文氏管的除尘原理与溢流文氏管相同，所不同的是文氏管喉口流速更大，水与煤气的扰动更剧烈，更细的灰尘被水捕集而沉降。

由于高炉冶炼条件经常变化，煤气量也经常变化。所以多用变径文氏管或将多个文氏管并联，当煤气量减小时，可适当调小喉口直径，或关闭若干文氏管，以保证喉口流速相对稳定。

文氏管的结构简单，设备重量轻，制作、安装与维修方便，耗水、耗电量少，除尘效率高，用文氏管作为精细除尘设备是经济合理的。

6.6.4　脱水器

经过湿法除尘的煤气中含有大量的细小水滴，如不去除，将使煤气的发热值降低，而且水滴中的灰泥还将堵塞管道和燃烧器。常见的脱水器有挡板式、重力式和旋风式。

挡板式脱水器煤气以13~15m/s的速度沿切线方向进入，在离心力作用下水与煤气分离，加上有的水珠与挡板碰撞失去动能而与煤气分离。其结构见图6-25。

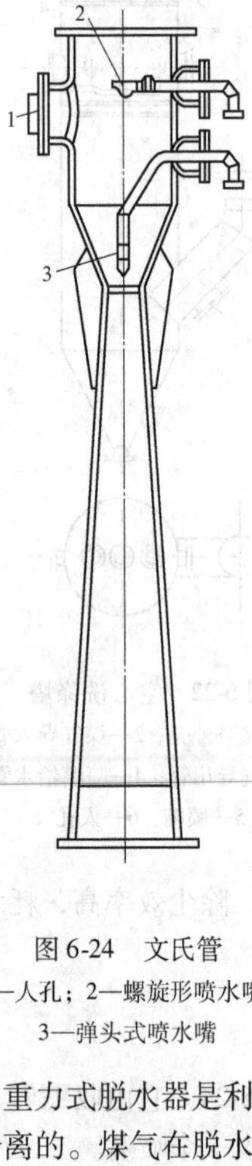

图6-24　文氏管

1—人孔；2—螺旋形喷水嘴；
3—弹头式喷水嘴

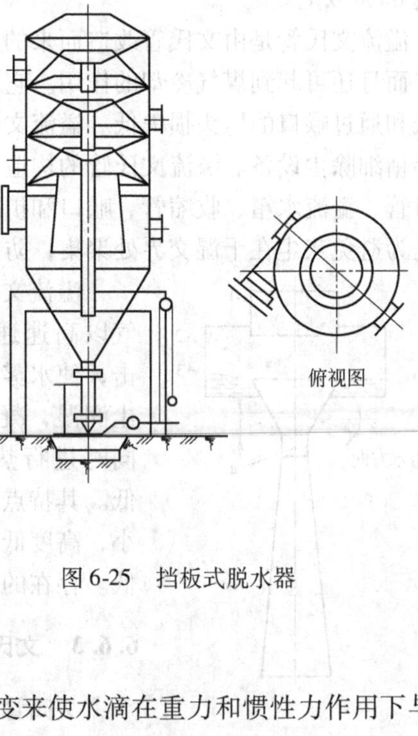

图6-25　挡板式脱水器

重力式脱水器是利用煤气的速度降低和方向改变来使水滴在重力和惯性力作用下与煤气分离的。煤气在脱水器内运动速度为4~6m/s。

旋风式脱水器多用于小高炉，煤气沿切线方向进入后，水滴在离心力作用下与器壁发生碰撞而失去动能与煤气分离。

6.6.5　干式布袋除尘器

湿法除尘器耗水量大，在有些缺水地区供水问题亦难以解决。而干法除尘克服了湿法除尘的缺点，已成为当代炼铁新技术方面的一项重要内容。

干法布袋除尘器的工作原理参见图6-26。

含尘煤气通过滤袋，煤气中的尘粒附着在织孔和袋壁上，并逐渐形成灰膜，煤气在通过布袋和灰膜时得到净化。随着过滤的不断进行，灰膜增厚，阻力增加，达到一定数值时

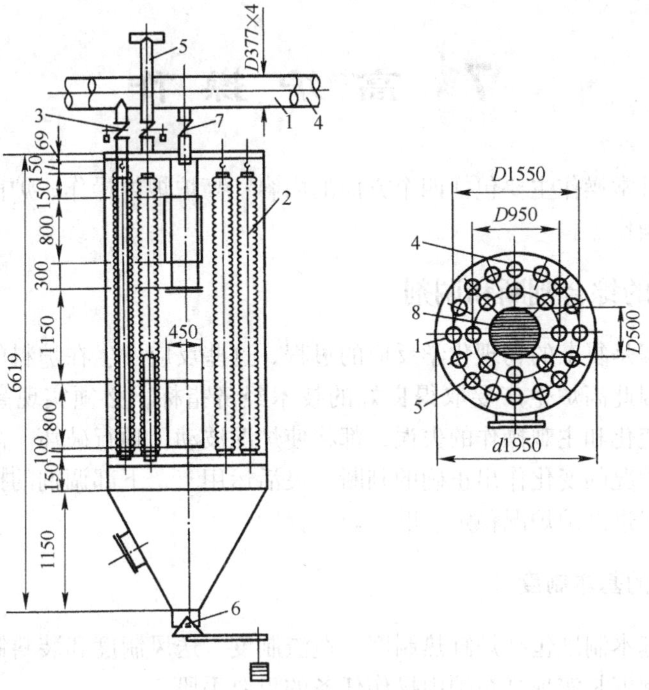

图 6-26 布袋除尘器

1—荒煤气管；2—滤袋；3—电动密闭蝶阀；4—净煤气管；5—放散阀；6—放灰阀；7—密闭蝶阀；8—操作平台

要进行反吹，抖落大部分灰膜使阻力降低，恢复正常的过滤。反吹是利用自身的净煤气进行的。为保持煤气净化过程的连续性和工艺上的要求，一个除尘器要设置多个（4~6 个）箱体，反吹时分箱体轮流进行。反吹后的灰尘落到箱体下部的灰斗中。经卸、输灰装置排出外运。

复习思考题

6-1 现代高炉炉型是如何组成的，有什么特点？

6-2 高炉常用的冷却设备有哪些？

6-3 现代高炉原料供应系统有哪些主要设备？

6-4 炉顶装料设备有哪些主要设备？

6-5 渣铁处理系统有哪些主要设备？

6-6 热风炉有几种结构形式？试述拷贝式热风炉的结构组成。

6-7 高炉煤气除尘设备有哪些，如何分类？

7 高炉操作

高炉炼铁的日常操作主要包括四个方面的内容：高炉炉内操作、炉前操作、热风炉操作、开炉与停炉操作。

7.1 高炉炉况的综合判断和调剂

高炉冶炼过程是复杂的物理化学反应的过程，这些反应发生在炉料的下降和煤气上升的相向运动中。因此高炉生产要取得良好的技术经济指标，必须实现高炉炉况的稳定顺行。客观条件的变化和主观操作的失误，都将使炉况波动，顺行破坏。高炉炉内操作的基本任务是及时对炉况的变化作出正确的判断，灵活运用上、下部调剂的措施，使炉料和煤气流合理分布，促进高炉炉况稳定、顺行。

7.1.1 高炉操作的基本制度

高炉操作的基本制度包括炉缸热制度、造渣制度、送风制度和装料制度。选择合理的高炉操作的基本制度是实现高炉炉内操作任务的重要手段。

（1）炉缸热制度。炉缸热制度是指炉缸所具有的温度水平，即炉缸温度。稳定均匀而充沛的炉缸热制度是高炉顺行的基础。

代表炉缸热制度的参数有两个方面：一是铁水温度，又称物理热，一般在1400～1500℃，而炉渣温度比铁水温度高50～100℃；二是生铁含硅量，又称化学热，含硅量高表示炉温高，反之亦然。

合理的炉缸热制度要根据高炉的具体冶炼特点及冶炼生铁的品种确定。影响炉缸热制度波动的因素很多，炉缸热制度主要以调剂焦炭负荷为控制手段，辅之以高风温和富氧率。

（2）造渣制度。造渣制度是根据原燃料条件（主要是含硫量）和生铁成分的要求（主要是$w(Si)$、$w(Mn)$和$w(S)$），选择合理的炉渣成分和碱度。选择的原则是保证炉渣的流动性好，脱硫能力强，具有良好的热稳定性和化学稳定性，有利于炉况顺行，保证生铁成分合格。

（3）送风制度。送风制度是指在一定的冶炼条件下，确定适宜的鼓风数量、质量和风口进风状态。它是实现煤气合理分布的基础，是顺行和炉温稳定的必要条件。送风制度的调整是通过对风量、风压、风温、鼓风湿度、富氧率、喷吹燃料量、风口面积和长度等参数的调节来完成的。合理的送风制度应达到：煤气流分布合理，热量充足，利用好；炉况顺行；炉缸工作均匀、活跃；铁水质量合格；有利于炉型和设备维护的要求。

（4）装料制度。装料制度是指炉料装入炉内时，炉料的装入顺序、批重的大小、料线高低等合理规定。

1）料线。料线是指旋转溜槽处于垂直位置的下沿到炉内料面的距离。提高料线，炉料堆尖逐步离开炉墙，促使边缘煤气发展；降低料线，堆尖逐步移近炉墙，促使中心气流发展。这一调剂手段的实质是促使堆尖位置水平移动。一般料线不能低于碰撞点。

2）批重。每批料中矿石的重量称为矿批；焦炭的重量称为焦批。增大批重，使装入炉内的矿石量增多，可使矿石分布均匀，相对地加重中心，疏松边缘；反之，批重小时，可看成是加重边缘。这一调剂手段的实质是在炉喉断面上覆盖的矿石厚度不同所致。

3）装入顺序。装入顺序是指矿石和焦炭入炉的先后顺序。先矿后焦为正装；先焦后矿为倒装。

4）布料工作制度。无料钟炉顶的旋转溜槽倾角可以在40°~90°范围内任意变动，可以实现单环布料、多环布料、定点布料、扇形布料，因此可将炉料分布在所希望的任何部位。

选择装料制度的原则是保证煤气合理分布，充分利用煤气的热能和化学能，保证高炉顺行。装料制度与冶炼条件、送风制度及炉型状况有关。

上述四种基本制度的调整是互相联系、互相制约的，按其调节部位可分为上部调剂和下部调剂。上部调剂主要是通过装料制度的调节来保证煤气的合理分布，充分利用煤气能量；下部调剂则主要是通过送风制度的调节来改变煤气流的原始分布，达到活跃炉缸、顺行的目的。两者有机结合才能实现高炉优质、高产、低耗、长寿。

7.1.2 炉况判断

可通过直接观察法和间接观察法来进行炉况判断。

（1）直接观察法。

1）看风口。风口是唯一能看到炉内冶炼情况的地方，从风口可以观察到炉子的凉热、顺行情况及风口是否有烧穿漏水等现象。

2）看出渣。因为出渣次数多，又先于铁，所以看出渣是判断炉况的重要手段。一看渣碱度；二看渣温；三看渣的流动性及出渣过程中的变化。

3）看出铁。通过出铁时铁水的流动性，火花的高矮、疏密，铁样及铁口断面的形状可以估计生铁成分，进而判断炉况。

（2）间接观察法。通过对仪表的观察做出炉况判断。监测高炉冶炼的仪表可分为以下四大类：

1）压力计，包括热风压力计、炉顶煤气压力计、炉身静压力计及压差计等；

2）温度计，包括热风温度计、炉顶温度计、炉墙温度计、炉基温度计及冷却水温差计等；

3）流量计，包括风量计、氧量计及冷却水流量计等；

4）料尺及料面探测仪表。

7.2 高炉操作计算机控制

高炉冶炼过程受多种因素的影响，过程复杂且滞后时间长，要实现高炉过程的全部自动控制，还要相当长的一段时间，目前在高炉系统中成功地实现计算机控制的是原料系统和热风炉系统。高炉操作中，炉况的判断和调节的计算机控制正在不断地发展和完善。图7-1所示是日本川崎公司的（GO-STOP）炉况诊断系统。

它可以消除操作者因经验不足和水平差异或操作不一致造成的炉况波动。其基本构思是：炉凉是炉况严重失常，引起炉凉的主要原因是炉料下降不顺，炉缸温度下降，出渣、出铁不平衡，如图 7-2 所示。

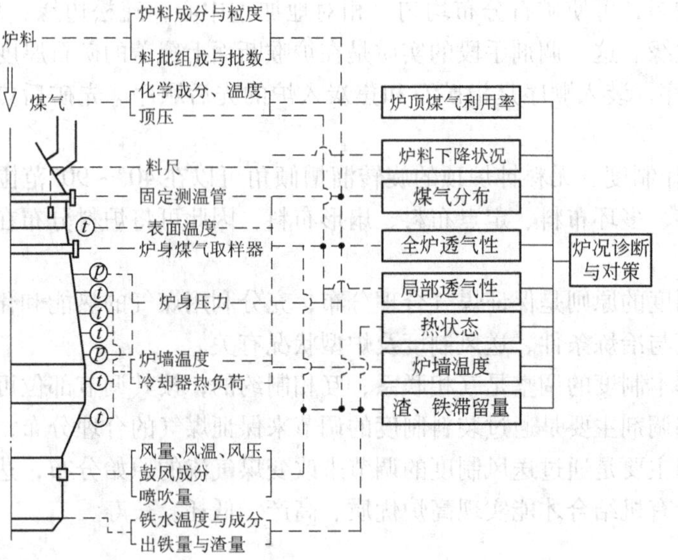

图 7-1　高炉炉况自动诊断系统

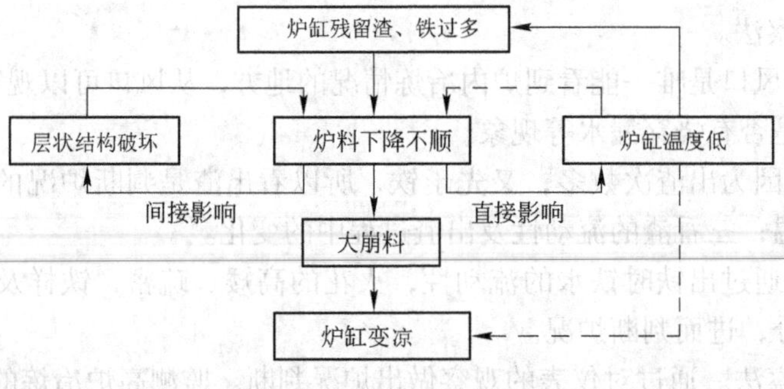

图 7-2　高炉炉况自动诊断系统

例如炉料下降不顺，炉内产生局部悬料、崩料时，炉温就要下降，炉渣黏度上升，炉缸渣铁滞留量增加，最终顺行受阻，炉料下降不均还会引起焦矿层状结构局部破坏，也使煤气能量利用变差与软熔带形状发生变化，结果使炉温和顺行更加恶化。

高炉运行数据表明，在大崩料前总是伴有铁水温度的下降、渣铁比降低、炉内残渣量增加、压差 Δp 上升、料线异常等现象。据此可以判断炉况恶化。通过图 7-3 收集与上述有关的数据，就是（GO-STOP）系统判断炉况的依据。

GO-STOP 炉况诊断系统的特点就是采用人机对话的方式，它向操作者发出炉况变化的信号，指出炉况的发展方向，炉况的控制是在诊断系统的指导和帮助下，由操作者来完成的。

利用高炉各部位测温、测压装置以及煤气自动分析所提供的信息来判断炉内煤气分布，并与设定的煤气流相比较，决定调节装料制度或变动活动炉喉保护板、溜槽角度等，以取得合理的煤气分布。

此外，还有炉料称量与补正模块，热风炉操作系统的控制模块和操作数据与信息处理积累模块。

总之，随着计算机在高炉冶炼过程中的应用和开发，操作者和管理者可以从繁杂的计算中解脱出来，致力于业务研究和技术水平的提高。

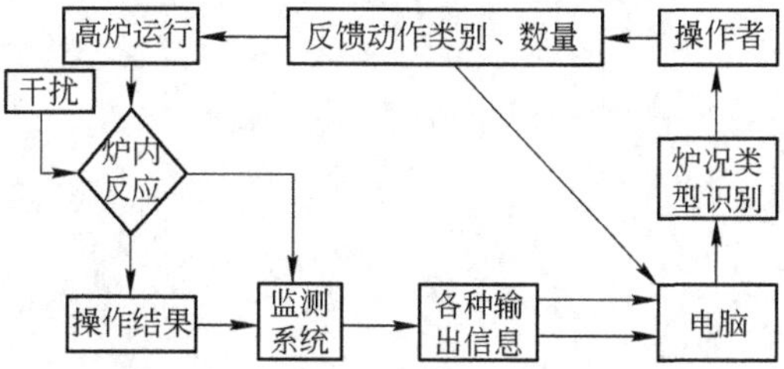

图 7-3 高炉与操作者之间的信息流程

复习思考题

7-1 高炉炼铁日常操作内容有哪些？

7-2 高炉操作基本制度包括哪些具体内容？

7-3 高炉炉况判断方法和内容？

7-4 引起高炉炉凉的主要原因是什么？

第2篇

炼钢生产

8 炼钢概述

8.1 各种钢的分类

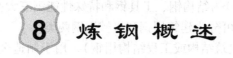

钢的品种分类方法很多，常用的有按冶炼方法、化学成分和用途进行的分类。

8.1.1 按冶炼方法分类

按冶炼方法不同，钢可分为转炉钢和电炉钢两大类。每一大类按所用炉衬材料的不同，又可分为碱性钢和酸性钢两种。转炉钢又可分为空气转炉钢、氧气转炉钢。氧气转炉钢又可分为氧气顶吹、侧吹、底吹和顶底复吹转炉钢。

按脱氧程度和浇注制度不同，碳素钢又可分为沸腾钢、镇静钢和半镇静钢。按浇注方法不同，还分模铸钢和连铸钢。

8.1.2 按化学成分分类

按化学成分不同，钢可分为碳素钢和合金钢两大类。

（1）碳素钢。碳素钢中除铁元素外，主要含碳、硅、锰、磷、硫五大元素，按其含碳量不同又分为：

1）低碳钢，含碳量小于0.25%，塑性和可焊性好，建筑结构钢多属此类；

2）中碳钢，含碳量为0.25%～0.60%，机械结构钢多属此类；

3）高碳钢，含碳量大于0.60%，弹簧钢、工具钢（一般含碳0.60%～1.40%）多属此类。

含碳量大于1.40%的钢很少使用。含碳量小于0.04%的钢称为工业纯铁，它是电器、电信和电工仪表用的磁性材料。

碳素钢根据钢中含有害元素硫、磷多少及非金属夹杂物要求的不同通常又分为普通钢、优质钢和高级优质钢三类。

（2）合金钢。合金钢指钢中含有一定量的一种或多种合金元素，如铬、镍、钼、钨、钒、钛等。合金钢是具有较好的性能或特殊性能的钢。根据所含合金元素的多少，可分为：

1）低合金钢，合金元素总量小于5%；

2）中合金钢，合金元素总量为5%～10%；

3）高合金钢，合金元素总量大于10%，如不锈钢、高速工具钢等。

合金钢按钢中主要合金元素的种类又可分二元、三元和多元合金钢，例如锰钢、铬钢、锰钒钢、锰硅钢、铬镍钢、铬铝钢、铬铂钨钢等。

合金钢按硫、磷含量分为质量钢（$w(S,P)\leqslant 0.04\%$），高级质量钢（$w(S)\leqslant 0.030\%$，$w(P)\leqslant 0.035\%$）和特级质量钢（$w(S,P)\leqslant 0.025\%$）。

8.1.3　按用途不同分类

根据用途不同，钢可分为结构钢、工具钢和特殊性能钢三大类。

（1）结构钢。结构钢可分为建筑用钢和机械用钢两类。

1）建筑用钢（也称建筑结构或工程结构用钢），用于制造金属结构，如桥梁、船舶、锅炉、容器、厂房结构及其他建筑用的各种钢材。一般不经热处理，热轧后可直接使用。这种钢具有一定的强度、良好的韧性、焊接及加工性能。含碳量不大于0.20%的低合金钢也属于这一类，如16Mn等。

2）机械用钢，用于制造机器或其他机械零件，如轴、螺栓、齿轮、曲轴、连杆等。这类钢往往要经过渗碳或调质处理后才使用，适于渗碳处理的钢是指含碳量在0.10%～0.30%的低碳钢；适于调质处理的钢是指含碳量在0.30%～0.60%的中碳钢。合金结构钢也属于这一类，用于制造重要的机械零件。

（2）工具钢。工具用钢一般分为刃具钢、量具钢和模具钢三类。工具钢多属于中、高碳钢和中、高合金钢。

（3）特殊性能钢。特殊性能钢具有特殊的物理和化学性能，如不锈耐酸钢、耐热不起皮钢、电热合金和磁性材料等，多属于中、高合金钢。

8.2　炼钢的基本任务

首先了解以下基本情况：

（1）生铁含碳量高，碳是生铁和钢区别的主要标志。含碳量大于2%的称为生铁，小于等于2%的称为钢，钢和铁的性能差异主要取决于含碳量的不同。因此，炼钢过程的首要任务是脱碳，通过氧化反应将碳降低到钢种规定的范围内。

钢中还含有氢、氮、氧和非金属夹杂物，它们对钢的质量有影响，在炼钢过程中要尽量降低其含量。脱碳时熔池内生成大量一氧化碳气泡，一氧化碳气泡的上浮造成钢液沸腾，搅动熔池，从而起到去气、去夹杂物、均匀成分和温度、加速钢渣反应的作用。

（2）生铁的硫、磷含量都比较高。硫高使钢产生热脆现象，磷高使钢产生冷脆现象。所以硫、磷都是钢中的有害元素（少数钢种除外），炼钢过程中必须将其脱除到钢种规定的范围。

（3）在冶炼过程中吹入熔池内的氧，一部分将残留在钢液内使钢的性能变脆，因此，炼成的钢水必须加入脱氧剂进行脱氧。常用的脱氧元素是锰、硅、铝等。此外，在冶炼过程中铁水的硅基本氧化完了，锰也氧化掉大部分。因此在脱氧的同时要把钢水中的硅和锰调整到钢种要求的含量。合金钢和特殊用途的钢还要根据成分要求，加入其他合金元素，如铬铁、钛铁、钒铁等，这项操作称为合金化。

(4) 铁水温度只有1300℃左右，炼钢必须在一定的高温下进行，还要把炼出的钢水浇注成合格的钢锭（坯），出钢前必须把钢水加热到1600～1700℃。因此，炼钢过程必须不断地给熔池供热。

综上所述，炼钢过程的基本任务是脱碳、脱磷和脱硫，以及脱氧合金化和加热钢水。

氧气顶吹转炉为完成这四项基本任务所采取的方法是：

(1) 氧化。通过水冷氧枪向熔池内吹入氧气，氧化铁水中的碳、磷、硅、锰等元素。

(2) 造渣。冶炼过程向炉内加入石灰、铁皮等造渣剂，造高碱度、氧化性和流动性良好的炉渣，脱除铁水中的磷和硫。

(3) 升温。转炉无外加热源，依靠氧化铁水中的硅、锰、碳、磷等元素所放出的热量来加热钢水。

(4) 加入铁合金。在出钢过程中向钢包内加入铁合金进行脱氧合金化。

应当指出，把生铁精炼成钢的过程基本上是氧化过程，脱碳是其最根本的任务。

8.3 主要技术经济指标

炼钢的技术经济指标以反映工业生产技术水平和经济效果为主要内容，其准则是：高效、优质、多品种、低消耗、综合利用资源、环境保护。

(1) 转炉日历作业率：转炉炼钢作业时间与日历时间的百分比。

$$\text{转炉日历作业率}(\%)=\frac{\text{全部转炉的炼钢作业时间}(h)}{\text{转炉座数}\times\text{日历时间}(h)}\times100\%$$

式中，炼钢作业时间 = 日历时间 - 大于10min的停工时间

(2) 转炉每炉炼钢时间：转炉平均炼一炉钢所需要的时间。

$$\text{转炉每炉炼钢时间}(min)=\frac{\text{全部转炉的炼钢作业时间}(min)}{\text{出钢总炉数}}$$

(3) 转炉日历利用系数：转炉在日历时间内每公称吨位、每日所生产的合格钢产量。

$$\text{转炉日历利用系数}(t/(t\cdot d))=\frac{\text{合格钢产量}(t)}{\text{转炉公称吨位的总和}\times\text{日历昼夜}}$$

提高转炉利用系数的途径有：提高转炉日历作业率、缩短每炉熔炼时间及增加每炉钢产量。

(4) 转炉炉龄：转炉炉龄又称转炉炉衬寿命，是指自转炉炉衬投入使用起到更换炉衬止，一个炉役期内所炼钢的炉数。

$$\text{转炉炉衬寿命}(\text{炉})=\frac{\text{出钢炉数}(\text{炉})}{\text{更换炉衬次数}}$$

(5) 转炉炼钢金属消耗：

$$\text{转炉炼钢金属消耗}(kg/t)=\frac{\text{入炉金属料量}(kg)}{\text{合格钢产量}}$$

式中，金属料 = 钢铁料量 + 其他原料含铁量 + 合金料。

转炉炼钢金属料消耗较高的主要原因是吹损率高，约为10%～15%。

$$\text{转炉吹损率}(\%)=\frac{\text{入炉金属料量}-\text{出炉钢水量}}{\text{入炉金属料量}}\times100\%$$

吹损的基本原因有：烧损和喷溅损失。

（6）转炉炼钢某种物料消耗：

$$转炉炼钢中某种物料消耗量（计算单位/t）=\frac{某种物料耗用量（计算单位）}{出钢总炉数}\times 100\%$$

（7）按计划出钢率：

$$按计划出钢率（\%）=\frac{按计划钢种出钢炉数}{出钢总炉数}\times 100\%$$

它反映转炉炼钢目标命中的程度，同时反映冶炼工人的技术和操作水平的高低。

（8）转炉优质钢比：优质钢产量占合格钢产量的百分比。

$$转炉优质钢比（\%）=\frac{合格优质钢产量（t）}{合格钢总产量（t）}\times 100\%$$

8.4 炼钢新技术

8.4.1 转炉炼钢工艺方面

转炉炼钢工艺方面的新技术有：

（1）多段炼钢少渣吹炼。为解决炼钢时炉内脱磷难的问题，将铁水预处理与转炉复合吹炼相结合，开发了多段炼钢少渣吹炼新工艺。所谓多段炼钢少渣吹炼，就是将炼钢过程分为三个独立的氧化阶段，分设于炼铁和浇注之间。第一阶段是铁水脱硅；第二阶段是铁水脱磷（同时脱硫）；第三阶段是在转炉少渣吹炼时进行脱碳和提高温度。

（2）直接炼钢。直接炼钢是指在1350～1500℃或更高温度条件下，利用煤粉及氧气对铁精矿粉进行高温熔融还原，直接获得铁水，然后连续精炼成钢的新工艺。

直接炼钢的优点是：直接应用铁精矿粉，省去了不必要的原料处理环节，不需造块（烧结、球团）及炼焦，因而生产成本低，环境污染小；反应器内的气氛容易控制，生产操作方便，生产规模可大可小，铁水量和煤气发生量可根据要求经济地调节。

存在的主要问题是：反应速度难以精确控制；还原过程机理和还原动力学、高温区耐火材料侵蚀、反应器内煤气合理利用等问题尚待研究解决。

（3）转炉零能（或负能）炼钢。顾名思义，转炉负能炼钢就是转炉（在冶炼工序）既炼出了钢，又没有额外消耗能量，反而输出或提供富余能量的一项工艺技术。

衡量这项技术的标准是转炉炼钢的工序能耗。炼钢工序能耗包括消耗和回收能量两个方面。消耗有物料、电、水、气等，累计按热值折算为吨钢消耗的标准煤。回收有转炉煤气和蒸汽，也累计按热值折算为吨钢回收的标准煤。所以，在炼钢过程中，若出现回收的能量超过消耗的能量时，就是负能炼钢。

转炉炼钢在吹炼过程中，产生大量的烟气（以煤气为主）。这种烟气温度高达1260℃左右，含CO约60%，具有很高的显热和潜热，吨钢热量总和超过104.6×10^4kJ。因此，回收这部分能量是转炉炼钢节能潜力最大的环节。目前世界各国对回收此项能源都很重视，例如日本绝大多数转炉上皆设置了OG装置，从而使该工序能耗为负值，实现了负能炼钢。

（4）转炉溅渣护炉技术。转炉溅渣护炉技术是美国LTV公司1991年开发的一项新技术，是在转炉出钢后留下部分终渣，将渣黏度和氧化镁含量调整到适当范围，用氧枪喷吹氮气，使炉渣溅到炉壁内衬上，达到补炉目的。该方法具有炉龄长、生产率高、节省耐火材料、操作简便等优点。

转炉溅渣护炉采用氮气作为喷吹动力。高速氮气射流冲击炉渣，可使炉壁形成渣层，如图 8-1 所示。

目前我国钢厂普遍开展了溅渣护炉并取得了良好效果。

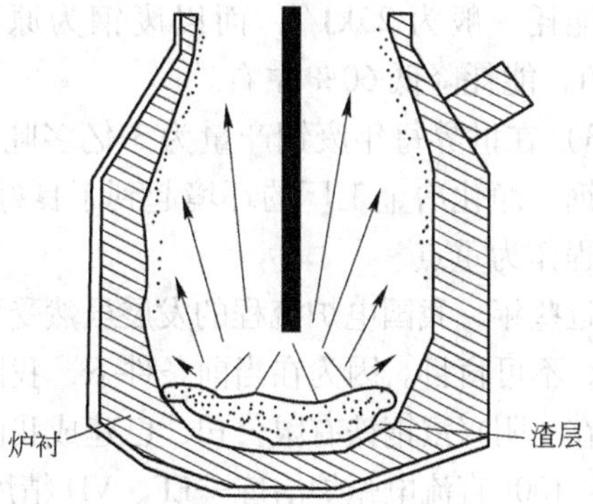

图 8-1 转炉溅渣示意图

（5）连续炼钢。目前国内外所有的炼钢方法，都未摆脱一炉一炉间断的生产方法。为改变炼钢生产的间断性，世界各国进行了大量试验，研究了多种能使炼钢过程连续进行的方法，取得了较好的效果。该方法主要有三类：槽式法、喷雾法和泡沫法。

连续炼钢的优点是：生产能力较大，工艺过程稳定；设备不间断使用，管理及操作简化；热损失较小，煤气回收充分，耐火材料消耗低；原材料和产品的运送、除尘等辅助工序的设备都可以相应简化，使厂房和附属设备结构简化，占地面积较少；建厂快，造价低，能耗低，生产成本低，劳动生产率高；有利于整个钢铁工业生产流程的连续化。

8.4.2 电炉炼钢方面

电炉炼钢方面的新技术有：

（1）短流程工艺。短流程工艺是相对于传统的长流程（高炉—转炉流程）工艺而言的。

电炉短流程以 20 世纪 90 年代初美国的电炉—薄板坯连铸流程为代表。该流程自投产以来，引起了世界钢铁界的重视。紧凑式电炉短流程是电炉短流程的典型代表，如图 8-2 所示。

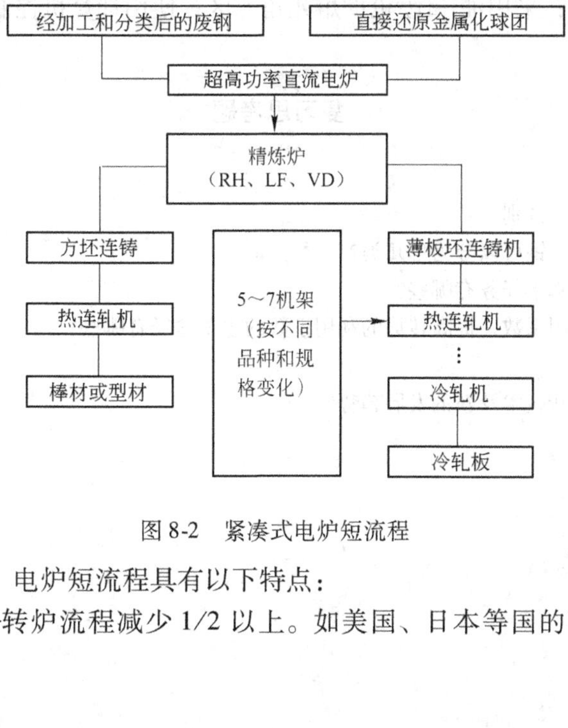

图 8-2 紧凑式电炉短流程

与传统流程相比，电炉短流程具有以下特点：

1）投资比高炉—转炉流程减少 1/2 以上。如美国、日本等国的薄板坯电炉短流程，实际费用约为传统流程的1/4。

2）生产成本低，劳动生产率高。钢铁联合企业从铁—焦—烧开始到热轧板卷为止，吨钢能耗一般为23kJ/t，而以废钢为原料的电炉钢厂短流程工艺生产的产品能耗接近10kJ/t，能耗降低60%左右。

3）在世界每年废钢产量为3亿多吨的情况下，电炉短流程的发展对于促进环保、消化废钢、净化冶金工厂的环境起到了良好的推动作用。因此，发达国家把发展紧凑式电炉短流程作为重点。

近些年，我国电炉流程的发展虽然受到重视，但发展电炉短流程应慎重一些，可以适当发展，不可盲目。因为在当前条件下，我国不具备电能和废钢方面的优势，即不具备成本优势。在江阴兴澄钢铁有限公司，已建成我国第一条四位一体的特殊钢短流程生产线，工艺流程为：100t直流电弧炉冶炼—LF、VD精炼—$R=12$m大方坯连铸—热送全连轧，全套全新设备从德国引进，能够开发生产合金结构钢、弹簧钢、齿轮钢、易切削钢、轴承钢、高压锅炉管坯钢等品种，将成为全国优质钢、特殊钢装备水平领先、产能超百万吨的企业。

（2）电炉容量大型化。由于大容量的炉子热效率高，可使每吨钢的电耗减少，同时，也使吨钢的平均设备投资大大降低，钢的成本下降，劳动生产率提高。如一个容量为320t的炉子与一个1.5t的小炉子相比，生产率相差100倍以上。在某些特殊情况下，要求大量优质钢水时，只有采用大容量电弧炉才能满足要求。所以世界上许多国家采用大容量电弧炉。目前180t以上的电弧炉有30座以上，其中最大的为400t。我国宝钢的电弧炉容量最大，为150t。

（3）超高功率电弧炉。超高功率电弧炉是指单位时间输入到电炉中的能量比普通电弧炉大2~3倍。其主要优点是：大大缩短了熔化时间，提高了劳动生产率；改善了热效率，进一步降低了电耗；使用大电流短电弧，热量集中，电弧稳定，对电网的影响小等。配套设备和相关技术有：采用大容量变压器，可在有载情况下变换电压；在炉体上大面积使用水冷炉壁和水冷炉盖；采用油-氧喷枪助熔死角冷区；使用计算机控制等。

复习思考题

8-1 简述钢与生铁的主要区别。

8-2 按化学成分和用途，钢可以分为哪几类？

8-3 把生铁熔炼成钢的基本任务有哪些？

8-4 何为转炉的日历利用系数，提高转炉的利用系数的主要途径有哪些？

8-5 何为转炉的炉龄？

8-6 在炼钢方面有哪些新技术及新的发展趋势？

9 炼钢原料

原材料是炼钢的物质基础，原材料的质量好坏与炼钢过程的操作顺利与否、钢产量高低、产品质量优劣密切相关。国内外生产实践证明，采用精炼并保证其质量相对稳定，是提高转炉炼钢各项技术经济指标和实现冶炼过程自动控制的重要途径。要实现炼钢的“高产、优质、低耗、多品种”，对原材料必须提出严格要求，既要考虑因地制宜充分利用当地资源条件，又要保证一定的质量和成分的相对稳定。

炼钢用原料可以分为金属料和非金属料两大类。

9.1 金属料

炼钢用的金属料，主要包括铁水、废钢和铁合金。

9.1.1 铁水

铁水是氧气转炉炼钢的主要金属料，一般占装入量的70% ~100%，铁水的物理热和化学热是氧气转炉炼钢的基本热源。因此，铁水的化学成分和温度是否合适和稳定，对于简化和稳定转炉操作并获得良好的技术经济指标十分重要。

9.1.1.1 铁水温度

铁水温度是铁水带入转炉物理热多少的标志，铁水物理热约占转炉热量总收入的52%左右。因此，铁水温度不应过低，否则炉内热量不足，影响熔池升温速度和元素氧化过程，不利于化渣和杂质的去除，还容易导致喷溅。应努力保证入转炉的铁水温度高于1250℃而且稳定，以利于保持炉子热行、迅速成渣、减少喷溅。

9.1.1.2 铁水成分

铁水中除了金属铁外，还有碳、硅、锰、磷、硫等元素。氧气顶吹转炉炼钢对铁水成分适应性很强，能够将各种成分的铁水吹炼成钢。但是只有铁水中各元素的含量适当而且稳定才能保证转炉正常冶炼和获得良好的技术经济指标。因此，应力求提供成分适当且稳定的铁水。合适的铁水成分应根据冶炼需要、钢种及经济效果等方面因素综合确定。

(1) 碳。碳是铁水中除铁之外含量最多的元素。铁水中的碳含量一般在4.00%左右。碳的氧化不仅为转炉炼钢提供吹炼过程所需要的大量热量，同时碳的氧化反应产生的CO气体在上升逸出时能强烈搅拌熔池，对工艺操作十分重要。

(2) 硅。硅是氧气转炉炼钢过程的重要发热元素之一。铁水含硅量高，能增加转炉热量来源，提高废钢比，降低炼钢成本。铁水含硅量每增加0.10%，可增加废钢比1.3% ~1.5%。硅的氧化物二氧比硅是炉渣的主要成分，硅高可增加渣量，有利于去除磷、硫。但是，含硅量过高有很多缺点，渣中二氧化硅增多，石灰消耗量增加，渣量增大，因而使喷溅增大，随炉渣带走铁损增多，加上硅本身的烧损使钢水收得率降低；初期渣中（SiO_2）浓度高时对炉衬侵蚀严重，石灰溶解困难，去除磷、硫的条件恶化，耗氧量增多，吹炼时间延长等。相反，铁水含硅量过低也会使石灰溶解缓慢，渣量过少也不利于去除磷、硫。而且炉渣覆盖钢水不足，会引起金属喷溅，降低金属收得率。

（3）锰。铁水中的锰也是发热元素，但不是主要热量来源。铁水含有一定量的锰对炼钢有益，它能促进冶炼前期早化渣，改善炉渣流动性，减少石灰用量，提高炉衬寿命，并有利于去硫和减少氧枪粘钢提高金属收得率。终点钢水余锰量提高使锰铁消耗量减少。但如果要求铁水有较高的含锰量将使高炉焦比显著增加，生产率下降。一般要求 $w(Mn)/w(Si)$ 比值为0.8～1.0，对氧气转炉吹炼操作较为有利。

（4）磷。磷是强发热元素。磷在大多数钢种中属于有害元素，通常是在炼钢的氧化性气氛中去除的。转炉脱磷率约为85%～95%。铁水中含磷越低，转炉操作越简化，并有利于提高炼钢各项技术经济指标。

应当指出，高炉内不能去磷，高炉铁水含磷量主要取决于铁矿石的条件。因此，只能要求铁水含磷量相对稳定。

（5）硫。硫在绝大多数钢种中属于有害元素。硫来源于金属料、熔剂和燃料，其中铁水是硫的主要来源。氧气顶吹转炉炼钢的脱硫能力有限，因此，希望铁水含硫量应尽可能低。我国炼钢技术规范要求供给氧气顶吹转炉的铁水含硫量不得大于0.05%，最高不能大于0.07%，否则会造成氧气转炉吹炼困难，同时使石灰消耗量增加，生产率降低。

总之，转炉炼钢所用铁水的化学成分和温度应保持相对稳定，尽量不带渣或少带渣，保证氧气转炉吹炼顺利进行。

9.1.2 废钢

废钢是氧气转炉炼钢常用的另外一种重要的金属料，也是氧气转炉炼钢调整吹炼温度经常使用的冷却剂，一般占装入量的10%～30%。增加废钢比，可以降低转炉生产成本和原材料消耗。所以，提倡转炉多吃废钢。

废钢按其来源不同可分为本厂返回废钢（如废钢锭、汤道、残钢、轧钢的切头切尾、轧废、加工废料、报废设备、废轧辊等）和外购废钢（加工工业的废料和钢铁制品报废件等）。

废钢来源复杂，质量差异大。其中本厂返回废钢和某些专业化工厂的返回料成分比较明确，质量好。对冶炼的影响因素小。外购废钢则成分复杂，质量波动大，对转炉冶炼和技术经济指标有明显影响，需要适当加工和严格管理。从合理使用废钢和冶炼工艺出发，对废钢的要求是：

（1）不同性质的废钢分类存放，以避免贵重合金元素损失和造成熔炼废品。

（2）废钢入炉前应仔细检查，严防爆炸物品和毒品等混入封闭容器，严防混入铅、锌、锡、铜等有色金属，尤其是铅的密度大，能够沉入砖缝危及炉底。

（3）废钢应清洁干燥，尽量减少带入泥沙、耐火材料和炉渣等杂质。

（4）废钢的块度和单重应适当，对外形尺寸和单重过大的废钢，应预先进行切割处理，以便于顺利装炉，减轻对炉衬的撞击，并加速熔化。必须保证废钢在出钢前全部熔化。轻薄料应打包或压块，便于顺利装炉。

9.1.3 铁合金

为了脱除钢中的氧和调整钢液成分，转炉吹炼过程中要使用各种脱氧剂和铁合金。常用的铁合金有锰铁、硅铁、铝，复合脱氧剂有硅锰合金、硅钙合金、硅锰铝合金、硅铝铁合金等。

铁合金品种多，原料来源广，生产方法多种多样。同一合金的不同牌号中，合金元素含量越高，碳、磷等杂质含量越低，价格越高。

转炉使用铁合金时有如下要求：

（1）按所炼钢种要求选用适当牌号铁合金，以降低炼钢成本；

（2）块度合适，以 10 ~ 50mm 为宜，有利于减少烧损和保证钢的成分均匀；

（3）铁合金用量大时，使用前应烘烤，以减少带入钢中的气体；

（4）铁合金成分应符合技术标准规定，以避免炼钢操作失误，如硅铁中的含铝、钙量，沸腾钢脱氧用锰铁的含硅量，都直接影响钢水的脱氧程度。

9.1.4 冷铁

冷铁是铸铁块、废钢件和铁水壳的总称。铁水不足时可用冷铁做辅助金属料。低硫、低磷生铁可作为增碳剂和冷却剂使用。

9.2 非金属料

氧气转炉炼钢所用非金属料主要是造渣材料、氧化剂、冷却剂、增碳剂等。

9.2.1 造渣材料

造渣材料有石灰、白云石、萤石等。

（1）石灰。石灰是氧气转炉炼钢最主要的造渣材料，它有很强的脱磷和脱硫能力，且不损害炉衬。石灰的主要成分是氧化钙，石灰质量的好坏对炼钢的操作、产品质量、炉衬寿命等影响很大，必须引起重视。要求石灰含氧化钙高、二氧化硅和硫低，生烧或过烧率低，块度适当。具体为：$w(CaO) \geqslant 85\%$，$w(S) < 0.2\%$，块度 5 ~ 40mm，应新鲜干燥，在料仓存放时间不超过 3 天。

生烧和过烧石灰的反应差，成渣慢。应当尽可能采用轻烧的（1100℃左右）活性石灰。活性石灰的气孔率高（达 40%），呈海绵状，体积密度低，比表面积大，因而反应能力好，成渣快。

（2）白云石。生白云石的主要成分为碳酸钙（$CaCO_3$）和碳酸镁（$MgCO_3$）。现在氧气转炉普遍采用了轻烧白云石代替部分石灰造渣工艺，增加渣料中氧化镁含量，可以促进前期化渣，减少萤石用量；减少炉衬中氧化镁向炉渣中转移，稠化终渣，对于减轻炉渣对炉衬的侵蚀、提高炉衬寿命有明显效果。白云石可以单独煅烧，也可以把白云石和石灰石同窑混烧。对白云石的质量要求：$w(MgO) > 20\%$，$w(CaO) \geqslant 30\%$，$w(SiO_2) < 1.5\%$，块度 5 ~ 20mm，清洁，干燥。

（3）萤石。萤石的主要成分是氟比钙（CaF_2）。纯氟化钙的熔点为 1418℃，随着杂质含量增加，萤石的熔点降低。造渣过程中加入萤石能显著降低CaO、$2CaO \cdot SiO_2$的熔点和炉渣的黏度，加速石灰溶解，迅速改善碱性炉渣的流动性。萤石助熔的特点是作用快、时间短。但是大量使用萤石会使炉渣过稀，增加喷溅，加剧对炉衬的侵蚀。炼钢用萤石要求含氟化钙高，二氧化硅低。其化学成分是：$w(CaF_2)>85\%$，$w(SiO_2)<4\%$，$w(S)<0.2\%$，块度5～40mm，并要干燥、清洁。

9.2.2　氧化剂

氧气转炉炼钢使用的氧化剂有氧气、铁矿石和氧化铁皮等。

氧气是氧气转炉炼钢的主要氧化剂，现代工业炼钢用氧气是由空气经氧、氮分离后制取的，由厂内制氧站用管道输送到炼钢车间使用。要求氧气纯度不小于99.5%，氧气应脱除水分。氧气的使用压力一般为0.8～1.5MPa。

转炉炼钢有时也使用少量铁矿石、氧化铁皮做辅助氧化剂。造渣时加入铁矿石或氧化铁皮能增加渣中氧化铁，有利于化渣和脱磷反应，也是调节熔池温度用的冷却剂。铁矿石的主要成分是Fe_2O_3或Fe_3O_4，对铁矿石的要求是含Fe量高，杂质少，块度适中，并且要干燥、清洁。其成分要求是：$w(Fe)>50\%$，$w(SiO_2)<10\%$，$w(S)<0.2\%$，块度为5～30mm。

氧化铁皮来自连铸或轧钢车间，要求氧化铁含量不小于90%，杂质不大于3.0%，不得有油污和水分，使用前必须烘烤干燥。

9.2.3　冷却剂

氧气顶吹转炉炼钢的热量除能满足出钢温度要求外还有富余，为了准确命中终点温度，根据热平衡计算，必须加入一定量的冷却剂。常用的冷却剂有废钢、氧化铁皮、铁矿石、烧结矿、球团矿、石灰石等。其中主要是废钢、铁矿石和氧化铁皮。

废钢是最主要的一种冷却剂，冷却效果稳定，利用率高，渣量小，不易喷溅，缺点是加入时占用冶炼时间。

铁矿石既是冷却剂，又可以起氧化剂作用。矿石作冷却剂带有脉石，增加渣量和石灰消耗，同时一次加入不能太多，否则容易喷溅。

氧化铁皮一般与石灰一起加入炉内，但也可以在吹炼过程中随时加入。氧化铁皮细小体轻，加入后易浮于渣中，使渣中FeO含量增加，有利于化渣。氧化铁皮不仅能起到冷却剂的作用，同时能助熔，又是助熔剂。

9.2.4　增碳剂

转炉炼钢在吹炼过程中为了调整终点钢液含碳量使钢液增碳，而往钢液中加入的一些增碳物质称增碳剂。常用的增碳剂有无烟煤粉、石油焦和沥青焦等。对增碳剂的要求是：固定碳含量越高越好，灰分、挥发分和硫、磷含量越低越好，以免污染钢水。并且要有一定粒度，一般为3～5mm。使用时注意干燥，减少水分，保证钢的质量。

在开新炉时也使用焦炭来增加碳量和发热量，延长烘炉时间。

复习思考题

9-1 氧气转炉炼钢所用的原材料主要分为哪两类，各包括哪些？
9-2 氧气转炉炼钢对铁水化学成分与温度有哪些要求？
9-3 铁水含硅量过高会对吹炼带来哪些不良后果？
9-4 对入炉废钢有哪些要求？
9-5 氧气转炉炼钢对石灰质量有哪些要求？
9-6 萤石的主要成分与作用是什么，使用时应注意哪些？
9-7 氧气转炉炼钢对氧气的要求是什么？
9-8 氧气转炉炼钢常用的冷却剂有哪些，对它们的要求是什么？
9-9 对增碳剂有哪些要求？

10 铁水预处理技术

铁水预处理是指铁水兑入炼钢炉之前对其进行脱除杂质元素或从铁水中回收有价值元素的一种铁水处理工艺。

普通铁水预处理包括铁水脱硅、脱硫和脱磷（即“三脱”）。特殊铁水预处理是针对铁水中的特殊元素进行提纯精炼或资源综合利用而进行的处理过程，如铁水提钒、提铌、提钨等。

10.1 铁水预脱硫

10.1.1 铁水脱硫的优点

铁水脱硫是20世纪70年代发展起来的铁水处理工艺技术，它已成为现代钢铁企业优化工艺流程的重要组成部分。铁水脱硫的主要优点如下：

（1）铁水中含有大量的硅、碳和锰等还原性的元素，在使用各种脱硫剂时，脱硫剂的烧损少，利用率高，有利于脱硫。

（2）铁水中的碳、硅能大大提高铁水中硫的活度系数，改善脱硫的热力学条件，使硫较易脱至较低的水平。

（3）铁水中含氧量较低，提高渣铁中硫的分配系数，有利于脱硫。

（4）铁水处理温度低，使耐火材料及处理装置的寿命比较高。

（5）铁水脱硫的费用低，如在高炉、转炉、炉外精炼装置中脱除1kg硫，其费用分别是铁水脱硫的2.6、16.9和6.1倍。

（6）铁水炉外脱硫的过程中铁水成分的变化，比炼钢或钢水炉外处理过程中钢水成分的变化对最终的钢种成分影响小。

采用铁水脱硫，不仅可以减轻高炉负担，降低焦比，减少渣量和提高生产率，也可以使转炉不必为脱硫而采取大渣量高碱度操作，因为在转炉高氧化性炉渣条件下脱硫是相当困难的。因此，铁水脱硫已成为现代钢铁工业优化工艺流程的重要手段，是提高钢质量、扩大品种的主要措施。

早期的铁水脱硫方法有很多种：如将脱硫剂直接加在铁水罐罐底，靠出铁铁流的冲击形成混合而脱硫的铺撒法；也有将脱硫剂加入装有铁水的铁水罐中，然后将铁水罐偏心旋转或正向反向交换旋转的摇包法；之后逐步发展至今天采用的KR搅拌法及喷枪插入铁水中的喷吹法。

10.1.2 常用脱硫剂

经过长期的生产实践，目前选用作为铁水脱硫剂的主要是Ca、Mg、Na等元素的单质或化合物，常用的脱硫剂主要有：

钙基脱硫剂——电石粉（CaC_2）、石灰（CaO）、石灰石（$CaCO_3$）等；

镁基脱硫剂——金属镁、Mg/CaO复合脱硫剂、Mg/CaC_2复合脱硫剂；

钠基脱硫剂——苏打（Na_2CO_3）。

10.1.3 常用脱硫方法及其工艺

10.1.3.1 铁水罐搅拌法脱硫（KR 法）

搅拌法是铁水脱硫技术的重要进展，它放弃了传统的容器运动方式，通过搅动来使液体金属与脱硫剂混合接触达到脱硫目的。

搅拌法分为两种形式即莱茵法和 KR 法。

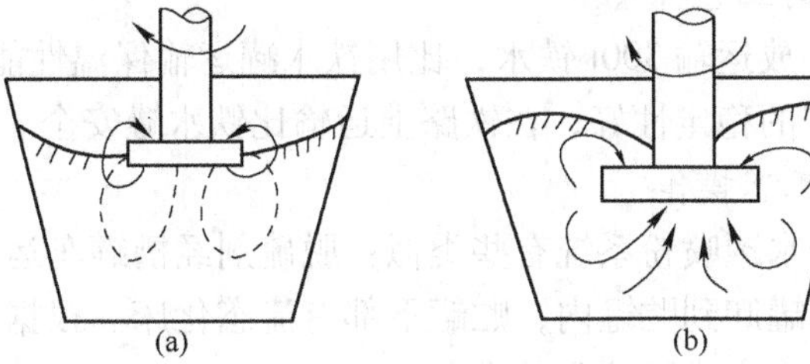

图 10-1 搅拌法脱硫

（a）莱茵法；（b）KR 法

两种方法的最大区别是搅拌器插入铁水深度不同。莱茵法搅拌器只是部分地插入铁水内部，通过搅拌使罐上部的铁水和脱硫剂形成涡流搅动，互相混合接触，同时通过循环流动使整个罐内铁水都能达到上层脱硫区域实现脱硫；KR 法是将搅拌器沉浸到铁水内部而不是在铁水和脱硫剂之间的界面上，通过搅拌形成铁水运动旋涡使脱硫剂撒开并混入铁水内部，加速脱硫过程。

机械搅拌法脱硫就是将耐火材料制成的搅拌器插入铁水罐液面下一定深处，并使之旋转。当搅拌器旋转时，铁水液面形成 V 形旋涡（中心低，四周高），此时加入脱硫剂后，脱硫剂微粒在桨叶端部区域内由于湍动而分散，并沿着半径方向“吐出”，然后悬浮，绕轴心旋转和上浮于铁水中，也就是说，借这种机械搅拌作用使脱硫剂卷入铁水中并与之接触、混合、搅动，从而进行脱硫反应。当搅拌器开动时，在液面上看不到脱硫剂，停止搅拌后，所生成的干稠状渣浮到铁水面上，扒渣后即达到脱硫的目的。

脱硫前，铁水罐中若有高炉渣，应先扒渣，即脱硫前后要两次扒渣。

图 10-2 所示为 KR 专用罐工艺流程。

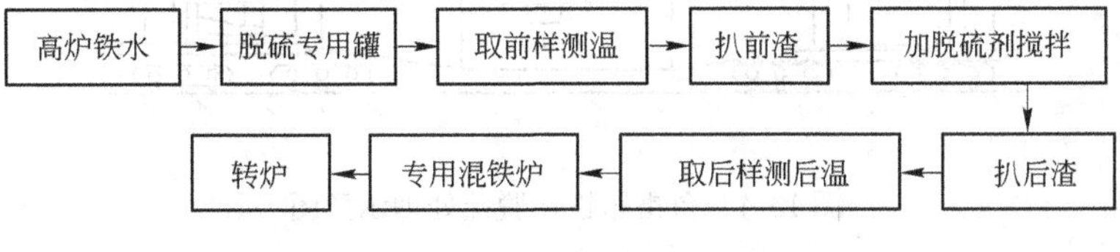

图 10-2 KR 专用罐工艺流程

高炉铁水罐直接 KR 法脱硫工艺流程如图 10-3 所示。

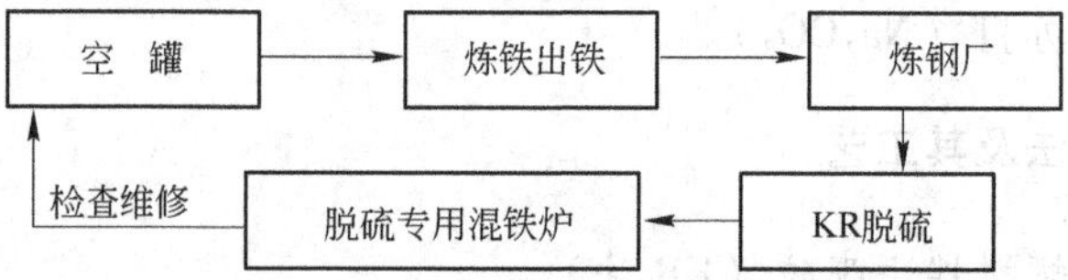

图 10-3 高炉铁水罐直接 KR 法脱硫工艺流程

10.1.3.2 混铁车喷粉脱硫

A 混铁车喷吹脱硫的工艺特点

(1) 混铁车一罐可存放运输 300t 铁水，比用铁水罐运输保温性能好，运输量大。

(2) 鱼雷罐式混铁车的稳定性好，在铁路上运输比铁水罐安全。

B 混铁车喷粉脱硫工艺操作

混铁车喷粉脱硫与铁水罐喷粉系统有些类似：脱硫剂经槽罐车运输至贮料罐贮存，采用氮气输送将脱硫剂从槽罐卸到贮罐内，贮罐下部有流态化床。根据需要的用量，将脱硫剂从贮料罐输送到喷粉罐，完成脱硫剂的准备。

铁水脱硫操作，见图 10-4，机车将装有铁水的混铁车先送到破渣位破渣，使铁水上部的渣层不至于结渣，然后再送到喷吹位落下防溅罩，先下测温取样枪测温取样，再下喷枪喷粉脱硫，根据化验结果确定喷吹脱硫剂数量，喷吹完成后再测温取样，然后提起防溅罩，机车将混铁车送至主厂房的铁水倒罐站，由混铁车将低硫铁水倒入铁水坑内称量台车上的铁水罐里，在铁水罐取样测温后将铁水罐吊至扒渣站扒渣，经扒渣后的铁水再兑入转炉。

混铁车翻完铁后，再用于装铁。但每送两次脱硫铁水后，必须到混铁车倒渣间倒出残存的脱硫渣和残余铁水。在脱硫站的一边设有专门倒渣间，在混铁车倒铁嘴下方设有渣罐台车，台车上装有渣罐和残铁罐，混铁车由机车送往倒渣间，混铁车倾翻先将残铁倒入残铁罐中，然后再将脱硫残渣倒入渣罐中。

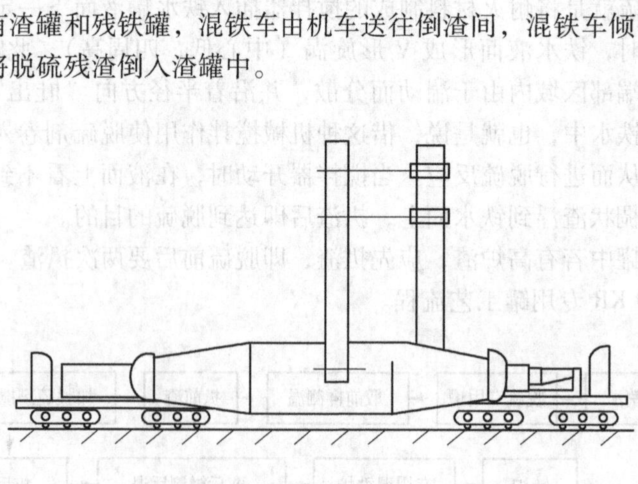

图 10-4 鱼雷车铁水脱硫处理示意图

混铁车喷吹脱硫工艺与铁水罐喷粉脱硫工艺相比，主要是喷吹脱硫的容器不同，从工艺流程来看，混铁车脱硫的主要缺点是脱硫前不能扒渣，而这些高炉渣的硫含量较高，因此会对脱硫操作带来不利影响。

10.2　铁水预脱硅

10.2.1　铁水脱硅的目的

铁水脱硅的目的是：

（1）减少转炉石灰用量，减少渣量与铁损。

（2）减少脱磷剂用量，提高脱磷脱硫效率。

10.2.2　铁水预脱硅原理

铁水中的硅与氧有很强的亲和力，因此硅很容易与氧反应而被氧化去除。脱硅的基本反应如下：

$$[Si] + 2/3Fe_2O_{3(s)} = SiO_{2(s)} + 4/3Fe_{(l)}$$

$$[Si] + 1/2Fe_3O_{4(s)} = SiO_{2(s)} + 3/2Fe_{(l)}$$

$$[Si] + 2FeO_{(s)} = SiO_{2(s)} + 2Fe_{(l)}$$

10.2.3　脱硅剂

常用的铁水脱硅剂均为氧化剂，主要有高碱度烧结矿粉、氧化铁皮、铁矿石、烧结粉尘等。

10.2.4　铁水预脱硅的方法

铁水预脱硅的方法有：

（1）高炉出铁沟脱硅。将脱硅剂加入铁水沟，经铁水落下流将脱硅剂卷入进行反应，降低了硅含量。

（2）鱼雷罐车或铁水罐中喷射脱硅剂脱硅。这种脱硅方法在专门的预处理站进行，采用插入铁水的喷枪脱硅。

（3）“两段式”脱硅。此为前两种方法的结合，先在铁水沟内加脱硅剂脱硅，然后在鱼雷罐车或铁水罐中喷吹脱硅。

10.3　铁水预脱磷

10.3.1　铁水预脱磷的基本原理

铁水预脱磷的基本原理是：铁水中的磷首先氧化成 P_2O_5，然后与强碱性氧化物结合成稳定的磷酸盐而去除。

10.3.2　铁水预脱磷的方法

铁水预脱磷方法主要有三种：

（1）在高炉出铁沟或出铁槽内进行脱磷；

（2）在铁水包或鱼雷罐车中进行预脱磷；

（3）在专用转炉内进行铁水预脱磷。

复习思考题

10-1　铁水预脱硫有什么优点？
10-2　常用的脱硫剂有哪些，石灰粉和电石粉作为脱硫剂各有什么特点？
10-3　KR 法脱硫的生产工艺流程是怎样的？
10-4　KR 法脱硫的扒渣操作是怎样的？
10-5　简述混铁车内脱硫的工艺特点。

11 转炉炼钢

11.1 转炉炼钢方法简介

转炉炼钢法是以铁水为主要原料，吹入氧气来氧化铁水中元素及杂质，并利用铁水中各元素氧化时的化学热及铁水物理热作为热源，将一定成分的铁水炼成合格温度及成分的钢液的冶炼方法。

氧气转炉炼钢法是当前国内外最主要的炼钢方法。氧气转炉炼钢法自20世纪50年代初问世以来，在世界各国得到了广泛应用，技术不断进步，设备不断改进，工艺不断完善。

氧气转炉炼钢法可分为顶吹法、底吹法、顶底复合吹炼法、侧吹法和顶底侧三向复合吹炼法五种。目前主要采用的是顶吹法和顶底复合吹炼法。

11.1.1 氧气顶吹炼钢法

1856年英国人贝塞麦发明了酸性空气底吹炼钢法。1878年德国人托马斯发明了碱性空气底吹转炉炼钢法。此后，转炉炼钢法曾在欧洲各国得到很大发展。氧气顶吹转炉炼钢法，始于1952年奥地利的林茨（Linz）和多纳维茨（Donawite），故欧洲把它称为LD法。

氧气顶吹炼钢法是将水冷氧枪自炉口垂直插入炉内，直接向熔池吹入高速氧流，将铁水中的碳、硅、锰、磷、硫氧化到所炼钢种的规格范围内，并利用铁水的物理热和元素氧化放出的热量获得熔炼所需要的高温，无需外部热源的一种炼钢方法。

氧气转炉炼钢法具有以下特点：

（1）吹炼速度快，生产率高。氧气顶吹转炉的冶炼周期为30min左右，吹氧时间仅十几分钟。

（2）热效率高。氧气顶吹转炉炼钢充分利用铁水的物理热和元素氧化的化学热，不需外加热源，且可配加10%～30%的废钢。

（3）钢的品种多，质量好（高低碳钢都能冶炼，S、P、H、N、O及夹杂含量低）。随着各种炉外精炼技术的发展，转炉冶炼的钢种更多。

（4）便于开展综合利用和实现生产过程计算机控制。

（5）与连铸容易配合。氧气顶吹转炉的冶炼周期与连铸浇铸周期容易协调配合，比较容易实现多炉连浇。转炉和连铸的生产能力均衡，也可使连铸机的作业率提高。

但是氧气转炉炼钢法也存在缺点，主要是吹损较大，金属收得率比较低；氧气流股对金属熔池的搅拌强度还不够强，熔池具有不均匀性，限制了供氧强度和生产率的进一步提高。

11.1.2 顶底复合吹炼法

转炉顶底复合吹炼法是在20世纪70年代末期研究成功的一种炼钢新工艺。氧气顶吹转炉炼钢法具有供氧强度大，熔池反应激烈、化渣迅速、冶炼时间短等优点。但是，吹炼过程不平稳、喷溅严重，氧在钢、渣之间的分配不平衡，特别是在吹炼后期，随着金属中碳含量减少，碳氧反应减弱，熔池搅拌条件变差，铁易过氧化，终渣（ΣFeO）高。而氧气底吹转炉则具有熔池搅拌好、吹炼平稳、喷溅少、终渣（ΣFeO）低、钢水收得率高等优点。但是，由于化渣困难，炉底寿命低，吹炼调节不灵活，氧气底吹转炉未能得到更大发展。研究发现转炉顶吹与底吹都有各自的优点和不足，并且两者优缺点可以互补，这促使人们研究能发挥两者各自优点的新方法，于是产生了顶底复合吹炼法。它是集顶吹和底吹优点于一体而产生的一种新的转炉吹炼方法。

转炉顶底复合吹炼法就是在顶吹氧气的同时从底部吹入少量惰性气体或氧气，增强熔池搅拌，从而克服顶吹氧流股搅拌力不足（特别在碳低时）的弱点，可使炉内反应接近平衡，吹炼平稳，铁损失减少，同时又保留了顶吹法容易控制造渣过程的优点，因而比顶吹法和底吹法具有更好的技术经济指标，成为氧气转炉炼钢的发展方向。

11.1.2.1 顶底复合吹炼法的种类

按照底部供气的种类不同主要分两大类：

(1) 顶吹氧气，底吹惰性、中性或还原性气体。底吹气体主要是氩气、氮气、一氧化碳等。顶吹氧气量和工艺制度与纯顶吹法基本相同，只是枪位略高些。底吹气体基本上不参与冶金反应，只起搅拌熔池作用。底吹气量较小，一般（标态）为 0.01 ~ 0.10m³/(t · min)，属于弱搅拌型。吹炼过程中钢、渣的成分变化规律与顶吹法基本相同。

这种类型的顶底复合吹炼又分多种方法，各种方法的区别主要是底部供气元件、底吹气体种类及其辅助操作的不同。目前，国内的顶底复吹转炉绝大多数属于这种类型。

(2) 顶、底部同时吹氧。这种类型的顶底复合吹炼法，既加强熔池搅拌，又起强化冶炼作用。大约有 8% ~30% 的氧气从底部吹入熔池，其余的氧由顶部收入。底吹供氧强度（标态）大约在 0.15 ~1.5m³/(t · min)。由于顶、底同时吹氧，在熔池的上部和下部形成两个反应区，在下部反应区，吹入的氧与金属中的元素反应，其中与碳反应可以生成两倍于氧气体积的 CO 气体，从而增大了底吹气体的搅拌作用；上部反应主要是控制炉渣熔化和进行碳氧反应。当底吹氧量达 20% ~30% 时，几乎能达到氧气底吹转炉的混合效果。这种类型的复合吹炼法，根据底吹供气元件和冷却介质的不同又分多种方法。除底吹氧气外，也可以同时吹入 CO_2、N_2、Ar。采用碳氢化合物（如天然气）冷却底吹供气元件。

11.1.2.2 顶底复合吹炼法的冶金特点

顶底复合吹炼法具有如下冶金特点：

(1) 熔池搅拌加强。顶吹转炉的熔池搅拌一方面靠顶吹氧气流股冲击熔池产生的搅拌力，另一方面靠碳氧反应生成的 CO 气体沸腾来搅拌熔池。后者提供的搅拌能力更大，但在吹炼后期，由于熔池中 $w[C]$ 降低，脱碳速度减小，熔池的搅拌明显减弱。在顶底复吹时，底部供气加强了熔池搅拌。使吹炼后期成分和温度的不均匀性得到改善，钢渣反应进一步接近平衡，提高了脱磷和脱硫效果。

(2) 脱碳速度加快、终点碳更低。熔池搅拌的加强，加快了吹炼后期的脱碳速度。底吹惰性气体时，气泡内 CO 分压几乎为零，有利于含碳量较低时脱碳反应的进行，在冶炼低碳或超低碳钢种时，不会使钢液过氧化。

（3）由于熔池搅拌加强，使得反应速度加快，底吹气流可抵消一部分顶吹气流反射的二次动能，使喷溅明显减少，吹炼过程平稳，可提高供氧强度，缩短吹炼时间，提高生产率。终渣（FeO）低，钢水和铁合金收得率提高。

（4）由于底吹气体加强了熔池搅拌，因此顶吹枪位可以提高，也不必频繁地变化枪位，高枪位操作有利于化渣和提高喷头使用寿命。

11.1.2.3 底吹气体的种类及其特点

氩气（Ar）是最理想的搅拌气体，它既不溶于钢液，也不危害钢的质量，且对炉底寿命影响较小。但是其来源少，成本较高，应合理使用。

氮气（N_2）容易获得，价格低廉，使用安全，但会溶解在钢中，在吹炼前、中期吹氮，终点前2~3min需切换成氩气吹扫钢液中的氮。这样既降低了炼钢成本，又保证了钢的质量。

二氧化碳（CO_2）可作为搅拌气体，也可与熔池中的碳进行反应，而且吸热，减缓对喷嘴周围耐火材料的侵蚀。反应后气量增加一倍，故搅拌力强。但CO_2来源少，一般与氧气联合（O_2+CO_2）使用。

一氧化碳（CO）是一种较好的搅拌气体，不危及钢的质量，增加炉气中的CO含量。使用时应注意安全，防止爆炸和煤气中毒。

底吹氧气既可加强熔池搅拌，又可强化冶炼。底吹氧时，严重侵蚀喷嘴及耐火材料，炉底寿命低。为此，应同时喷吹冷却介质冷却喷嘴。当底吹氧量不大时，可用Ar或CO_2作为冷却介质；当底吹氧量大时，可用碳氢化合物（如天然气，轻、重油等）作为冷却介质。并注意氢对钢质量的危害。

11.1.2.4 底部供气元件

曾经使用过的底部供气元件有喷嘴型、砖型和细金属管多孔塞砖型三种类型。

（1）喷嘴型供气元件。喷嘴型供气元件又分为单管式、双层套管式和环缝式。

1）单管式喷嘴。这是最早使用的一种供气元件。用无缝钢管埋在炉底衬砖中做成，不用任何冷却介质保护，适用于吹惰性气体。这种元件的气量调节幅度小，喷嘴及炉底衬砖侵蚀较快。现在使用较少。

2）双层套管式喷嘴。这是一种内为圆孔、外为环缝的喷嘴。当底吹氧气时，中心吹氧气，环缝喷吹碳氢化合物冷却介质。碳氢化合物在高温下裂解，吸收大量热，使喷嘴头部及附近炉衬得到冷却，减缓对炉衬的侵蚀。当底吹惰性气体时，环缝也吹惰性气体，环缝气体压力高于内管压力，起保护内管作用，减少其粘钢与侵蚀。气量调节幅度与单管式相同。

3）环缝式喷嘴。其结构与双层套管式相同，但是将中心管用泥料堵死，只留环缝供气，可提高喷嘴及炉底寿命。

（2）透气砖型供气元件。

1）弥散型透气砖。最初使用的透气砖型供气元件是一种弥散型透气砖。制砖时，在砖内形成许多弥散分布的微孔（约0.147mm，100目），这种透气砖供气分布均匀，气孔不会被堵塞，气量调节范围大。但砖的气孔率高、致密度差、气流绕行阻力大，故寿命低，且不能大量供气。

2）钢板包壳砖。这种砖由多块耐火砖以不同形式拼凑成各种砖缝并外包不锈钢板而成。气体经下部气室通过砖缝进入炉内，由于耐火砖致密，寿命比弥散型高。但钢壳易开裂，砖缝不均造成供气不均匀、不稳定。

3）直孔型透气砖。在发展钢板包壳砖的同时出现了直孔型透气砖，砖内分布许多贯通的直孔。此孔是在制砖时埋入许多细的易熔金属丝，在焙烧过程中熔化而形成的。因此，砖的密度比弥散型高，气流阻力小。砖型供气元件的最大优点是可调气量范围大，允许气流间断，对操作有较大的适应性。但不适用于吹氧及喷粉。

（3）细金属管多孔塞式供气元件。这种供气元件是将许多细的不锈钢管埋设在耐火材料中制成的。各钢管焊装在一个集气箱内。这种供气元件在供气均匀性、稳定性和使用寿命方面都比较好。调节气量幅度比较大，而且通过适当控制供气压力也可以中断供气。

11.2 氧气顶吹转炉主要设备

转炉系统设备包括转炉炉体、支承装置和倾动机构。转炉是车间的核心设备，设计一座结构合理、满足工艺要求的转炉是保证炼钢生产正常进行的必要条件。

11.2.1 转炉炉型

转炉炉型是指转炉炉膛的几何形状，指由耐火材料砌筑成的炉衬内型。

炉型及其主要参数不仅对转炉炼钢的生产率、金属收得率、钢水质量、炉衬寿命和原材料消耗等技术经济指标都有重要影响，还直接关系着冶炼工艺的顺利进行。

合理的炉型应能适应炉内金属液、炉渣和炉气的循环运动规律，有利于提高供氧强度和减少喷溅，从而加快炉内物理化学反应，降低原材料消耗。还应考虑转炉倾动力矩要小，炉壳容易制造，炉衬砖砌筑方便，以便改善劳动条件。砌好砖衬的内型应尽量接近停炉后残余炉衬的轮廓，以利于减少炉衬的局部侵蚀，延长炉龄，降低耐火材料消耗。

由于均衡炉衬的发展，各国实践中的炉型没有统一的模式。按照金属熔池形状的不同可大体归纳出如下三种类型的炉型：筒球型、锥球型和截锥型，如图11-1所示。

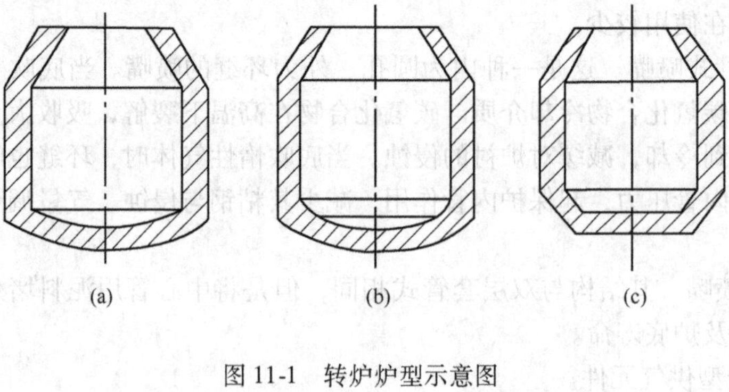

图11-1 转炉炉型示意图

（a）筒球型；（b）锥球型；（c）截锥型

（1）筒球型。筒球型转炉的炉帽为截锥形，炉身为圆柱形，炉底为球缺形，熔池由一个圆柱和一个球缺两部分组成。这种炉型的特点是形状简单，炉壳容易制造，砌砖简便，它的形状接近于金属液的循环运动轨迹，有利于反应的进行。与其他两种炉型相比，在相同的熔池直径和熔池深度情况下，熔池的容积大，即装入量大，比较适用于大炉子。

（2）锥球型。这种炉型的特点是熔池由截锥和球缺两部分组成，其余部分与筒球型相同。截锥的倒锥角一般为12°~30°。它的形状比较符合钢渣环流的要求。与同容量的筒球型炉型相比熔池深度相同，这种炉型的熔池面积比较大、钢渣界面积大，有利于去除磷、硫反应的进行。

（3）截锥型。截锥型转炉熔池由一个倒置的截锥体组成，其余部分与筒球型相同。这种炉型的特点是形状简单，炉底砌砖简便。其形状基本上能满足冶炼反应的要求，但不是太理想，适用于小型转炉。

11.2.2　炉壳

现代氧气顶吹转炉车间是以转炉设备为主体，同时配备供氧、供料、出钢、出渣、浇铸、烟气处理及修炉等作业系统和工艺设备。

转炉的主体设备是实现炼钢工艺操作的主要设备，它由转炉炉体、支承装置和倾动机构等组成。转炉炉体包括炉壳和炉衬，炉体支撑装置由托圈、耳轴、轴承座等部件组成，炉体的转动是通过倾动机构的作用来完成的，见图11-2。

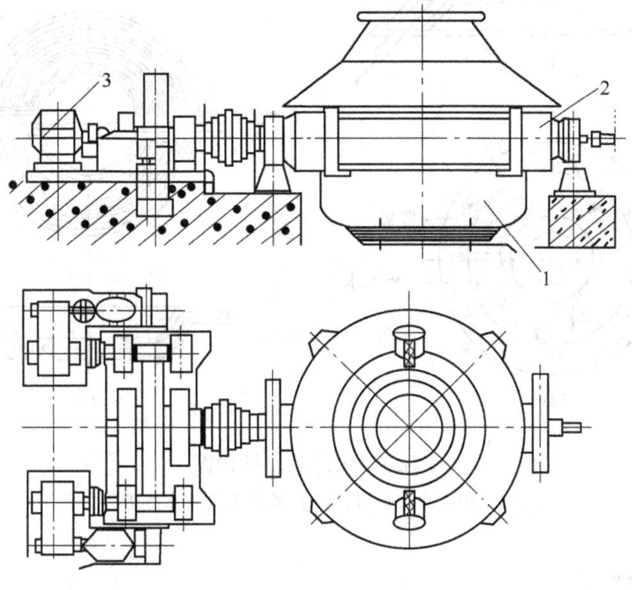

图11-2　氧气顶吹转炉总体结构

1—炉体；2—支撑装置；3—倾动机构

炉壳由截锥形炉帽、圆筒形炉身和球缺形（或截锥形）炉底三部分组成，各部分用钢板加工成形后焊接和用销钉连接成整体。

炉壳的作用主要是承受炉衬、钢液和炉渣的全部重量，保持炉子有固定的形状；承受转炉倾动时巨大的扭矩；承受炉子受热时产生的巨大热应力；承受加废钢、清理炉口结渣等操作产生的应力。因此，要求炉壳使用的钢板应具有足够的强度和刚度，在高温时能耐时效硬化，抗蠕变及良好的成形性和焊接性能。

炉帽、炉身和炉底三部分的连接方式因修炉方式不同而异，采用活动炉座的小炉子、炉帽与炉身为可拆卸式，用楔形销钉连接。采用死炉座下修法修炉的大、中型转炉，炉身与炉底为可拆卸式。修炉时用炉底车把活动炉底拆下来，修炉车从炉底伸入炉内修炉，炉身和炉帽的衬砖砌好后再把砌好砖的炉底装上，用吊架、丁字形销钉和斜楔（或其他形式）与炉身连接好。在吹炼过程中，炉口受炉渣和炉气的冲刷侵蚀容易损坏变形。

为了保持炉口的形状，提高炉帽寿命和便于清除炉口处结渣，目前，普遍采用了水冷炉口。水冷炉口有水箱式（图 11-3a）和铸铁埋管式（图 11-3b）两种结构。水箱式水冷炉口是用钢板焊成的，在水箱内焊有若干块隔板，使进入水箱内的冷却水形成蛇形回路，隔板同时起筋板作用，增加水冷炉口刚度，这种结构的冷却强度大并且容易制造，但比铸铁埋管式容易烧穿。

铸铁埋管式水冷炉口是把通冷却水的蛇形钢管埋于铸铁内。这种结构的水冷炉口安全性和寿命比水箱式高，但是制造困难。目前采用水箱式水冷炉口的比较多。

水冷炉口可用销钉、斜楔与炉帽连接。炉帽上通常焊有挡渣板（护板、裙板），防止喷溅物烧损炉体及托圈，或沉积在托圈上而恶化托圈的冷却条件。有的转炉还在挡渣板背面焊有蛇形水冷管通水冷却，以提高其寿命和减少喷溅物的沉积量。

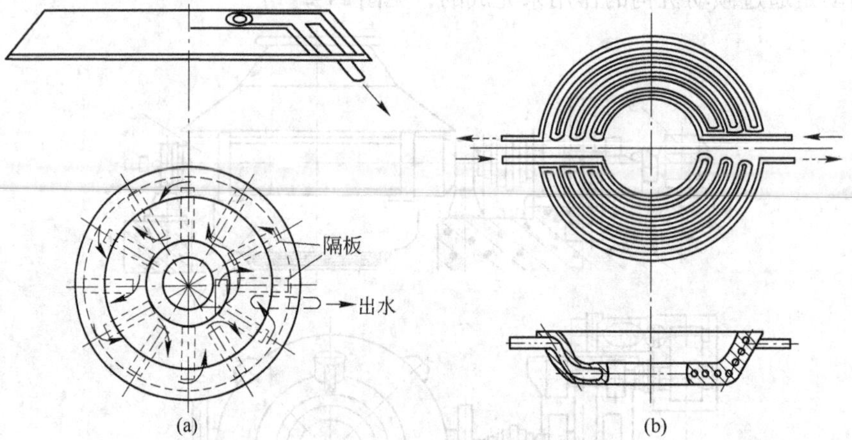

图 11-3 水冷炉口结构图
（a）水箱式水冷炉口；（b）铸铁埋管式水冷炉口

11.2.3 托圈和耳轴

托圈和耳轴是用来支撑炉体并使之倾动的构件。它在工作中除承受炉壳、炉衬、钢水和炉渣全部重量外，还要承受由于频繁启动、制动和兑铁水、加废钢等操作产生的突然冲击应力。因此，托圈必须具有足够的强度、刚度和冲击韧性。

（1）托圈。托圈结构是由钢板焊成的矩形断面的环形结构。小转炉的托圈做成整体结构，大、中型转炉的托圈由于重量和尺寸都大，为了便于制造和运输，通常分成两段或四段制造，各段间可用法兰连接，运至转炉车间装配成整体。

（2）耳轴。转炉两侧的耳轴是阶梯形圆柱体构件。转炉和托圈的全部重量都通过耳轴经轴承座传递给地基。倾动机构的扭矩又通过一侧耳轴传递给托圈和炉体。因此，耳轴应有足够的强度和刚度，一般用合金钢锻造加工而成。为了用水冷却托圈、炉口和耳轴本身，将耳轴做成空心结构。

耳轴与托圈的连接可以通过法兰螺栓连接、过盈配合和耳轴与托圈直接焊接等方法连接。

11.2.4 倾动机构

11.2.4.1 对转炉倾动机构的要求

倾动机构的作用是倾动炉体，以满足兑铁水、加废钢、取样、出钢和倒渣等工艺操作的要求。对倾动机构的性能有以下几点要求：

（1）应能使炉体正反旋转 360°，并能平稳而又准确地停留在预定位置，在启动、旋转和制动时能保持平衡，操作灵活，还要与氧枪和烟罩升降机构等操作保持一定的联锁关系，以免误操作。

（2）倾动速度以转炉每分钟的转数来表示，即 r/min。大、中型转炉应具有两种以上倾动速度，在出钢、倒渣、测温取样等操作时要求平稳而缓慢地倾动，避免钢、渣溅出炉外，当转炉大幅度倾动时，如刚从垂直位置摇下或从水平位置摇起时，采用快速倾动，以便节约辅助时间，即将到达预停位置时采用慢速，以便停准停稳。

（3）倾动机构必须安全可靠，应避免传动机构的任何环节发生故障。

（4）当托圈发生挠曲变形而引起耳轴轴线偏斜时，仍能保持各传动齿轮副的正常啮合。

（5）结构紧凑，占地面积少，效率高，投资少，维护方便。

11.2.4.2 倾动机构类型

倾动机构的配置形式有落地式、半悬挂式和悬挂式三种类型。

（1）落地式。落地式倾动机构是转炉采用最早的一种配置形式，除末级大齿轮装在耳轴上外，其余全部安装在地基上，大齿轮与安装在地基上传动装置的小齿轮相啮合。这种倾动机构的特点是结构简单，便于制造和安装维修。但是当托圈挠曲变形严重而引起耳轴轴线产生较大偏差时，影响大小齿轮的正常啮合。另外，还没有满意地解决由于启动、制动引起的动载荷的缓冲问题。这种机构对于大、中型转炉存在设备占地面积和重量较大的缺点。

（2）半悬挂式。半悬挂式倾动机构是在落地式基础上发展起来的，它的特点是把末级大、小齿轮通过减速器箱体悬挂在转炉耳轴上，其他传动部件仍安装在地基上，所以称为半悬挂式。悬挂减速器的小齿轮通过万向联轴器或齿式联轴器与主减速器连接。当托圈变形使耳轴偏斜时，不影响大、小齿轮间正常啮合。其重量和占地面积比落地式有所减少，但占地面积仍然比较大。它适用于中型转炉。

（3）悬挂式。悬挂式倾动机构是将整个传动机构全部悬挂在耳轴外伸端上，末级大齿轮悬挂在耳轴上，电动机、制动器、一级减速机都悬挂在大齿轮的箱体上。

悬挂式倾动机构的特点是：结构紧凑，重量轻，占地面积小，运转安全可靠，工作性能好。多点啮合可以充分发挥大齿轮作用，使单齿轮传动力大大减少，末级齿轮副的中心距和重量也大为减小。多点啮合由于采用两套以上传动装置，当其中1～2套损坏时，仍可维持操作，安全性好。由于整套传动装置全部悬挂在耳轴上，托圈的扭曲变形不会影响齿轮副的正常啮合。柔性抗扭缓冲装置的采用，使传动平稳，有效地降低了机构的动载荷和冲击力。但是全悬挂机构进一步增加了耳轴轴承的负担，啮合点增加，结构复杂，加工和调整要求也较高。新建大、中型转炉采用悬挂式的比较多。

11.2.5　其他设备

11.2.5.1　供氧系统与设备

供氧设备包括氧枪和供氧系统。氧枪是关键设备。

顶吹转炉吹炼所需的氧气全通过氧枪供给。氧枪自上而下插入炉内，氧气由其端部喷嘴喷向熔池表面。

氧枪又称喷枪或吹氧管，由喷头、枪身和枪尾三部分组成，如图11-4所示。

氧枪按氧枪外形可分为直氧枪和弯氧枪两种。直氧枪制造容易、使用方便，是目前使用最普遍的一种氧枪。

氧枪喷头通常是用紫铜锻造后切削加工制成或铸造成形，因为紫铜的导热性良好，可以把喷头吸收的热量迅速传递给冷却水带走，使喷头得到有效冷却，防止喷头烧坏。枪身由三层无缝钢管套装而成，由内向外依次称为中心氧管、中层套管和外层套管，中心氧管是输送氧气的通道，中心氧管和中层套管之间形成的环缝为冷却水的进水通道，中层套管和外层套管之间形成的环缝为冷却水的回水通道。枪尾结构由氧气及冷却水进出水管接头、提升氧枪的吊环、法兰盘等组成。

喷头是氧枪的核心部分，它是一个能量转换器，通过喷头把氧气的压力能最大限度地转化为动能，获得超声速流股来冲击搅拌熔池。

目前，顶吹转炉使用的氧枪喷头有多种，有单孔拉瓦尔型（图11-5a），三孔拉瓦尔型(图11-5b）和多孔拉瓦尔型等。使用最多的是三孔拉瓦尔型喷头。

大、中型转炉普遍采用了三孔或三孔以上的多孔喷头。多孔喷头是变集中供氧为分散供氧，在熔池面上形成多个反应区，增大了氧流股对熔池的冲击面积，有利于加快炉内物理化学反应的进行。它具有吹炼平稳、化渣快、供氧强度高、喷溅少、金属收得率高等优点。

11.2.5.2　供料系统与设备

保证及时、快速地为转炉提供铁水、废钢、造渣材料以及铁合金等原材料是供料系统机构设备的任务。

在钢铁联合企业内，转炉炼钢一般采用高炉铁水直接热装，供应铁水方式有混铁炉、混铁车和铁水罐。

散状料主要是指炼钢用的造渣剂和冷却剂等，如石灰、白云石、萤石、铁矿石、氧化铁皮和焦炭等。散状料供应系统的主要设备有地面料仓、提升运输设备、高位料仓、称量

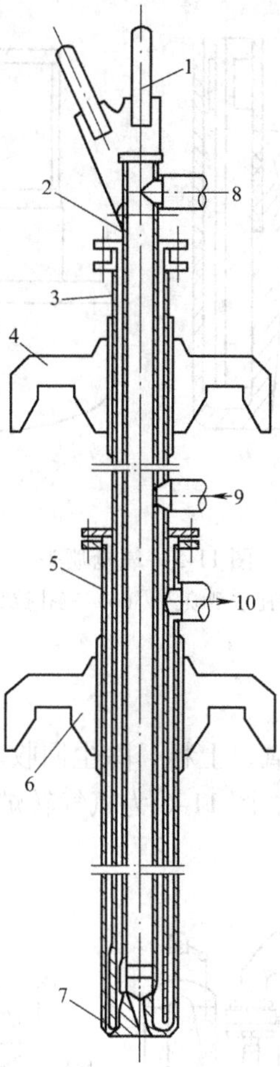

图 11-4 氧枪结构图

1—吊环；2—中心管；3—中层管；4—上托管；5—外层管；6—下托管；
7—喷头；8—氧气管；9—进水口；10—出水口

和加料设备。

废钢供应系统的主要设备有废钢坑、磁盘吊车、废钢吊车或地上装料机、平车及称量设备等。

11.2.5.3 烟气净化与回收系统

氧气顶吹转炉在冶炼过程中，铁水中的碳被激烈氧化，生成大量 CO 和少量 CO_2 气体，随同少量其他气体一起构成炉气。在气体中夹带大量氧化铁、金属铁和其他颗粒细小的固体烟尘。这种含尘烟气如不经净化回收处理而随意排放到大气中，一是污染环境，二是浪费能源。因此，要进行烟气的净化及回收。

烟气净化与回收系统概括为烟气的收集与输导、降温与净化、抽引与放散等三个部分。主要设备有烟罩、文氏管、脱水器、风机等。

回收系统的设备主要有煤气柜。

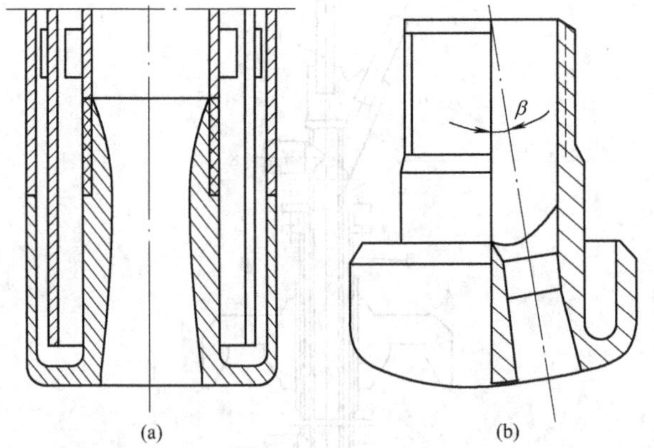

图 11-5　氧枪喷头
（a）单孔拉瓦尔型喷头；（b）三孔拉瓦尔型喷头

11.3　氧气顶吹转炉冶炼工艺

现代转炉炼钢车间由转炉、供氧、上料、除尘回收、出钢出渣、铁水和废钢的供应及连铸等作业系统和工艺设备所组成。图 11-6 为氧气转炉炼钢生产工艺流程示意图。

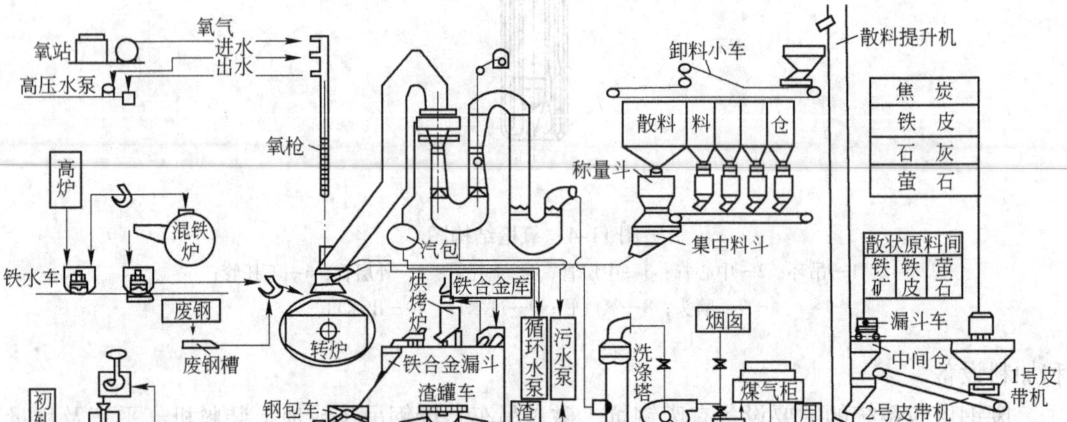

图 11-6　氧气转炉炼钢生产工艺流程示意图

氧气顶吹转炉炼钢法较其他炼钢法的一个重要特点就是氧气以高速射流形式穿入熔池金属液中，从而实现对金属液的冶金过程。显然，氧气射流的特性对冶炼过程有着重要的影响。

11.3.1　氧气射流对熔池的作用

氧气射流冲击熔池液面时，其冲击力使之形成一个凹坑，凹坑中心被吹入的气体占据。排出的气体沿着坑壁向上流出，排出气体上浮过程中，带动凹坑附近的液体向上流动，升至液面后，流向外侧（熔池壁），再沿壁向下流动，形成如图11-7的循环流动，从而对熔池金属液起到搅拌作用。同时，氧气与金属液及其所含元素的化学反应过程，也在这个区域激烈地进行。如果供氧压力小、枪位高，凹坑就较浅。熔池环流就弱，搅拌就弱，如果供氧压力大、枪位低，则凹坑较深，熔池环流强、搅拌也强。

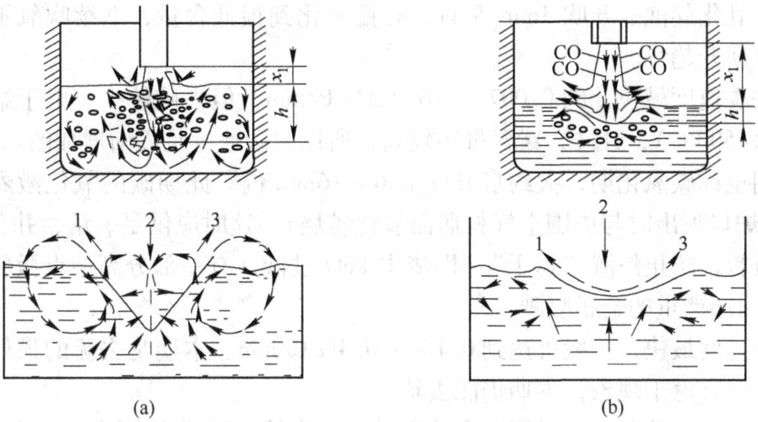

图11-7 氧气流股与熔池作用示意图

1，3—反射流股；2—向下主流股

在炼钢过程中，高速氧流股冲击熔池液面，把动能传给炉液，使炉液产生循环运动。增加氧压或降低氧枪高度使冲击面积减小，使熔池循环和搅拌增强，从而加速熔池金属的氧化，提高脱碳速度，但此时（FeO）低，对化渣不利，这种情况为硬吹。反之，情况相反。

熔池受到氧流的强烈冲击和CO气泡急剧沸腾搅拌作用，在熔池上部造成钢液-渣液-炉气三相的剧烈混合，部分钢液形成小液滴和气泡悬浮于渣液中，形成乳浊液和泡沫渣。

11.3.2 单渣法吹炼工艺

单渣法就是在吹炼过程中只造一次渣，中途不放渣直到终点出钢。单渣法的优点是：操作简单，易于实现吹炼过程自动控制，熔炼时间短，金属收得率较高。缺点是去磷、去硫能力较差。

单渣法一般适用于低磷、低硫、低硅铁水。

单渣法的每个冶炼周期由装料、吹炼和出钢三个阶段组成。

11.3.2.1 装料期

先将上一炉炉渣倒净，检查炉体，进行必要的补炉和堵好出钢口，然后开始装料。一般先装入废钢、铁矿石，之后兑铁水。装入量和废钢比必须合理确定。

11.3.2.2 吹炼期

装料完毕后，摇正炉体到吹炼位置（垂直位置），然后下氧枪并同时加入第一批渣料。

当氧枪降到开氧点时，氧气阀门自动打开，开始送氧。氧枪继续下降，到吹炼点吹炼正式开始。开吹1min后，降下活动烟罩回收煤气。

根据吹炼期金属成分、炉渣成分和熔池温度的变化规律，吹炼期又分为吹炼前期、吹炼中期和吹炼后期三期。

吹炼前期也称为硅锰氧化期，大约在开吹6min内。本期主要是硅、锰、磷的氧化，初渣的形成并乳化起泡。开吹3min左右，硅锰氧化到很低含量，继续吹氧不再氧化，而锰在后期稍有回升趋势。

本期的去磷速度最快，约0.007%～0.021%P/min，但去硫较少。由于熔池平均温度通常较低（<1500℃），且硅、锰含量还较高，所以脱碳速度是逐渐增加的。

吹炼中期也称碳氧化期，大约自开吹后6～16min内。此期碳的氧化激烈，碳焰长而白亮（CO自炉口喷出时与周围空气相遇而氧化燃烧）。这时应供足氧量，并分批加入铁矿石和第二批渣料，防止炉渣“返干”（即渣中FeO过低，有一部分高熔点微粒析出，使炉渣变黏），而引起严重的金属喷溅。

本期脱碳速度最快，一般可达到0.1%～0.4%C/min。本期是去硫的最好时期。若炉渣流动性好，没有返干现象，本期仍能去磷。

吹炼后期也称拉碳期。本期钢液含碳量已大大降低，脱碳速度明显减弱，火焰短而透明。若炉渣碱度高，流动性又好，仍然能去磷和去硫。

吹炼后期的任务，是根据火焰状况、吹氧数量和吹炼时间等因素，按所炼钢种的成分和温度要求，确定吹炼终点。出钢温度一般比钢的熔点高70～120℃，即高碳钢1540～1580℃，中碳钢1580～1600℃，低碳钢1600～1640℃。

判定吹炼终点后，提升氧枪并停止供氧，倒炉进行测温和取样。根据测定和分析结果，决定出钢温度或补吹时间。

吹炼后期，炉气中CO较少，可升起活动烟罩，停止回收煤气。

11.3.2.3　出钢期

出钢时倒下炉子，先向炉内加入锰铁，然后打开出钢口并进行挡渣出钢（以避免回磷和回硫），将钢水倒入钢包。出钢期间进行钢液的沉淀脱氧和合金化。一般在钢水流出总量的四分之一时开始加入，至流出总量四分之三以前全部加完。根据是镇静钢还是沸腾钢以及当时钢水沸腾情况，向钢包投入适量的锰铁，镇静钢还要加入硅铁并用铝锭使钢液最后脱氧。

钢水放完，运走钢包，将炉渣倒入渣罐。

每炉钢纯吹炼时间20min左右，两炉间隔时间约30min。

枪位控制多采用恒压变枪位操作或分期定压变枪位操作。

11.3.3　双渣法吹炼工艺与特点

双渣法适用于吹炼含硅、磷、硫较高的铁水和优质钢及低磷中、高碳钢。为了提高去磷率和去硫率或者为了避免大渣量引起喷溅，在吹炼过程中需要倒掉或者扒出一部分炉渣（约1/2～1/3），再加适量的造渣材料。根据铁水条件和所炼钢种的要求，也可以多次倒炉造新渣。

对于含硅量或含磷量较高的铁水，如采用单渣法吹炼，必然要加入大量渣料，保持大渣量才能将硫、磷去除到所炼钢种要求。这不仅增加了渣料消耗，减少废钢比，而且容易造成吹炼过程中大喷，从而降低金属收得率。双渣法是先造一次碱度较低的初期渣，充分利用吹炼前期温度低、渣中（FeO）较高的有利条件多去磷，倒出部分初渣后，可减轻后期的去磷任务，提高总的脱磷效率。前期低碱度渣倒出后，有利于后期造高碱度的渣。同时可以减轻对炉衬的侵蚀，减少石灰的消耗量，又可避免因大渣量引起的喷溅。

要应用好双渣操作，其关键是选择合适的倒渣或扒渣时间。倒渣时间过早或过晚都不好。一般在渣中含磷量最高、含铁量最低的时刻倒渣最好，能达到脱磷效率最高、铁的损失最小的良好效果。

吹炼高硅、中磷铁水时，一般在硅锰氧化结束、碳焰上来不久，即开吹3～5min左右放渣。吹炼中、高磷铁水，中、高碳钢时，一般在$w[C]=1.2\%\sim1.5\%$时放渣。冶炼低碳钢时，一般在$w[C]=0.6\%\sim0.7\%$时放渣。

11.3.4 留渣法吹炼工艺与特点

留渣法是在双渣操作的基础上，将上一炉出钢后炉内的高碱度、高温、有一定（FeO）含量的终渣留下一部分或全部给下一炉使用。在吹炼中途进行倒渣或扒渣，然后再加渣料重新造渣。这种操作有利于初期渣的形成，能达到良好的脱磷、脱硫效果。

留渣法可以减少石灰用量，回收部分热量和金属铁，是一种较经济的造渣方法。在留渣操作时，要首先加石灰稠化炉渣，否则会产生兑铁水大喷事故，因此操作时必须小心谨慎。留渣操作一般是和双渣操作相结合来进行的，这样一方面利用双渣法操作时含硫、磷量均不太高的终渣，另一方面可以利用留渣法前期去磷、去硫好的特点，来达到较高的全程去磷和去硫效率。

复习思考题

11-1 简述氧气顶吹转炉炼钢法的特点。

11-2 简述氧气底吹转炉炼钢法的冶金特点。

11-3 简述氧气顶底复合吹炼法的冶金特点。

11-4 简述氧气射流的特性及其对熔池的作用。

11-5 什么是转炉炉型，目前转炉炉型有哪几种类型？并说明各自特点及适用的范围。

11-6 转炉炉体的金属结构由哪几部分组成？

11-7 炉壳由哪几部分组成？并说明各部分的特点。

11-8 托圈和耳轴的作用是什么？

11-9 转炉炼钢工艺对倾动机构有什么要求？

11-10 氧枪由哪几部分组成？

11-11 简述单渣法、双渣法及留渣法吹炼工艺及特点。

12 电炉炼钢

常用冶金电炉有电弧炉、感应炉、电渣炉等，目前世界上95%以上的电炉钢是用碱性电弧炉冶炼的。

12.1　电弧炉炼钢简介

电弧炉炼钢是通过石墨电极向电弧炼钢炉内输入电能，以电极端部和炉料之间发生的电弧为热源进行炼钢的方法。

12.1.1　电弧炉炼钢的优点

电弧炉炼钢的优点有：

（1）电弧炉炼钢是靠电弧进行加热，其温度可高达2000℃以上。

（2）电弧炉炼钢易精确控制温度和成分、热效率高、能控制炉内气氛等。

（3）电弧炉较转炉炼钢能较多地使用固体废钢（>70%），不像转炉那样需要热铁水，自然不需要庞大的炼铁和炼焦系统。

（4）电弧炉可以间断性生产，还可以满足各种小批量，特殊规格、品种用户的需要，因此，是一种“柔性”的炼钢法。

（5）能保证冶炼含磷、硫、氧低的优质钢，能使用各种元素（包括铝、钛等容易被氧化的元素）冶炼高附加值优质产品，同时也可以用来冶炼普通钢。

12.1.2　电弧炉炼钢的缺点

电弧炉炼钢的缺点有：

（1）耗电量大，相对转炉产量低。

（2）电弧电离空气和水蒸气生成 H_2、N_2，如进入钢水，将影响钢水质量。

（3）电弧是“点”热源，炉内温度分布不均匀，熔池平静时，各部位钢水温度相差较大。

12.1.3　电弧炉冶炼分类

电炉根据炉衬的性质不同，可以分为碱性炉和酸性炉。

（1）碱性炉的炉衬是用镁砂、白云石等碱性耐火材料修砌的，炼钢时要用石灰石为主的碱性材料造碱性渣，因此，碱性电炉能有效地去除钢中的有害元素磷、硫，适于生产轧制用钢锭和连铸坯。

（2）酸性炉的炉衬是用硅砖、石英砂、白泥等酸性材料修砌的，炼钢时用石英砂为主的材料造酸性渣，而酸性渣无去除硫、磷的能力，所以酸性炉炼钢要用含磷、硫低的原料，在特殊钢生产中不能大量采用，但酸性炉渣阻止气体透过的能力大于碱性炉，使钢液升温快，因而异型铸造车间多数使用酸性电炉。

目前广泛采用的是碱性电弧炉炼钢。

碱性电弧炉炼钢的工艺方法，一般分为氧化法、不氧化法及返回吹氧法。

（1）传统氧化法冶炼工艺是电炉炼钢法的基础。其操作过程分为：补炉、装料、熔化期、氧化期、还原期与出钢六个阶段。它的特点是冶炼过程有正常的氧化期，能脱碳、脱磷、去气、去夹杂，对炉料也无特殊要求。

（2）不氧化法在冶炼过程没有氧化期，能充分回收原料中的合金元素。对炉料要求比较高，需配入清洁少锈、含磷低的钢铁料，并且防止冶炼过程中吸气。

（3）返回吹氧法的特点是冶炼过程中有较短的氧化期（≤10min），造氧化渣，又造还原渣，能吹氧脱碳、去气、去夹杂。但由于该种方法脱磷较难，故要求炉料应由含低磷的返回废钢组成。

12.2 电弧炉主要设备

电弧炉主要机械设备由炉体金属构件、电极夹持器及电极升降装置、炉体倾动装置等几部分构成。电弧炉基本机构见图12-1。

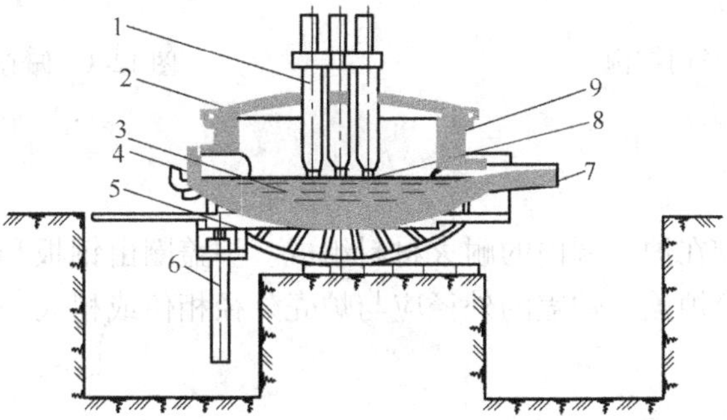

图12-1 三相电弧炉示意图

1—电极；2—炉盖；3—熔池；4—炉门；5—摇架；6—液压缸；7—出钢槽；8—电弧；9—炉体

12.2.1 炉体金属构件

12.2.1.1 炉壳

炉壳包括圆筒形炉身、炉底和上部加固三部分，一般用钢焊成。炉壳厚度随炉子容量和炉壳直径变化，通常选用为炉壳外径的1/200左右，通常炉壳钢板的厚度为12～30mm。

炉壳上沿的加固圈用钢板或型钢焊成。在大中型电炉上都采用中间通水冷却的加固圈，以增加炉壳刚度。

炉壳的作用有：

（1）承受炉衬和炉料的重量；

（2）抵抗装料时强大冲击力；

（3）能承受炉衬被加热时产生的热应力。

12.2.1.2 炉门

炉门包括门盖、炉门框、炉门槛、炉门升降机构等，结构见图12-2。

对炉门有如下要求：结构严密，升降简便灵活，牢固耐用，便于拆卸。

12.2.1.3　出钢槽

传统出钢口一般在炉体后部和炉门相对的中间位置，一般比炉门口高约100～150mm；出钢口直径一般为120～200mm，冶炼中一般用镁砂或碎石灰块堵塞。现在出现偏心炉底出钢槽。

出钢槽用钢板焊成，内砌耐火砖，目前采用整块耐火砖（如图12-3所示）。出钢槽一般做成与水平成8°～12°的倾斜角。

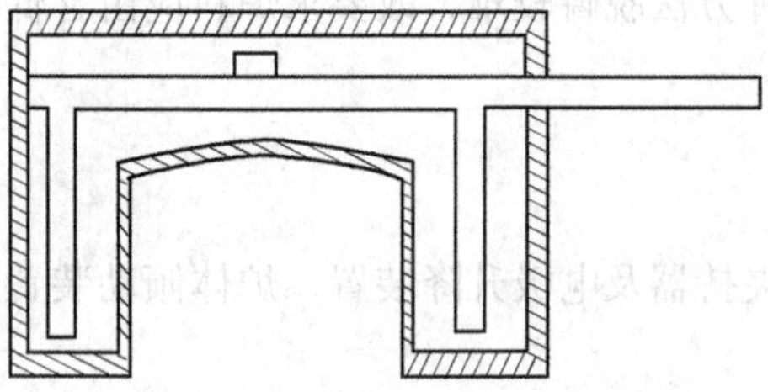

图12-2　炉门结构

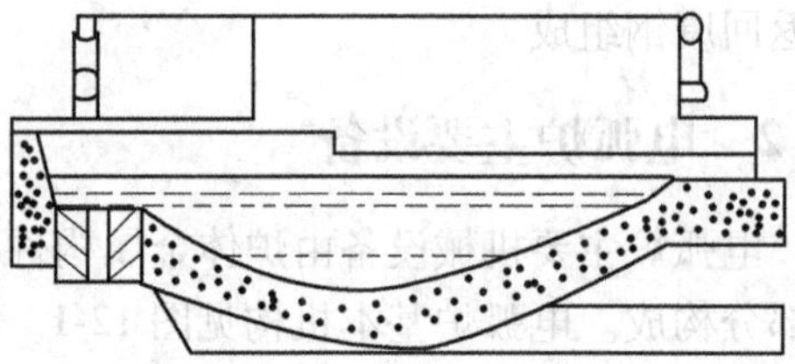

图12-3　偏心炉底出钢槽

12.2.1.4　炉盖

炉盖由炉盖圈和砌在炉盖圈内的耐火材料组成。炉盖圈由钢板和型钢焊接而成，为防止变形，一般采用水冷炉盖。炉盖的外径应与炉壳外径相仿或稍大一些，使炉盖支撑在炉壳上。

12.2.2　电极夹持器及电极升降装置

12.2.2.1　电极夹持器

电极夹持器的作用有：

（1）夹紧或松放电极；

（2）把电流传送到电极上。

电极夹持器主要组成有：夹头、横臂、松放电极机构，结构见图12-4。

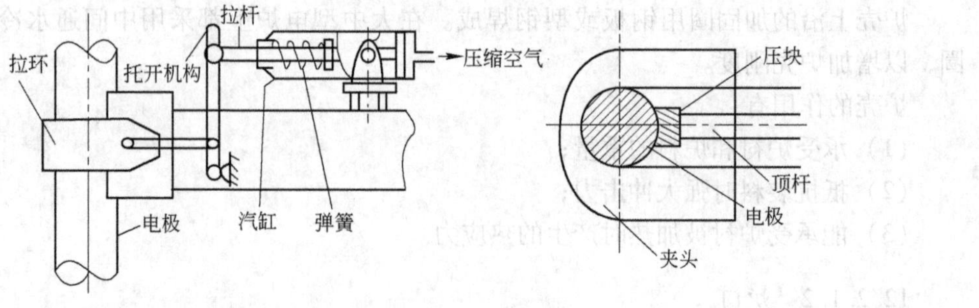

图12-4　电极夹持器

12.2.2.2 电极升降装置类型

电极升降装置类型有活动立柱式与固定立柱式两种，如图 12-5 所示。

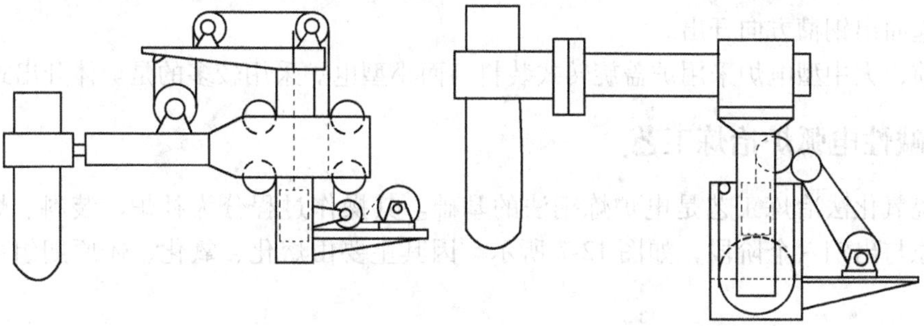

图 12-5 电极升降装置

(a) 固定立柱式；(b) 活动立柱式

(1) 固定立柱式。固定支柱是固定在炉子底座上的中空支柱。

(2) 活动立柱式。活动支柱是插入固定支柱中，可沿固定支柱内壁上下移动的支柱。

12.2.2.3 电极升降机构

电极升降机构（见图 12-6）满足下列条件：

(1) 升降灵活，系统惯性小，启动、制动快。

(2) 升降速度要能够调节。

电极升降机构有两种方式：液压传动、电动。

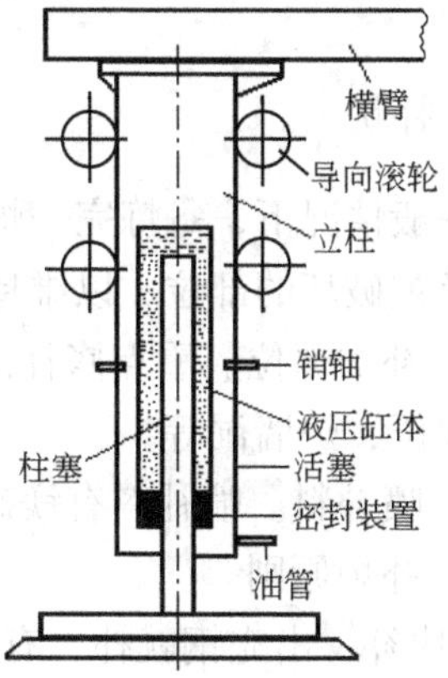

图 12-6 电极升降机构

12.2.3 炉体倾动机构

12.2.3.1 炉体倾动机构的要求

(1) 应能保证使炉体向出钢方向倾动 40°～45°，保证炉内钢液在出钢时能倒净；

(2) 向炉门方向能倾动 10°～25°，以便扒渣等操作；

(3) 炉体倾动速度一般为 0.7°～1.2°/s，炉子容量大时，倾动速度小些。

12.2.3.2 倾动机构分类

倾动机构可分为侧倾和底倾两种。

侧倾着力点在侧面炉壳上，多用于小型电弧炉；底倾着力点在炉底的炉壳上，多用于大中型电弧炉。

12.2.4 炉顶装料系统

炉顶装料系统有以下几种形式：

(1) 炉盖旋转式，就是升高电极和炉盖，然后整个悬臂架连同炉盖和电极系统向出钢口-变压器一侧旋转70°～90°，以露出炉膛进行装料。

（2）炉体开出式，就是装料时先升起电极和炉盖，同时将工作台移走，炉体向炉门方向开出。

（3）炉盖开出式，就是装料时先将炉盖和电极升起，然后龙门架连同炉盖、电极升降系统一起向出钢槽方向开出。

目前，大中型电炉采用炉盖旋转式装料，而小型电炉采用较多的是炉体开出式。

12.3　碱性电弧炉冶炼工艺

传统氧化法冶炼工艺是电炉炼钢法的基础。其操作过程分为补炉、装料、熔化、氧化、还原与出钢六个阶段，如图12-7所示。因其主要由熔化、氧化、还原期组成，俗称老三期。

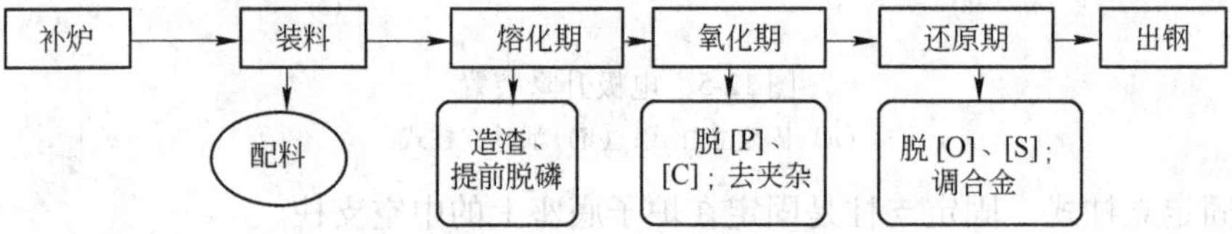

图12-7　碱性电弧炉冶炼工艺流程

12.3.1　补炉

在一般情况下，每炼完一炉钢后，在装料前要进行补炉，其目的是修补炉底和被侵蚀的渣线及被破坏的部位，以维持正常的炉体形状，从而保证冶炼的正常进行和安全生产。

（1）补炉部位。重点修补部位：2号电极附近的渣线，出钢口、炉门口两侧，炉底损坏严重部位，炉墙洞等。

（2）喷补料。喷补料有镁砂、沥青、卤水、白云石。

（3）补炉原则。

1）快补：出完钢就补，有利于补炉材料的黏结。

2）薄补：厚度在20～30mm较好，利于烧结。

3）重点补：2号电极附近的渣线，出钢口、炉门口两侧，炉底损坏严重部位，炉墙洞等。

12.3.2　装料

目前，广泛采用炉顶料罐（或叫料篮、料筐）装料，每炉钢的炉料分1～3次加入。装料的好坏影响炉衬寿命、冶炼时间、电耗、电极消耗以及合金元素的烧损等。因此，要求合理装料，这主要取决于炉料在料罐中的布料合理与否。

装料前应先在炉底铺上一层石灰，其重量约为炉料重量的2%，以便提前造好熔化渣，有利于早期去磷，减少钢液吸气和加速升温。

装料顺序：装料时应将小料的一半放入底部，炉子中心区放入全部大料、低碳废钢和难熔炉料，大料之间放入小料，中型料装在大料的上面及四周，大料的最上面放入小料。凡在配料中使用的电极块应砸成50~100mm，装在炉料下层，且要紧实，二次加料不使用大块料及湿料。炉内装料见图12-8。

总原则：下致密、上疏松；中间高、四周低，炉门无大料。

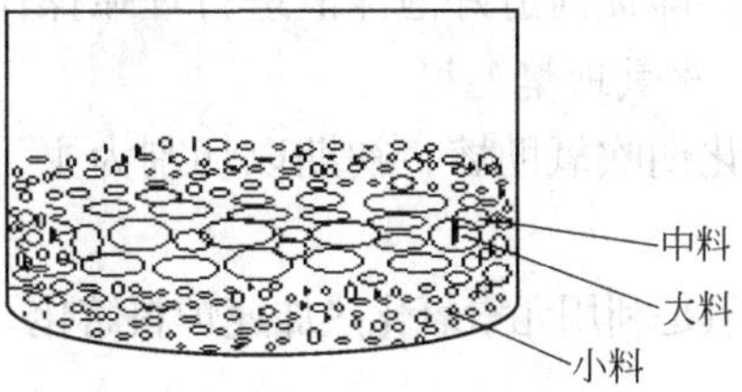

图12-8 炉内装料

12.3.3 熔化期

传统冶炼工艺的熔化期占整个冶炼时间的50%~70%，电耗占70%~80%。因此熔化期的长短影响生产率和电耗，熔化期的操作影响氧化期、还原期的顺利与否。

12.3.3.1 熔化期的主要任务

（1）将块状的固体炉料快速熔化，并加热到氧化温度；

（2）提前造渣，早期去磷，减少钢液吸气与挥发。

12.3.3.2 熔化期的操作

合理供电，及时吹氧，提前造渣。

A 炉料熔化过程及供电

在电弧炉炼钢工艺中，从通电开始到炉料全部熔清为止称为熔化期。熔化期的操作工艺（见图12-9）如下：

（1）起弧阶段。通电起弧时炉膛内充满炉料，电弧与炉顶距离很近，如果输入功率过大、电压过高，炉顶容易被烧坏，因此一般选用中级电压和输入变压器额定功率的2/3左右。

（2）穿井阶段。这个阶段电弧完全被炉料包围，热量几乎全部被炉料吸收，不会烧坏炉衬，因此使用最大功率，一般穿井时间为20min左右，约占总熔化时间的1/4。

供电上采取较大的二次电压、较大电流，以增加穿井的直径与穿井的速度。

（3）电极上升阶段。电极“穿井”到底后，炉底已形成熔池，炉底石灰及部分元素氧化，使得在钢液面上形成一层熔渣，四周的炉料继续受辐射热而熔化，钢液增加使液面升高，电极逐渐上升。这阶段仍采用最大功率输送电能，所占时间为总熔化时间的1/2左右。

（4）熔化末期。从电弧开始暴露给炉壁至炉料全部熔化为熔化末期升温期。应注意保

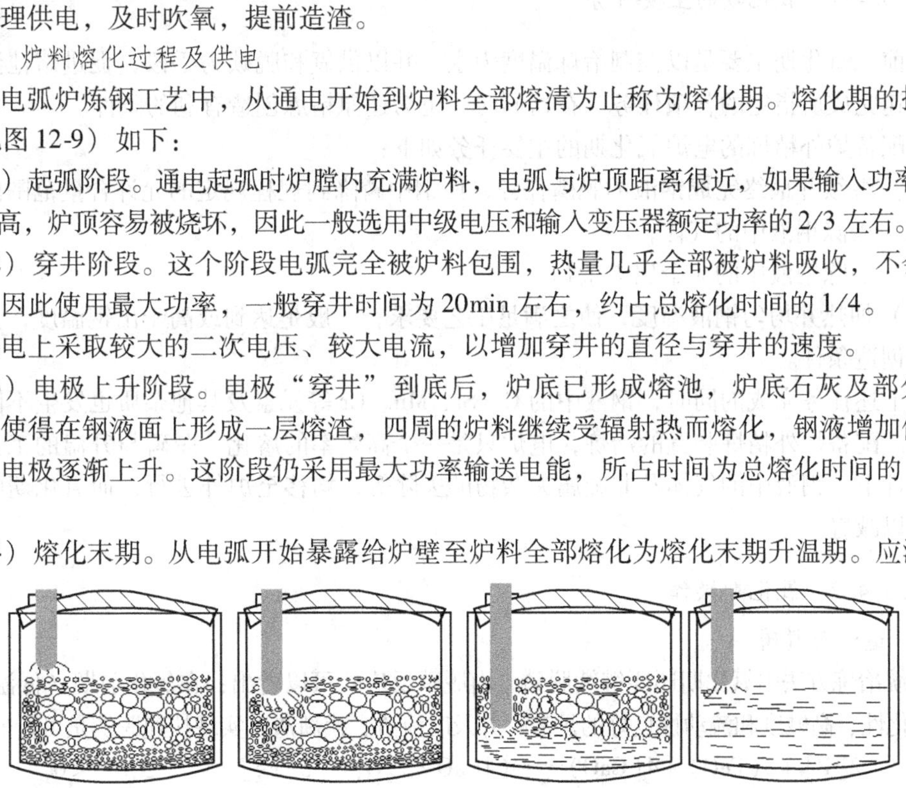

图12-9 熔化期的操作工艺

护炉壁，即提前造好泡沫渣进行埋弧操作，否则应采取低电压、大电流供电。

B 吹氧助熔

熔化期吹氧助熔，初期以切割为主，当炉料基本熔化形成熔池时，则以向钢液中吹氧为主。

吹氧是利用元素氧化热加速炉料熔化。当固体料发红时（约900℃）开始吹氧最为合适。

12.3.3.3 提前造渣

用2%～3%石灰垫炉底或利用前炉留下的钢、渣，实现提前造渣。

由于初期渣具有一定的氧化性和较高的碱度，可脱除一部分磷；当磷高时，可采取自动流渣、换新渣操作。

炉料全熔后，充分搅拌钢液，取样应在熔池中心处取钢液分析C、P、S，掌握元素含量，作为后阶段进行氧化、还原反应和控制元素含量的依据，如钢液含碳量不足时，在开始氧化前必须进行增碳。

12.3.4 氧化期

12.3.4.1 氧化期的主要任务

目前，氧化期主要是以控制冶炼温度为主，并以供氧和脱碳为手段，促进熔池激烈沸腾，迅速完成所指定的各项任务。在这同时，也为还原精炼创造有利的条件。

不配备炉外精炼的电炉氧化期的主要任务如下：

（1）继续并最终完成钢液的脱磷任务，使钢中磷降到规程规定的允许含量范围内；

（2）去除钢液中的气体；

（3）去除钢液中的非金属夹杂物；

（4）加热并均匀钢液温度，使之满足工艺要求，一般是达到或高于出钢温度，为钢液的精炼创造条件。

在上述任务完成的同时，钢液中的C、Si、Mn、Cr等元素及其他杂质也发生不同程度的氧化。配备炉外精炼装置的冶炼，电炉只是一个高效率的熔化、脱磷与升温的工具。在这种条件下，钢液中的气体及非金属夹杂物的去除等，均移至炉外进行，而氧化期的任务也就得以减轻。

12.3.4.2 氧化期操作

A 造渣与脱磷

传统冶炼方法中氧化期还要继续脱磷，由脱磷反应式可以看出：在氧化前期（低温），造好高氧化性、高碱度和流动性良好的炉渣，并及时流渣、换新渣，实现快速脱磷是可行的。

$$2[P]+5(FeO)+4(CaO)=\!=\!=(4CaO\cdot P_2O_5)+5[Fe] \qquad \Delta_r H_m^\ominus<0$$

B 氧化与脱碳

近些年，强化用氧实践表明：除非钢中磷含量特别高需要采用碎矿（或氧化铁皮）造高氧化性炉渣外，均采用吹氧氧化，尤其当脱磷任务不重时，通过强化吹氧氧化钢液，降低钢中碳含量。

脱碳反应与脱碳条件：

$$[C]+[O]=CO\uparrow$$

（1）利用碳－氧反应，降低钢中的碳。

（2）高氧化性，加强供氧。

（3）高温，从动力学角度，温度升高改善动力学条件，加速C—O间的扩散，故高温有利于脱碳的进行。

12.3.4.3 去气、去夹杂

去气、去夹杂的机理如下：

（1）C－O反应生成CO使熔池沸腾；

（2）CO气泡对N_2、H_2等来说，p_{N_2}、p_{H_2}分压为零，N_2、H_2极易并到CO气泡中，长大排除；

（3）C－O反应，易使$2FeO\cdot SiO_2$、$2FeO\cdot Al_2O_3$及$2FeO\cdot TiO_2$等氧化物夹杂聚合长大而上浮；

（4）CO上升过程黏附氧化物夹杂上浮排除。

为此，一定要控制好脱碳反应速度，保证熔池有一定的激烈沸腾时间。

12.3.4.4 氧化期的温度控制

氧化期的温度控制要兼顾脱磷与脱碳两者的需要，并优先去磷。在氧化前期应适当控制升温速度，待磷达到要求后再放手提温。

一般要求氧化末期的温度略高于出钢温度20～30℃。

12.3.5 还原期

从氧化期扒渣完毕到出钢这段时间称为还原期。

12.3.5.1 还原期的主要任务

（1）尽可能脱除钢液中的氧；

（2）脱除钢液中的硫；

（3）最终调整钢液的化学成分，使之满足规格要求；

（4）调整钢液温度，并为钢的正常浇注创造条件。

上述任务的完成是相互联系、同时进行的。钢液脱氧好，有利于脱硫，且化学成分稳定，合金元素的收得率也高，因此脱氧是还原精炼操作的关键环节。

12.3.5.2 电炉炼钢的脱氧方法

（1）直接脱氧。直接脱氧就是脱氧剂与钢液直接作用，它又分为沉淀脱氧和喷粉脱氧两种。扒净氧化渣后，迅速将块状脱氧剂，如锰铁、硅锰合金或铝块（饼）或其他多元素的脱氧剂，直接投入（插入）钢中或加到钢液的镜面上，然后造还原稀薄渣，这种脱氧方法称为钢液的沉淀脱氧。

（2）间接脱氧。还原稀薄渣造好后，将脱氧剂（一般以粉状脱氧剂为主）加在渣面上，通过降低渣中的氧含量来达到钢液的脱氧，这种脱氧方法称为间接脱氧。间接脱氧的理论根据是分配定律，即在一定的温度下，钢液中氧的活度与渣中（FeO）的活度之比是一个常数，表示为：

$$L_O = a_{(O)}/a_{(FeO)}$$

式中 L_O——氧的分配系数。

将粉状脱氧剂加入渣中，渣中（FeO）的含量势必减少，氧在渣钢间的分配平衡遭到破坏，为了达到重新平衡，钢液中的氧就向渣中扩散或转移，由此不断地降低熔渣中的氧含量，就可使钢液中的氧陆续得以脱除。因此，间接脱氧又称扩散脱氧。

（3）综合脱氧。综合脱氧的实质就是直接脱氧和间接脱氧的综合应用。在操作过程中，力求克服各自的缺点，集中优点来完成钢液的脱氧任务。该法脱氧既能保证钢的质量，又能缩短还原时间，因此目前在生产上比较常见。

12.3.5.3 脱硫反应及脱硫条件

脱硫反应为：

$$[FeS] + (CaO) = (CaS) + (FeO) \quad \Delta_r H_m^{\ominus} > 0$$

该反应是在渣－钢界面上进行的，为吸热反应。

脱硫条件如下：

（1）高碱度，造高碱度渣，增加渣中氧化钙；

（2）强还原气氛（或低氧化性），造还原性渣，减少渣中的氧化铁；

（3）高温，同时高温改善渣的流动性；

（4）大渣量（适当大），充分搅拌增加渣－钢接触。

12.3.5.4 还原期的操作工艺

（1）停电扒氧化渣后，首先加入锰铁进行“预脱氧”。锰铁加入后，应立即加入石灰、氟石和碎硅砖造稀薄渣覆盖钢液，以减少钢液吸气和降温。石灰、氟石、碎硅砖块的加入比例为4:1:1，其总加入量约为钢液重量的2%～3%，然后用大电流化渣，直到形成稀薄渣。

（2）稀薄渣造好后，立即取样分析C、Mn、Si、S、P等元素含量，并加还原炭粉。还原炭粉（脱氧）加入后立即关闭炉门，尽量保证炉膛有较好的密封性，以保持白渣快速形成。

（3）随着还原过程的进行，炉渣逐渐失去脱氧、脱硫能力，因而需要分批补充造渣材料，调整炉渣的流动性，大约每隔6～8min加入一批造渣材料，确保反应继续进行，还原末期加入硅铁和铬铁，做好出钢准备。

（4）为了充分地进行脱氧和脱硫，钢液在良好的白渣下还原时间一般应不小于15min，且有良好的流动性。还原期总渣量为炉料的2%～3%，其配比为：石灰:氟石:炭粉＝4:1.5:1。

（5）当含氧量和含硫量都已降到合格的程度时，可以测量钢液温度，当钢液温度达到出钢温度要求时，调整钢液的化学成分。

（6）化学成分和钢液温度均调整好后，即可插铝进行终脱氧。最终脱氧的加铝量是钢液重量的0.1%～0.15%。

12.3.6 出钢

传统电炉冶炼工艺，钢液经氧化、还原后，当化学成分合格，温度符合要求，钢液脱氧良好，炉渣碱度与流动性合适时即可出钢。

因出钢过程的渣－钢接触可进一步脱氧与脱硫，故要求采取“大口、深冲、渣－钢混合”的出钢方式。

复习思考题

12-1 熔化期任务是什么，熔化过程各阶段如何合理供电？

12-2 氧化期任务是什么，如何处理好脱磷和脱碳的关系？

12-3 还原期任务是什么，为什么说脱氧是还原期的核心任务？

12-4 试述直流电弧炉的工艺特点以及其优越性。

13　炉外精炼

13.1　炉外精炼概述

13.1.1　炉外精炼的概念及目的

概念：炉外精炼就是将转炉（或电炉）中初炼的钢水移到另一反应器中进行精炼的过程，也称二次精炼。

目的：把传统的炼钢方法分为两步，即初炼+精炼。初炼即在氧化性气氛下进行炉料的熔化、脱磷、脱碳和合金化。精炼即在真空、惰性气体或可控气氛的条件下进行深脱碳、去气、脱氧、去夹杂物和夹杂物变性处理、调整成分、控制钢水温度等，从而优化工艺和产品结构，开发高附加值产品，节能降耗，降低成本增加经济效益。

13.1.2　炉外精炼的基本手段

为了创造最佳的冶金反应条件，所采用的基本手段不外乎搅拌、真空、加热、渣洗、喷吹及喂丝等几种。当前各种炉外精炼方法也都是这些基本手段的不同组合。

13.1.2.1　搅拌

对反应器中的金属液进行搅拌，是炉外精炼的最基本、最重要的手段。它是采取某种措施给金属液提供动能，促使它在精炼反应器中对流运动。

搅拌可改善冶金反应动力学条件，强化反应体系的传质和传热，加速冶金反应，均匀钢液成分和温度，有利于夹杂物聚合长大和上浮排除。

（1）气体搅拌。气体搅拌如图13-1所示，其又分为底吹氩、顶吹氩。底吹氩是通过安装在钢包底部一定位置的透气砖吹入氩气。顶吹氩是通过吹氩枪从钢包上部浸入钢水进行吹氩搅拌。

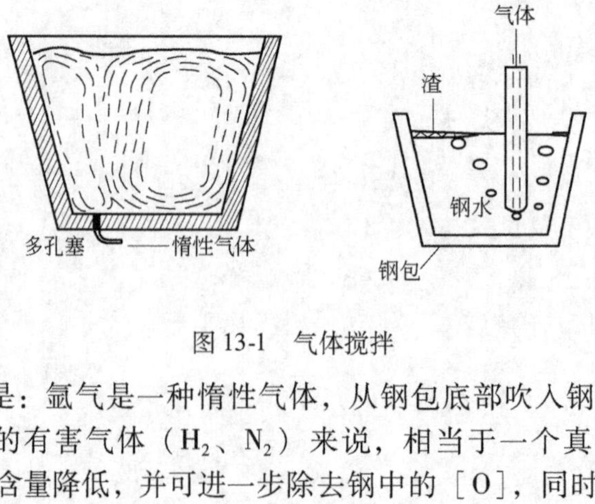

图13-1　气体搅拌

吹氩的基本原理是：氩气是一种惰性气体，从钢包底部吹入钢液中，形成大量小气泡，其气泡对钢液中的有害气体（H_2、N_2）来说，相当于一个真空室，使钢中［H］、［N］进入气泡，使其含量降低，并可进一步除去钢中的［O］，同时，氩气气泡在钢液中上浮而引起钢液强烈搅拌，提供了气相成核和夹杂物颗粒碰撞的机会，有利于气体和夹杂物的排除，并使钢液的温度和成分均匀。

（2）电磁搅拌。电磁搅拌装置（见图13-2）是一种应用电磁感应原理产生磁场作用于钢熔液，从而使熔液有规律运动的装置。ASEA-SKF法就属于电磁搅拌。

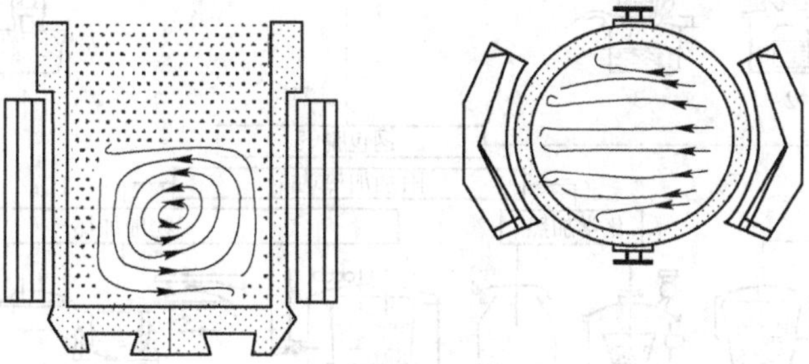

图13-2 电磁搅拌

首先对钢水施加一个交变磁场，当磁场以一定速度切割钢液时，会产生感应电势，这个电势可在钢液中产生感应电流，载流钢液与磁场的相互作用产生电磁力，从而驱动钢液运动，达到搅拌钢液的目的。

其缺点有：普及率低，仅适用于高质量钢冶炼；设备费用高，处理时间长（1~3h），与转炉生产率不匹配。

（3）循环搅拌。典型的循环搅拌有RH、DH（见图13-3），又称吸吐搅拌。

在RH精炼中，钢包内的搅拌是由真空室内钢液注流进入钢包中引起的。其搅拌能为注入钢液的动能。

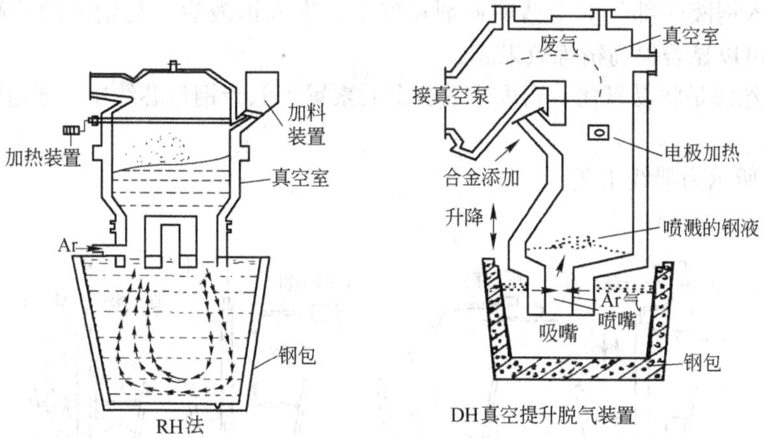

图13-3 RH和DH

13.1.2.2 真空

真空处理原理为：钢中气体的溶解度与金属液上该气体分压的平方根成正比，只要降低该气体的分压力，则溶解在钢液中气体的含量随着降低。真空处理如图13-4所示。

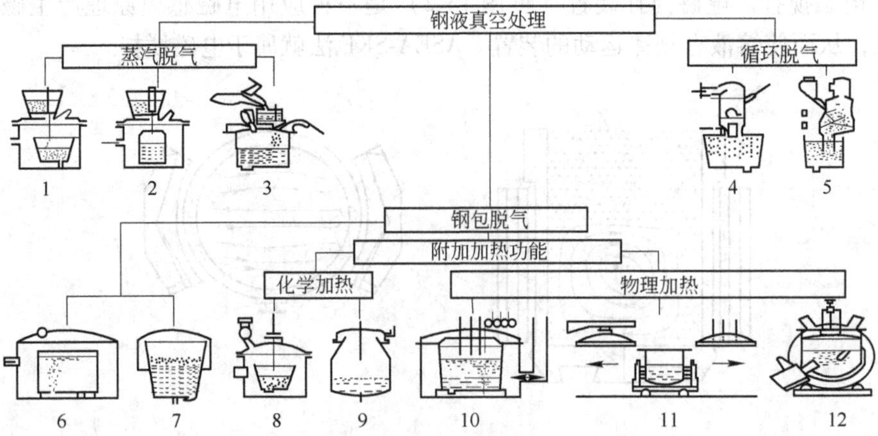

图13-4 真空处理

13.1.2.3 添加精炼剂

将一些精炼剂加入钢液中，可起到脱硫、脱氧、去除夹杂物、夹杂物变性处理以及合金成分调整的作用。

添加方法有合成渣洗法、喷吹法和喂线法。

(1) 渣洗法是在出钢时利用钢流的冲击作用使钢包中的合成渣与钢液混合，精炼钢液。

(2) 喷吹法是用载气（Ar）将精炼粉剂流态化，形成气固两相流，经过喷枪，直接将精炼剂送入钢液内部。由于精炼粉剂粒度小，进入钢液后，与钢液的接触面积大大增加。因此，可以显著提高精炼效果。

(3) 喂丝法是将易氧化、密度小的合金元素置于低碳钢包芯线中，通过喂丝机将其送入钢液内部。

图13-5所示为喂线工艺。

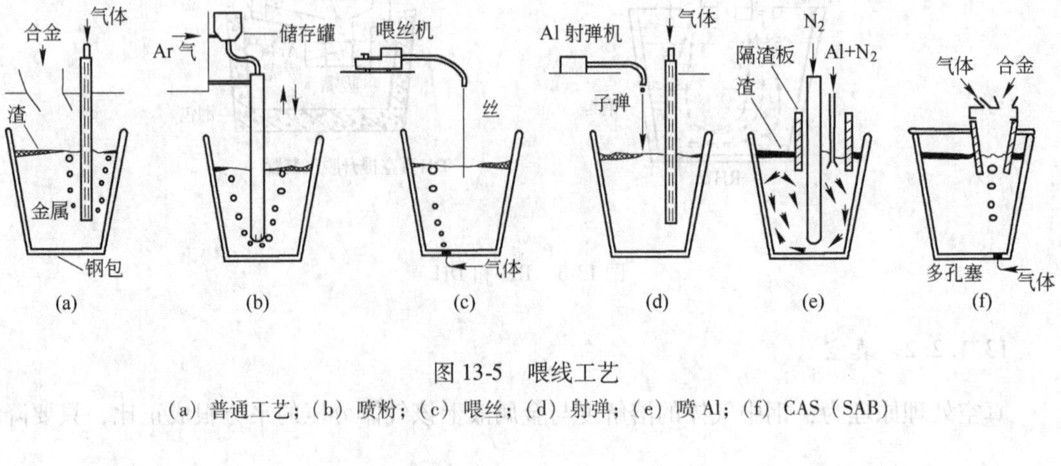

图13-5 喂线工艺

(a) 普通工艺；(b) 喷粉；(c) 喂丝；(d) 射弹；(e) 喷Al；(f) CAS (SAB)

13.1.2.4 加热

常用的加热方法有电加热和化学加热。

(1) 电加热是将电能转变成热能来加热钢液的。这种加热方式主要有电弧加热和感应加热。

(2) 化学加热是利用放热反应产生的化学热来加热钢液的。常用的方法有硅热法、铝热法和 CO 二次燃烧法。化学加热需吹入氧气，与硅、铝、CO 反应，才能产生热量。

图 13-6 所示为钢包加热系统。

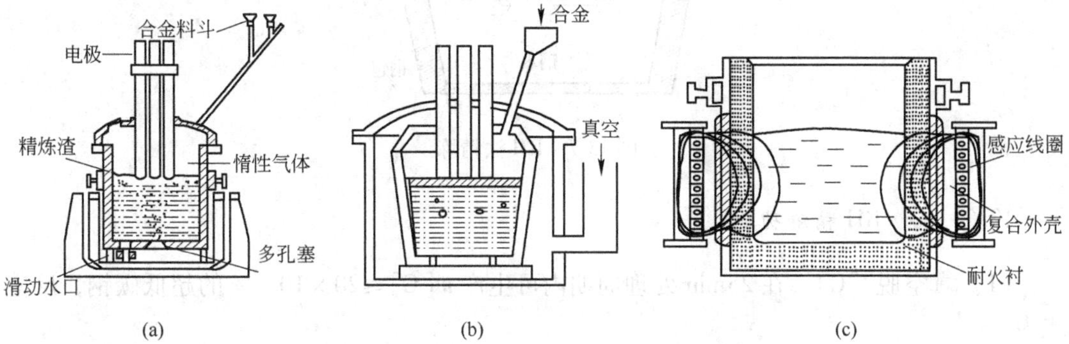

图 13-6 钢包加热系统
(a) 钢包炉；(b) 真空电弧脱气（VAD）；(c) 钢包感应加热

13.2 RH、LF 及 VD 法简介

13.2.1 真空循环脱气法（RH 法）

13.2.1.1 RH 的功能与特点

(1) 脱气效果好；

(2) 适用于大量的钢液处理；

(3) 处理过程温降小；

(4) 脱碳能力强，适用于低碳钢的生产。

13.2.1.2 RH 法的工作原理

钢水处理前，先将环流管浸入待处理的钢包钢水中。当脱气室抽真空时，钢水表面的大气压与真空室内的压差迫使钢水朝环流管中流动。与真空槽连通的两个环流管，一个为上升管，一个为下降管。由于上升管不断向钢液吹入氩气或氮气，吹入的气体受热膨胀，从而驱动钢液不断上升，流经真空室钢水中的氩气、氢气、一氧化碳等气体在真空状态下被抽走。脱气的钢水由于重力的关系再经下降管流入钢包，就此不断循环反复。工艺过程如图 13-7 所示。

同时，进入真空室在低压环境状态下的钢水，还进行一系列的冶金反应，比如碳氧反应。

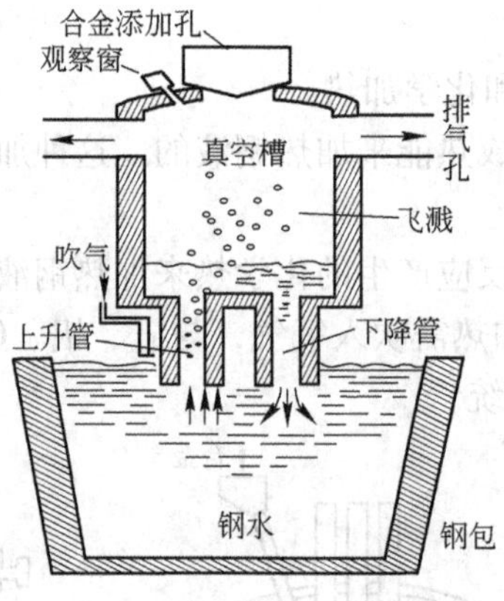

图 13-7　RH 法精炼

13.2.1.3　RH 精炼功能

（1）真空脱［C］。在 25min 处理周期内可生产 $w[C] \leqslant 20 \times 10^{-4}\%$ 的超低碳钢，反应式为

$$[C] + [O] = CO\uparrow$$

循环脱气将持续一定时间以达到脱碳的目标值。在脱碳过程中，钢水中的碳和氧反应形成一氧化碳并通过真空泵排出。如钢中氧含量不够，可通过顶枪吹氧提供氧气。脱碳结束时，钢水通过加铝进行脱氧。

（2）脱气。脱除钢中［H］、［N］元素，一般脱氢率为 50% ~ 80%，脱氮率为 15% ~ 25%，$w[H] \leqslant 0.0002\%$，$w[N] \leqslant 0.003\%$，特别是氢含量能降到 0.0001%。

（3）升温。RH 处理过程中钢水会降温，采用吹 O_2 加 Al 粒来升温。

（4）加 Al 粒脱氧。反应式为

$$2Al + 3[O] = Al_2O_3(\text{夹杂物}) \qquad w[O] \leqslant 0.003\%$$

（5）脱［S］。反应式为

$$[S] + CaO \longrightarrow CaS + [O]$$

经真空室内顶加脱硫剂，可生产 $w[S] \leqslant 0.002\%$ 的超低硫钢水。

13.2.1.4　RH 冶炼适用范围

RH 法适用于对含氢量要求严格的钢种，主要是低碳薄板钢、超低碳深冲钢、厚板钢、硅钢、轴承钢、重轨钢等。

13.2.2　埋弧加热 LF 法（LF）

13.2.2.1　精炼炉基本工作原理

通过电极埋弧加热，底吹氩气搅拌钢液和造还原渣（合成渣）等操作，实现精炼，并完成深脱氧、硫和去除夹杂物的主要任务。LF 精炼如图 13-8 所示。

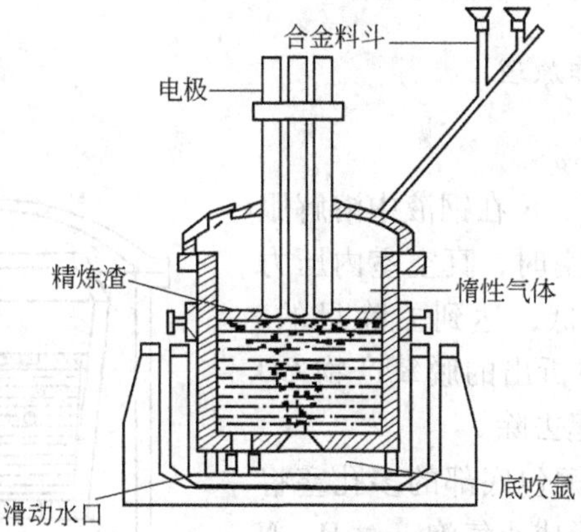

图 13-8 LF 精炼

13.2.2.2 LF 精炼工艺流程

LF 期间，实行全程底吹氩；造渣料分别为石灰 8kg/t、精炼渣 4kg/t、发泡剂 2kg/t；埋弧操作，保证大电流，中电压，补偿热损失并进行化渣，达到升温且白渣形成，温度合适加入烘烤过的合金（加大 Ar 气流量吹破渣面），调整成分；并加石灰、精炼渣，进一步埋弧精炼，保证脱氧、脱硫充分进行。后期喂 Al 线。LF 精炼流程如图 13-9 所示。

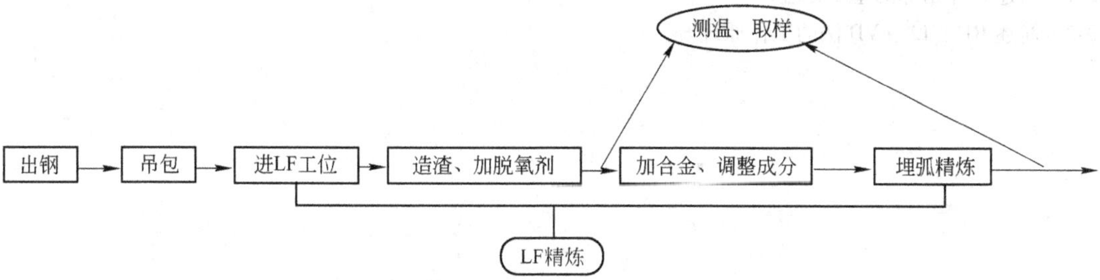

图 13-9 LF 精炼流程

13.2.3 钢包真空脱气法（VD）

VD（Vacuum Degassing）精炼法是将初炼钢水（转炉或电炉）置于真空室中，同时钢包底部吹氩搅拌的一种真空处理法。

13.2.3.1 VD 炉的功能

（1）有效脱气，减少［H］、［N］；
（2）脱氧，通过[C]+[O]═CO 去除［O］；
（3）通过碱性顶渣去［S］；
（4）通过合金微调及吹 Ar 控制化学成分和温度；
（5）通过吹 Ar 使夹杂物聚集上浮。

VD 主要与电弧炉和 LF 配合，用于生产管线钢，$w[S]<0.001\%$；$w[H]<0.00015\%$ ~

0.0002%；$w[N] < 0.004\%$；$w[O] < 0.002\%$。

13.2.3.2　VD炉的工作原理

VD精炼如图13-10所示。

（1）真空脱气。基于H、N在钢液中溶解服从平方根定律，当VD抽真空时，真空室内压力降低，使[H]、[N]随之降低，达到去除目的。脱气产物为气体，向溶液中析出的脱氧产物CO和吹Ar气泡内扩散而被一起去除。

（2）吹Ar精炼。通过钢包底部的多孔塞将Ar吹入钢液，Ar在上升中形成小气泡，对H、N而言为真空室，因此H、N向其中扩散并被带走。此外，吹Ar利于去除夹杂、均匀成分和温度，避免钢液二次氧化。

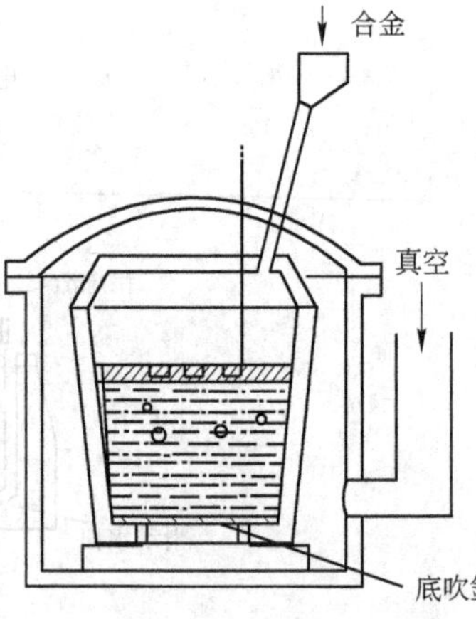

图13-10　VD精炼

复习思考题

13-1　简述炉外精炼的基本原理。

13-2　简述RH、LF、VD法的工作原理。

14 钢锭模铸

钢的浇注，就是把从炼钢炉中或炉外精炼所得到的合格钢水，经过钢包及中间包等浇注设备，注入一定形状和尺寸的钢锭模或结晶器中，使之凝固成钢锭或钢坯。钢锭（坯）是炼钢生产的最终产品，其质量的好坏与冶炼和浇注有直接关系，是炼钢生产过程中质量控制的重要环节。

目前采用的浇注方法有钢锭模铸钢法（模铸法）和连续铸钢法（连铸法）两种，下面主要介绍传统的钢的浇注方法——模铸法。

14.1 模铸法的种类和特点

14.1.1 浇注方法

钢锭浇注分上注法（图14-1）和下注法（图14-2）两种。

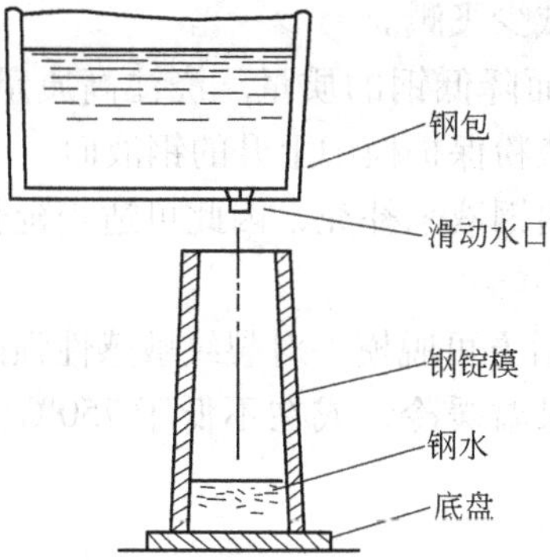

图14-1 上注法

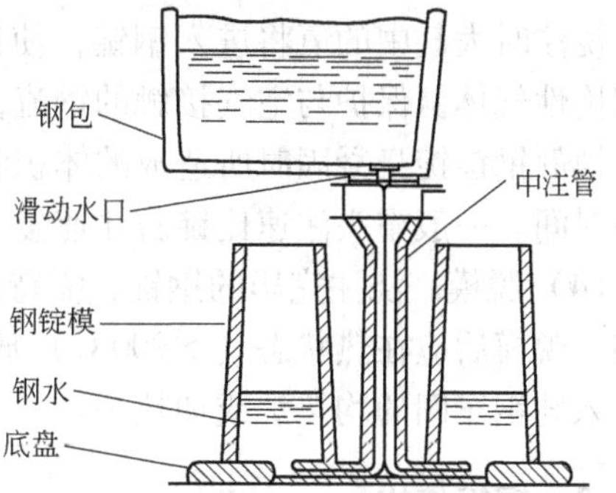

图14-2 下注法

（1）上注法。上注法是钢水从钢锭模的上口注入；上注钢锭一般内部结构较好，夹杂物较少，操作费用较低。

（2）下注法。下注法是钢水流经中注管、流钢砖（也称汤道砖），从钢锭模的底部下口进入钢锭模；下注钢锭表面质量良好，但由于通过中注管和汤道使钢中夹杂物增多。

14.1.2 两种浇注方法比较

与上注法相比，下注法有如下特点：

（1）可以同时浇注多根钢锭，大大缩短了一炉钢的浇注时间，有利于浇注设备周转及生产调度。

（2）钢锭模内钢水液面上升平稳，钢水飞溅少，钢锭表面不易产生结疤等缺陷。

（3）由于钢水经过中注管和流钢砖，所以耐火材料消耗多；同时增加了钢中非金属夹杂物的来源；浇注前的生产准备工作费时、费力，工作量大，工作环境恶劣，劳动强度大。

根据所浇钢种、钢锭大小、钢质量的要求、生产批量的多少以及车间设备条件等因素综合考虑确定选择上注还是下注。

14.2　浇注工艺

14.2.1　钢液浇注

进行浇注应首先使钢液镇静，并控制好注温和注速，确保浇注出高质量的钢锭。

（1）钢液在钢包内镇静。钢液进入钢包后需静置一段时间，使出钢时混入钢中的炉渣或其他杂质上浮去除，同时还起调整铸温的作用。

（2）注温。浇注温度应严格控制。注温过低，钢液入模后表面立即凝固，会造成钢锭表面缺陷，甚至钢液在钢包内就开始凝固，造成金属损失或整炉钢报废；注温过高时，将延缓钢锭表层的形成时间，导致钢锭出现热裂纹。对镇静钢，注温一般控制在高于此钢的液相线温度 40 ~ 60℃。

为保证整桶钢水温度均匀，可向钢包中底吹氩气搅拌钢液。

（3）注速。下注法一般要求有适当注速以保证模中钢液平稳上升，并调节注温。注温过高时用慢注，过低时用快注。上注法要控制注速以减少飞溅。

浇注时大气中的氧将进入钢锭，使钢液二次氧化而降低钢的质量。浇注高质量钢时，需用惰性气体氩保护与空气接触的钢流，用合成固体渣粉保护模中上升的钢液面。

镇静钢锭锭身凝固时所造成的体积收缩需用帽头内钢液来补充，因此可适当延长帽头浇注时间。一般帽头注速比锭身注速慢一半左右。

（4）脱模。浇注完毕的钢锭，需待内部完全凝固后方可脱模。对裂纹敏感性强的合金钢锭，脱模后应在热状态（ > 900℃）放入缓冷坑中保温缓冷，或在不低于 750℃ 温度下热送入轧钢车间的均热炉或加热炉。

14.2.2　钢锭结构

将液体金属浇入锭模中，冷却凝固后便得到金属铸锭。由于金属在凝固时，表层与心部的结晶条件不同，铸锭的组织将是不均匀的。金属铸锭的组织一般可以分为三个区，如图 14-3 所示。

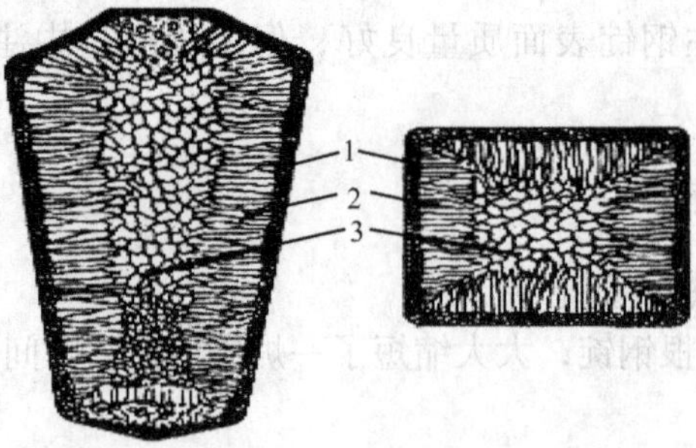

图 14-3　钢锭的结构

1—细小等轴晶带；2—柱状晶带；3—中心粗大等轴晶带

钢锭各部位的成分与钢液成分的差异称作偏析，这是由凝固过程中各种成分的选分结晶所造成的。钢锭愈大，偏析愈严重。这种成分的不均匀性直接影响到钢的力学性能，因此要求偏析程度愈小愈好。

14.2.3 钢锭的缺陷

在铸锭过程中由于操作不当或注速、注温控制不当，会使铸成的锭有种种缺陷。常见的缺陷为：钢锭表面的结疤、重皮和纵、横裂纹，内部的残余缩孔、皮下气泡、疏松和偏析，混入钢中的耐火物和炉渣、灰尘造成的夹杂等。这些缺陷能大大降低钢锭的成坯率，甚至使整个钢锭报废。

14.2.4 钢锭的形状

钢锭大小取决于很多因素，如炼钢炉容量，初轧机开坯能力，钢材尺寸和钢种特性等。用于生产棒材和型材的钢锭一般为正方断面（称为方锭）；生产板材的钢锭一般为长方形断面（称为扁锭）；生产锻压材的钢锭有方形、圆形和多角形。

复习思考题

14-1 钢液模铸方法有几种？

14-2 钢锭存在哪些缺陷以及如何处理？

15 连续铸钢

由钢液经过连续铸钢机（简称连铸机）连续不断地直接生产钢坯的方法就是连续铸钢法。用这种方法生产出来的钢坯称为铸坯。

连续铸钢工艺的出现从根本上改变了一个世纪以来占统治地位的钢锭-初轧工艺。连续铸钢的生产技术，从20世纪50年代开始发展，60年代得到推广应用，70年代后期，设备和工艺的发展日臻完善。特别是近二三十年得到了迅速发展，连铸技术对钢铁工业生产流程的变革、产品质量的提高和结构优化等方面起了革命性的作用。目前世界上大多数产钢国家的连铸比超过90%。我国自1996年成为世界第一产钢大国以来，连铸比逐年增加，2007年连铸比已经达到了98.86%。

15.1 连续铸钢概述

铸钢的任务是将成分合格的钢水铸成适合于轧钢和锻压加工所需要的一定形状的固体（连铸坯或钢锭）。铸钢工艺方法分为两种，即模铸法和连铸法。连铸是将钢液连续不断地注入水冷结晶器内，连续获得铸坯（方坯、板坯、圆坯、异型坯等）的工艺过程。

连铸法的出现从根本上改变了间断浇注钢锭的模铸传统工艺，大大简化了由钢液得到钢材的生产流程。模铸与连铸生产流程比较如图15-1所示。

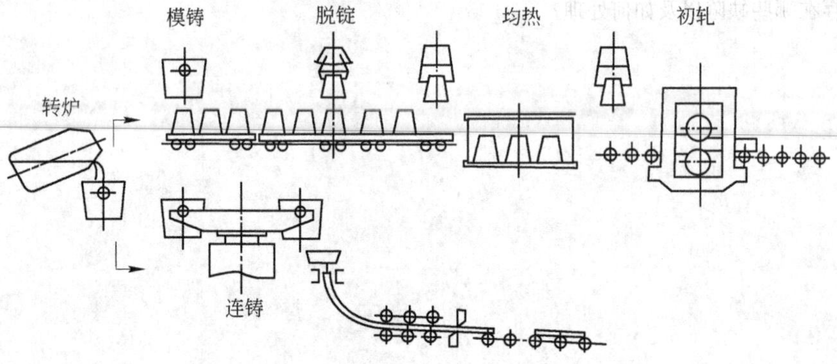

图15-1 钢锭模铸、连铸的工艺流程示意图

15.1.1 连续铸钢的优越性

与传统的模铸相比，连续铸钢的优越性主要表现在以下几方面：

（1）简化了工序，缩短了流程。从图15-1可以看出铸坯的生产省去了脱模、整模、钢锭均热、初轧开坯等工序。由此可节省基建投资费用约40%，减少占地面积约30%，劳动力节省约70%。尤其是薄板连铸机出现以后，又进一步地简化了工序流程。

（2）提高了金属收得率。采用模铸工艺，从钢水到钢坯，金属收得率为84%～88%，而连铸工艺则为95%～96%，金属收得率提高10%～14%。

（3）降低了能源消耗。连铸省掉了均热炉的再加热工序，可使能量消耗减小1/4～1/2。

（4）生产过程机械化、自动化程度高。模铸是炼钢生产中条件最落后、劳动条件最恶劣的工序。尤其对于转炉炼钢来说，模铸成了提高生产率的限制性环节。采用连铸工艺后，由于设备和操作水平的提高，采用全过程的计算机管理，不仅从根本上改善了劳动环境，还大大提高了劳动生产率。

（5）提高质量，扩大品种。几乎所有的钢种均可以采用连铸工艺生产，如超纯净度钢、硅钢、合金钢、工具钢等约 500 多个钢种都可以用连铸工艺生产，而且质量很好。

15.1.2 连铸工艺流程

钢水直接铸成接近最终产品尺寸的钢坯。这一想法经过一百多年的努力探索，终于使该技术在 20 世纪 70 年代开始大规模用于实际，并逐步形成了今天的连铸技术。

连铸机主要设备由钢包、中间包、结晶器、结晶器振动装置、二次冷却和铸坯导向装置、拉坯矫直装置、切割装置、出坯装置等部分组成。由图 15-2 可见，弧形连铸机的生产工艺流程为：钢水由钢包经中间包连续不断地注入一个或一组水冷铜质结晶器。结晶器底部由引锭头承托，引锭头与结晶器内壁四周严格密封。注入结晶器的钢水受到激冷后，迅速形成一定形状和坯壳厚度的铸坯。当结晶器内钢水浇注到规定高度时，启动拉矫机，结晶器同时振动，拉辊夹住引锭杆以一定速度将带液心成形的铸坯拉出结晶器，进入二冷区，继续喷水冷却，直至完全凝固。铸坯经矫直后，脱去引锭装置，再切割成定尺或倍尺长度，由输送辊道运走。这一生产过程是连续进行的。

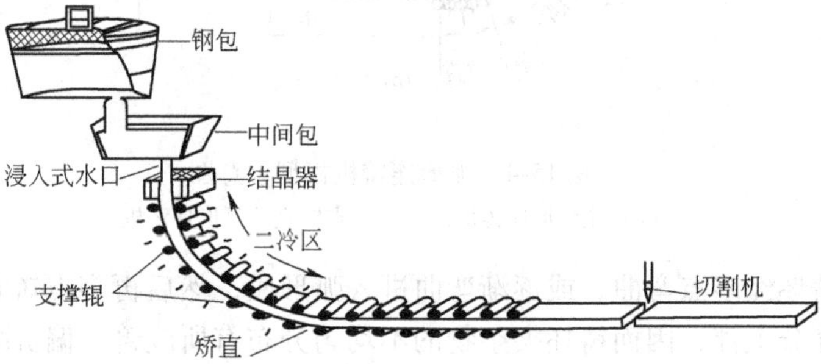

图 15-2 弧形连铸机流程

15.1.3 连铸机的机型及其特点

从 20 世纪 50 年代连铸工业化开始，几十年来连铸机的机型经历了一个由立式、立弯式到弧形的演变过程，如图 15-3 所示。

弧形连铸机是世界各国应用最多的一种机型。弧形连铸机的结晶器、二次冷却段夹辊、拉坯矫直机等设备均布置在同一半径的 1/4 圆周弧线上；铸坯在 1/4 圆周弧线内完全凝固，经水平切线处被一点矫直，而后切成定尺，从水平方向出坯。其结构示意图见图 15-4。弧形连铸机的机身高度基本上等于铸机的圆弧半径，所以弧形连铸机的高度比立弯式连铸机又降低了许多，仅为立弯式连铸机的 1/3，因而基建投资减少了。铸坯凝固过程中承受钢水静压力小，有利于提高铸坯质量；铸坯经弯曲矫直，易产生裂纹；此外，铸坯的内弧侧存在着夹杂物聚集，铸坯内夹杂物分布不均匀，也影响质量。

为了改善铸坯质量，在弧形连铸机上采用直结晶器，在结晶器下口设 2 ~ 3m 垂直线

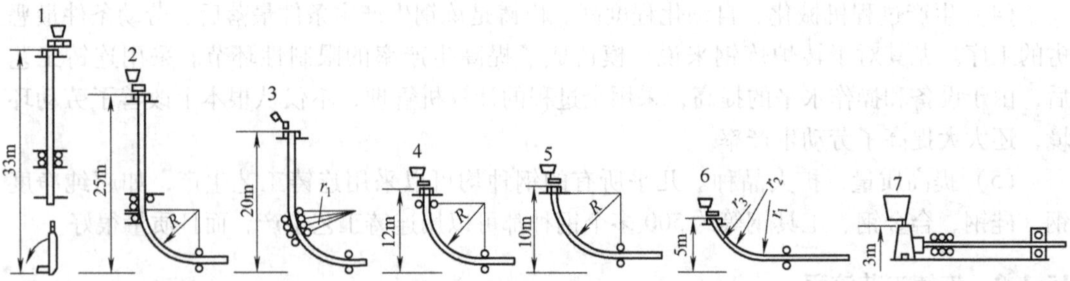

图 15-3 连铸机机型示意图

1—立式连铸机；2—立弯式连铸机；3—直结晶器多点弯曲连铸机；4—直结晶器弧形连铸机；5—弧形连铸机；6—多半径弧形（椭圆形）连铸机；7—水平式连铸机

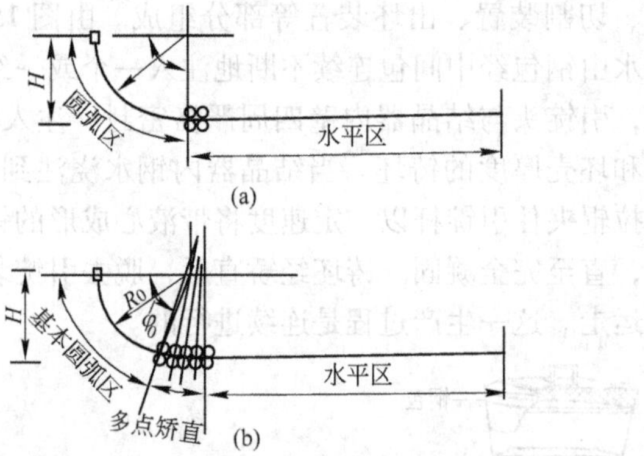

图 15-4 弧形连铸机机型示意图

（a）全弧形连铸机；（b）多点矫直的弧形连铸机

段，带液芯的铸坯经多点弯曲，或逐渐弯曲进入弧形段，然后再多点矫直。垂直段可使液相穴内夹杂物充分上浮，因而铸坯夹杂物的不均匀分布有所改善，偏析减轻。

15.2 连铸机的主要工艺参数

弧形连铸机的主要工艺参数包括铸坯断面、弧形半径、拉坯速度、液相深度、流数等。

15.2.1 铸坯断面规格

铸坯断面尺寸是确定连铸机的依据。由于成材的需要，铸坯断面形状和尺寸也不同。目前已生产的连铸坯形状和尺寸范围如下：

小方坯：70mm×70mm～200mm×200mm；

大方坯：200mm×200mm～450mm×450mm；

矩形坯：150mm×100mm～400mm×560mm；

板坯：150mm×600mm～300mm×2640mm；

圆坯：ϕ80～450mm。

15.2.2 拉坯速度

拉坯速度是以每分钟从结晶器中拉出的铸坯长度（m/min）来表示。拉坯速度越快，则铸机的生产能力也越大。但要确保铸坯不被拉漏，因此应合理选择拉坯速度。

15.2.3 液心长度

液心长度即液相穴深度是指从结晶器液面开始到铸坯中心液相凝固终了的长度（m）。液心长度是确定连铸机二冷区长度的重要参数。铸坯的液心长度与铸坯厚度、拉坯速度和冷却强度有关。铸坯越厚，拉速越快，液心长度就越长。

15.2.4 圆弧半径

连铸机圆弧半径是指铸坯外弧曲率半径（m）。它是确定连铸机总高度和二冷区长度的重要参数，也是标志所能浇注铸坯厚度范围的参数。

15.2.5 连铸机流数

一台连铸机能够同时浇注铸坯的个数称为连铸机的流数。在生产中，有 1 机 1 流、1 机多流和多机多流三种形式的连铸机。近年来，生产大型方坯最多浇注 4 ~ 6 流，实际生产中多数采用 1 ~ 4 流。生产大型板坯多数采用 1 ~ 2 流。

15.2.6 连铸机的生产能力

连铸机的生产能力是指它的小时产量、日产量及年生产能力。小时产量取决于流数、铸坯断面尺寸和拉坯速度。而日产量与有效作业率、年产量还与年有效作业天数有很大关系。

15.3 连铸机的主要设备

连铸机是机械化程度高、连续性强的生产设备。弧形连铸机是连铸生产中使用比较多的机型。弧形连铸机由主体设备和辅助设备两大部分组成，其主体设备由以下几部分组成：

钢液浇注及承载设备——钢包、钢包回转台、中间包、中间包车。

成形及冷却设备——结晶器及其振动装置、二次冷却装置。

拉坯矫直设备——拉坯矫直机、引锭装置、脱引锭装置、引锭杆收集存放装置。

切割设备——火焰切割、机械剪切。

出坯设备——辊道、冷床、拉钢机、推钢机、翻钢机、缓冲器、火焰清理机、打号机等。

15.3.1 钢包和钢包回转台

钢包又称盛钢桶、钢水包、大包等，它是用于盛接钢水并进行浇注的设备，具有盛装、运载、精炼、浇注钢水、倾翻、倒渣、落地放置等功能。如图 15-5 所示，钢包由外壳、内衬和注流控制机构、底部供气装置等部分组成。钢包的容量应与炼钢炉的最大出钢量相匹配。考虑到出钢量的波动，留有10%的余量和一定的炉渣量。

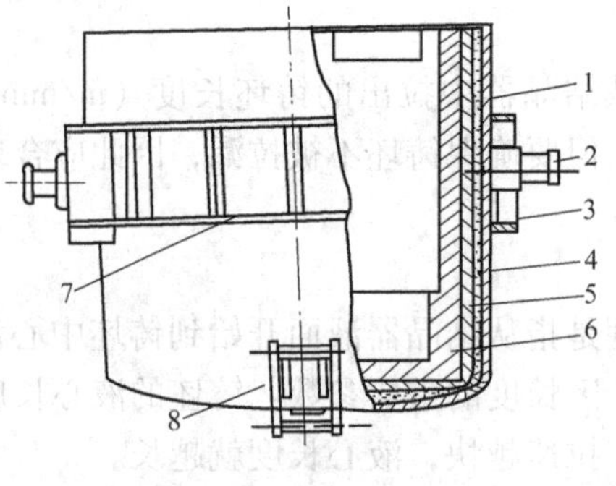

图15-5　钢包结构

1—桶壳；2—耳轴；3—支撑座；4—保温层；5—永久层；6—工作层；7—腰箍；8—倾翻吊环

钢包通过滑动水口开启、关闭来调节注流的流量。滑动水口有上水口、上滑板、下滑板、下水口组成部分，如图15-6所示。靠下滑板带动下水口移动调节上下注孔间的重合程度来控制注流大小。驱动方式有液压和手动两种。

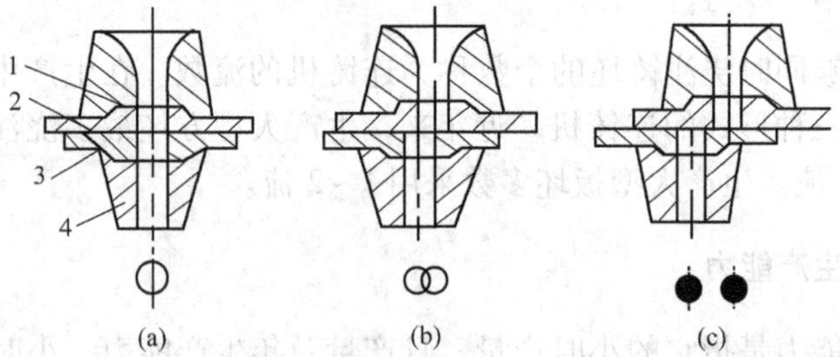

图15-6　滑动水口控制示意图

(a) 全开；(b) 半开；(c) 全闭

1—上水口；2—上滑板；3—下滑板；4—下水口

长水口又称保护套管，用于钢包与中间包之间保护注流，避免了注流的二次氧化、飞溅以及敞开浇注带来的卷渣问题。

钢包回转台是现代连铸中应用最普遍的运载和承托钢包进行浇注的设备，通常设置于钢水接受跨与浇注跨柱列之间。钢包回转台能够在转臂上同时承托两个钢包，一个用于浇注，另一个处于待浇状态，同时完成钢水的异跨运输；回转台缩短了换包时间，有利于实现多炉连浇，转台本身对连铸生产进程干扰小，占地面积也小。

为了适应连铸工艺的需要，目前钢包回转台趋于多功能化，增加了吹氩、调温、倾翻倒渣、加盖保温等功能。

15.3.2　中间包及其运载设备

中间包简称中包。中间包是位于钢包与结晶器之间用于钢液浇注的装置，起着减压、稳流、去渣、贮钢、分流及中间包冶金等重要作用。中间包由包盖、外壳、耐火内衬、注流控制机构等组成。

中间包的结构、形状应保持最小的散热面积、良好的保温性能。其目的主要考虑钢水注入时尽量不产生涡流，同时使砌包、清渣、吊挂等操作方便。多流连铸机通常采用长条形中间包，矩形中间包仅适用于单流连铸机。

中间包的结构如图 15-7 所示，外壳用 12 ~ 20mm 的钢板焊成。中间包内衬砌有耐火材料，根据需要还砌有挡墙、坝、导流板等。包的两侧有吊钢和耳轴，便于调运；耳轴下面还有坐垫，以便稳定地坐在中间包小车上。

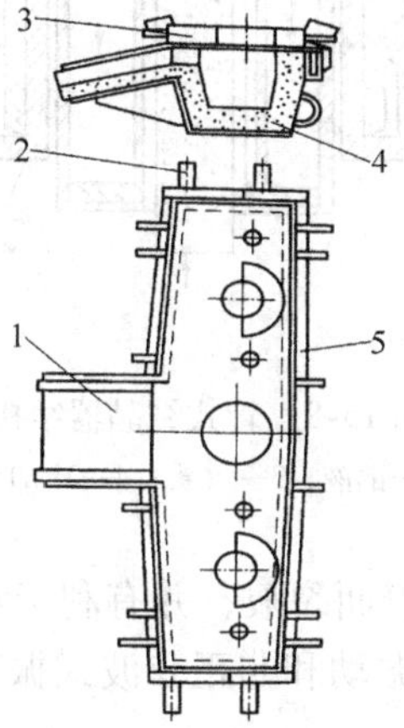

图 15-7　矩形中间包简图

1—溢流槽；2—吊耳；3—中间包盖；4—耐火衬；5—壳体

中间包注流控制装置有：定径水口、塞棒系统、滑板系统、塞棒 + 滑板组合系统。采用塞棒或滑动水口的注流可实现自动控制，结晶器内钢水液面保持稳定。

中间包车是用来支承、运输、更换中间包的设备，其结构要有利于浇注、捞渣和烧氧等操作，同时还应具有横移和升降调节装置。中间包车有悬臂型、悬挂型、门型、半门型等。

15.3.3　结晶器及其振动装置

结晶器是一个水冷的铜模，是连铸机非常重要的部件，称为连铸设备的“心脏”。钢液在结晶器内冷却初步凝固成一定坯壳厚度的铸坯外形，这一过程是在坯壳与结晶器壁连续、相对运动下完成的。然后，连续地从结晶器下口将铸坯拉出，进入二冷区。因此结晶器应具有良好的导热性和刚性，不易变形，重量要轻，以减小振动时的惯性力；内表面耐磨性要好，以提高使用寿命。结晶器结构要简单，便于制造和维护。

结晶器为内、外双层结构，如图 15-8 所示。内壁材质为铜合金，内、外层之间的空隙通冷却水。结晶器内壁上大下小，锥度约为 0.4% ~ 0.9%。结晶器长度一般为 700 ~ 900mm。结晶器横断面的形状和尺寸就是连铸坯所要求的断面形状和尺寸。从结晶器的结构来看，有管式结晶器和组合式结晶器。小方坯、圆坯、矩形坯浇注多用管式结晶器，而大型方坯、矩形坯和板坯浇注多用组合式结晶器。

结晶器振动在连铸过程中扮演非常重要的角色。结晶器的上下往复运行，实际上起到了“脱模”的作用。由于坯壳与铜板间的黏附力因结晶器振动而减小，防止了在初生坯壳表面产生过大应力而导致裂纹的产生或引起更严重的后果。当结晶器向下运动时，因为

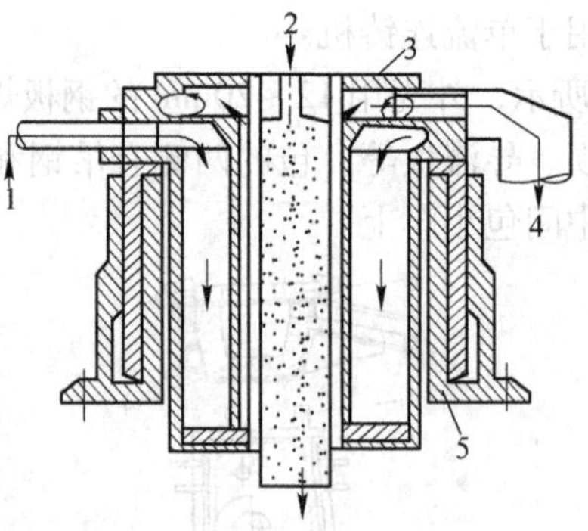

图 15-8　管式结晶器结构

1—冷却水入口；2—钢液；3—夹头；4—冷却水出口；5—油压缸

"负滑脱"作用，可"愈合"坯壳表面裂痕，并有利于获得理想的表面质量。

目前结晶器的振动有正弦波式振动和非正弦波式振动两种方式。

15.3.4　二次冷却系统装置

铸坯从结晶器拉出后，坯壳厚度仅为 10～25mm，而中心仍为高温钢液。为了使铸坯继续凝固，从结晶器下口到拉矫机之间设置喷水冷却区，称为二次冷却区。图 15-9 为板坯连铸机二冷区支撑导向装置。

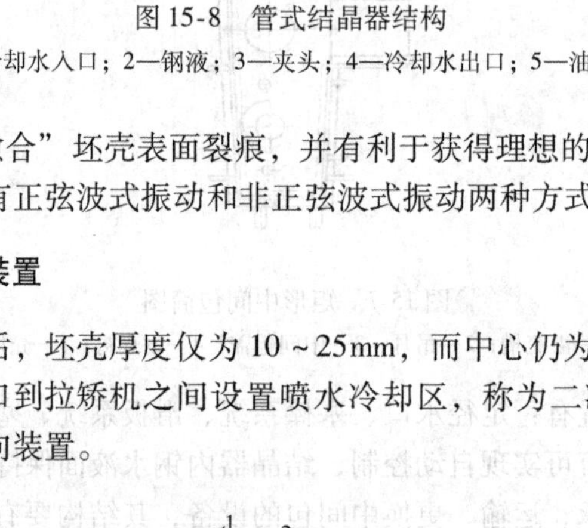

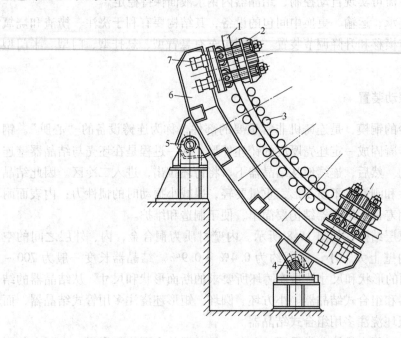

图 15-9　二冷区支撑导向装置

1—铸坯；2—扇形段；3—夹棍；4—活动支点；5—固定支点；6—底座；7—液压缸

此外，二冷区布置有冷却水喷头和沿弧线安装的夹棍。喷头把冷却水雾化并均匀地喷射到铸坯上，使铸坯均匀冷却，达到所要求的冷却强度。夹辊是用来对未完全凝固的铸坯支承和导向，并防止铸坯的变形。同时在上引锭杆时对引锭杆起支撑、导向作用。

对于直结晶器的弧形连铸机，在二冷区第一段要把直坯弯成弧形坯；当采用多辊拉矫机时，二冷区部分夹辊本身又是驱动辊，起到拉坯作用；而对于椭圆形连铸机，二冷区本身又是分段矫直区。

在一般情况下，二冷区的长度应能使铸坯在进入拉矫机之前全部凝固，而铸坯温度又不低于900℃，保证矫直、切割能顺利进行。

15.3.5 拉坯矫直装置

所有的连铸机都装有拉坯机。因为铸坯的运行需要外力将其拉出。拉坯矫直装置的作用是拉坯并把铸坯矫直。在开浇前，拉矫机还要把引锭头送入结晶器底部，开浇后把铸坯引出。

拉矫辊的数量视铸坯断面大小而定，小方坯和小矩形坯的厚度较薄，凝固较快，液相深度也较短，当铸坯进入矫直区时已完全凝固。一般拉矫小断面铸坯的为4~6个辊子，采用一点矫直，拉矫大型方坯和板坯的拉矫辊多达12辊、32辊，甚至更多，并采用多点矫直。多辊拉矫机如图15-10所示，由于拉辊多，每对拉辊上的压应力小，这有利于实现小辊距密辊排列，即使铸坯带液心进行矫直，也不致产生内裂，从而能够提高拉坯速度和铸机的生产率。

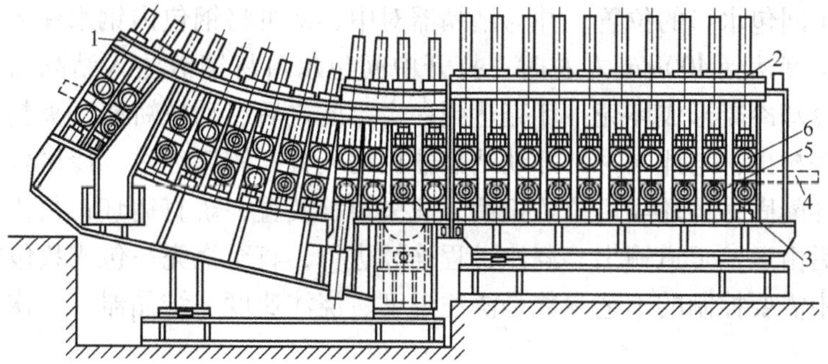

图15-10 多辊拉矫机

1—牌坊式机架；2—压下装置；3—拉矫辊及升降装置；4—铸坯；5—驱动辊；6—从动辊

15.3.6 引锭装置

引锭装置由引锭头和引锭杆两部分构成。引锭头在每次开浇时作为结晶器的“活底”，开浇前用它堵住结晶器下口。浇注开始后，结晶器内的钢液与引锭杆头凝结在一起；通过拉矫机的牵引，铸坯随引锭杆连续地从结晶器下口拉出，直到铸坯通过拉矫机，与引锭杆脱钩为止，引锭装置完成任务；铸机进入正常拉坯状态。引锭装置运至存放位置，留待下次浇注时使用。引锭头上端应做成燕尾形或钩形，以便顺利脱锭，如图15-11和图15-12所示。

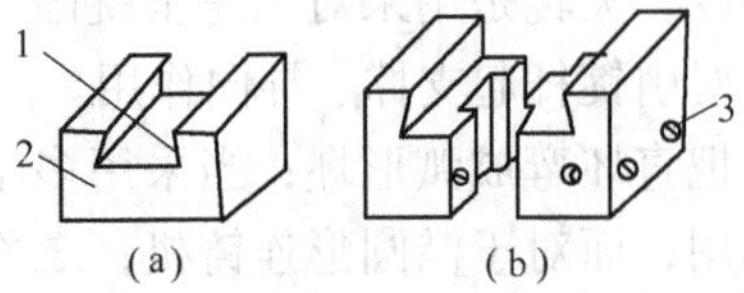

图 15-11　燕尾槽式引锭头简图
(a) 整体式；(b) 可拆式
1—燕尾槽；2—引锭头；3—销孔

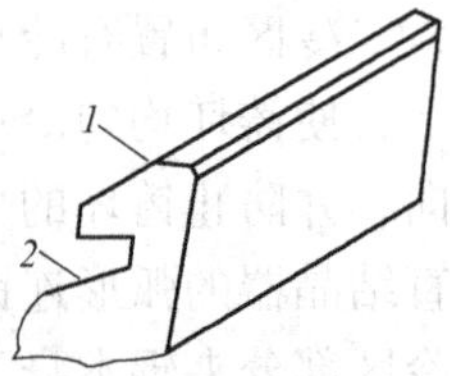

图 15-12　钩头式引锭头简图
1—引锭头；2—钩头槽

15.3.7　铸坯切割装置

切割装置的作用是根据轧钢机的要求将连铸坯切割成定尺或数倍定尺长度。切割方式有火焰切割和机械剪切两种。机械剪切较火焰切割操作简单，金属损失少，生产成本低，但设备复杂，投资大，且只能剪切较小断面的铸坯。而火焰切割设备轻，外形尺寸小，加工制造容易，切缝质量好，且不受铸坯温度和断面大小的限制。目前连铸机多用火焰切割装置。

15.4　弧形连铸工艺

连铸的工艺过程是：把引锭头送入结晶器后，将结晶器壁与引锭头之间的缝隙填塞紧密。然后调好中间包水口的位置，并与结晶器对中，即可将钢包内钢水注入中间包；当中间包内的钢液高度达到 400mm 左右时，打开中间包水口将钢液注入结晶器；钢水受到结晶器壁的强烈冷却冷凝形成坯壳；坯壳达到一定厚度之后启动拉矫机，夹持引锭杆将铸坯从结晶器中缓缓拉出；与此同时，开动结晶器振动装置；铸坯经过二冷区经喷水进一步冷却，使液心全部凝固；铸坯经过拉矫机后，脱去引锭装置，矫直铸坯；再由切割机将铸坯切成定尺；然后由运输辊道输出。浇注过程连续进行，直至浇完一包或数包钢水。

连铸过程中需要控制的工艺参数是浇注温度、浇注速度、结晶器（一次）冷却和二次冷却制度。

15.4.1　浇注温度

连铸时，浇注温度通常是指中间包的钢水温度。要求温度高低合适，且相对稳定和温度均匀，这是顺利浇注和获得优质铸坯的前提。注温过高，出结晶器坯壳薄，容易造成漏钢事故；耐火材料侵蚀加快，易导致注流失控，降低浇注安全性；铸坯柱状晶发达，中心偏析加重，易产生中心线裂纹。注温过低，易发生水口堵塞，浇注中断；铸坯表面容易产生结疤、夹渣、裂纹等缺陷；非金属夹杂不易上浮，影响铸坯内在质量。因此，应根据钢种、铸坯断面和浇注条件来确定合适的钢水过热度。

15.4.2　浇注速度

连铸的浇注速度可用拉坯速度（简称拉速）来表示。钢液注入结晶器的速度与拉坯速度必须密切配合，提高注速就必须相应提高拉速。

拉速过快，容易产生坯壳裂纹，出现重皮，甚至产生拉漏事故；拉速过慢，既降低了设备的生产率，还可能使中间包水口冻结。因此，拉坯速度应根据铸坯断面、钢种和注温来确定。铸坯断面越大，传热断面也增大，拉速应相应减小；合金钢的凝固系数比碳素钢的小，应采用较低的拉坯速度，减少铸坯产生裂纹的可能性；拉速与注温要配合好，实践证明，"高温慢拉、低温快拉"是一条行之有效的经验。为了保证连铸能顺利进行，拉速应保证在结晶器的出口处铸坯有足够的坯壳厚度，能承受拉坯力和钢水的静压力，使坯壳不会被拉裂和不发生"鼓肚"变形。一般要求结晶器出口处的最小坯壳厚度为10～25mm。

国内连铸机浇注普通钢种时常用的拉坯速度：对于（100mm×100mm）～（150mm×150mm）的小方坯，拉速为3.0～4.0m/min；对于（160mm×160mm）～（250mm×250mm）的大方坯，拉速为0.9～2.0m/min；板坯的拉速为0.7～1.5m/min。

15.4.3 结晶器和二次冷却制度

为了保证钢液在短时间内形成具有一定厚度坚固坯壳，要求结晶器有相应的冷却强度，因此应保证结晶器水缝中冷却水的流速大于8～10m/s，控制进出水温差在5～6℃，水压一般为600～800kPa。在浇注过程中，结晶器的冷却水流量通常保持不变。在开浇前3～5min开始供水，停浇后铸坯拉出拉矫机即可停水。

二冷区的冷却强度（用1kg钢喷水量来表示，kg/kg）随钢种、铸坯断面尺寸及拉速而改变。提高二冷强度，可加快铸坯凝固，但铸坯裂纹倾向增大。碳素钢二冷强度通常控制在0.8～1.2kg/kg之间。低碳塑性好的钢种及方坯取上限；导热性和塑性差的钢种及圆坯用下限。近年来，由于铸坯热送和直接轧制技术的出现，二冷倾向于弱冷，以提高铸坯热送温度。

一般把二冷区分为数段，分别控制不同的给水量。沿铸机高度，从上到下给水量应递减。对于板坯连铸机，在同一段内，内弧给水量要比外弧少1/3～1/2。

15.5 连铸坯的结构与铸坯质量

15.5.1 连铸坯的凝固特征

连续浇铸也是在过冷条件下的结晶过程，伴随着体积收缩和元素的偏析。与模铸相比，连铸时结晶器强制冷却、铸坯的运动、二冷区喷水冷却对铸坯结构产生很大的影响。连铸坯凝固时具有如下特征：

（1）冷却强度大，铸坯凝固速度快，凝固系数比模铸约大17%；

（2）铸坯凝固时液相深度大，弧形连铸坯液相深度段达1/4圆弧，液相运动有利于夹杂物的排除；

（3）由于铸坯连续运动，外界条件不变，故除头尾外，铸坯长度方向的结构较均匀。

15.5.2 连铸坯的结构特点

连铸坯的凝固过程分为两个阶段。第一阶段，进入结晶器的钢液，在器壁附近凝固，形成坯壳，在结晶器出口处，坯壳应具有足以抵抗钢液静压力作用的厚度和强度；第二阶段，带液心的铸坯进入二冷区并在该区完全凝固，铸坯组织的形成过程在二冷区结束。

在一般情况下，连铸坯凝固结构从边缘到中心是由细小等轴晶带（激冷层）、柱状晶带和中心等轴晶带组成，如图15-13所示。

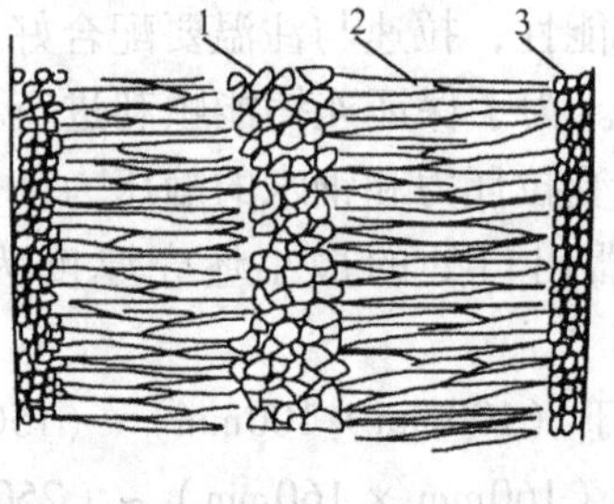

图15-13　连铸坯凝固结构示意图

1—中心等轴晶带；2—柱状晶带；3—细小等轴晶带

（1）表皮细小等轴晶带（激冷层）。结晶器内的冷却强度很大，钢水注入后与铜壁一接触受到激冷，在弯月面处冷却速度达到100℃/s，过冷度很大，形核速率极高，因而形成激冷层，由细小等轴晶组成，也称细小等轴晶带。过热度越小，则细小等轴晶带就宽些，一般激冷层宽度为5～10mm。

（2）柱状晶带。细小等轴晶形成的过程伴随着收缩，并发出潜热，在结晶器液面以下100～150mm处，铸坯脱离铜壁而形成气隙，减少了热流，降低了传热速度。内部钢水仍向外散热，激冷层温度回升，因而不可能再形成新的晶核。以等轴晶为依托晶体开始定向生长，在钢水向铜壁或二冷区坯壳表面定向传热条件下，形成柱状晶带。由于水冷铜壁及二冷区喷水使铸坯的内外温差大，柱状晶细长而致密。

对于弧形连铸机，铸坯凝固结构具有不对称性。由于注流的冲击作用及晶粒下沉抑制了外弧一侧柱状晶的生长，所以内弧一侧柱状晶比外弧侧要长，铸坯内裂纹常常集中在内弧一侧。

（3）中心等轴晶带。当铸坯心部钢水温度降至液相线以下时，心部结晶开始。由于心部存在许多下沉的晶枝、晶杈及析出的质点成为晶核，此时心部传热的单向性已很不明显，因此形成等轴晶。由于此时传热的途径长，传热受到限制，晶粒长大缓慢，比较粗大，称为粗大的等轴晶，形成中心等轴晶带。心部最后凝固的体积收缩没有钢水补充而留有空隙，因此存在可见的疏松和缩孔，不够致密，并伴有元素的偏析。

15.5.3　铸坯质量

最终产品质量取决于所提供的铸坯质量。根据产品用途的不同，提供合格质量的铸坯，这是生产中所考虑的主要目标之一。从广义来说，所谓铸坯质量是得到合格产品所允许的铸坯缺陷的严重程度。连铸坯质量应从以下几方面评价：

（1）连铸坯的纯净度，指钢中夹杂物的含量、形态和分布。这主要取决于钢水的原始状态，即进入结晶器之前的处理过程，也就是说要把钢水搞“干净”些，必须在钢水进入结晶器之前各工序下工夫，如选择合适的炉外精炼，钢包→中间包→结晶器的保护浇注等。

（2）连铸坯的表面质量，指连铸坯表面是否存在裂纹、夹渣及皮下气泡等缺陷。连铸坯的这些表面缺陷主要取决于钢水在结晶器的凝固过程。它是与结晶器内坯壳的形成、结晶器振动、保护渣性能、浸入式水口设计及钢液面稳定性等因素有关的，必须严格控制影响表面质量的各参数在合理的目标值以内，以生产无缺陷的铸坯，这是热送和直接轧制的前提。

（3）连铸坯的内部质量，指连铸坯是否具有正确的凝固结构，以及裂纹、偏析、疏松等缺陷的程度。铸坯内部质量主要取决于铸坯在二冷区的凝固冷却过程和铸坯的支撑系统的精度。合理的二冷水量分布、支撑辊的严格对中、防止铸坯鼓肚变形等，是提高内部质量的关键。

（4）连铸坯的外观形状，指连铸坯的形状是否规矩，尺寸误差是否符合规定要求，与结晶器内腔尺寸和表面状态及冷却的均匀性有关。

连铸坯常见的缺陷成因及防止措施见表15-1。

表15-1 连铸坯的缺陷成因及防止措施

缺陷类别	缺陷名称	缺陷成因	防止或减少缺陷的措施
表面缺陷	表面纵裂	由冷却不均造成结晶器生成的凝固壳不均匀而产生热应力造成；结晶器变形；保护渣选择不当；浸入式水口形状不合理等	低温浇注或电磁搅拌以抑制柱状晶发展；选用合适的保护渣和浸入式水口；选择合理的结晶器锥度等
	表面横裂	由机械应力造成，如坯壳与结晶器壁产生粘连及悬挂等，导致坯壳产生纵向拉应力；矫直时产生抗张应力等。	选择合适的结晶器锥度；调整二冷水的分布，使铸坯到达矫直点时表面温度合适
	角部裂纹	结晶器角部开头不合适或角部磨损，角部缝隙加大或圆角半径不合理	结晶器设计合理，保证精度；加强结晶器下喷水冷却强度
	表面夹渣	主要为锰硅酸盐系和氧化铝系夹杂，不清除将造成成品表面缺陷	合理选用保护渣；净化钢液（保护浇注、钢包吹氩等）
	气泡（表面及皮下）	凝固过程中[C]、[O]反应生成CO以及钢中氢等气体滞留在钢中	降低钢中[O]、[H]含量；结晶器内喂铝丝、保护浇注等
	重皮	坯壳破裂、少量钢水流出、裂口弥合造成	用保护渣作润滑剂改善坯壳生长的均匀性；结晶器内壁镀层
内部缺陷	内裂	在弯曲、矫直或辊子压下时造成的压应力作用在凝固界面上造成的	采用多点矫直；压缩浇注；调节拉辊压下力或设置限位垫块等
	中心疏松和中心偏析	由于冷却不均，在液相穴长度某段上形成柱状晶“搭桥”，“桥”下钢液得不到补缩而造成中心疏松；伴随中心疏松产生中心偏析	低温浇注、低速浇注、电磁搅拌、加形核剂等，以促进铸坯中心组织等轴晶化；增加喷水强度，采用小辊距辊列布置，以提高铸坯抵抗“鼓肚”能力
	大型氧化物夹杂（>100μm）	空气对钢液的二次氧化产物、渣及耐火材料被卷入钢液	合理的脱氧制度；钢液吹氩搅拌；保护浇注；中间包设挡墙及底部吹氩；提高耐火材料质量

续表 15-1

缺陷类别	缺陷名称	缺陷成因	防止或减少缺陷的措施
形状缺陷	鼓肚	在内部钢液静压力下，钢坯发生鼓胀成凸面状；冷却强度不够；辊子支承力不足；辊间距大等；板坯易产生鼓肚	加大冷却强度；降低液相穴深度；调整铸坯辊列系统的对中精度；保持夹棍的刚性
	菱形变形（脱方）	是大方坯特有的现状缺陷。由于结晶器锥度不当，结晶器内冷却不均、凝固壳厚度不均，在结晶器内和二冷区引起坯壳不均匀收缩而致	根据钢种选择合适的结晶器锥度

15.6　连铸新技术

连铸的特点之一是易于实现自动化。实行自动化的目的在于改善操作人员的工作环境，减轻劳动强度，减少人为因素对生产过程的干扰，保证连铸生产和铸坯质量的稳定，优化生产过程和生产计划，从而降低成本。目前，在国内外连铸机上已成功应用的检测和控制自动化技术主要包括下述几种。

15.6.1　钢包下渣检测技术

当钢包到中间包的长水口或中间包到结晶器的浸入式水口中央带渣子时，表明钢包或中间包中的钢水即将浇完，需尽快关闭水口，否则钢渣会进入中间包或结晶器中。目前，常用的下渣检测装置有光导纤维式和电磁感应式。检测装置可与塞棒或滑动水口的控制装置形成闭环控制，当检测到下渣信号时自动关闭水口，防止渣子进入中间包或结晶器。

15.6.2　中间包连续测温

测定中间包内钢水温度的传统方法是操作人员将快速测温热电偶插入中间包钢液中，由二次仪表显示温度。热电偶为一次性使用，一般每炉测温3～5次。如果采用中间包加热技术，加热过程中需随时监测中间包内钢液温度，因此连续测温装置更是必不可少的。目前，比较常用的中间包连续测温装置是使用带有保护套管的热电偶，保护套管的作用是避免热电偶与钢液接触。热电偶式连续测温的原理较为简单，关键的问题是如何提高保护套管的使用寿命和缩短响应时间。国外较为成熟的中间包连续测温装置的保护套管的使用寿命可达几百小时。国内有少量连铸机采用国产的中间包连续测温装置，使用性能基本满足中间包测温要求。

15.6.3　结晶器液面检测与自动控制

结晶器液面波动会使保护渣卷入钢液中，引起铸坯质量问题，严重时导致漏钢或溢钢。结晶器液面检测主要有同位素式、电磁式、电涡流式、激光式、热电偶式、超声波式、工业电视法等。其中，同位素式液面检测技术最为成熟、可靠，在生产中应用较多。液面自动控制的方式大致可分为三种类型：一是通过控制塞棒升降高度来调节流入结晶器内钢液流量；二是通过控制拉坯速度使结晶器内钢水量保持恒定；三是前两种构成的复合型。

15.6.4 结晶器热流监测与漏钢预报技术

在连铸生产中，漏钢是一种恶性事故，不仅使连铸生产中断，增加维修工作量，而且常常损坏机械设备。黏结漏钢是连铸中出现最为频繁的一种漏钢事故。为了预报由黏结引起的漏钢，国内外根据黏结漏钢形成机理开发了漏钢预报装置。当出现黏结漏钢时，黏结处铜板的温度升高。根据这一特点，在结晶器铜板上安装几排热电偶，将热电偶测得的温度值输入计算机中，计算机根据有关的工艺参数按一定的逻辑进行处理，对漏钢进行预报。

15.6.6 铸坯表面缺陷自动检测

连铸坯的表面缺陷直接影响轧制成品的表面质量，热装热送或直接轧制工艺要求铸坯进加热炉或均热炉必须无缺陷。因此，必须进行表面质量在线检测，将有缺陷的铸坯筛选出来进一步清理，缺陷严重的要判废。目前，比较成熟的检测方法有光学检测法和涡流检测法。光学检测法是用摄像机获取铸坯表面的图像，图像经过处理后，去掉振痕及凹凸不平等信号，只留下裂纹信号在显示器上显示，经缩小比例后在打印机上打印出图形，打印纸的速度与铸坯同步。操作人员观察打印结果对铸坯表面质量做出判断，决定切割尺寸并决定是否可直接热送。当裂纹大于预定值时，应调整切割长度，将该部分切除，尽可能增加收得率。涡流检测法利用铸坯有缺陷部位的电导率和磁导率产生变化的原理来检测铸坯的表面缺陷。

15.6.7 铸坯质量跟踪与判定

铸坯质量跟踪与判定系统是对所有可能影响铸坯质量的大量工艺参数进行收集与整理，得到不同质量要求的各种产品的工艺数据的合理控制范围，将这些参数编制成数学模型存入计算机中。生产时计算机对浇注过程的有关参数进行跟踪，根据一定的规则（即从生产实践中总结归纳出来的工艺参数与质量的关系）给出铸坯的质量指标，与生产要求的合理范围进行对比，给出产品质量等级。在铸坯被切割时，可以在铸机上打出标记，操作人员可以根据这些信息对铸坯进一步处理。

15.6.8 动态轻压下控制

轻压下是在线改变铸坯厚度、提高内部质量的有效手段，主要用于现代化的薄板坯连铸中。带轻压下功能的扇形段的压下过程由液压缸来完成，对液压缸的控制非常复杂，需要计算机根据钢种、拉速、浇注温度、二冷强度等工艺参数计算出最佳的压下位置以及每个液压缸开始压下的时间、压下的速度。目前，国内薄板坯连铸机动态压下的设备及控制系统均全套引进。

总体上讲，目前我国的连铸自动化整体水平与欧、美、日等发达国家相比还有一定距离。发达国家的连铸机正朝着全自动、智能化、无人浇注的方向发展。国内除了少数引进和近年来新建的连铸机自动化水平较高外，其他连铸机基本靠常规仪表和一般电气设备进行控制，计算机控制的项目较少，很多靠手动控制。从连铸发展的总体趋势看，连铸机的产量越来越高，铸坯质量也越来越好，但连铸机的操作人员却越来越少，这是实现自动化控制的必然结果。因此，如何提高连铸机的自动化水平，是摆在国内钢铁企业面前的一个不容忽视的问题。

复习思考题

15-1　连续铸钢与模铸比较有何优点？

15-2　简述弧形连铸机构造及弧形连铸工艺过程。

15-3　简述连铸坯的结构特点。

15-4　评价连铸坯质量应从哪几方面考虑？

15-5　连铸技术的发展趋势如何？

第3篇

轧钢生产

16 轧钢概述

16.1 我国轧钢生产的现状与生产技术发展

16.1.1 轧钢生产现状

轧钢生产是钢铁工业生产的最终环节，它的任务是把钢铁工业中的采矿、选矿、炼铁、炼钢等工序的物化劳动集中转化为钢铁工业的最终产品——钢材。

在轧制、锻造、拉拔、冲压、挤压等金属的压力加工方法中，由于轧制生产效率高、产量大、品种多的特点，轧制成为钢材生产中最广泛使用的主要成形方法，绝大多数钢材都是通过轧制生产方式获得的。因此轧钢生产的技术管理水平高低，直接影响着整个冶金工业的发展水平和经济指标。

目前，我国的轧制生产线大、中、小型并存，不同企业的技术装备水平参差不齐，能耗、成本较高。很多企业还使用20世纪50～60年代较为陈旧的设备和工艺，这是钢材质量、品种和效益较差的主要原因。

就钢材品种结构而言，经过50年的发展，品种由少到多，从一般民用品种到国防尖端工业品种，从普通碳素钢到特殊钢品种，从量大面广的通用钢材到各种专用钢材品种，绝大部分都可以生产，已形成一个门类比较齐全的品种体系。

“十二五”期间，中国的钢铁工业又处于根本性战略转移的关键时期，即由数量型转到质量型，由速度型转到效益型，由粗放经营为主转到集约经营为主，将品种质量放在首要地位。

16.1.2 轧钢生产技术发展

世界轧钢工业的技术进步主要集中在生产工艺流程的缩短和简化上，最终形成轧材性能高品质化、品种规格多样化、控制管理计算机化等。展望未来，轧钢工艺和技术的发展主要体现在以下几方面：

（1）铸轧一体化。20世纪50年代以来，由于连铸的发展，已经逐步淘汰初轧工序。而连铸技术生产的薄带钢直接进行冷轧，又使连铸与热轧工序合二为一。铸轧的一体化，将使轧制工艺流程更加紧凑。同时，低能耗、低成本的铸轧一体化，也是棒、线、型材生产发展的方向。

（2）轧制过程清洁化。在热轧过程中，钢的氧化不仅消耗钢材与能源，同时也带来环境的污染，并给深加工带来困难。因此，低氧化燃烧技术和低成本氢的应用都成为无氧化加热钢坯的基本技术。酸洗除鳞是冷轧生产中最大的污染源，新开发的无酸清洁型（AFC）除鳞技术，可使带钢表面全无氧化物、光滑并具有金属光泽。无氧化（或低氧化）和无酸除鳞（氧化铁皮）这两项被称为绿色工艺的新技术，将使轧钢过程清洁化。

（3）轧制过程柔性化。板带热连轧生产中压力调宽技术和板形控制技术的应用，实现了板宽的自由规程轧制。棒、线材生产的粗、中轧平辊轧辊技术的应用，实现了部分规格产品的自由轧制。冷弯和焊管机也可实现自由规格生产。这些新技术使轧制过程柔性化。

（4）高新技术的应用。21世纪轧钢技术取得重大进步的主要特征是信息技术的应用。板形自动控制，自由规程轧制，高精度、多参数在线综合测试等高新技术的应用使轧钢生产达到全新水平。轧机的控制已开始由计算机模型控制转向人工智能控制，并随着信息技术的发展，将实现生产过程的最优化，使库存率降低，资金周转加快，最终降低成本。

（5）钢材的延伸加工。在轧钢生产过程中，除应不断挖掘钢材的性能潜力外，还要不断扩大多种钢材的延伸加工产业，如开发自润滑钢板用于各种冲压件生产，减少冲压厂润滑油污染；开发建筑带肋钢筋焊网等，把钢材材料生产、服务延伸到各个钢材使用部门。

随着工业的发展和轧钢技术的进步，轧钢工艺的装备水平和自动控制水平不断提高，老式轧机也不断被各种新型轧机所取代。按照我国走新型工业化道路的要求，轧钢技术发展的重点也转移到可持续发展上，在保证满足环保要求的条件下，达到钢材生产的高质量和低成本。

16.2　轧钢产品的品种规格及用途

轧制钢材的断面形状和尺寸总称为钢材的品种规格。国民经济各部门所使用的以轧制方法生产的钢材品种规格已达数万种之多。一般来说，钢材品种越多，表明轧钢技术水平越高。钢材的分类方法有许多种，根据断面形状的特征，钢材可分为板带钢、型钢、钢管和特殊用途钢材等四大类。此外，按我国目前统计大致分十四大类：重轨、轻轨、普通大型材、普通中型材、普通小型材、优质型材、线材、特厚板、中厚板、薄板、硅钢、带钢、无缝管、焊管。特种材有：钢轨配件、车轴坯、轧制车轮、轮箍、冷弯型钢、钢球等；钢丝、钢丝绳等列入金属制品。

钢板、钢管在整个钢材中所占的比重称为板管比。板管比是衡量一个国家和地区工业化、城市化程度的重要标志。美、日、欧三大经济板块的板管比分别是72%、84%、80%，中国2005年板管比只有44%，现已达到50%。

16.2.1　板带钢

板带钢是一种宽度与厚度比值（B/H值）很大的扁平断面钢材，应用最为广泛。它不仅作为成品钢材使用，而且也是制造冷弯型钢、焊接钢管和焊接型钢的原料。

板与带的区别主要在于成张的为板，成卷的为带。

板带材根据规格、用途和钢种的不同，可划分成不同种类。

（1）按规格可分为厚板、薄板、极薄带等，厚板又可细分为特厚板、厚板、中板。按我国的分类标准是把厚度在60mm以上的称为特厚板，20～60mm称为厚板，4～20mm称为中板，0.2～4mm 称为薄板，0.2mm 以下称为极薄带钢或箔材。从钢板的规格来看，世界上生产钢板的厚度范围最薄已达到 0.001mm，最厚达 500mm，宽度范围最宽达 5350mm，最重 250t。

（2）按用途可分为汽车钢板、压力容器钢板、造船钢板、锅炉钢板、桥梁钢板、电工钢板、深冲钢板、航空结构钢板、屋面钢板及特殊用途钢板等。不同用途的板带钢常用的产品规格是不同的。

（3）按钢种可分为普通碳素钢板、优质碳素钢板、低合金结构钢板、碳素工具钢板、合金工具钢板、不锈钢板、耐热及耐酸钢板、高温合金钢板等。

（4）板带钢按生产方法可分为热轧板带和冷轧板带。

16.2.2 型钢

型钢常用于机械制造、建筑和结构件等方面。在工业先进国家中型钢和线材的产量占钢材总量的 30%～35%，主要是靠热轧方式生产。

型钢品种繁多，按断面形状可分为简单断面型钢（方钢、圆钢、扁钢、角钢等）和复杂断面型钢（槽钢、工字钢、钢轨等）；按其用途又可分为常用型钢（方钢、圆钢、H 型钢、角钢、槽钢、工字钢等）和特殊用途型钢（钢轨、钢桩、球扁钢、窗框钢等）；按其生产方法还可分为轧制型钢、弯曲型钢、焊接型钢等。

16.2.2.1 简单断面型钢

简单断面型钢如图 16-1 所示。

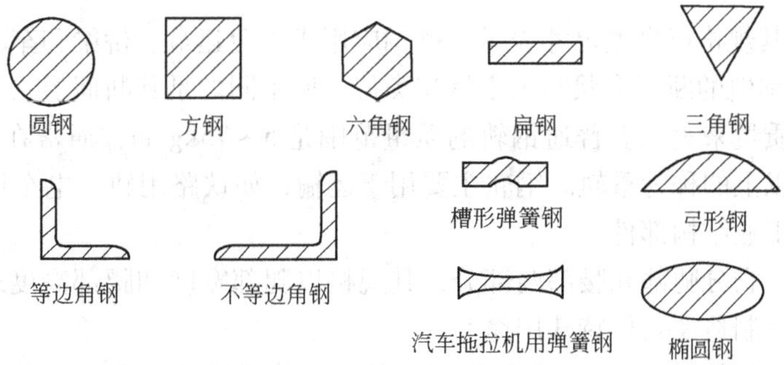

图 16-1 简单断面型钢

（1）方钢。断面形状为正方形的钢材称为方钢，其规格以断面边长尺寸的大小来表示。方钢可用来制造各种设备的零部件、铁路用的道钉等。

（2）圆钢。断面形状为圆形的钢材称为圆钢，其规格以断面直径的大小来表示。

（3）扁钢。断面形状为矩形的钢材称为扁钢，其规格以厚度和宽度来表示。多用作薄板坯、焊管坯以及用于机械制造业。

（4）六角钢。其规格以六角形内接圆的直径尺寸来表示。多用于制造螺帽和工具。

（5）三角钢、弓形钢和椭圆钢。这些断面的钢材多用于制作锉刀。三角钢的规格用边长尺寸表示；弓形钢的规格用其高度和宽度表示；椭圆钢规格是以长、短轴尺寸来表示。

（6）角钢。有等边、不等边角钢两种，其规格以边长与边厚尺寸表示。不等边角钢的规格分别以长边和短边的边长表示，角钢多用于金属结构、桥梁、机械制造和造船工业，常为结构体的加固件。

16.2.2.2　复杂断面型钢

复杂断面型钢如图16-2所示。

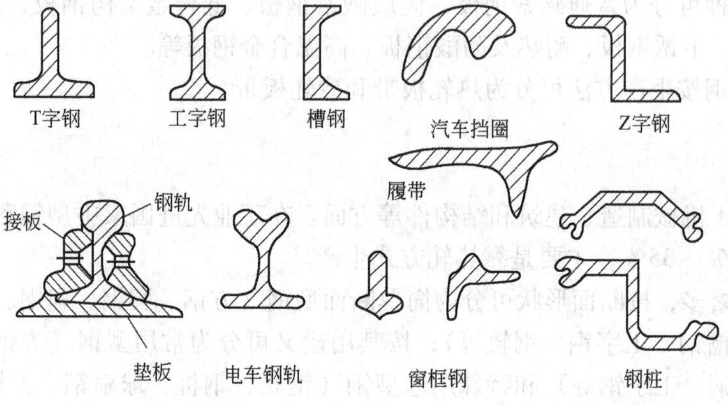

图16-2　复杂断面型钢

（1）工字钢。工字钢规格以高度尺寸表示。工字钢广泛地应用于建筑或其他金属结构。

（2）槽钢。其规格以高度尺寸表示。槽钢应用于工业建筑、桥梁和车辆制造等。

（3）钢轨。钢轨的断面形状与工字钢相类似，所不同的是其断面形状不对称。钢轨规格是以每米长的质量来表示。普通钢轨的质量范围是5～75kg/m，通常在24kg/m以下的称为轻轨，在此以上的称为重轨。钢轨主要用于运输，如铁路用轨、电车用轨、起重机用轨等，也可用于工业结构部件。

（4）T字钢。它分腿部和腰部两部分，其规格以腿部宽度和腰部高度表示。T字钢用于金属结构、飞机制造及其他特殊用途。

（5）Z字钢。Z字钢也分为腿部和腰部两部分，其规格是以腰部高度表示。它应用于制造铁路车辆、工业建筑和农业机械。

16.2.3　钢管

凡是全长为中空断面且长度与周长之比值较大的钢材称为钢管。

钢管规格用其外形尺寸（外径或边长）和壁厚（或内径）表示。

钢管的断面形状一般为圆形，也有方形、矩形、椭圆形等多种异型钢管及变断面钢管。钢管按用途分为管道用管、锅炉用管、地质钻探管、化工用管、轴承用管、注射针管等；按制造方法分为无缝钢管、焊接（有缝）钢管及冷轧与冷拔、挤压钢管；按管端状态可分为光管和车丝（带螺纹的）管。

（1）无缝钢管。根据生产方法，可分为热轧管、冷轧管、冷拔管等；按断面形状可分为圆形管和异型管两种，异型管有方形、椭圆形、三角形、六角形等多种复杂形状；按管端状态可分为光管和车丝（带螺纹的）管；按外径和壁厚之比的不同，还可分为特厚管、厚壁管、薄壁管和极薄壁管。各种钢管的规格按直径与壁厚组合也非常多，其外径最小可达0.1mm（冷拔管），最大达1400mm；壁厚最薄达0.01mm，厚至100mm。无缝钢管主要用作石油地质钻探管、石油化工用裂化管、锅炉管以及汽车、拖拉机、航空高精度结构管。

（2）焊接钢管。根据焊接方法不同，有电焊管、气焊管、炉焊管等。按照焊缝可分为直接焊管和螺旋焊管。炉焊管用于管线，电焊管用于石油钻采和机械制造业，大直径直缝焊管用于高压油气输入。螺旋缝焊管用作管桩、桥墩等。焊管外径可为10～3660mm，臂厚为0.1～25.4mm。焊接钢管比无缝管生产率高，成本低。因此，焊管在钢管总产量中比重不断增加。

16.2.4 特殊用途钢材

特殊用途钢材包括断面形状和尺寸沿长度方向作周期性变化的周期性断面钢材以及用轧制方式生产的齿轮、车轮、轮箍、钢球、螺丝和丝杆等产品。这类轧制产品能代替一部分机械加工的构件，因而能节约金属，减少切削加工量，是很有发展前途的钢材。

16.3 钢材产品标准和技术要求

组织轧钢生产工艺过程首先是为了获得合乎质量要求或技术要求的产品，也就是说，保证产品质量是轧钢生产的一个重要指标。钢材的技术要求就是为了满足使用需要对钢材提出的必须具备的规格和技术性能，例如形状、尺寸、表面质量、力学性能、物理化学性能、金属内部组织和化学成分等方面的要求。

钢材技术要求体现为钢材的产品标准，包括国家标准（GB）、冶金行业标准（YB）、地方标准和企业标准。

国家标准主要由五个方面内容组成：

（1）品种规格标准。主要是钢的断面形状和尺寸精度方面的要求。它包括钢材几何形状、尺寸允许的偏差、截面面积和理论重量等。有特殊要求的在其相应的标准中单独规定。

（2）性能标准。钢材的性能标准又称钢材的技术条件。它规定各钢种的化学成分、力学性能、工艺性能、表面质量要求、组织结构以及其他特殊要求。

（3）试验标准。它规定取样部位、试样形状和尺寸、试验条件以及试验方法。

（4）交货标准。对不同钢种及品种的钢材，规定交货状态，如热轧状态交货、退火状态交货、经热处理及酸洗交货等。冷加工交货状态分特软、软、半软、低硬、硬几种类型，另外还规定钢材交货时的包装和标志（涂色和打印）方法以及重量证明书的内容等。

（5）特殊条件。某些合金钢和特殊的钢材还规定特殊的性能和组织结构等附加要求及特殊的成品试验要求等。

各种钢材根据用途的不同都有各自不同的产品标准或技术要求。由于各种钢材的技术要求不同，再加上钢种特性不同，它们的生产工艺过程和生产工艺特点不同。

复习思考题

16-1 简述钢材的种类和用途。

16-2 简述钢材产品标准的组成。

17 轧制基本理论

17.1 基本概念

17.1.1 轧制

轧制指利用金属的塑性使金属在两个旋转的轧辊缝隙中受到压缩产生塑性变形，从而得到具有一定形状、尺寸和性能的产品加工过程。被轧制的金属称为轧件；使轧件实现塑性变形的机械设备称为轧钢机；轧制后的成品称为钢材。

轧制的方式目前大致分为三种：纵轧、斜轧和横轧。

17.1.1.1 纵轧

如图 17-1 所示，纵轧是金属在相互平行且旋转方向相反的轧辊缝隙间进行塑性变形，而金属的行进方向与轧辊轴线垂直，结果使金属厚度减小，而长度、宽度增大。

这种方法在钢材的生产中应用得最为广泛，如各种型材、板带材都用该法生产。

17.1.1.2 横轧

如图 17-2 所示，横轧指金属在同向旋转且中心线相互平行的轧辊缝隙间进行的塑性变形。在横轧中金属轴线与轧辊轴线平行，金属只有绕其自身轴线旋转的运动，故仅在横向受到加工。横轧用于轧制变断面轴材和其他圆断面产品，主要用于齿轮、车轴等回转体的轧制。

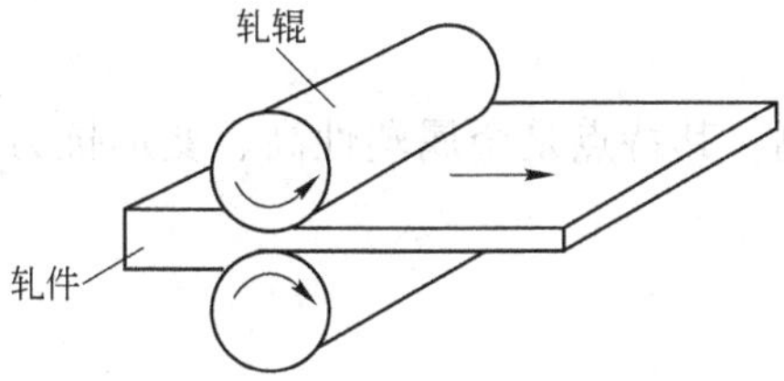

图 17-1 纵轧示意图

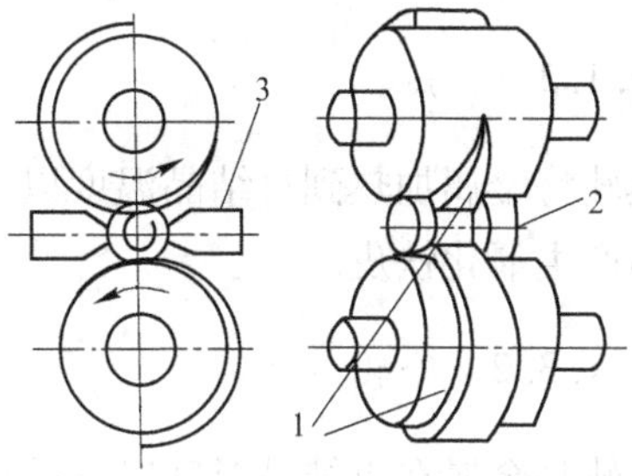

图 17-2 横轧简图

1—轧辊；2—轧件；3—支撑架

17.1.1.3 斜轧

如图 17-3 所示，斜轧指上下两个轧辊的轴线倾斜互成一定角度，各工作辊相邻侧的线速度方向相反，轧制时轧件沿轧辊夹角平分线做螺旋运动且延伸的轧制方式。

斜轧是轧制管材的主要工艺方法，也用于轧制球体等变断面零部件。

17.1.2 加工硬化与再结晶

塑性加工会改变金属的晶体组织结构，从而影响金属性能。

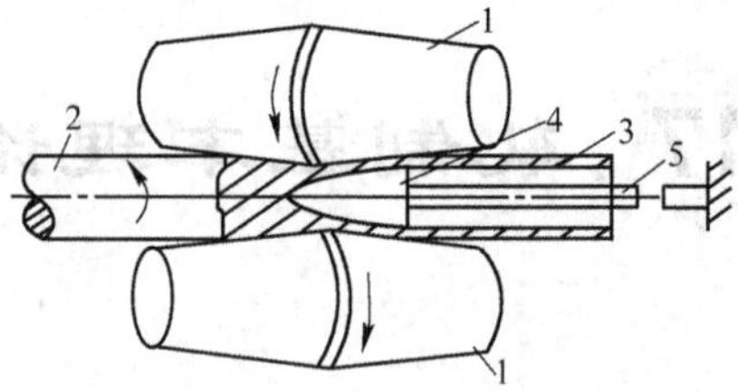

图 17-3　二辊斜轧示意图

1—轧辊；2—坯料；3—毛管；4—顶头；5—顶杆

17.1.2.1　加工硬化

加工硬化是指金属在加工变形中，随变形程度的增加而引起金属的强度、硬度和脆性升高、塑性和韧性下降的现象。

17.1.2.2　再结晶

加工变形后的金属，随温度增高，其晶体组织会出现重新改组为新晶粒的现象，由原来拉长晶粒重新变成细小等轴晶粒。金属经再结晶后会消除加工硬化。

金属再结晶温度是指金属进行再结晶的最低温度。

$$T = (0.35 \sim 0.4)T_m$$

式中，T_m 为金属的熔点。

普碳钢再结晶温度约为850℃。

17.1.3　冷轧与热轧

17.1.3.1　热轧

热轧将金属加热到再结晶温度以上进行的轧制。其特点是金属塑性高、变形抗力低，但表面产生氧化铁皮。

17.1.3.2　冷轧

冷轧是金属在再结晶温度以下进行的轧制。其特点是金属塑性低、变形抗力高，需很大压力完成变形，但表面质量好，尺寸精度高。

故轧制成形的材料一般是先将金属锭坯或铸坯热轧到接近成品形状和尺寸，再进行冷轧达到成品形状尺寸要求。

17.2　金属塑性变形理论

17.2.1　金属塑性变形的力学条件

17.2.1.1　内力与应力

A　外力

从物理知识可知，对任何物体施加外力，其作用效果是：由于外力的作用改变了物体的运动状态，这种情况是属于刚体力学研究的范围；所施加的外力在一定的条件下，造成该物体运动受阻碍，使物体内产生内力而发生变形，这种情况则属于塑性加工方面的研究内容。

金属在发生塑性变形时，作用在变形物体上的外力有两种：作用力和约束反力。

（1）作用力。通常把压力加工设备可动工具部分对变形金属所作用的力称为作用力或主动力，用“P”表示，方向是垂直作用于变形金属与工具接触表面。其大小可以实测或用理论计算，以用来验算设备零件强度和设备功率。

（2）约束反力。工件在主动力的作用下，其整体运动和质点流动受到工具约束时产生的约束反力。

1）正压力：沿工具和工件接触表面法线方向阻碍工件整体移动或金属流动的力，它的方向和接触面垂直，并指向工件，用“N”表示，其方向垂直指向变形工件接触面，如图 17-4 中的 N。

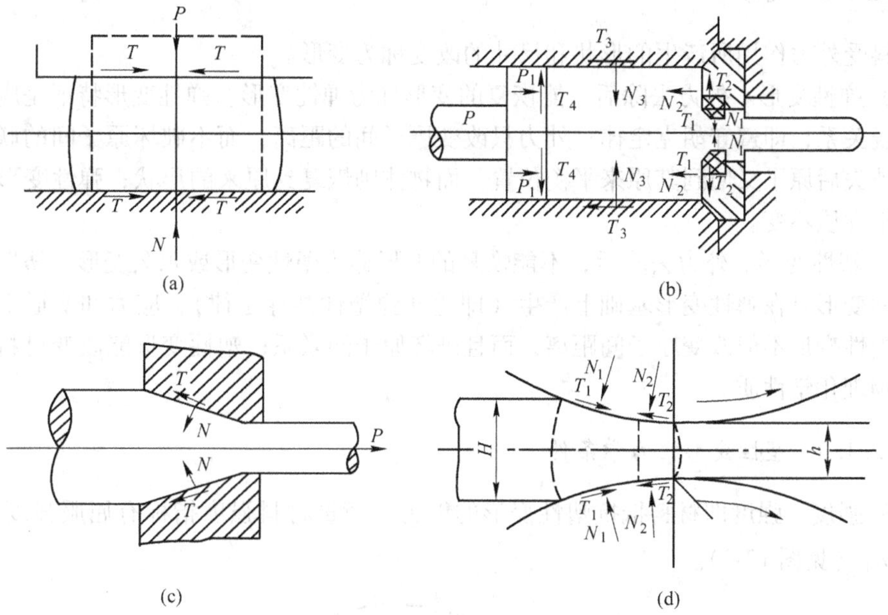

图 17-4　压力加工中变形金属受力图

（a）镦粗；（b）挤压；（c）拉拔；（d）轧制

2）摩擦力：沿工具和工件接触面切线方向阻碍金属流动的力，它的方向和接触面平行，并与金属质点流动方向和流动趋势相反，用“T”表示，其方向平行于变形工件接触面，如图 17-4 中的 T。

B　内力

（1）概念。原子被迫偏离平衡位置时，在原子间产生的相互作用力，其大小等于引力和斥力的合力。内力产生实质是原子被迫偏离平衡位置。只要在原子间的力系平衡关系发生破坏时，原子的位能就要升高而产生内力，在内力产生的同时使原子间距发生了改变，即所谓变形。

（2）内力产生原因：

1）由于外力的机械作用，在金属内部产生与之相平衡的内力。

2）由于物理或物理－化学过程所产生的相互平衡的内力。在生产加工（轧制）过程中，由于不均匀变形、不均匀加热或冷却（物理过程）及金属内的相变（物理-化学过程）等，都可以促使金属内部产生内力。

C 应力

(1) 概念。内力的强度（集度）称为应力，或者说是内力的大小以应力来度量，即以单位面积上所作用的内力大小来表示：

$$\sigma = \mathrm{d}P/\mathrm{d}S\text{（微小面积上）或 }\sigma = P/S\text{（平均应力）}$$

(2) 应力分类。应力可分为基本应力和附加应力。基本应力是由于外力的机械作用在物体中产生的应力。附加应力是由于物理或物理-化学过程在物体中所产生的应力。其特征是外力去除（卸载），基本应力消失，附加应力仍存在。

17.2.1.2 变形

材料受外力作用所产生的形状和尺寸的改变称为变形。

(1) 弹性变形。外力去除后，能恢复的变形称为弹性变形。弹性变形特征是应力和应变为直线关系，即遵守胡克定律；外力只改变原子间的距离，而不破坏原子间的联系，因而外力消失后原子又回到其原来平衡位置，而物体则恢复到原来的形状；弹性变形过程材料的基本性质不变。

(2) 塑性变形。外力去除后，不能恢复的变形称为塑性变形或永久变形。塑性变形特征是塑性变形是在弹性变形基础上产生（即遵守弹塑性共存定律）；应力和变形不呈线性关系；塑性变形不但改变原子间距离，而且破坏原子间联系；塑性变形能改变材料的力学性能和物理化学性质。

17.2.1.3 塑性变形的力学条件

(1) 强度。强度即材料抵抗塑性变形的能力。衡量材料强度指标有屈服强度 σ_s 和强度极限 σ_b（见图 17-5）。

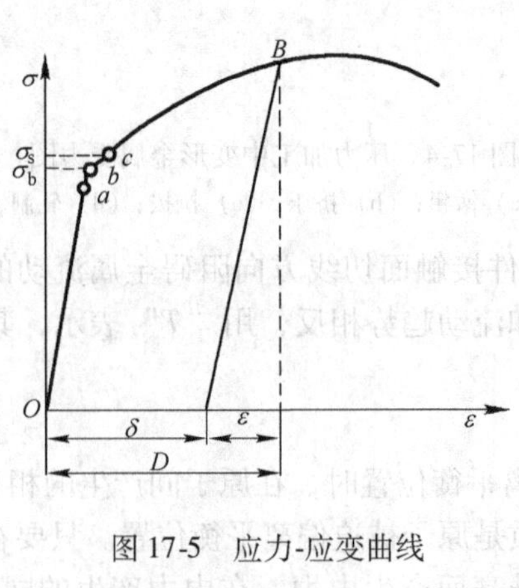

图 17-5 应力-应变曲线

(2) 屈服强度（屈服极限）。屈服强度即材料产生塑性变形的最小应力。金属材料所受应力（σ）小于其屈服强度（σ_s），则不产生塑性变形。

（3）强度极限。强度极限即材料破裂前的最大应力。金属材料所受应力（σ）大于其强度极限（σ_b），则材料发生断裂。

故金属材料产生的力学条件为：$\sigma_s \leqslant \sigma < \sigma_b$

17.2.2　金属塑性加工的基本定律

17.2.2.1　体积不变定律

金属在塑性加工变形时，变形前后材料的体积保持不变。若以 V_1、V_2 分别代表轧制前后轧件体积，其数学表达式为：

$$V_1 = V_2$$

矩形断面轧件，轧前长、宽、高为 L、B、H；轧后长、宽、高为 l、b、h，则根据体积不变定律得：

$$HBL = hbl$$

体积不变定律可以用来计算成品尺寸和坯料尺寸。

17.2.2.2　最小阻力定律

最小阻力定律指金属材料在受到外力作用产生塑性变形时，当其内部质点有向各个方向移动的可能性时，各质点将沿阻力最小方向移动。

根据体积不变定律可知，在轧制过程中，轧件在高度方向被压下的金属，将向纵向和横向流动而形成延伸和宽展。由于加工条件的状况不同（如轧辊直径、轧件宽度及摩擦系数的不同等），即使在压下量相同的情况下轧制，产生的延伸和宽展值，也是不可能相同的。如果要知道延伸与宽展的关系情况，就必须根据外界的条件对延伸与宽展起何作用进行分析，才能知道变形区内金属质点的流动规律。而最小阻力定律，就能很好地说明金属质点的流动方向，并指出了流动方向与应力之间的近似关系，为生产实践中估计宽展和延伸值的大小创造了有利条件。如在轧制过程中，除轧辊直径不相同外，其他所有的条件均相同时，轧件在宽展和延伸方向的变化将如何呢？由于轧辊的直径不相同，必然会使轧件的宽展和延伸的变化不同。

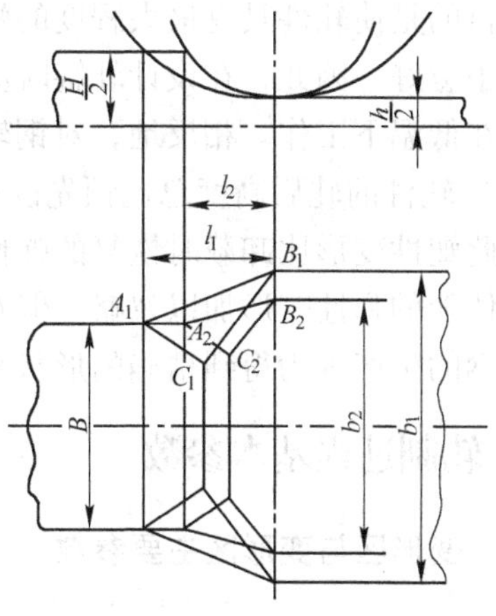

图 17-6　轧辊直径对宽展的影响

从图 17-6 可看出：在压下量相同的情况下，轧件在变形区中的延伸方向接触弧长度是不同的，即大轧辊直径较小轧辊直径的接触弧长，因此，在该方向上产生的摩擦阻力也是大辊径较小辊径的大，故在这两种辊径下轧出来的轧件尺寸除厚度相同外，其长度和宽度是不同的。一般大辊径轧出的轧件长度较小辊径轧出来的要小，而宽度则是大辊径较小辊径轧出来的大一些。

17.2.2.3 弹塑性共存定律

由拉伸试验得出的应力-变形图（见图17-7）可知，发生宏观屈服后的任意变形瞬间，如加载到 B 点停止加载而进行卸载，则卸载后保留下来的永久变形不是 OE 而是 OF，也就是说卸载后立即有一小部分弹性变形（EF）消失了。

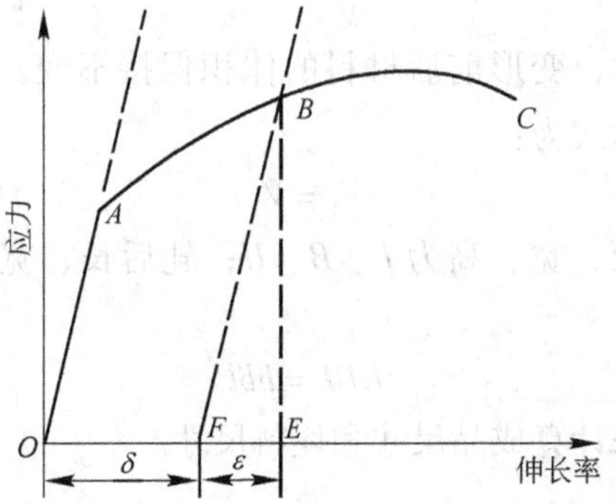

图17-7 拉伸时应力与变形的关系

A 定义

金属材料在发生宏观屈服后任一变形瞬间都包含有弹性变形和塑性变形两部分，即总变形量为弹性变形量和塑性变形量之和。

B 弹塑性共存定律在生产中的应用

（1）用以选择工具。在轧制过程中工具和轧件是两个相互作用的受力体，而所有轧制过程的目的是使轧件具有最大程度的塑性变形，而不允许轧辊有任何塑性变形，并使弹性变形愈小愈好。因此，在设计轧辊时应选择弹性极限高、弹性模数大的材料；同时应尽量使轧辊在低温下工作。相反地，对钢轧件来讲，其变形抗力愈小、塑性愈高愈好。

（2）轧件的轧后高度总比预先设计的尺寸要大。在压力加工中，通常产生很大的塑性变形，此塑性变形比卸载时恢复的弹性变形大得多，所以在压力加工工程计算中把塑性变形中所伴随的弹性变形加以忽略。但对有些情况也必须考虑这种弹性恢复，钢材的矫直和冷弯型钢的生产等为得到精确的形状和尺寸就必须考虑这个弹性恢复。

17.3 轧制过程基本参数

17.3.1 变形区与变形区主要参数

17.3.1.1 变形区

轧件承受轧辊作用发生塑性变形的空间区域称为变形区。变形区由两部分组成：直接承受轧辊作用发生变形的部分称为几何变形区。如图17-8所示的 $ABA'B'$；在非直接承受轧辊作用，仅由于几何变形区的影响，发生变形的部分称为物理变形区，有时也称变形消失区，如图17-8所示。

显然，在轧制条件下，变形区仅为轧件长度的一部分，随着轧辊的转动和轧件向前运动，变形区在轧件长度上连续地改变着自己的位置，并且在轧辊中重复着同一变形和应力状态。

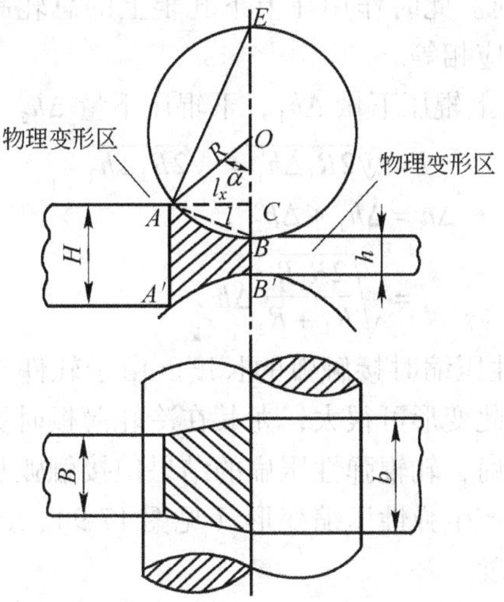

图 17-8　轧制时的变形区

17.3.1.2　变形区主要参数

已知条件：轧辊的工作直径 D_K、轧前与轧后轧件高度（分别为 H 与 h）、轧前与轧后轧件宽度（分别为 B 与 b）。变形区的有关参数确定如下：

（1）咬入角 α。接触弧所对应的圆心角称为咬入角（或轧件与轧辊相接触的圆弧所对应圆心角）。

$$\cos\alpha = \frac{OC}{OA} = \frac{R - BC}{R} = 1 - \frac{\Delta h}{2R}$$

$$\Delta h = H - h = D\ (1 - \cos\alpha)$$

当咬入角的数值不大时，可认为接触弧与其所对应的弦长相等，则：

$$R\alpha \approx \sqrt{R\Delta h}$$

$$\alpha \approx \sqrt{\frac{\Delta h}{R}} \qquad (\mathrm{rad})$$

$$\alpha \approx 57.29\sqrt{\frac{\Delta h}{R}} \qquad (°)$$

（2）变形区长度。此为轧件与轧辊相接触的圆弧的水平投影长度。l 随轧制条件不同而不同，一般有以下三种情况：

1）二轧辊直径相等时。在三角形 EAC 中，$AC = l$

$$AC = \sqrt{AB^2 - BC^2}$$

接触弧的水平投影为：

$$l_x = AC = \sqrt{R\Delta h - \frac{\Delta h^2}{4}}$$

为了简化计算，通常可认为：

$$l_x \approx l \approx \sqrt{R\Delta h}$$

2）二轧辊直径不相等时。此时作用在上下轧辊上的总轧制压力相等。若二轧辊对应接触面积相等，则接触弧长应相等。

设辊径分别为 R_1、R_2，上辊压下量 Δh_1，下辊压下量 Δh_2。由 $l_1 = l_2$

$$l = \sqrt{2R_1\Delta h_1} = \sqrt{2R_2\Delta h_2}$$

$$\Delta h = \Delta h_1 + \Delta h_2$$

$$l = \sqrt{\frac{2R_1R_2}{R_1 + R_2}\Delta h}$$

3）轧辊和轧件产生弹性压缩时接触弧的长度。由于轧件与轧辊间的压力作用，轧辊产生局部的弹性压缩变形，此变形可很大，尤其在冷轧薄板时更为显著。轧辊的弹性压缩变形一般称为轧辊的弹性压扁，轧辊弹性压扁的结果使接触弧长度增加。另外，轧件在辊间产生塑性变形时，也伴随产生弹性压缩变形（见图17-9），此变形在轧件出辊后即开始恢复，这也会增大接触弧长度。

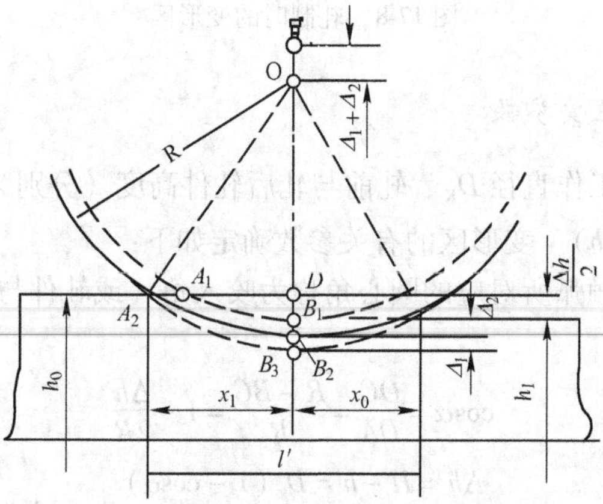

图17-9　轧辊和轧件产生弹性压缩时变形区

如果用 Δ_1 和 Δ_2 分别表示轧辊与轧件的弹性压缩量，为使轧件轧制后获得 Δh 的压下量，那么必须把每个轧辊再压下 $\Delta_1 + \Delta_2$。

$$l' = x_1 + x_0 = A_2D + B_1C$$

$$l' = x_1 + x_0 = \overline{A_2D} + \overline{B_1C} = \sqrt{R\Delta h + 2R(\Delta_1 + \Delta_2)} + \sqrt{2R(\Delta_1 + \Delta_2)}$$

$$l' = \sqrt{R\Delta h + x_0^2} + x_0$$

$$x_0 = \sqrt{2R(\Delta_1 + \Delta_2)}$$

$$\Delta_1 = 2q\,\frac{1-\gamma_1^2}{\pi E_1};\qquad \Delta_2 = 2q\,\frac{1-\gamma_2^2}{\pi E_2}$$

$$x_0 = 8R\bar{p}\left(\frac{1-\gamma_1^2}{\pi E_1} + \frac{1-\gamma_2^2}{\pi E_2}\right)$$

若 $\Delta_2=0$

$$x_0=8\times\frac{1-\gamma_1^2}{\pi E_1}R\bar{p}$$

$$l'=\sqrt{R\Delta h+\left[8\times\frac{1-\gamma_1^2}{\pi E_1}R\bar{p}\right]^2}+8\times\frac{1-\gamma_1^2}{\pi E_1}R\bar{p}$$

式中 γ_1——轧辊泊松系数；

E_1——轧辊弹性模量。

17.3.2 变形程度表示方法

轧制后金属材料变形是厚度减小、宽度多数是增加、长度增加的过程。金属塑性变形程度的表示常用以下四种方法。

17.3.2.1 绝对变形量

绝对变形量用以表示变形前后轧件在高度、宽度及长度三个方向上的线变形量。如图17-10所示，绝对变形量：

$$\Delta h=H-h$$
$$\Delta b=B-b$$
$$\Delta l=L-l$$

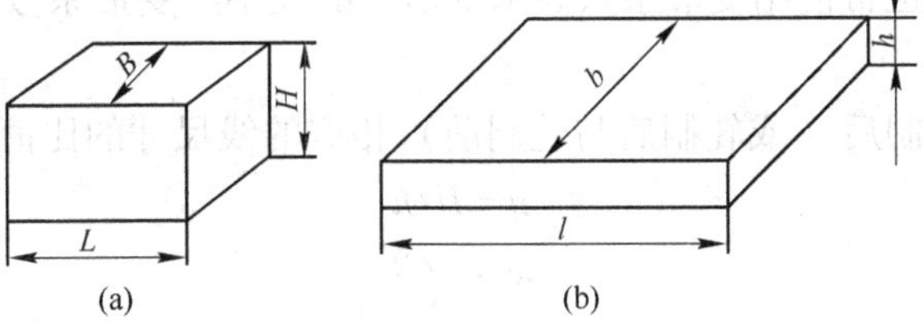

图17-10 矩形坯变形前、后的尺寸变化
（a）变形前；（b）变形后

绝对变形量这种表示方法的最大优点，就是计算简单、能够直观地反映出物体尺寸的变化，但没有相对比较的意义，故不能准确反映轧件相对变形程度。

17.3.2.2 一般相对变形量

一般相对变形量可以比较全面地反映出变形程度的大小，它是三个方向的绝对变形量与各自相应线尺寸的比值所表示的变形量。

相对压下量 $\frac{\Delta h}{H}\times 100\%$

相对宽展量 $\frac{\Delta b}{B}\times 100\%$

相对延伸量 $\frac{\Delta l}{L}\times 100\%$

一般相对变形量并不能准确地表示出变形金属的真实变化程度。

17.3.2.3 真实相对变形量

为了确切地表示轧件某一瞬间的真实变形程度，又可用对数方法表示轧件的变形程度，即真实相对主变形来表示。它是用某一瞬间变形尺寸的无限小的增量 dh_x、db_x、dl_x 与该瞬间尺寸 h_x、b_x、l_x 的比值之积分来表示：

$$\delta_1 = \int_H^h \frac{dh_x}{h_x} = \ln \frac{h}{H}$$

$$\delta_2 = \int_B^b \frac{db_x}{b_x} = \ln \frac{b}{B}$$

$$\delta_3 = \int_L^l \frac{dl_x}{l_x} = \ln \frac{l}{L}$$

由变形前后金属体积不变的条件可得，三真实相对变形代数和等于0，即：

$$\delta_1 + \delta_2 + \delta_3 = 0$$

这种变形的表示方法，由于考虑了变形的整个过程，即尺寸在不同时间的瞬时变化，因此称为真变形。虽然真实变形程度能反映出变形过程中的实际情况，但在实际应用中，除了要求计算精确度较高的变形情况外，一般采用一般相对变形。

17.3.2.4 变形系数

在轧制计算中，也常使用变形系数表示变形量的大小。变形系数也是相对变形的另一种表示方法。

它以轧制前与轧制后（或轧制后与轧制前）相应的线尺寸的比值来表示：

压下系数 $\eta = H/h$

宽展系数 $\omega = b/B$

延伸系数 $\mu = l/L$

变形系数反映了金属变形前后尺寸变化的倍数关系，应用最广，尤其是延伸系数。

$$\mu = l/L = BH/bh = S_0/S_n$$

式中 S_0——轧制前轧件断面积；

S_n——轧制后轧件断面积。

轧钢生产中，钢坯总是要经过若干道次轧制之后才能轧成成品，对应的延伸系数则可分为总延伸系数和道次延伸系数。总延伸系数为各道次延伸系数相乘之积：

$$\frac{F_0}{F_n} = \mu_\Sigma = \mu_1 \cdot \mu_2 \cdot \mu_3 \cdots \mu_n$$

三个变形中，值最大的为主变形，可以更好地反映金属的变形情况。所以，轧制以压下量表示，拉拔以伸长率表示，挤压以断面收缩率表示。

17.4 实现轧制的条件

17.4.1 轧制过程

从轧件与轧辊接触开始到轧件被甩出为止，这一整个过程称为轧制过程。轧制过程可分为三个阶段：咬入阶段、稳定轧制阶段和甩出阶段。

17.4.1.1　咬入阶段

咬入阶段是从轧件前端与轧辊接触的瞬间起到前端达到变形区的出口断面（轧辊轴心连线）。在此阶段的某一瞬间有如下特点：

（1）轧件的前端在变形区有三个自由端（面），仅后面有不参与变形的外端（或称刚端）。

（2）变形区的长度由零连续地增加到最大值，即增加到 $l=\sqrt{\Delta hR}$。

（3）变形区内的合力作用点、力矩均不断地变化。

（4）轧件对轧辊的压力由零值逐渐增加到该轧制条件下的最大值。

（5）变形区内各断面的应力状态不断变化。

此阶段的变形区参数、应力状态与变形都是变化的，是不稳定的，因此称为不稳定的轧制过程。因此，对此阶段主要是研究实际咬入条件的问题。

17.4.1.2　稳定轧制阶段

从轧件前端离开轧辊轴心连线开始，到轧件后端进入变形区入口断面止，这一阶段称为稳定轧制阶段。

此阶段中的情况与咬入阶段不同。变形区的大小、轧件与轧辊的接触面积、金属对轧辊的压力、变形区内各处的应力状态等都是均衡的，因此称此阶段为稳定轧制阶段。

17.4.1.3　甩出阶段

从轧件后端进入变形区入口断面时起到轧件完全通过辊缝（轧辊轴心连线），称为甩出阶段。这一阶段的特点类似于第一阶段，即：

（1）轧件的后端在变形区内有三个自由端（面），仅前面有刚端存在。

（2）变形区的长度由最大变到最小，直至零。

（3）变形区内的合力作用点、力矩均不断地变化。

（4）轧件对轧辊的压力由最大变到零。

（5）变形区内各断面的应力状态不断变化。

17.4.2　轧辊咬入轧件的条件

轧钢生产中我们会发现，有时轧件轧不进去或即使轧件轧进去，但出现打滑现象，所以轧制过程能否实现取决于轧件是否能被旋转的轧辊拽入辊缝中，并能连续不断地进行轧制，直到轧完。依靠旋转方向相反的两个轧辊与轧件间的摩擦力，将轧件拖入轧辊辊缝中的现象，称为咬入。

17.4.2.1　平辊轧制咬入条件

轧件对轧辊的作用力与摩擦力（见图 17-11）：在辊道的带动下轧件移至轧辊前，使轧件与轧辊在 A 和 A' 两点接触，轧辊在两接触点受轧件的径向压力 N' 的作用，并产生与 N'

垂直的摩擦力 T'。因轧件企图阻止轧辊转动，故 T' 的方向应与轧辊转动方向相反。

轧辊对轧件的作用力与摩擦力（见图 17-12）：根据牛顿定律，两个物体相互之间的作用力与反作用力大小相等、方向相反，并且作用在同一条直线上。因此，轧辊对轧件将产生与 N' 力大小相等、方向相反的径向力 N 以及在 N 力作用产生与 T' 方向相反的切向摩擦力 T，径向力 N 有阻止轧件继续运动的作用，切向摩擦力则有将轧件拉入轧辊辊缝的作用。

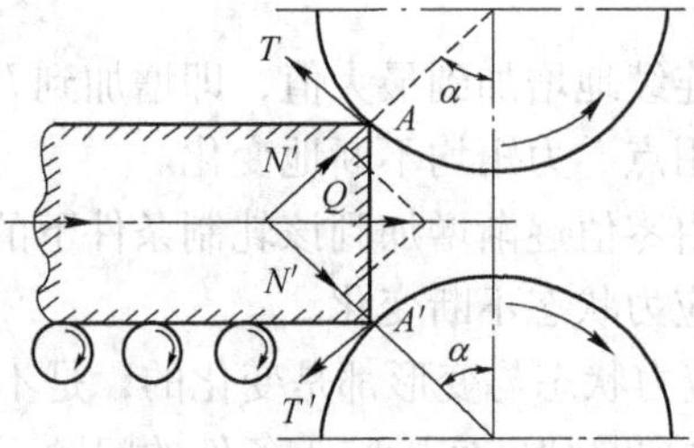

图 17-11　轧件对轧辊作用力与摩擦力

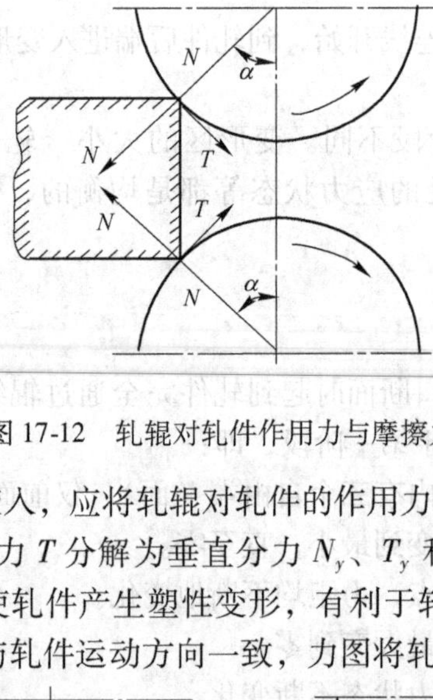

图 17-12　轧辊对轧件作用力与摩擦力

为判断轧件能否被轧辊咬入，应将轧辊对轧件的作用力和摩擦力做进一步分析。如图 17-13 所示。作用力 N 与摩擦力 T 分解为垂直分力 N_y、T_y 和水平分力 N_x、T_x。垂直分力 N_y、T_y 对轧件起压缩作用，使轧件产生塑性变形，有利于轧件被咬入；N_x 与轧件运动方向相反，阻止轧件咬入；T_x 与轧件运动方向一致，力图将轧件拉入辊缝。

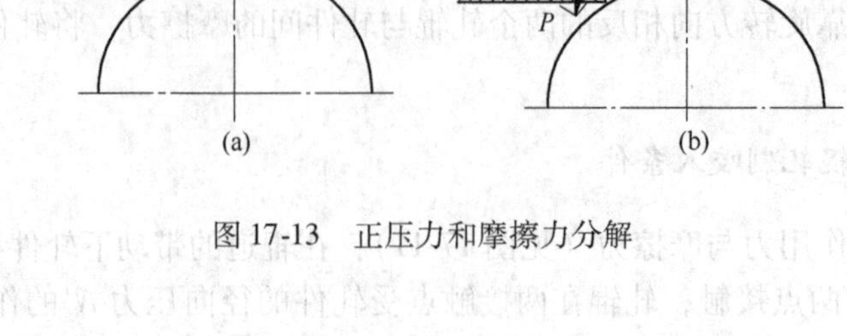

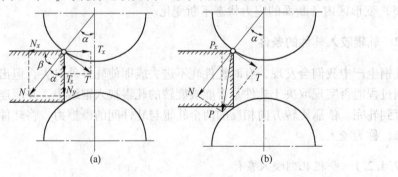

图 17-13　正压力和摩擦力分解

显然 N_x 与 T_x 之间的关系是轧件能否咬入的关键。两者可能有以下三种情况（见图 17-14）：若 $N_x > T_x$，则轧件不能咬入；若 $N_x < T_x$，则轧件可以咬入；当 $N_x = T_x$ 时，轧件处于平衡状态，是咬入的临界条件。若轧件原来水平运动速度为零，则不能咬入；若轧件原来处于运动状态，在惯性力作用之下，则可能咬入。

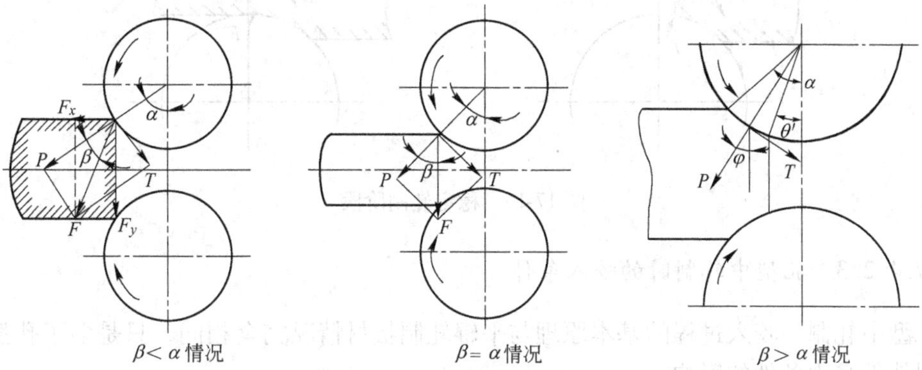

图 17-14 咬入时三种情况

$$T_x = T\cos\alpha = fN\cos\alpha; \qquad N_x = N\sin\alpha$$

（1）当 $T_x > N_x$ 时，即 $fN\cos\alpha > N\sin\alpha$

$$f > \tan\alpha$$

根据物理概念，摩擦系数可以用摩擦角表示，即摩擦角 β 的正切就是摩擦系数 f，将 $\tan\beta = f$ 代入上式，则为 $\beta > \alpha$。

这就是轧件的咬入条件。

（2）当 $N_x > T_x$ 时，同样可推得 $\beta < \alpha$，轧件不能咬入轧机。

（3）当 $N_x = T_x$ 时，同样可推得 $\beta = \alpha$，是轧件咬入的临界条件。

由此可得出结论：咬入角小于摩擦角是咬入的必要条件；咬入角等于摩擦角是咬入的极限条件，即可能的最大咬入角等于摩擦角；如果咬入角大于摩擦角则不能咬入。通常将咬入条件定为：$\beta \geqslant \alpha$。

17.4.2.2 轧件充填变形区过程

轧件被咬入后立即进入充填变形区的过程。当轧件充满变形区后，则进入稳定轧制阶段（见图 17-15），即轧制过程建立。

开始咬入时，合力作用点的中心角 $\varphi = \alpha$；轧制过程建立时，合力作用点的中心角 $\varphi = \alpha/2$。

开始咬入时的咬入条件为 $\beta \geqslant \alpha$，而轧制过程建成时为 $\beta \geqslant \frac{\alpha}{2}$。以通式表示，可写成：$\beta \geqslant \varphi$。这样，开始咬入时，$\varphi = \alpha$；而轧制过程建成时，$\varphi = \frac{\alpha}{2}$。即开始咬入阶段所需摩擦条件最高，随着轧件充填辊缝，咬入容易。

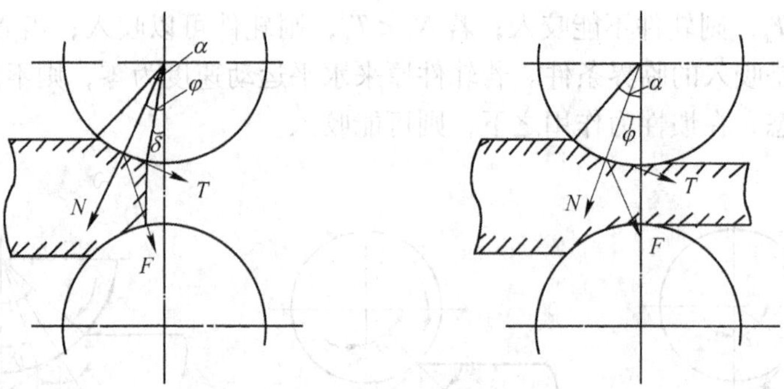

图 17-15　稳定轧制阶段

17.4.2.3　孔型中轧制时的咬入条件

孔型中轧制，咬入过程的基本原理与平辊轧制板材情况完全相同，只是多了孔型侧壁斜度对轧件受力条件的影响。

型钢生产中采用孔型系统较多，其孔型形状亦不尽相同，但就其开始咬入时轧件与轧辊的接触情况而言，基本可归纳为如下两种情况：第一，与平辊轧制矩形件相似（见图 17-16a、b），轧件先与孔型顶部接触；第二，轧件先与孔型侧壁接触（见图 17-16c、d），这是孔型中最有代表性的一种接触。

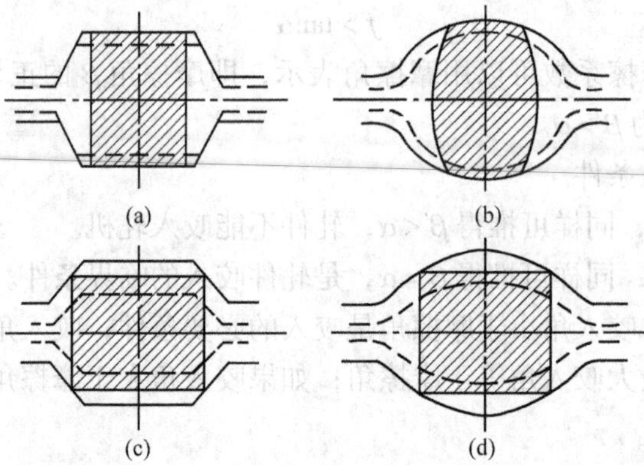

图 17-16　简单孔型中轧制

孔型轧制的咬入条件为：

$$\frac{\beta}{\sin\theta} \geqslant \alpha$$

如图 17-17 所示，孔型中轧制时，孔型侧壁斜度夹角 θ 值越小，咬入越有利。这是因为 θ 值小，β 值增加，意味着 T_x 值大，更容易把轧件拽入轧辊辊缝中。

17.4.2.4　改善咬入条件的途径和方法

改善咬入条件是顺利进行操作、增加压下量、提高生产率的有力措施，也是轧制生产

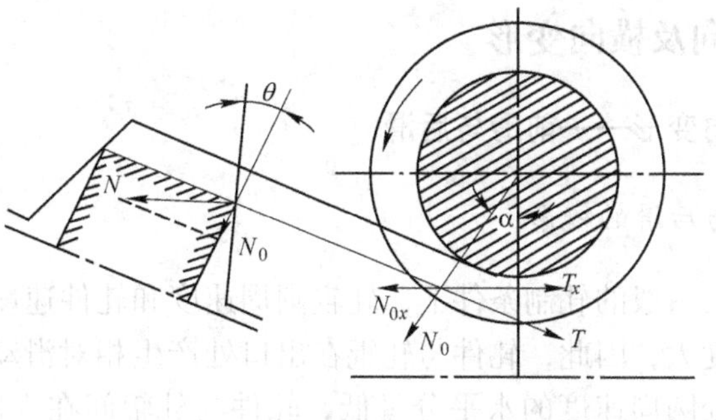

图 17-17　孔型中咬入时轧件所受的力

中经常碰到的实际问题。

由前面分析可知，轧制过程的咬入条件一般地写成：$\beta \geqslant \alpha$。

在轧制过程中，影响轧件咬入的因素，主要是咬入角和摩擦系数。凡是能提高 β 角和降低 α 的一切措施都有利于咬入。

（1）适当减少咬入角 α。在实际生产中，减小实际咬入角 α 有如下办法：

1）使用合理形状的连铸坯，可以把轧件前端制成楔形或锥形。

2）强迫咬入，用外力将轧件推入轧辊中，由于外力的作用，轧件前端压扁，合力作用点内移，从而改善了咬入条件。

3）减小本道次的压下量可改善咬入条件。例如，减小来料厚度或使本道次辊缝增大。

（2）适当增大轧辊与轧件间的摩擦系数。

1）轧辊刻痕、堆焊或用多边形轧辊的方法，可使压下量提高 20% ~40%。刻痕或堆焊多用于初轧机上、开坯机及型钢轧机的开坯孔型中。多边形轧辊用于中小型轧机上，主要是由于改变了作用力方向，使作用力状态有利于咬入。

2）合理使用润滑剂。这里指的是增加咬入瞬间的摩擦系数，而稳定轧制阶段的摩擦系数并不增加。

3）清除炉尘和氧化铁皮。一般在开始几道中，咬入比较困难，此时钢坯表面有较厚的氧化铁皮。实践证明，钢坯表面的炉尘、氧化铁皮，可使最大压下量降低。

4）在现场不能自然咬入的情况下，撒一把沙子或冷氧化铁皮可改善咬入。

5）当轧件温度过高，引起咬入困难时，可将轧件在辊道上搁置一段时间，使钢温适当降低后再喂入轧机。

6）增大孔型侧壁对轧件的夹持力可改善轧件的咬入。例如，某厂在轧制 5 号角钢时，由于第 8 孔型（立轧孔）中的轧件宽度小，在孔型中的夹持力小，换槽后前 1 ~2 根轧件在此孔型中经常出现打滑现象。解决的办法之一是减小前面孔型的压下量，使得翻钢后进入第 8 孔型（立轧孔）中的轧件宽度大，在孔型中的夹持力大，改善咬入条件。

7）合理调整轧制速度。利用随轧制速度降低而摩擦系数加大的规律，在直流电动机传动的轧机上，采用低速咬入，建立稳定轧制过程后，再提高轧制速度，使之既能增大咬入角，又能合理利用剩余摩擦力。实验指出，咬入速度在 2m/s 以下时，摩擦系数就已经基本稳定到最大值，所以咬入速度再降低也无意义。

上述改善咬入的方法在生产实践中往往可以同时使用。

17.5　轧制过程纵向及横向变形

17.5.1　轧制过程纵向变形——前滑与后滑

17.5.1.1　前滑与后滑的概念

实验测定表明，在一般的轧制条件下，轧辊圆周速度和轧件速度是不相等的。轧件出口速度比轧辊圆周速度大，因此，轧件与轧辊在出口处产生相对滑动，称为前滑。而轧件入口速度比轧辊入口处圆周速度的水平分量低，轧件与轧辊间在入口处也产生相对滑动，但与出口处相对滑动方向相反，称为后滑。

由于存在前滑和后滑，则在变形区中必然存在着一点，这点上的金属移动速度与轧辊圆周速度相等，该点称为中性点。过该点的断面称为中性面，中性面上各点的速度相同。中性点到轧辊中心连线与两辊中心连线的夹角 γ 称为中性角或临界角。中性面至轧件出口的变形区称为前滑区；中性面至轧件入口的变形区称为后滑区。

17.5.1.2　前滑与后滑的产生

轧件在满足咬入条件并逐渐充填辊缝的过程中，由于轧辊对轧件作用力的合力作用点内移而产生剩余摩擦力，此剩余摩擦力和轧制方向一致。在剩余摩擦力的作用下，轧件前端的变形金属获得加速，使金属质点流动速度加快，当在变形区内金属前端速度增加到大于该点轧辊辊面的水平速度时，就开始形成前滑，并形成前滑区和后滑区。在后滑区金属相对辊面向入口方向滑动，故其摩擦力的方向不变，仍是将轧件拉入辊缝的主动力；而在前滑区，由于金属相对于辊面向出口方向滑动，摩擦力的方向与轧制方向相反，即与剩余摩擦力的方向相反，因而前滑区的摩擦力成为轧件进入辊缝的阻力，并将抵消一部分后滑区摩擦力的作用，使摩擦力的合力相对减小，使轧制过程趋于达到新的平衡状态。

一般轧制过程都必然存在前滑区和后滑区。前已述及，前滑区的摩擦力是轧件进入变形区的阻力，轧辊是通过后滑区的摩擦力的作用将轧件拉入辊缝，故后滑区的摩擦力具有主动作用力的性质，所以前滑区和后滑区是两个相互矛盾的方面。然而前滑区对稳定轧制过程又是不可缺少的。由于某种因素的变化，阻碍轧件前进的水平阻力增大（如后张力增大），或拉入轧件进入辊缝的水平作用力减小（如摩擦系数减小），前滑区均将会部分地转化为后滑区，使拉入轧件前进的摩擦力的水平分量增大，轧制过程就会在新的平衡状态下继续进行下去。

17.5.2　轧制过程横向变形——宽展

17.5.2.1　宽展的概念

在轧制过程中，轧件的高度受压缩而减少，金属在高度上移位，体积除向纵向流动使轧件产生延伸变形外，也向横向流动变形，称之为横变形。由横向移动体积所引起轧件宽度尺寸的变化称为宽展。

17.5.2.2 宽展的种类

根据金属沿横向流动的自由程度，可将宽展分为自由宽展、限制宽展和强迫宽展。

（1）自由宽展。自由宽展就是轧件在轧制过程中，被压下的金属体积可以沿横向自由流动（自由宽展）。此时，金属流动除受来自轧辊的摩擦阻力外，不受任何其他的阻碍和限制。

在平辊上或者沿宽度上有很大富余的扁平孔型内轧制时属于这种情况，如图 17-18 所示。

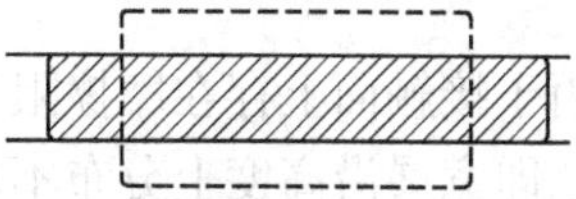

图 17-18 自由宽展

（2）限制宽展。限制宽展指轧件在轧制过程中，被压下的金属与具有变化辊径的孔型两侧壁接触，金属质点的横向流动，除受摩擦阻力的影响之外，还受轧辊对轧件作用力的横向水平分量的阻碍，如图 17-19 所示。由于孔型的侧壁限制着金属横向自由流动，轧件断面被迫取得孔型侧边轮廓的形状。由于受到孔型侧壁限制，横向移动体积减小，故形成宽展比自由宽展要小。在斜配孔型内轧制时，宽展可能为负值。

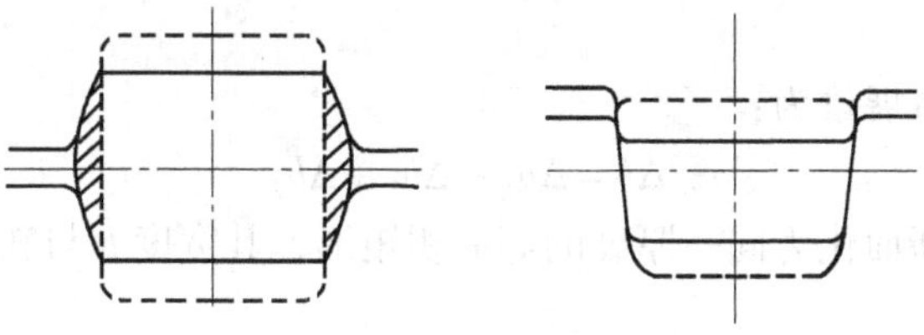

(a) (b)

图 17-19 限制宽展

采用限制宽展进行轧制，可使轧件的侧边受到一定程度的加工。因此，除能提高轧件的侧边质量外，还可保证轧件的断面尺寸精确，外形规整。

（3）强迫宽展。在凸形孔型中轧制时，轧件受孔型凸峰切展，或在有强烈局部压缩变形条件下，金属的横向流动受到强烈的推动，使轧件横向尺寸增加，这种变形称为强迫宽展。如图 17-20 所示，在立轧孔内轧制钢轨时是强迫宽展的最好例子，轧制扁钢时，采用的“切展”孔型也是说明强迫宽展的实例。

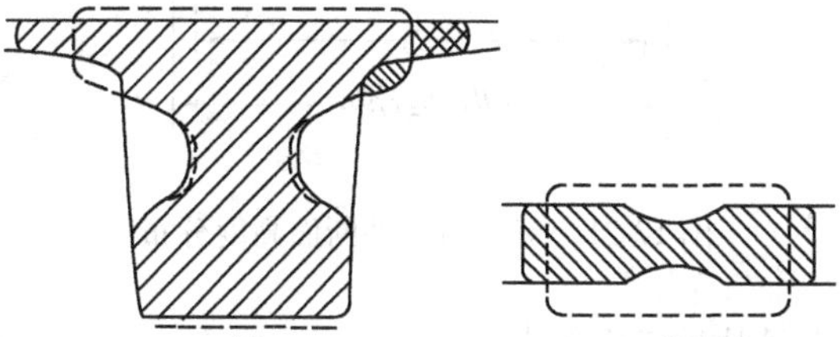

(a) (b)

图 17-20 强迫宽展

借助于强迫宽展可以使用宽度较小的钢坯轧制成宽度较大的成品，而在自由宽展条件下是不能达到所需宽度的。

应当指出的是，由于强迫宽展是在剧烈的不均匀变形条件下的产物，故在一般轧制条件下很少使用。实际上，在有不均匀压缩的变形条件下，就有可能存在不同程度的强迫宽展了。

17.5.2.3　宽展的组成

由于接触面上存在摩擦阻力，接触面附近金属的横向流动必然比离接触面较远的金属小些，即宽展沿高度上分布不均匀。当相对压下量较大、变形深透时，会使变形后的轧件边缘出现单鼓形，如图17-21所示。这种单鼓形宽展由三部分组成：

(1) 第一部分 $\Delta b_1 = B_1 - B$，是轧件在轧辊的接触表面上，由于产生相对滑动而使轧件宽度增加的部分，称为滑动宽展。

(2) 第二部分 $\Delta b_2 = B_2 - B_1$，称为翻平宽展，是接触面摩擦阻力的原因，使轧件侧面的金属在变形过程中翻转到接触表面上来。翻平宽展可由实验证实它的存在，并测量它的大小（在轧件的上下表面涂以黑色颜料，轧制后在轧件的上下表面会出现两条非黑色的窄条边缘，其宽度之和即为翻平宽展）。

(3) 第三部分 $\Delta b_3 = B_3 - B_2$，为轧件侧面变为鼓形而产生的宽度增加量，称为鼓形宽展。

显然，轧件的总宽展量为：

$$\Delta b = \Delta b_1 + \Delta b_2 + \Delta b_3$$

通常将轧件轧后断面化为同一厚度的等面积矩形，其宽度 b 与轧前宽度 B 之差，称为平均宽展：

$$\Delta b = b - B$$

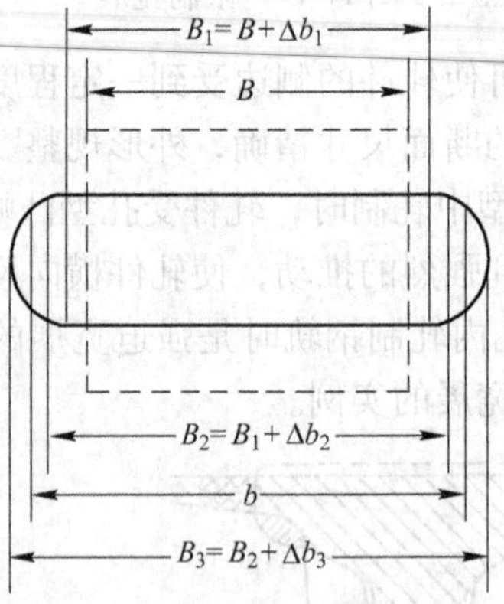

图17-21　宽展沿轧件断面高度分布

17.5.2.4　孔型中轧制时横变形的特点

(1) 沿轧件宽度的压下量不均匀。如图17-22所示，当方坯进椭圆孔型时，压下量沿宽度上的分布是不均匀的，因而沿孔型宽度，轧件各部分金属的自然延伸也应该不均匀。但由于轧件整体性和外区的影响，轧件各部分应得到相同的延伸，即轧件以某一平均延伸系数 $\mu = l/L$ 轧出。其中，l 和 L 分别为轧件轧后长度和轧前的长度。

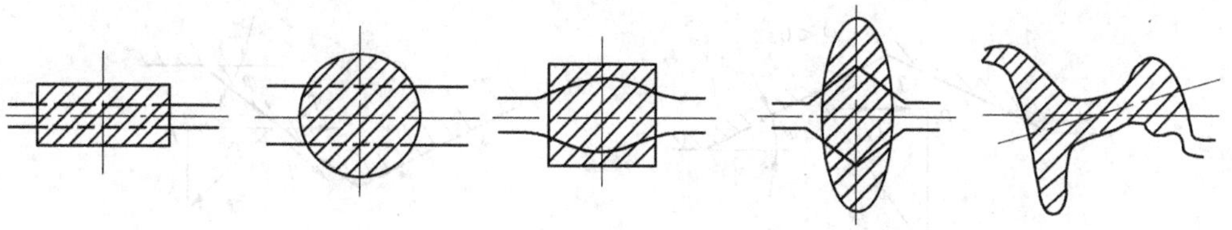

图 17-22 轧件在孔型中的不均匀变形

根据体积不变条件，在大压下量区域，高向压下的部分金属只能被迫向宽度方向流动，增加了宽展。反之，在低压下区域受轧件整体性影响被迫拉长，产生横向收缩现象。

（2）轧件与轧辊接触的非同时性。以圆形轧件进入平辊为例，如图 17-23 所示，轧件与轧辊首先在 A 点局部接触，随着轧件继续进入变形区，B 点及 C 点相继接触轧辊辊面，而侧面的 D 点到最后也不与轧辊接触。这样，在变形区内除轧件与轧辊表面相接触的接触区外，还存在着非接触区。轧件与轧辊沿变形区长度不同时接触，并形成非接触区，称为"接触的非同时性"。

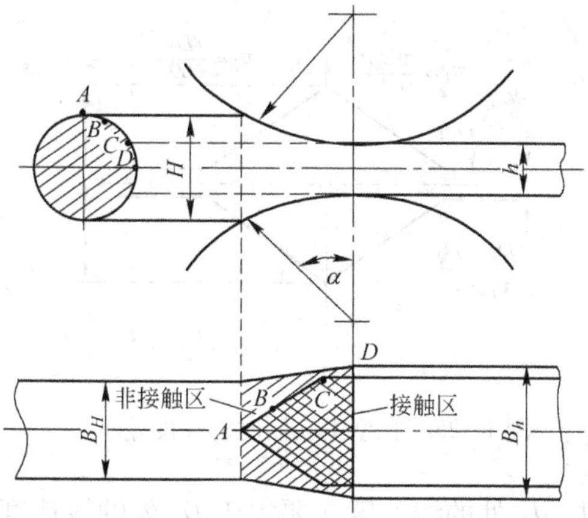

图 17-23 接触的非同时性

非接触区在辊缝中不直接承受轧辊的作用，但与邻近的被压缩部分紧密地联系着，二者发生相互影响。由于金属变形的整体性，非接触区的金属即产生强迫延伸，相应地产生高度的强迫压缩和横向的强迫收缩，而接触区中的金属将造成延伸减小，横向变形相应地有所增加。

（3）受孔型侧壁的侧向力作用。由于孔型可看成是凸、平、凹形的组合，因而在孔型中轧制时，除摩擦阻力外，还存在着孔型侧壁的侧向力作用，如图 17-24 所示。例如，菱形孔型就如前述的凹形工具一样，而切入孔则如凸形工具。

在菱形孔（凹形）中，横向变形阻力为摩擦阻力与压力的水平分量之和，即：

$$P_x + T_x = P(\sin\varphi + f\cos\varphi)$$

在切入（凸形）孔型中，横向变形阻力为二者水平分量之差，即：

$$P_x - T_x = P(f\cos\varphi - \sin\varphi)$$

可见，在凸形孔型中轧制时要产生强制宽展，而在凹形孔型中轧制时宽展要受到限

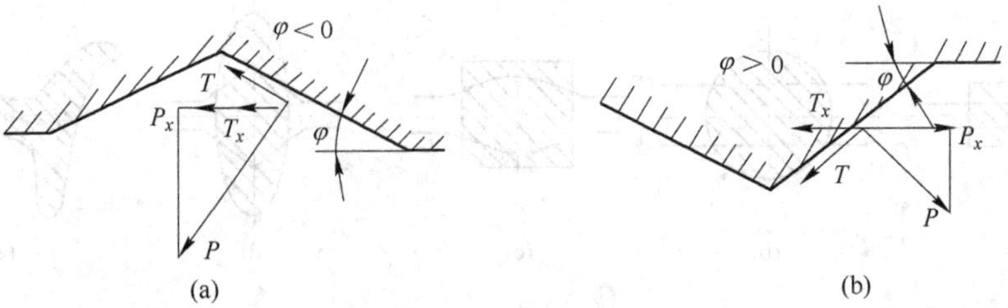

图 17-24　孔型形状对宽展的影响
(a) 菱形孔；(b) 切入孔

制，这与平辊中轧制时的自由宽展是不同的。

(4) 孔型中轧制时存在速度差现象。

在孔型中轧制时，由于轧辊工作直径不同，轧件各点的自然出辊速度应该不同，在图 17-25 的菱形孔型中，孔型边部的辊径为 D_1，中心部分的辊径为 D_2，其辊径差值为：

$$D_1 - D_2 = h - s$$

式中　h——孔型高度；

s——辊缝。

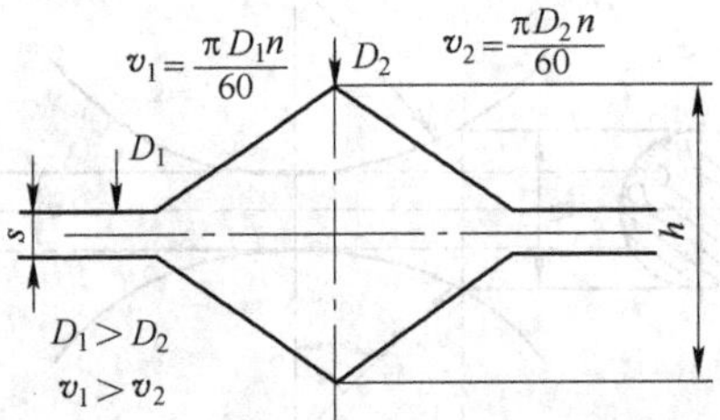

图 17-25　孔型中轧制时的速度差

在上下轧辊转速相同时，D_1处的线速度 v_1要大于 D_2 处的线速度 v_2，其速度差为：

$$\Delta v = v_1 - v_2 = \frac{\pi(D_1 - D_2)n}{60} = \frac{\pi n(h-s)}{60}$$

其相对速度差为：

$$\frac{\Delta v}{v_1} = \frac{h-s}{D_1}$$

但由于轧件是一个整体，应以某一平均速度出辊，必然造成轧件中部和边部互相拉扯。若中部低速部分体积占大部分，则边部金属拉不动中部的金属，只有作为横向流动而导致宽展的增加。同时，这种速度差会导致孔型磨损加快和磨损的不均匀。

由上述孔型中轧制时的变形特点可知，在孔型中轧制时的宽展不再是自由宽展，而大部分成为强制宽展或限制宽展，并产生局部宽展或拉缩。

17.6　连轧的基本理论

所谓连轧是指轧件同时通过数架顺序排列的机座进行的轧制。各机座通过轧件而相互联系、相互影响、相互制约，从而使轧制的变形条件、运动学条件和力学条件具有一系列的特点。

17.6.1 实现连轧条件

17.6.1.1 连轧变形条件

为保证连轧过程的正常进行，必须使通过连轧机组各个机座的金属秒流量保持相等，此即所谓连轧过程秒流量相等原则，即：

$$S_1v_{h_1}=S_2v_{h_2}=\cdots=S_nv_{h_n}=\text{常数}$$

或

$$B_1h_1v_{h_1}=B_2h_2v_{h_2}=\cdots=B_nh_nv_{h_n}=\text{常数}$$

式中 S_1，S_2，…，S_n——通过各机座的轧件断面积；

v_{h_1}，v_{h_2}，…，v_{h_n}——通过各机座的轧件出口速度；

B_1，B_2，…，B_n——通过各机座轧件的轧出宽度；

h_1，h_2，…，h_n——通过各机座的轧件轧出厚度。

如以轧辊速度 v 表示，则上式可写成：

$$S_1v_1(1+S_{h_1})=S_2v_2(1+S_{h_2})=\cdots=S_nv_n(1+S_{h_n}) \tag{17-1}$$

式中 v_1，v_2，…，v_n——各机座的轧辊圆周速度；

S_{h_1}，S_{h_2}，…，S_{h_n}——各机座轧件的前滑值。

秒流量相等的条件一旦破坏就会造成拉钢或堆钢，从而破坏了变形的平衡状态。拉钢可使轧件横断面收缩，严重时造成轧件断裂；堆钢可造成轧件折叠，引起设备事故。

17.6.1.2 连轧运动学条件

前一机架轧件入辊速度等于后一机架轧件出辊速度，即

$$v_{hi}=v_{H(i+1)} \tag{17-2}$$

式中 v_{hi}——第 i 架轧件的出辊速度；

$v_{H(i+1)}$——第 $i+1$ 架轧件的入辊速度。

17.6.1.3 连轧的力学条件

前一机架的前张力等于后一机架的后张力，即

$$q_{hi}=q_{h(i+1)}=q=\text{常数} \tag{17-3}$$

式（17-1）、式（17-2）和式（17-3）即为连轧过程处于平衡状态下的基本方程式。应该指出，秒流量相等的平衡状态并不等于张力不存在，即带张力轧制仍可处于平衡状态，但由于张力作用，各架参数从无张力的平衡状态改变为有张力条件下的平衡状态。

在平衡状态破坏时，上述三式不再成立，秒流量不再维持相等，前机架轧件的出辊速度也不等于后机架的入辊速度，张力也不再保持常数，但经过一过渡过程又进入新的平衡状态。

17.6.2　堆拉钢轧制

在连轧时，实际上要保持理论上的秒流量相等是相当困难的。为了使轧制过程能够顺利进行，常有意识地采用堆钢或拉钢的操作技术。一般对线材在连续式轧机上机组与机组之间采用堆钢轧制，连轧时对于线材机组与机组之间要根据活套大小通过调节直流电动机的转数，来控制适当的堆钢系数。而机组内的机架与机架之间采用拉钢轧制，对于线材连轧时粗轧和中轧机组的机架与机架之间的拉钢系数一般控制在1.02～1.04；精轧机组随轧机结构形式的不同一般控制在1.005～1.02。

拉钢轧制有利也有弊，利是不会出现因堆钢而产生事故，弊是轧件头、中、尾尺寸不均匀，特别是精轧机组内机架间拉钢轧制不适当时，将直接影响到成品质量，使轧件的头尾尺寸超出公差。一般头尾尺寸超出公差的长度，与最后几个机架间的距离有关。因此，为减少头尾尺寸超出公差的长度，除采用微量拉钢（也即微张力轧制）外，还应当尽可能缩小机架间的距离。

复习思考题

17-1　何谓轧制？何谓热轧和冷轧？

17-2　简述钢材产品分类及用途。

17-3　阐述金属塑性加工的基本定律。

17-4　分析轧钢生产中应满足何种条件才能实现轧制过程？

17-5　何谓连轧？实现连轧条件有哪些？

18 钢坯生产

轧钢生产的一般过程是将炼钢产品钢锭（或连铸坯）轧制成钢坯或连铸坯直接轧成材，所以，轧钢生产分为钢坯生产和成品生产两个阶段。因此钢坯生产是联系炼钢车间和成品轧钢车间的纽带，是钢铁联合企业的咽喉。

近年来，虽然连铸法生产钢坯发展很快，但还远远满足不了轧钢生产中钢坯规格多、尺寸变化大的要求。因此轧制钢坯生产仍很重要。

轧制生产的钢坯按用途可分为以下几种：

（1）初轧坯。供轨梁、大型及中型等轧钢车间和某些锻造车间使用，断面尺寸为120mm×120mm～450mm×450mm的方坯和相应尺寸的矩形坯及异型坯。

（2）中小型钢坯。供中、小型和线材等轧钢车间使用。断面尺寸为40mm×40mm～200mm×200mm的方坯和相应尺寸的矩形坯。

（3）板坯。供中厚板轧机和连续式带钢轧机使用。断面尺寸为15mm×600mm～450mm×2000mm的板坯，此外还有叠轧薄板车间所用的薄板坯、带钢车间使用的带钢坯，断面为6mm×30mm～100mm×300mm的板坯。

（4）管坯。供生产无缝钢管使用，断面是直径为60～300mm的圆坯。

18.1 初轧钢坯生产

现代炼钢厂冶炼的合格钢水，大部分直接生产成连铸钢坯，其余的用钢锭模浇注成钢锭。因此，初轧机的任务是把大断面的钢锭轧制成较小断面的钢坯。

近十几年，虽然连续铸钢坯发展很快，但连铸坯还不能完全取代轧制坯。如小批量钢坯生产和超过连铸机结晶器尺寸的钢坯，以及某些优质钢和合金钢种，仍需要用轧制坯。随着连铸的继续发展，今后将很少再兴建新的初轧机，不过，现有初轧机通过不断研发，仍将在钢坯生产中发挥其重要作用。

18.1.1 初轧生产设备

18.1.1.1 均热炉

均热炉有蓄热式和换热式等形式。换热式又分为中心烧嘴、四角烧嘴、上部单侧烧嘴等几种。上部单侧烧嘴构造简单、占用车间面积小、装炉量大，故多采用此种形式。均热炉一般由2～4个炉坑组成，每坑最多可装钢锭250t。钢锭平均入炉温度为700～800℃，先进的可达850℃以上。入炉温度每提高50℃，均热炉生产能力可提高7%。均热炉一般用焦炉和高炉混合煤气作燃料。

均热炉装有自动仪表，以控制炉温、压力、煤气和空气流量等参数。炉盖由揭盖机开闭，钢的装、出炉由钳式吊车完成。如图18-1所示为带摆动烧嘴的均热炉。这种形式的均热炉可使炉内温度比较均衡，加热速度较快。

目前，国内正在采用钢锭“液心加热”法，装炉时钢锭凝固率在60%～80%，装入

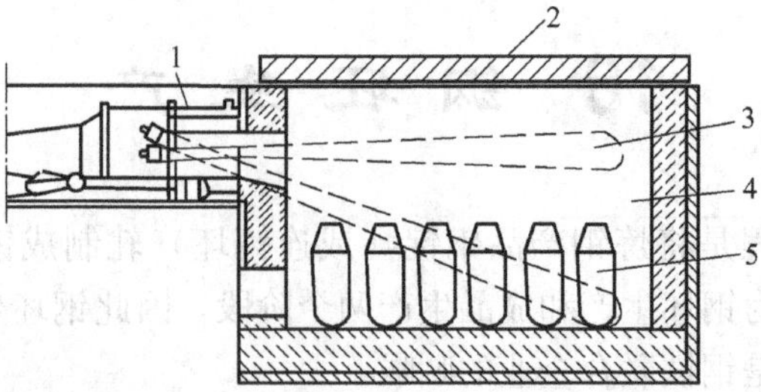

图 18-1 带摆动煤气烧嘴的均热炉

1—带摆动烧嘴的燃烧器；2—炉盖；3—火焰；4—均热炉膛；5—钢锭

均热炉后，利用钢锭内部向外部散发热量，降低均热炉的燃料消耗，可缩短加热时间，提高均热炉产量。

18.1.1.2 初轧机

初轧机大小是以轧辊公称直径表示，现代初轧机按用途可分为方坯初轧机、方坯－板坯初轧机和万能板坯初轧机三种。按结构形式可分为以下两种：

（1）二辊可逆式初轧机。二辊可逆式初轧机（见图 18-2）工作机座由工作机架、压下装置、轧辊组件和上辊平衡装置等部件组成。

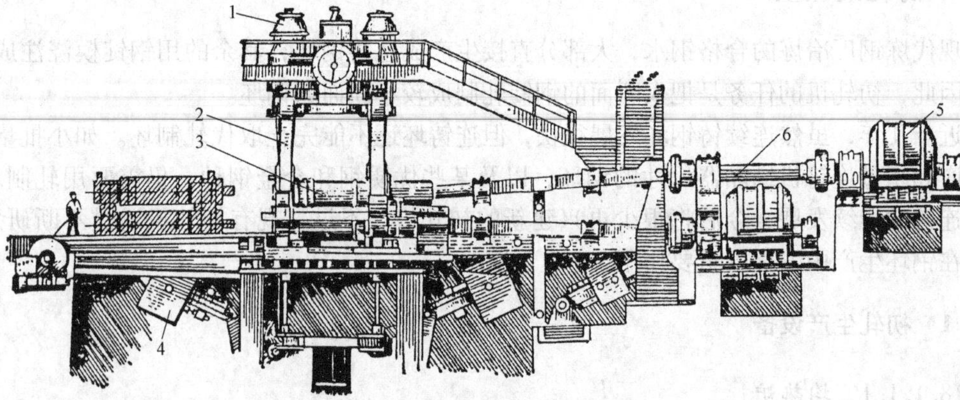

图 18-2 双主电机驱动的二辊可逆式初轧机

1—压下装置；2—机架；3—轧辊组件；4—上辊平衡装置；5—主电机；6—传动机构

1）工作机架。工作机架为铸钢闭口式机架。轧辊从机架两侧窗口装入。由于轧制前期钢锭长度较短，为了便于喂钢，机架前后设有 1～2 个机架辊。机架立柱的窗口内侧预留的竖直通槽用于装支撑上轧辊及轴承托瓦的平衡顶杆。

2）压下装置。轧制过程中，初轧机的上辊要快速、大行程和频繁地上下移动（初轧机上辊移动速度达 100～200mm/s）。现在快速压下装置多采用电动压下机构。压下螺丝穿过机架直接作用在轧辊组件上，通过齿轮传动、蜗杆传动，电机带动压下螺丝在螺母中旋转并实现上下移动。与此同时，由平衡重锤通过顶杆支撑着上轧辊及轴承盒，使之与压下螺丝同步无隙一起升降，实现大开口度轧制。

3）轧辊组件。轧辊组件由轧辊及轴承盒等组成。上轧辊放置在上轴承盒内；盒下由托瓦座托住轴承盒；平衡杆顶在托瓦座的凸耳上，依靠平衡重锤支撑着上轧辊及轴承盒；下轧辊在下轴承盒内，并盖有轴承盖。初轧机的轧辊经常在很大压力和扭矩下工作，承受惯性力和冲击力，所以要求轧辊有足够的强度。轧辊一般用高强度铸钢或锻钢制成，材质有40Cr、50CrNi、60CrMnMo等。轧辊辊身上开有轧槽。

4）平衡装置。一般采用重锤式平衡装置。平衡重锤通过杠杆和连杆机构使竖直的顶杆上端顶住托瓦座。在平衡重锤的作用下使上轧辊及轴承盒在轧制过程中与压下螺丝同步无间隙地一起升降。当需要更换轧辊时，必须先锁住平衡顶杆，以解除平衡力的作用。

二辊可逆式初轧机又分为方坯初轧机和方坯-板坯初轧机。

1）方坯初轧机。上辊提升量较小，辊身刻有数个轧槽。上、下辊对应的两个轧槽组成孔型。连铸坯或扁锭在轧辊孔型中轧制并经多次翻钢轧成方坯、扁坯或圆坯。方坯初轧机后一般设有1~2组钢坯连轧机，可趁热把初轧坯轧成规格较小的钢坯。

2）方坯-板坯初轧机。既轧方坯又轧板坯，生产灵活。辊身上刻有平轧孔和立轧孔。用立轧孔轧制板坯的侧面时，上辊提升量大，又称大开口度初轧机。其后也常跟1~2组水平-立式交替布置的钢坯连轧机。

（2）万能板坯初轧机。万能板坯初轧机是板坯专用的初轧机，由一对水平辊和一对立辊组成（见图18-3）。与大开口度的板坯初轧机相比，轧制过程不需要翻钢，轧制时间可缩短约30%，效率较高，并且立辊对轧件侧面有良好的锻造效果。辊身开槽后万能初轧机也能轧制大方坯。

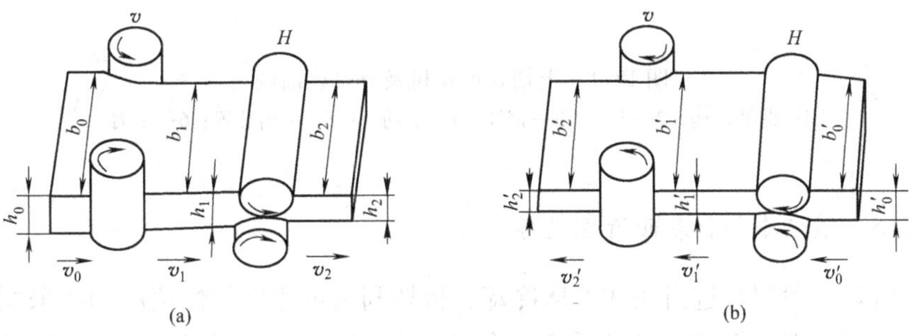

图18-3 万能板坯初轧机轧制图

（a）立辊轧向水平辊；（b）水平辊轧向立辊

按机架数目，初轧机又有单机架和双机架之分。双机架初轧机由两架二辊可逆式初轧机纵向排列而成，这样能充分发挥各架轧机的能力，从而使它成为一种高效高产的初轧机组。

18.1.1.3 火焰清理机

在初轧机和剪切机之间的生产线上设有火焰清理机，可自动用氧-丙烷火焰对钢坯四面进行全面清理或局部清理，将钢坯表面缺陷按规定的深度除去。清理深度一般为0.8~

4.5mm，清理速度为20～70m/min。火焰清理能减轻钢坯冷却后的清理负担，缺点是金属损失大。

18.1.1.4　剪切机

初轧坯剪切一般用电动式平行刀片剪切机，最大剪切力达4000t，开口度达650mm。钢坯剪切机负责钢坯的切头、切尾和定尺剪切。如1600t剪切机，剪刃行程500mm，刃长1800mm，可剪切300mm×300mm～450mm×450mm的方坯和（100～300）mm×（45～1550）mm的板坯。目前大多采用先进的步进式剪切机。

图18-4所示为上切式平行刀片剪切机示意图。上切式剪切机结构简单，下刀固定不动，剪切钢坯的动作由上刀完成。剪切时，上刀曲柄滑块机构带动上刀下切，同时迫使摆动台下降。钢坯被剪断后，上刀升至初始位置，摆动台在平衡装置的作用下回升。上切式剪切机现也用于剪切350mm×3400mm的大型板坯。

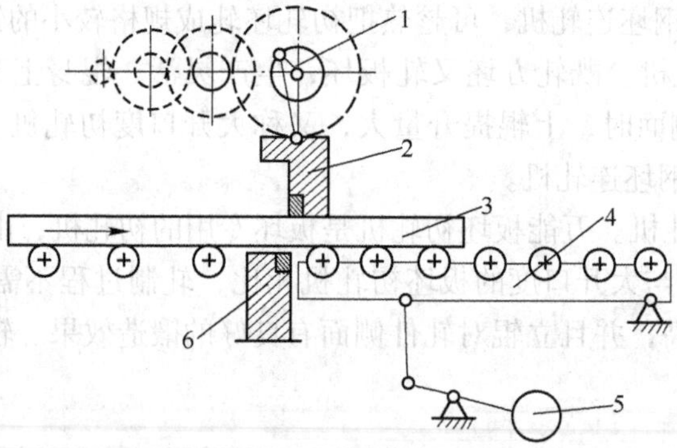

图18-4　上切式剪切机及升降台简图
1—曲柄机构；2—上刀；3—钢坯；4—摆动台；5—平衡装置；6—下刀

18.1.1.5　钢坯冷却和表面清理设备

方坯、管坯一般用步进齿条式冷床冷却，板坯利用水槽进行快速冷却或采用上下喷水的链式冷床冷却。有些钢种需进行缓冷。冷却后的钢坯，一般再通过抛丸或酸洗、研磨等方法清除钢坯表面的氧化铁皮或用剥皮机进行表面剥皮清理。

18.1.1.6　计算机控制的工序

目前，初轧机的自动化程度很高，已由原来的程序控制发展到计算机在线控制。特别是近几年发展到从均热炉开始到轧制、精整、冷却的在线控制和信息处理，以及整个车间的生产调度及管理系统均由计算机自动控制。

在信息处理方面，能根据生产命令信息和炼钢炉计算机的数据通信信息，把从炼钢厂送来的钢锭装入均热炉，接着在加热、初轧、剪切、冷却、小方坯连轧、剪断的各个工序的操作中，对钢锭及钢坯进行跟踪，并进行操作指导，收集操作实况及报表输出。

18.1.2 初轧生产工艺流程

初轧生产工艺流程一般为：均热→运锭→称量回转→初轧→（热清理）→剪切→称量→打印→冷却→检查→冷清理→入库。

脱模后的钢锭运送至初轧厂，钳式吊车将钢锭装入均热炉进行加热。一般热锭加热时间为2~3h，冷锭加热时间为5~7h。当钢锭表面加热至1300℃时，经过一段时间的保温、均热后，再由钳式吊车从炉内取出，放入运锭车，送称量机称量后，送初轧机的受料辊道。钢锭经受料辊道运至输入辊道，为了便于轧机的咬入，设置在输入辊道上的回转台把钢锭的大小头进行转向（小头朝前，易于进入轧辊），钢锭再顺着运输辊道、延伸辊道到达工作辊道，在推床和初轧机机架辊的作用下，进入初轧机轧制。

钢锭进入初轧机的开轧温度一般为1250~1280℃。轧制道次因钢锭规格和所得钢坯断面尺寸不同而不同。通常轧制大方坯一般需要9~13道次；轧制板坯需要9~15道次；轧15t大钢锭需要21~25道次。初轧翻钢次数一般为2~4次。

轧制后的钢坯经机后的工作辊道、延伸辊道和输出辊道送至在线火焰清理机，清理各个表面或进行局部清理。再用剪切机切头、切尾和切去不合格的部位，并切成定尺、打印。

由初轧生产出来的钢坯，可直接送至轧钢成品车间生产成用户要求的产品，还可直接送至初轧机组后的钢坯连轧机加工成断面更小的连轧钢坯再送至轧钢成品车间。

18.2 连轧钢坯生产

18.2.1 钢坯连轧的组成及分类

在初轧机后，一般布置有一组或两组多机架串列式钢坯连轧机（见图18-5）。每组由4~6架二辊不可逆式轧机组成，辊径为ϕ850~500mm，能趁热把初轧坯轧成断面更小的钢坯。这样不但可以挖掘初轧机潜力、扩大产品品种，还可以节省能源，是生产中小型钢坯和薄板坯的高效轧制方法。

初轧机和连轧机设在同一直线作业线上，连轧机按传动方式有成组传动的连轧机与单机传动的连轧机。连轧机按轧辊布置有全水平式连轧机和水平-立式交替组合连轧机。

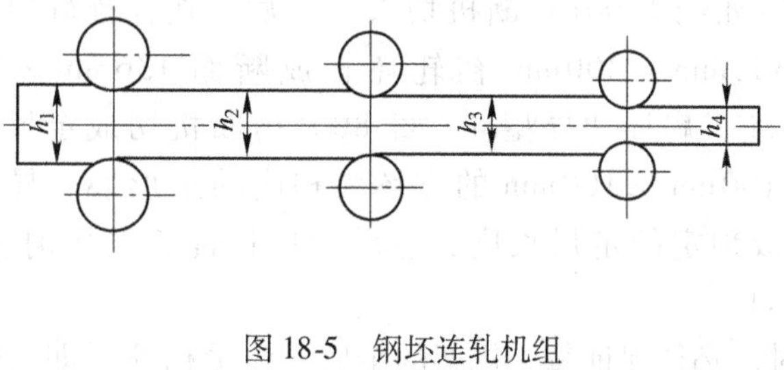

图18-5 钢坯连轧机组

设在1150初轧机后的钢坯连轧机组共分二组，每组各由6架轧机组成。第一组轧机的第一架与第二架之间的距离大于第一道后轧件长度，即不进行连轧，中间设有翻钢机；后五架轧机由水平辊与立辊机座相互交替排列。第二组六架轧机则为立辊与水平辊机座交替排列的机组。水平辊轧机可沿轴间左右调整，立辊轧机可沿垂直方向进行调整，因此在连轧过程中不仅不需要翻钢，而且可以将各架轧机所用孔型调整到一条水平轧制线上，使轧件通过任一架轧机时都不需要进行扭转翻钢，从而避免了因扭转而引起钢坯表面缺陷，同时也简化了导卫装置。由于各轧机是单独传动，可利用调整轧机速度来保证连轧常数，并且对轧辊直径可允许在较大范围内变动，使轧辊得到充分利用。

第一组连轧机后设有绳式推钢机，将第一组连轧机轧出的钢坯横移至绕行线上，然后在800t剪切机上进行剪断。

第二组连轧机前后设有150t摆动式大剪和100t的飞剪。在连轧机上可生产方坯、异型坯和无缝钢管坯用的圆坯。另外，在全部都是水平辊的连轧机组上，轧件翻转90°可采用扭转导板。

钢坯连轧机后一般设有偏心式飞剪，用来剪切方钢坯。通过双臂曲柄轴、刀架和摆杆可使刀片在剪切区做近似平移的运动。在图18-6（b）所示位置把钢坯剪断。曲柄偏心式飞剪能获得平整的剪切断面。

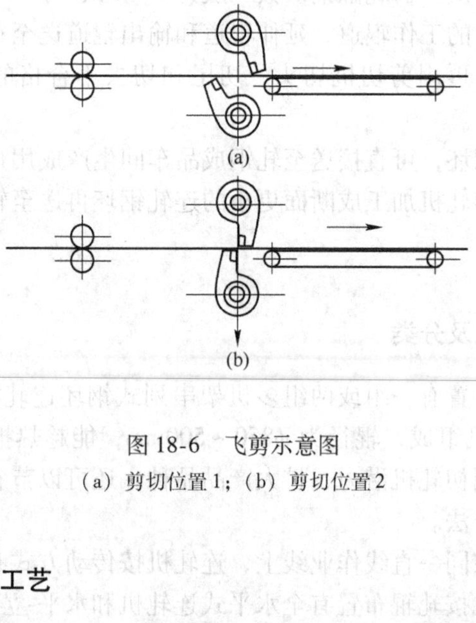

图18-6 飞剪示意图

（a）剪切位置1；（b）剪切位置2

18.2.2 连轧钢坯的生产工艺

由初轧机轧制的方坯经1600t剪断机切去头尾后，送往连轧机组继续轧制。第一组连轧机上，可将300mm×300mm初轧坯轧成断面136mm×136mm～210mm×210mm的大、中型方坯、扁坯和异型坯，经800t剪断机切成定尺，第二组连轧机可轧出54mm×54mm～100mm×100mm的方坯和相应的矩形坯、异型坯和薄板坯，通过轧机后用飞剪剪切成预定的定尺长度，然后经集料辊道送往钢坯跨间的钢坯堆垛，精整后发往各用料车间。

在连轧机上轧制时，必须保证每一机架的金属秒流量相等（即连轧常数相等），否则会产生拉钢或堆钢。可通过改变轧件断面积、调整轧辊转速和更改轧辊直径来保证秒流量相等。在实际生产中，由于前滑、钢种、轧制温度、孔型磨损以及调整操作等因素的变化，长时间保持连轧常数是困难的。因此，当轧制小断面轧件时，为了保证轧件断面的精确，允许稍有堆钢现象存在；当轧制大断面轧件时，允许稍有拉钢现象存在。

18.3　三辊开坯生产

开坯生产中，国内一般把轧辊直径不小于 850mm 的轧机称为初轧机；辊径小于 850mm 的称为开坯机。开坯机一般由若干架三辊轧机排成一列或两列布置，辊径为 600 ~ 700mm。三辊开坯机的主要作用是把断面尺寸为 300mm 以下的钢锭轧成各种小断面的钢坯。

18.3.1　三辊开坯机

三辊开坯机为不可逆式轧机（见图 18-7）。上、中、下三个轧辊形成上下两条轧制线，如图 18-8 所示。中辊是固定的。轧制过程中，用压下螺丝和压上螺栓分别调整上、下辊与中辊的间距，调整范围较小。轧辊上刻有轧槽并组成孔型。由于轧件在每个孔型仅轧一道次，为了充分利用辊身长度，用较少轧机完成较多轧制道次，三辊开坯机多采用共轭孔型。共轭孔型的特点是上、下两个孔型共用中辊的轧槽。三个轧辊上配有若干对共轭孔型，轧件在下轧制线的平箱形 1 孔型轧第一道次后，轧机后的升降台把轧件送入上轧制线的 2 孔型中轧第二道次，1 孔型和 2 孔型成为一组共轭孔型。轧件再经机前的“S”翻钢滑板自动翻钢和移钢，进入下轧制线的立箱形孔型轧制，直至轧成规定断面的钢坯。

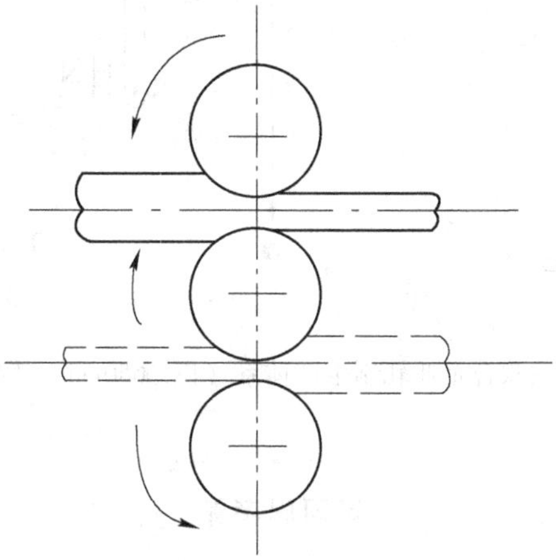

图 18-7　三辊开坯机示意图

三辊开坯机主要生产 60mm × 60mm ~ 130mm × 130mm 方坯或矩形坯、ϕ 50 ~ 100mm 管坯及（6.5 ~ 18）mm ×（240 ~ 280）mm 叠轧薄板坯。

在三辊开坯机中最常见的为 ϕ650mm 三辊开坯机（见图 18-8），它的设备投资少，见效快，在我国轧钢系统中占较重要地位。

18.3.2　三辊开坯生产工艺流程

三辊开坯机上生产各类钢坯的工艺流程概括如下：

（1）方坯：锭（坯）→加热→轧制→剪切→冷却→检查→清理→入库。

（2）薄板坯和管坯：锭（坯）→加热→轧制→锯（剪）切→冷却→清理→入库。

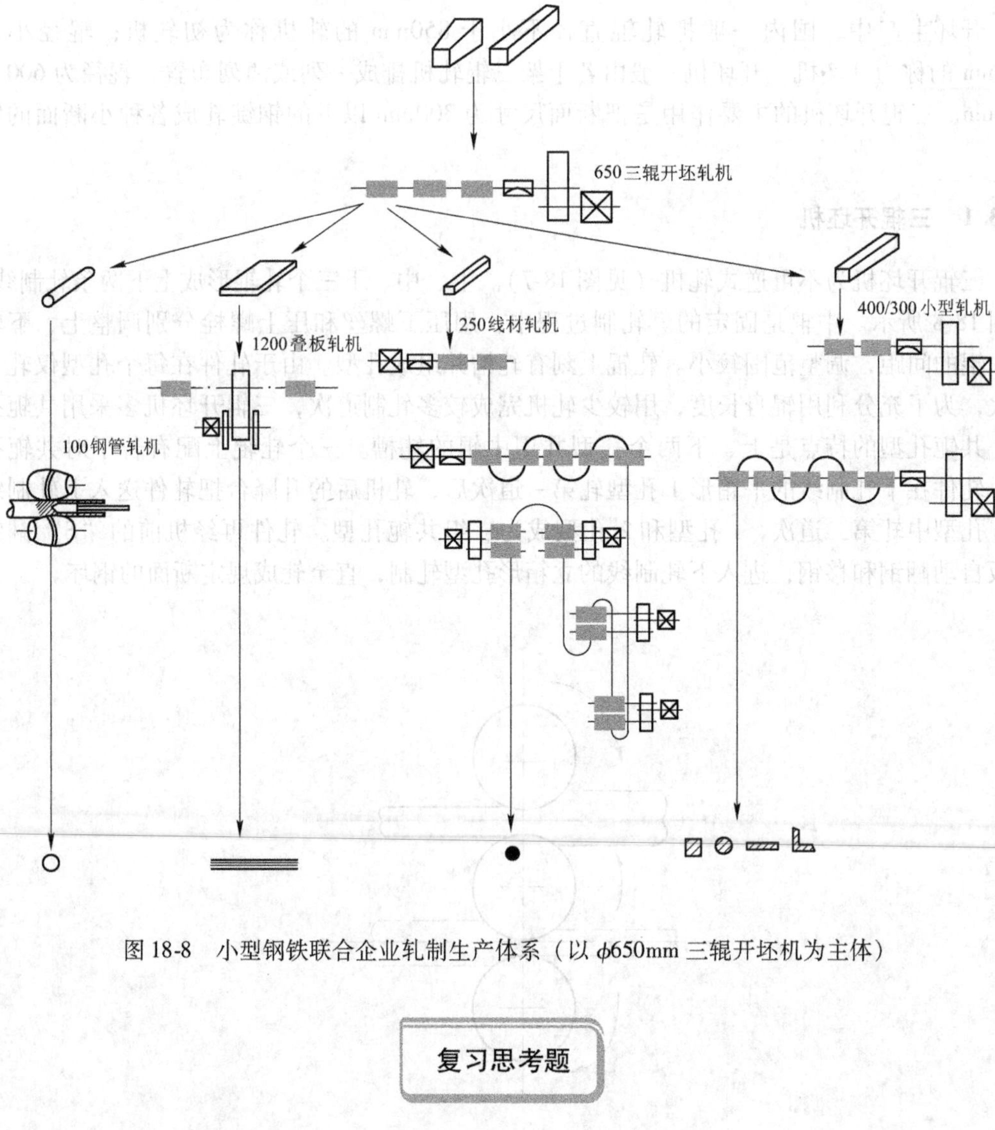

图 18-8　小型钢铁联合企业轧制生产体系（以 ϕ650mm 三辊开坯机为主体）

复习思考题

18-1　简述初轧生产工艺流程。

18-2　二辊可逆式初轧机组成部分有哪些？

18-3　钢坯连轧工艺要求是什么？

18-4　三辊开坯机采用什么孔型，其特点是什么？

19 型钢生产

19.1 型钢生产概述

型钢的应用领域非常广泛，品种也非常多，目前仅热轧产品就已超过万种以上。按生产方法来分，有热轧、热挤压、热锻等热加工型钢和冷弯、冷拔等冷加工型钢。按断面形状来分，有简单断面型钢和复杂断面型钢。简单断面型钢有圆钢、方钢、扁钢、六角钢和角钢。复杂断面型钢有工字钢、槽钢、钢轨、窗框钢及其他异型钢材等。按断面尺寸大小来分，又有大型、中型和小型三类型钢。

绝大多数型钢都采用热轧方式生产，热轧型钢不仅品种多，而且规格也多。目前一些主要产钢国家，热轧型钢占热轧钢材总产量的1/3～1/2，发展中国家所占比重更大。表19－1列出了热轧型钢的主要品种、尺寸范围和用途。

表19-1 型钢的主要种类、尺寸范围及用途

品种	断面形状	尺寸/mm 大型	尺寸/mm 中型	尺寸/mm 小型	用途
圆钢	 直径	6～335			机械、车辆、造船、建筑及交通部门用零件、构件和材料
		$a>100$	$50\leqslant a\leqslant 100$	$a<50$（也有盘条）	
方钢	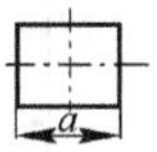 对边距离	8～170			机械、车辆、造船、建筑及交通部门用零件、构件和材料
		$a>100$	$50\leqslant a\leqslant 100$	$a<50$	
六角钢	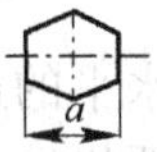 对边距离	一般11～81			机械、车辆、造船、建筑及交通部门用零件、构件和材料
		$a>100$	$50\leqslant a\leqslant 100$	$a<50$（也有盘条）	
扁钢	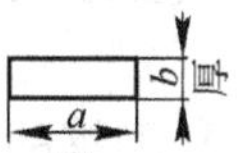 宽	厚312～100 宽25～500			机械、车辆、造船、建筑及交通部门用零件、构件和材料
		$a>130$	$65\leqslant a\leqslant 130$	$a\leqslant 65$	
等边角钢		$A\times B\times t$ 100×100×7～200×200×29	50×50×4～100×100×7	20×20×3～50×50×4	结构物和加固件的主要和辅助材料
不等边角钢	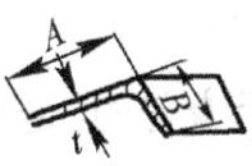	$A\times B\times t$ 125×75×7～175×90×15			结构物的加固件

续表 19-1

品　种	断面形状	尺寸/mm			用　途
		大　型	中　型	小　型	
不等边 不等厚角钢	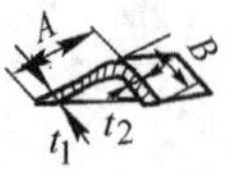	$A \times B \times t_1 \times t_2$ 200 × 90 × 9 × 14 ~ 400 × 100 × 13 × 18			造船材料
工字钢	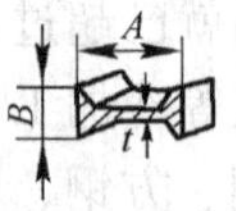	$A \times B \times t$ 125 × 75 × 16 ~ 600 × 190 × 55	75 × 75 × 5 100 × 75 × 5		建筑、桥梁、车辆等结构件和临时构件
槽　钢	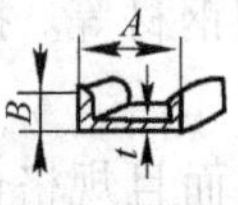	$A \times B \times t$ 125 × 65 × 6 ~ 380 × 100 × 13	75 × 75 × 5 100 × 75 × 5		建筑、桥梁、车辆等结构件和临时构件
H 型钢	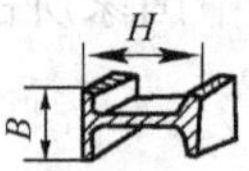	$H \times B$ 100 × 100 ~ 900 × 300			结构用柱材和梁材
钢板钢	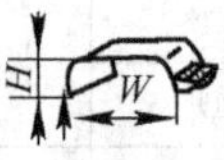	$W \times H$ 400 × 75 ~ 420 × 175			土木工程
钢　轨		22 ~ 50kg/m	10 ~ 24kg/m	< 6kg/m	铁道用
球扁钢	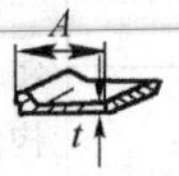	$A \times t$ 150 × 8 ~ 250 × 12			造船，主要用做船体加固件

目前，随着经济的发展，对型钢需求的增长，以及轧钢技术水平的进步，热轧型钢生产呈现品种多样化、尺寸精密化、表面质量高和性能要求多样且严格等发展趋势。冷弯型钢也是型钢主要生产方法之一。它是直接以带钢为原料或按要求宽度经纵切后，于冷状态下用轧辊把带料弯曲成形来制取型钢的。

以下主要阐述热轧型钢生产的一般工艺与特点，并简要介绍 H 型钢的生产。

19.2　一般型钢轧制生产

一般来说，型钢轧制车间分为大型、中型和小型三种类型车间，但它们之间并没有严格界限，在中型车间也能轧制大型、小型钢材，在大型、小型车间也可轧制中型钢材。

19.2.1　生产工艺流程与车间平面布置

型钢的品种规格非常多，产品定尺长度各有不同，因此生产方法也是多种多样的。生产型钢的主要工艺流程如图 19-1 所示。

型钢车间的坯料是初轧坯、连轧坯和连铸坯，目前各类型钢车间连铸坯所占比重很

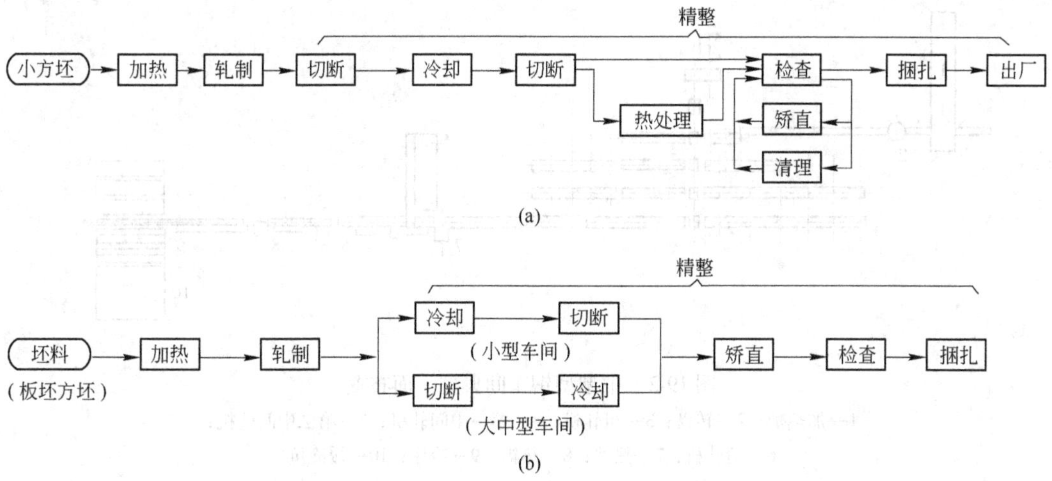

图 19-1 型钢生产的工艺流程

(a) 简单断面型材；(b) 复杂断面型材

大。坯料按成品品种不同经过有针对性的检查、清理后，送至型钢轧制车间装入加热炉加热。

依据坯料的成分确定坯料的加热温度，进而选择最佳轧制温度（开轧温度），一般在950～1200℃范围内，送至轧机轧制。利用轧辊上刻制的与成品尺寸、形状相对应的一些孔型，使坯料断面逐步减小并成形，最后获得所要求的尺寸和形状。为了防止轧制过程中发生损坏孔型、导卫装置卡钢等一些生产事故，必须把轧件头尾的形状不良部分切除。轧制大规格型钢时，为了保证成品表面质量，需高压水除去轧件表面的氧化铁皮。

轧后的型材送到精整工段精整。对工字钢、槽钢、钢板桩等大断面、复杂断面制品，用设在精轧机后面的热锯锯断后，送至冷床冷却到常温。圆钢、方钢等小断面和简单断面制品，一般经过冷床冷却后在剪机上剪断。非对称断面型钢，冷却时易发生弯曲和扭曲，因而经冷床冷却后需在矫直机上予以矫直。然后，在检查台上对型钢的断面形状、缺陷、弯曲、长度等进行检查，检查后取样进行力学性能等检测，合格者方为成品型钢，最后经打印捆扎包装出厂。对某些特殊要求的制品，在出厂前，为了防止生锈还要经过喷丸、涂油等工序。

图 19-2 和图 19-3 为典型的型钢轧制车间平面布置图。

19.2.2 型钢生产工艺

19.2.2.1 坯料及轧前准备

小方坯用于生产小断面型材，大方坯用于轧制大型和中型型材，板坯一般用来轧制大断面的槽钢和钢板桩等，异型坯一般用于轧制 H 型钢和钢板桩等。

坯料的质量对成品的质量和成品率有直接影响，所以应根据加工率的大小和产品表面质量的要求，在不影响尺寸精度的情况下清除表面缺陷。内部缺陷严重的坯料，会把缺陷残存于制品中最终导致废品，因此必须在制坯阶段清除缺陷。为了保证坯料的形状和尺寸准确，对断面尺寸、直角度、弯曲度和扭曲等要进行检查。

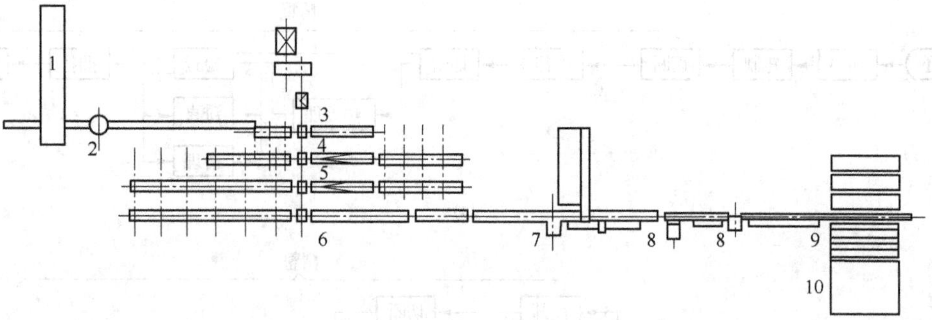

图 19-2　中型型钢车间典型平面布置

1—加热炉；2—转盘；3—粗轧机；4—第一中间轧机；5—第二中间轧机；6—精轧机；7—热剪；8—热锯；9—冷床；10—缓冷坑

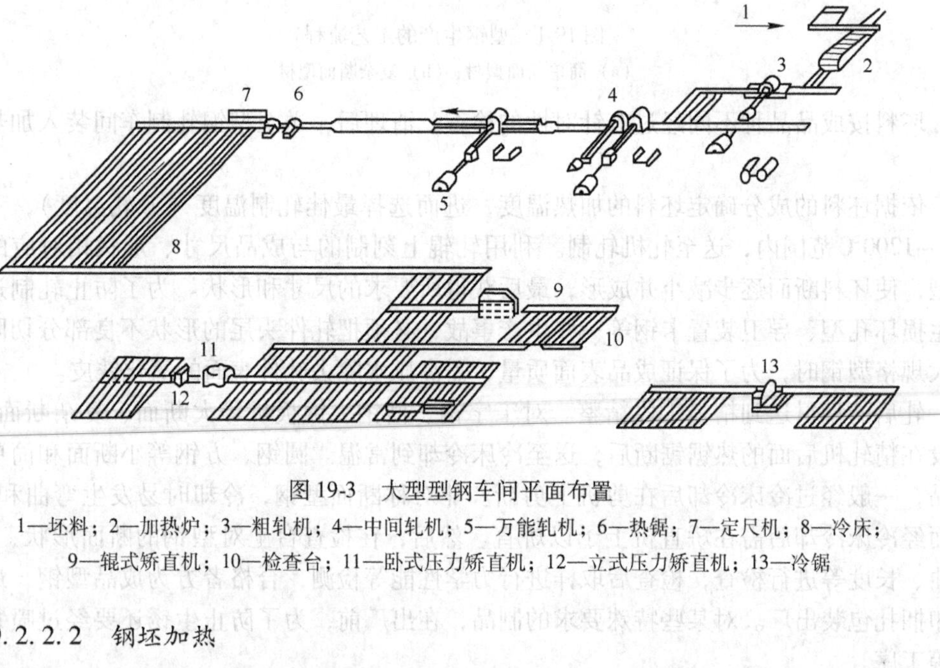

图 19-3　大型型钢车间平面布置

1—坯料；2—加热炉；3—粗轧机；4—中间轧机；5—万能轧机；6—热锯；7—定尺机；8—冷床；9—辊式矫直机；10—检查台；11—卧式压力矫直机；12—立式压力矫直机；13—冷锯

19.2.2.2　钢坯加热

轧制过程需对坯料加热的目的是：降低变形抗力和提高塑性等。轧制型钢所用的加热炉，绝大多数都采用连续式加热炉。这种加热炉把装入炉内的钢坯依次往前送进，在炉内加热到略高于开轧温度后出炉。根据连续加热炉的坯料送进方式不同，可分为推料式和步进式两种炉子，如图 19-4 所示。

步进式加热炉有以下主要特点：

（1）坯料在炉内靠步进梁上下往复运动而移动，各坯料之间有一定间隔，坯料可以四面受热，热效率高，加热时间短，氧化铁皮少，脱碳可能性小，不会产生粘钢，钢料表面不会产生划伤，有利于消除黑印，提高加热质量。

（2）能耗低，操作灵活方便。步进式加热炉比推钢式连续加热炉节能 10% 左右。坯料在炉内可前进也可后退，在检修和改换钢种时，利用步进机构可以将坯料全部出空和退空，减轻了出空炉子的劳动强度，减少了钢料在炉内的氧化。还可以根据轧制产量的大

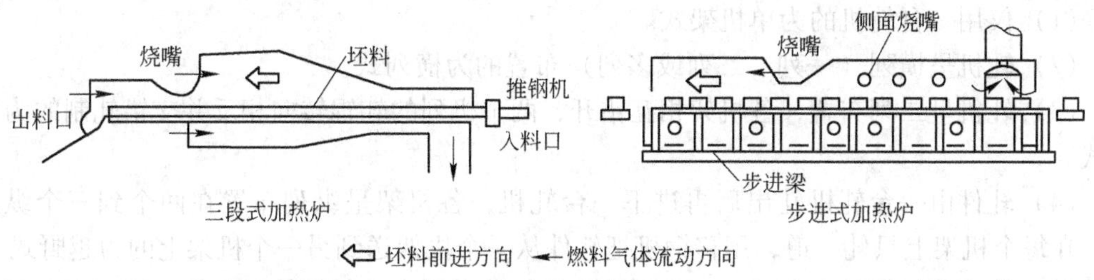

图 19-4 连续式加热炉

小，控制炉子装料量，炉内的加热时间不变。

（3）适应性强。步进式加热炉适用于钢锭、钢坯、板坯、圆坯、连铸坯等多种钢料的加热，在坯料的长短、厚薄等方面要求不严。

但是，步进式加热炉结构比较复杂，投资较大，设备维修较为困难，但由于具备上述优点，故多为生产厂家采用。

加热炉的加热能力，随轧制品种的不同有很大差异，近年来，国内建成了单座冷装能力高达 390t/h 以上的加热炉。

加热炉的操作对产品质量影响很大，所以在加热操作中，必须制定合理的操作规程。加热操作的要点是：在保证轧制温度的前提下，尽量做到高效、均匀而经济地加热；生成的氧化皮少且易于剥离，不因严重氧化造成金属损失率升高和产品质量下降。坯料出炉温度，随材质不同而异，一般为 1100～1300℃。加热温度过高，会导致过热、过烧及增加烧损和脱碳等加热缺陷，并使得成品率下降。在炉内停留时间过长，易使晶粒粗大，氧化铁皮量增多，也会出现类似温度过高的弊病。如果加热不均，轧制时就可能出现断裂和形状不良等缺陷。

由于燃料燃烧过程中所产生的二氧化碳、水蒸气和过剩的氧气等废气成分对氧化铁皮生成量和易剥离程度有很大影响，必须在炉内压力和空气过剩系数适宜的条件下操作，以免吸入空气及燃烧空气量不足或过剩现象出现。

19.2.2.3 型钢轧制

A 轧制设备及其配置

型材轧制车间有大、中、小型车间和专门的轨梁车间、简单断面型材车间之分。型钢轧机的类型及用途，如表 19-2 所示。

表 19-2 型钢轧机的类型与用途

轧机名称	轧辊直径/mm	轧机用途
轨梁轧机	750～900	轧制重轨和高度为 240～600mm 的大钢梁
大型轧机	≥650	轧制 80～200mm 方钢、圆钢及 12～24 号工、槽钢及重轨
中型轧机	350～650	轧制 40～80mm 方、圆钢及小于 12 号工、槽钢、50mm×50mm～100mm×100mm 角钢
小型轧机	250～350	轧制 6～40mm 方、圆钢及 20mm×20mm～50mm×50mm 角钢

按轧机的布置不同，可把轧机分成如图 19-5 所示的各种形式：

（1）仅用一台轧机的为单机架式。

（2）轧机呈横列（一列、二列或多列）布置的为横列式。

（3）轧机呈二列布置，各机架相互错开，两个机列的轧辊转向相反并交错轧制的为棋盘式。

（4）轧件由一台轧机轧出后再进下一台轧机，各机架呈纵列布置在两个到三个纵列中，在每个机架上只轧一道，用移钢机把轧件从一个机架送到另一个机架上的为越野式。

（5）轧机各机架顺序布置在一个到两个平行的纵列中，每架轧机只轧一道而不进行连轧的为顺列式（跟踪式）。

（6）粗轧机架是可逆式、精轧机架是连续式布置的，或者粗轧、中轧为连续，精轧为横列或纵列布置的为半连续式。

（7）若干台轧机均按纵向呈纵列布置，每台轧机只轧一道，轧件在各机架上能受到同时轧制的为连续式。

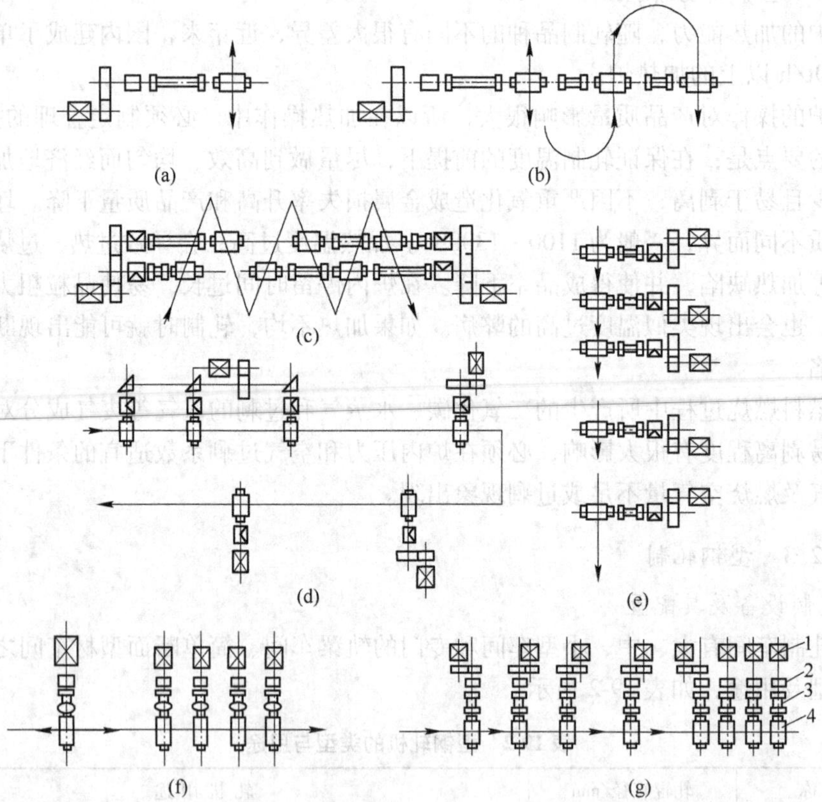

图 19-5　型钢轧机的布置

（a）单机架式；（b）横列式；（c）棋盘式；（d）越野式；（e）顺列式；（f）半连续式；（g）连续式

1—电动机；2—减速机；3—齿轮座；4—轧机

另外，根据轧辊的组装形式不同，可把轧机分成普通二辊和三辊式的、复二重式的、水平+垂直式的和万能式的轧机（见图 19-6）。

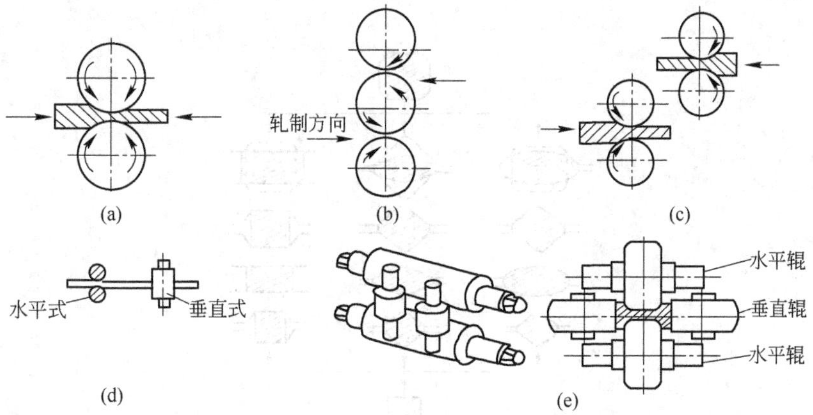

图 19-6 按轧辊布置不同对轧钢机的分类
（a）普通二辊式；（b）普通三辊式；（c）复二重式；（d）垂直+水平式；（e）万能式

B 型钢的轧制方法

由于型钢的断面形状多种多样，所以与钢板轧制不同，其变形方式不单纯是厚度方向压下。一般来说，型钢轧制是使钢坯依次通过各机架上刻有复杂形状孔型的轧辊来进行轧制的。轧件在孔型中产生复杂的变形，同时减小断面，最后轧成目标尺寸和形状，这就是孔型轧制法。

下面分别介绍一下具有代表性的型钢的主要轧制方法。

（1）简单断面型钢轧制。由钢坯轧成方、圆、扁和六角等简单断面型钢是按图 19-7 所示的孔型系统依次轧制的。一般来说，所采用的粗轧延伸孔型系统有椭圆+方、菱+方、箱+箱、菱+菱和椭圆+圆等五种孔型系统。根据轧制尺寸范围、所轧钢种和产品质量要求不同来选用适宜的孔型系统。这五种孔型系统既可以单独使用，也可以联合起来使用。用延伸孔型系统轧出成品前的方断面以后，再按成品要求的断面形状，采用相应的精轧孔型系统轧成成品。

（2）角钢轧制。由钢坯轧成角钢是按图 19-8 所示方式依次轧制的。蝶式孔型在轧制的同时控制两边的夹角，扁平孔型则是先用扁平孔型轧腿，最后轧成角钢。

（3）槽钢轧制。槽钢轧制如图 19-9 所示，蝶式孔型使轧件两腿部部分依次出现，直线式孔型在轧件中间部分进行压下的同时，把拐角部分完全轧出。

（4）工字钢轧制。工字钢轧制如图 19-10 所示，直线式孔型是从中间部位压下的方式，而倾斜式孔型是腿和腰都从倾斜的方向压下的一种方法。

（5）钢板桩轧制。图 19-11 所示是用直线式孔型轧制直线型钢板桩的一例。

（6）钢轨轧制。图 19-12 是用对角孔型轧制轻轨的典型孔型系统。

C 型钢轧制操作

型钢轧制要求产品形状正确、尺寸精确、表面质量好。上述各种轧制法所用的轧辊孔型虽然是在考虑了各种轧制条件的基础上设计的，但在轧制过程中也还会有各种因素对轧件的质量产生不良影响，因此在轧制操作中必须认真注意，以防止出现质量问题。

从质量要求出发，型钢轧制操作力求在轧制操作中获得尺寸和形状正确且表面缺陷少

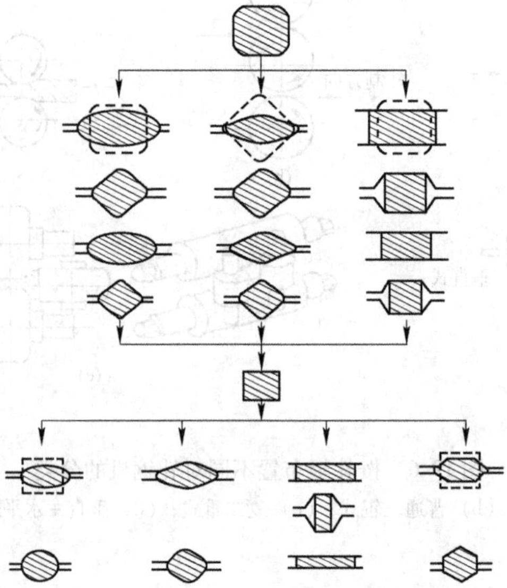

图 19-7　简单断面型钢生产采用的孔型系统

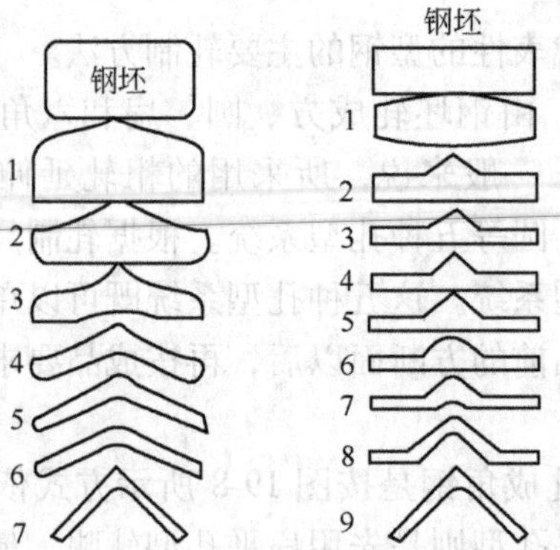

图 19-8　角钢轧制孔型系统

（a）蝶式孔型系统；（b）扁平孔型系统

的制品。因此在型材轧制车间，要重视坯料加热、加热炉状态、炉生和次生氧化皮的去除、轧辊压下的调整和导卫装置安装调整等工作。另外，在轧制过程中，还需及时对各架轧机上轧件的形状和尺寸取样检查，借以检查轧辊缺陷和有无麻面产生等。若有异常，需立即进行适当的处理。

采用孔型轧制法轧制工字钢和槽钢时，易因轧辊轴向窜动造成尺寸不良、欠充满、耳子和折叠等表面缺陷（见图 19-13），所以轧辊轴向调整极为重要。

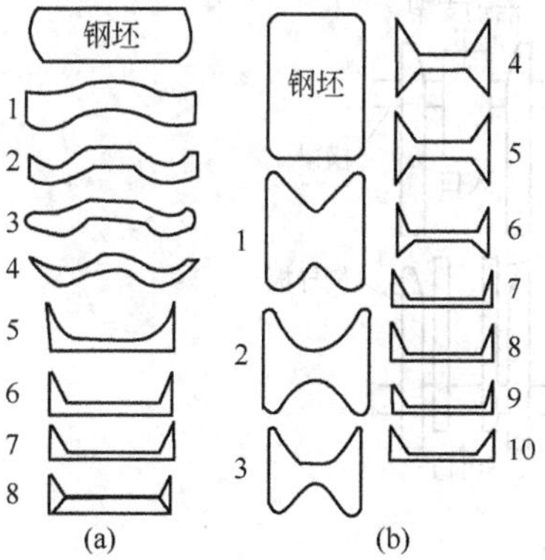

图 19-9 槽钢轧制孔型系统
（a）蝶式孔型系统；（b）直线式孔型系统

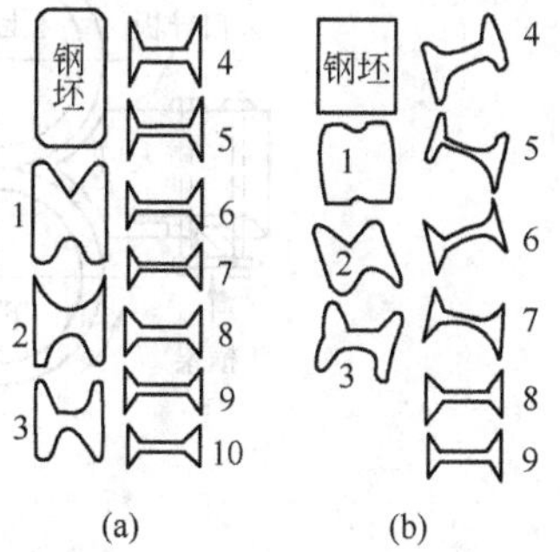

图 19-10 工字钢轧制孔型系统
（a）直线式孔型系统；（b）倾斜式孔型系统

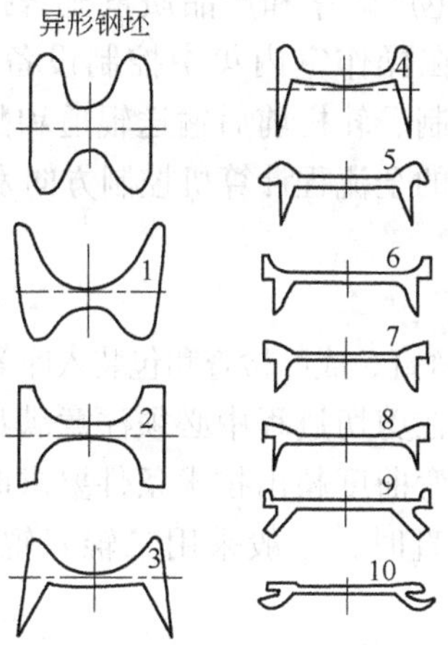

图 19-11 直线型钢板桩轧制孔型系统

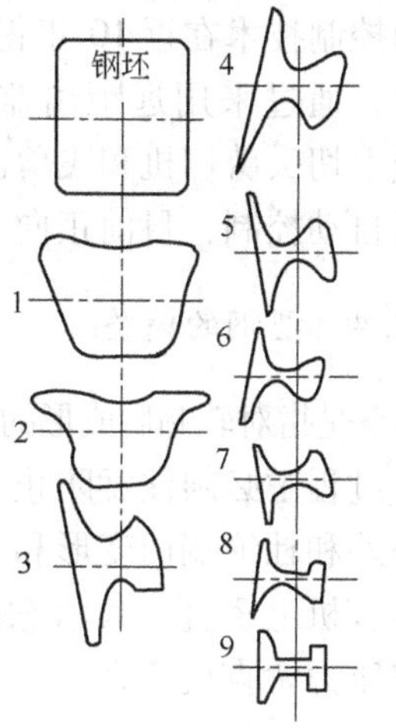

图 19-12 钢轨轧制孔型系统

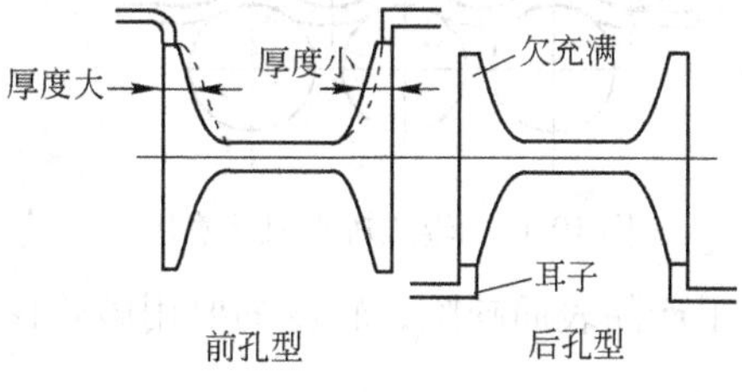

图 19-13 轧辊窜动导致的缺陷

导卫装置如图 19-14 所示，应保证轧件对孔型具有正确位置，否则在轧制中会使轧件产生歪扭和弯曲。

轧制过程也需要重视温度对轧材质量的影响。如果在与孔型设计时所设定温度有很大差别的条件下进行轧制，将造成腿部宽度不足或过于肥大，使产品断面形状劣化，因此需严格控制轧制温度。为了获得表面质量良好的制品，应注意清除加热和轧制中产生的氧化

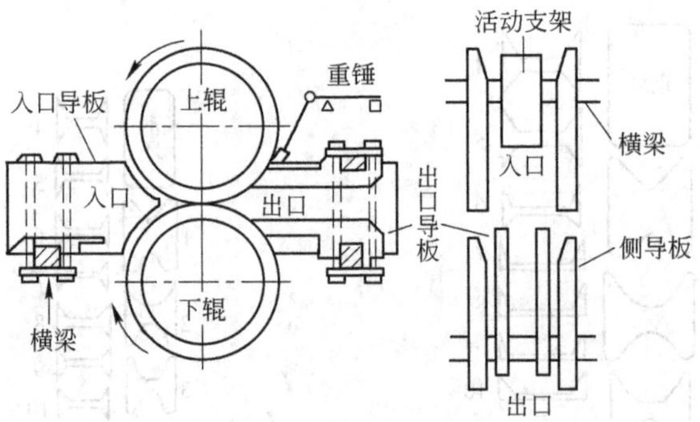

图 19-14　导卫装置

铁皮。氧化铁皮的清除方法，除了用轧辊破碎之外，一般可用高压水除鳞。

近几年来，随着电气控制设备的发展、辅助设备精度的提高和检测技术的进步，型钢生产的自动控制技术在近 10 年得到了很大发展，型钢生产效率和产品质量显著提高。在型钢生产中，通过采用远距离监测、操作的方法，可在操作室内集中控制设备的运转，如：生产线上切头剪切机和飞剪已实现自动化，活套控制、轧机前后输送辊道和翻钢机控制也可进行自动控制，目前正向着自动检测、自动处理的全流程计算机控制方向发展。

19.2.2.4　型钢的精整

型钢精整是指对轧制后成形的轧件进行冷却、切断、矫直、成品检查和包装入库等工序。

在冷却过程中必须注意防止产品产生弯曲和扭曲；在剪切过程中必须注意满足剪切长度的允许公差和杜绝端面变形和裂纹等缺陷的产生。当弯曲度超出技术条件要求时，一般要在辊式矫直机上矫直，其示意图见图 19-15。圆钢矫直时，一般采用二辊斜辊矫直机，也可用三点压力矫直机矫直。

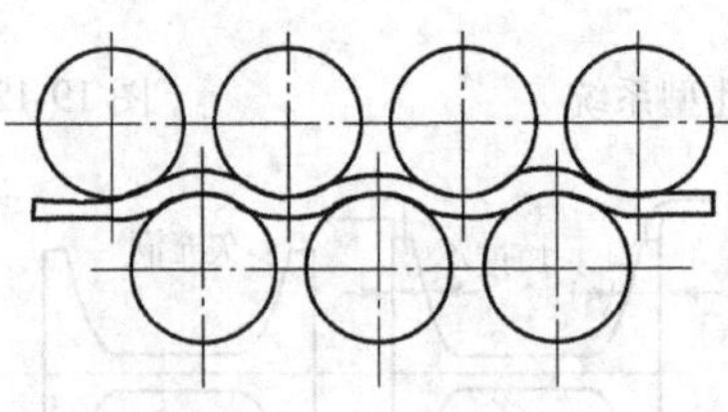

图 19-15　辊式矫直机示意图

在进行成品检查中，对于产品表面缺陷，轻度的要用砂轮修整，或按需要进行焊接修补等。

对检查合格的产品，捆扎成捆，入库或外发。

19.3　H 型钢生产

19.3.1　H 型钢生产概况

H 型钢是一种经济断面型材，与工字钢相比，其截面模数大、重量轻、节省金属。在相同载荷条件下，H 型钢比普通工字钢可节约金属 10% ~15%，应用的领域包括建筑、机械、石油化工、电力、交通等行业，广泛用于工业厂房、设备基础桩、机械设备的构件、铁道车辆的大梁、市政及民用建筑的钢结构等。在世界工业发达国家，H 型钢已得到广泛应用，国际上 H 型钢的年产量已经占到钢材总产量的 7% 左右。

世界上最早出现的 H 型钢生产设备是在 1902 年由卢森堡研制的轧制 H 型钢的生产线，至今已有上百年历史。经过了近一个世纪的发展，H 型钢的生产方式也发生了质的变化。20 世纪 50 年代初，H 型钢逐渐取代了工字钢。20 世纪 50 年代以前发展不快，自 20 世纪 50 年代开始出现了一个飞跃，尤其是在日本，出现了现代化的万能轧机。H 型钢的发展可粗略分成如下阶段：20 世纪 60 年代新建万能轧机，产量迅速提高；20 世纪 70 年代装备了计算机控制，提高尺寸精度，实现了 H 型钢的多机架万能孔型连轧；20 世纪 80 年代前期适应连铸技术的发展，开始采用连铸板坯和连铸异型坯轧制 H 型钢；20 世纪 80 年代末出现了外部尺寸一定的新型 H 型钢。

我国的 H 型钢生产一直处于空白，直到 1998 年马钢全套引进国外 H 型钢生产技术和装备后才实现了突破。马钢于 2005 年又建成投产我国第一条 100 ~400mm 的中小型 H 型钢全连续轧制生产线。近年来国内钢铁企业在此领域的生产和应用迅速发展，在满足国内市场的同时，还有相当数量的产品出口到欧美市场、日韩等东南亚国家。

H 型钢有热轧和焊接两大类，因其断面形似英文字母“H”，故称为 H 型钢，其中间腹板（常称为腰）与两翼缘（常称为腿）相垂直，翼缘内、外两侧边相互平行，腿端平直，棱角分明，故也被称为“平行腿工字钢”。因其翼缘较宽，又称为“平行宽翼缘工字钢”。H 型钢规格的表示方法：高度 H、宽度 B、腰厚 t_1、腿厚 t_2，如 400 ×200 ×8 ×13 表示：高度为 400mm，宽度为 200mm，腹板厚度为 8mm，翼缘厚度为 13mm。

H 型钢一般采用万能轧机热轧生产，生产过程见图 19-16。H 型钢万能轧制的特点是：在两个主动水平辊之间装有两个从动的立辊，能够同时在上下、左右方向对腹板和翼缘予以压下；为了使翼缘端部成形，一般在粗轧阶段与万能轧机串联配置水平式二辊轧边机。

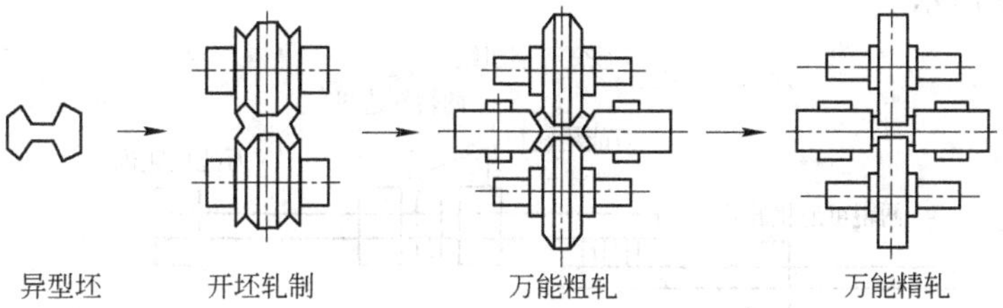

图 19-16 H 型钢轧制生产过程

19. 3. 2 H 型钢的轧制生产工艺

19. 3. 2. 1 H 型钢轧制方法

（1）跟踪可逆轧制。早期的 H 型钢生产车间设备一般采用跟踪可逆式布置，如图 19-17 所示。其基本配置为一架开坯轧机、一组由一架万能轧机及一架轧边机组成的万能粗轧机组，一架万能精轧机。这种布置形式轧制道次多、产量低、产品质量不高。

（2）H 型钢连续轧制。20 世纪 70 年代，将微张力控制技术应用于中小规格 H 型钢连轧生产线，其年产规模可超百万吨。但是连轧具有投资大、生产品种规格范围有限及大型工器具准备量大的缺点，限制了它的广泛应用。

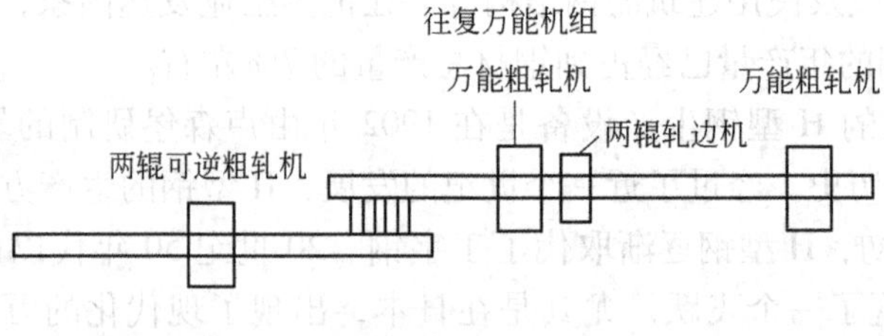

图 19-17　跟踪可逆轧制工艺

轧制线采用1架二辊可逆式粗轧机和7架精轧机连续轧制的半连续式布置形式，轧机离线换辊和机架快速更换。采用方形、矩形坯轧制H型钢和其他型钢，粗轧机可根据产品规格的不同，连铸坯在粗轧机上轧制7～15道次，在切深孔主变形道次中采用闭口式孔型轧制，最后一道为了保证轧件的对称性和尺寸精度，采用平配开口孔。

(3) X-X孔型轧制。在传统的万能粗轧机组中增加一架万能轧机，在万能精轧机组前增加一架轧边机。由于这时的万能粗轧机组具有连轧功能，所以产量提高幅度较大，如图19-18所示。

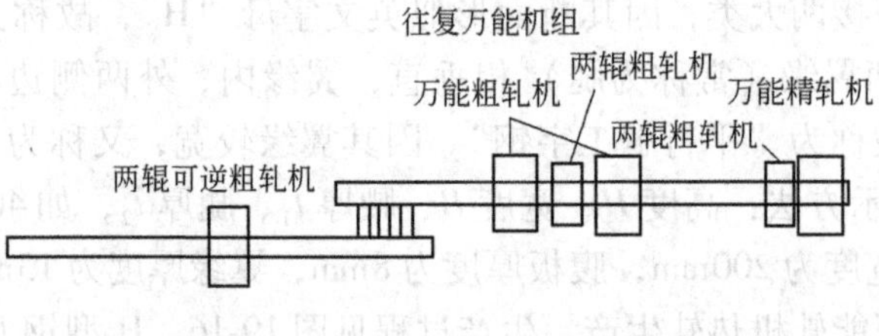

图 19-18　串列可逆轧制工艺

后来取消了万能精轧机前的轧边机，就产生了1-3-1轧机布置形式，优化了传统布置形式，如图19-19所示。

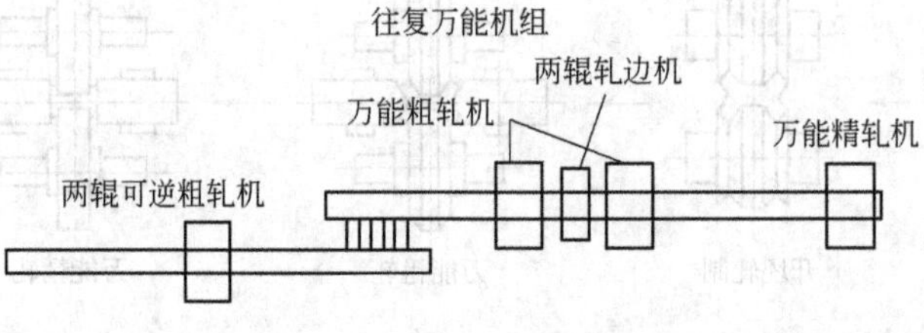

图 19-19　1-3-1 轧机布置

为节省硬件投资，将精轧机前移至万能连轧机组后，但万能精轧机不参与万能往复轧制，轧辊处于打开空转状态，只是在最后道次轧辊闭合至设定值，完成精轧任务，形成1-4布置形式。

以上这三种工艺布置被称为X-X轧制法，是指坯料经过开坯机轧制后，通过两架具有X孔型的万能轧机和一架轧边机组成的中轧机组，中轧机组是串列式可逆轧制，随后进入万能精轧机，轧制一道次完成轧制出成品。马钢大H型钢生产线就是采用了这种工艺布置形式。

(4) X-H孔型轧制。这种布置形式取消万能精轧机组，把第二架万能轧机配置成直腿的“H”形孔型，见图19-20。与配一架独立的精轧机架可逆机组不同的是，X-H轧制工艺只是一组轧机，该机组由一架万能粗轧机（配X孔型）、一架轧边机和一架配H孔型的万能精轧机组成。万能轧机之间的水平机架既用于H型钢轧边又用于其他型钢的成形。通常，该机架也是可移动的，并有几个孔槽。与传统轧机布置的区别在于精轧机直接布置在万能粗轧机和轧边机后面。

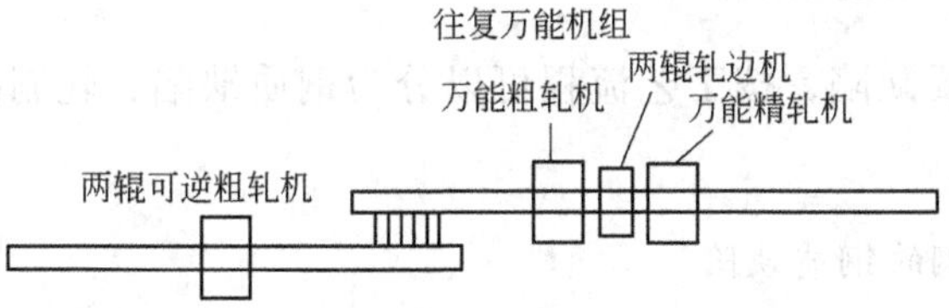

图 19-20 X-H 轧制工艺

X-H轧法与传统轧制工艺相比有以下优点：具有较高的生产能力；较低的轧制压力及驱动功率；可提高轧辊的使用寿命；可实现控温轧制；延长了轧件长度。X-H轧制方法是目前生产H型钢比较流行的轧制方法，被多数新建或新改造的H型钢厂采用。

（5）UE孔型轧制。近年来出现了将万能孔型和轧边孔型合并的轧制技术，成为UE孔型轧制法，见图19-21。该方法优点是可以减少H型钢轧制时产生的腰部偏心（俗称偏振），减少一台轧边机。

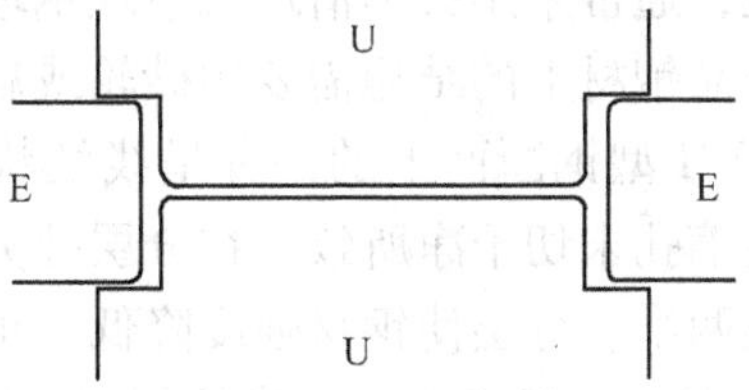

图 19-21 UE 孔型轧制法

19.3.2.2 H型钢生产工艺特点

（1）近终型异型坯轧制H型钢。采用近终型异型坯轧制H型钢具有四个方面主要优点：一是开坯道次明显减少，生产节奏加快；二是因为轧制时间缩短，所以轧件温降小，一般可使轧件温降减少100℃；三是能使轧制力降低30%，轧制能耗减少20%；四是能提高综合成材率。

（2）可采用可逆轧制或全连续轧制技术。大H型钢的万能轧制过程是可逆的，包括万能粗轧机和万能精轧机。中小H型钢主轧制线由无牌坊轧机组成，采用全连续轧制工艺，可配备快速更换机架系统，主传动采用交流变频调速数字控制系统。万能轧机轧辊辊身长度短，轧辊挠度小，可获得良好的产品尺寸公差；机架间采用微张力控制。

H型钢轧制生产线设置计算机3级自动控制系统，用来完成物料跟踪、工艺参数和轧辊参数设定及生产计划管理等工作，生产效率和自动化水平高，操作控制简捷。

（3）冷却方式采用水冷+步进式冷床的方式。轧件经粗、中、精轧机组轧制后，轧件温度较高，经热锯或异型飞剪切头尾及倍尺后进入步进式冷床冷却。轧件在冷床上采用长尺冷却方式。为了提高成品的组织性能，可在精轧后设置水冷段或在冷床设置强制水雾喷淋冷却系统，下冷床温度低于80℃。

（4）在线尺寸测量。为了提高所轧 H 型钢产品的外形尺寸精度，降低轧废，在精轧机出口侧设置在线尺寸测量仪，对轧件进行在线测量。

19.3.3 H 型钢的常见质量缺陷

H 型钢生产的主要缺陷，按工艺流程可以分为钢质缺陷、轧制缺陷和精整缺陷三大类。

19.3.3.1 H 型钢的钢质缺陷

（1）夹杂。夹杂是指在 H 型钢的断面上有肉眼可见的分层，在分层内夹有呈灰色或白色的杂质，这些杂质通常为耐火材料、保护渣等。造成夹杂的原因是在出钢过程中有渣混入钢液，或在铸锭过程中有耐火材料、保护渣混入钢液。夹杂会破坏 H 型钢的外观完整性，降低钢材的刚度和强度，使得钢材在使用中开裂或断裂，是一种不允许有的钢材缺陷。

（2）结疤。结疤是一种存在于钢材表面的鳞片状缺陷。结疤有与钢材本体连在一起的，也有不连为一体的。造成结疤的主要原因是浇注过程中钢水喷溅，一般沸腾钢多于镇静钢。局部、个别的结疤可以通过火焰清除挽救，但面积过大、过深的结疤只能判废。为防止带有结疤的钢坯进入轧机，通常采用火焰清理机清理钢坯表面，或采用高压水将已烧成氧化铁皮的结疤冲掉。在成品钢材上的结疤需要用砂轮或扁铲清除。

（3）分层。分层是存在于 H 型钢断面上的一种呈线纹状的缺陷。通常它是因炼钢浇注工艺控制不当或开坯时钢锭缩孔未切干净所致。在分层处夹杂较多，尽管经过轧制也不能焊合，严重时使钢材开裂成两半。分层使钢材强度降低，也常常造成钢材开裂。带有分层的 H 型钢通常要挑出判废。分层一般常出现在模铸相当于钢锭头部的那段钢材中，或发生在用第一支连铸坯或最后一支连铸坯所轧成的钢材上。

（4）裂纹。H 型钢裂纹主要有两种形式：一种为在其腰部的纵向裂纹；另一种为在其腿端的横向裂纹。腰部的纵向裂纹来自浇注中所形成的内部裂纹，腿端的横向裂纹来自钢坯或钢锭的角部裂纹。无论是哪种裂纹均不允许存在，它都破坏钢材本身的完整性和强度。

19.3.3.2 H 型钢常见的轧制缺陷

（1）轧痕。轧痕一般分为两种，即周期性轧痕和非周期性轧痕。周期性轧痕在 H 型钢上呈规律性分布，前后两个轧痕出现在轧件同一部位，同一深度，两者间距正好等于其所在处轧辊圆周长。周期性轧痕是由于轧辊掉肉或孔型中贴有氧化铁皮而造成的在轧件表面的凸起或凹坑。非周期性轧痕是导卫装置磨损严重或辊道等机械设备碰撞造成钢材刮伤后又经轧制而在钢材表面形成棱沟或缺肉，其大多沿轧制方向分布。

（2）折叠。折叠是一种类似于裂纹的通常性缺陷，经酸洗后可以清楚地看到折叠处断面有一条与外界相通的裂纹。折叠是因孔型设计不当或轧机调整不当，在孔型开口处因过盈充满而形成耳子，再经轧制将耳子压入轧件本体内，但不能与本体焊合而形成的，其深度取决于耳子的高度。另外，腰、腿之间圆弧设计不当或磨损严重，造成轧件表面出现沟、棱后，再轧制也会形成折叠。

（3）波浪。波浪可分为两种：一种是腰部呈搓衣板状的腰波浪；另一种是腿端呈波峰波谷状的腿部波浪。两种波浪均造成H型钢外形的破坏。波浪是由于在热轧过程中轧件各部伸长率不一致所造成的。当腰部压下量过大时，腰部延伸过大，而腿部延伸小，这样就形成腰部波浪，严重时还可将腰部拉裂。当腿部延伸过大，而腰部延伸小时，就产生腿部波浪。另外还有一种原因也可形成波浪。这就是当钢材断面特别是腰厚与腿厚设计比值不合理时，在钢材冷却过程中，较薄的部分先冷，较厚的部分后冷，在温度差作用下，在钢材内部形成很大的热应力，这也会造成波浪。解决此问题的办法是：首先要合理设计孔型，尽量让不均匀变形在头几道完成；在精轧道次要力求H型断面各部分腰、腿延伸一致；要减小腰腿温差，可在成品孔后对轧件腿部喷雾，以加速腰部冷却，或采用立冷操作。

（4）腿端圆角。H型钢腿端圆角是指其腿端与腿两侧面之间部分不平直，外形轮廓比标准断面缺肉，未能充满整个腿端。造成腿端圆角有几方面原因：其一是开坯机的切深孔型磨损，轧出的腿部变厚，在进入下一孔时，由于楔卡作用，所以腿端不能得到很好的加工；其二是在万能机组轧制时，由于万能机架与轧边机速度不匹配，而出现因张力过大造成的拉钢现象，使轧件腿部达不到要求的高度，这样在轧边孔中腿端得不到垂直加工，也会形成腿端圆角；其三是在整个轧制过程中入口侧腹板出现偏移，使得轧件在咬入时偏离孔型对称轴，这时也会出现上述缺陷。

（5）腿长不对称。H型钢腿长不对称有两种：一种是上腿比下腿长；另一种是一个腿上腿长，而另一个腿下腿长。一般腿长不对称常伴有腿厚不均现象，稍长的腿略薄些，稍短的腿要厚些。造成腿长不对称也有几种原因：一种是在开坯过程中，由于切深时坯料未对正孔型造成切偏，使异型坯出现一腿厚一腿薄，尽管在以后的轧制过程中压下量分配合理，但也很难纠正，最终形成腿长不对称；另一种是万能轧机水平辊未对正，轴向位错，造成立辊对腿的侧压严重不均，形成呈对角线分布的腿长不对称。

19.3.3.3　H型钢常见的精整缺陷

（1）矫裂。H型钢矫裂主要出现在腰部。造成矫裂的原因：其一是矫直压力过大或重复矫次数过多；其二是被矫钢材存在表面缺陷（如裂纹、结疤）或内部缺陷（如成分偏析、夹杂），使其局部强度降低，一经矫直即造成开裂。

（2）扭转。H型钢扭转是指其断面沿某一轴线发生旋转，造成其形状歪扭。造成扭转的原因：一是精轧成品孔出口侧导卫板高度调整不当，使轧件受到导卫板一对力偶的作用而发生扭转；二是矫直机各辊轴向错位，这样也可形成力偶而使钢材发生扭转。

（3）弯曲。H型钢弯曲主要有两种类型：一种是水平方向的弯曲，俗称镰刀弯；另一种是垂直方向的弯曲，也叫上、下弯或翘弯。弯曲主要是由矫直机零度不准，各辊压力选择不当而造成的。

（4）内并外扩。H型钢的内并外扩是指其腿部与腰部不垂直，破坏了其断面形状，通常呈上腿并下腿扩，或下腿并上腿扩状态。内并外扩是因成品孔出口导卫板调整不当造成的，以后虽经矫直，但很难矫过来，尤其是上腿并下腿扩这种情况，矫直机很难矫，因为矫直机多采用下压力矫直。

复习思考题

19-1　试述型钢一般生产工艺流程。

19-2　简述型钢的分类。

19-3　简述 H 型钢生产方法和工艺特点。

19-4　H 型钢的质量缺陷有哪些？

20 棒线材的生产

20.1 棒线材生产概述

棒材是热轧条状钢材中的一种，其断面形状大都比较简单，如圆钢、方钢、扁钢、六角钢、螺纹钢等，在一些轧机上也生产部分异型钢材。在特殊情况下，也有卷状棒材，成盘供应。棒材视其尺寸大小分为大型、中型和小型棒材。在相关标准中，热轧棒材的圆钢尺寸（直径）范围为8~220mm，方钢尺寸（边长）范围为8~120mm，扁钢尺寸范围为20mm×5mm~150mm×50mm。棒材广泛用于机械、汽车、船舶、建筑等工业领域，有的直接用于混凝土中，如光圆钢筋和螺纹钢筋，有的通过二次加工制成轴、齿轮、螺栓、螺母、锚链、弹簧等。

线材是热轧型材中断面最小的一种，一般把直径5.5~22mm、细而长的热轧圆钢称为线材。由于大都是成盘卷交货，故又俗称盘条。线材和成卷供应的小型钢材的界限很难明确区分，其生产方法亦有许多共同点。但是，因为线材的断面更小，长度更长，并且对产品质量要求也较高，所以在生产方法上又具有许多特点。线材按用途分，有热轧状态直接使用的和需经二次加工的两种，前者多用于建筑和包装等，后者用于拔丝、制钉等金属制品生产上。

20.2 棒线材生产工艺

20.2.1 棒线材生产线的布置

棒线材生产线中轧机的类型和布置方式多种多样，主要有：连续式、半连续式和横列式小型轧机。总的来说，国外主要产钢国家的小型轧机的总数量在逐渐减少，目前以新建优质高产的新型连续式、半连续式轧机为主，改造更新旧轧机，淘汰一些落后的横列式轧机。有些20世纪50~60年代建设的连续式、半连续式轧机也由于其新技术含量低、产品质量低而被淘汰。

20.2.1.1 连续式小型轧机

连续式小型轧机是当今世界上最为流行、用得最多的一种小型轧机，年产量在30~60万吨之间，坯料规格为130mm×130mm~150mm×150mm，也有160mm×160mm，甚至180mm×180mm，坯料单重1.5~2.5t。此类轧制线多为平-立交替布置，实现全线的无扭转轧制，以利于提高产品的表面质量。机架的多少按照一个机架轧制一道的原则确定。

速度可调、微张力和无张力轧制是现代连续式小型轧机的明显特点。粗轧和中轧的部分机架为微张力控制，中轧的部分机架和精轧机组为无张力控制，机架之间设有气动立式上活套，以实现张力轧制，保证产品的尺寸精度。活套的多少与产品的规格、孔型设计都有关系。连续式轧机一般设置6~10个活套，甚至有的多达12个活套。

高速线材轧机采用连续式布置方式，有一线、两线和多线之分。图20-1为某厂主要设备及工艺平面布置图。该高速线材厂是我国全套引进高速线材轧机生产线的第一家，是引进高线轧制工艺和装备的成功范例。

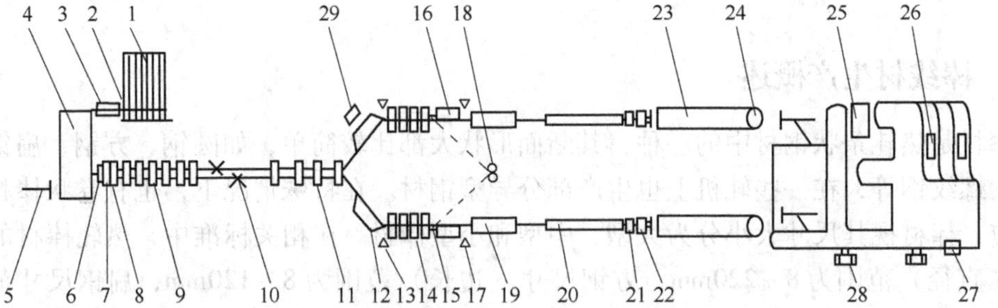

图 20-1　某高速线材厂工艺平面布置图

1—步进式上料台架；2—钢坯剔废装置；3—钢坯秤；4—组合式步进加热炉；5—钢坯推钢机；6—钢坯夹送辊；7—分钢器；8—钢坯卡断剪；9—七架水平二辊式粗轧机；10—飞剪；11—四架水平二辊式中轧机；12，16—侧活套；13，17—卡断剪；14—四架平-立紧凑式预精轧机；15—飞剪及转辙器；18—碎断剪；19—十架45°无扭精轧机组；20—水冷段；21—夹送辊；22—吐丝机；23—斯太尔摩运输机；24—集卷筒；25—成品检验室；26—打捆机；27—电子秤；28—卸卷机；29—废品卷取机

20.2.1.2　半连续式小型轧机

半连续式小型轧机的车间典型布置如图 20-2 所示。

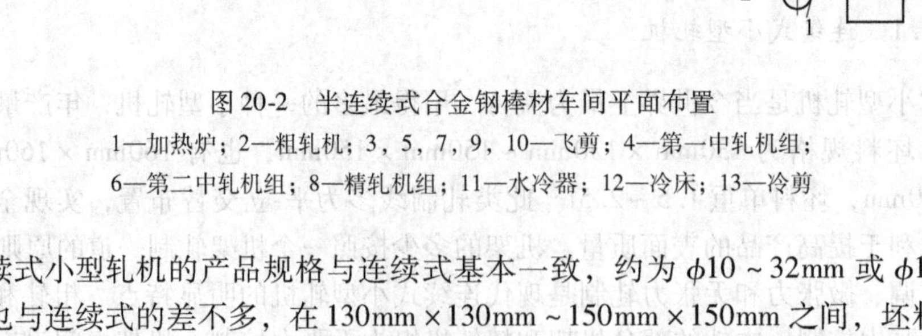

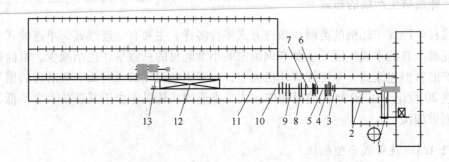

图 20-2　半连续式合金钢棒材车间平面布置

1—加热炉；2—粗轧机；3，5，7，9，10—飞剪；4—第一中轧机组；6—第二中轧机组；8—精轧机组；11—水冷器；12—冷床；13—冷剪

半连续式小型轧机的产品规格与连续式基本一致，约为 $\phi10\sim32$mm 或 $\phi12\sim42$mm，坯料尺寸也与连续式的差不多，在 130mm×130mm～150mm×150mm 之间，坯料单重约在1t 左右，年产量在 15～30 万吨之间。连续式和半连续式的差别主要在粗轧机，其他如加热炉、中轧机、精轧机、冷床和精整设备都差不多，只是半连续式的产量比较低。半连续式小型轧机的粗轧机多为一架或两架二辊式轧机，采用箱形共轭孔型轧制。

20.2.1.3 横列式小型轧机

图 20-3 为一个典型的横列式小型轧机的车间平面布置图。

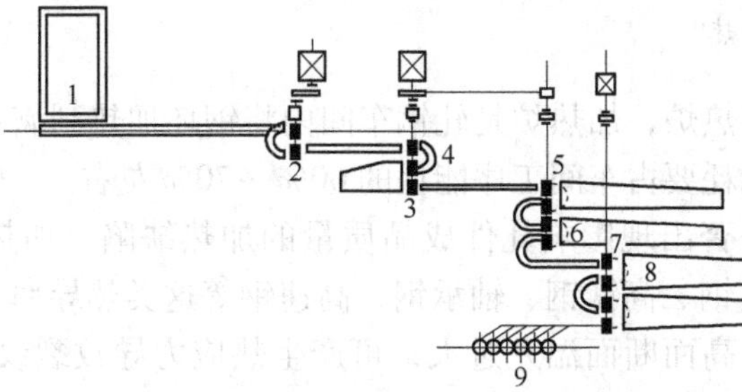

图 20-3 传统的横列式线材轧制车间平面布置
1—加热炉；2—粗轧机组；3—第一中轧机组；4—围盘；5—第二中轧机组；
6—夹钳操作部分；7—精轧机组；8—活套坑；9—卷线机

横列式轧机轧制的基本特征是有扭转轧制，终轧速度一般不超过 6~8m/s。速度低，轧件头尾温差大，产品尺寸精度低。坯料的规格小、单重小、收得率低、产品规格少、尺寸精度差，这些横列式轧机所固有的缺点无法克服，特别是使用小规格的坯料，无法使用连铸坯，因此，在连铸技术的推动下，淘汰或者改造现有横列式小型轧机是生产发展的必然。

20.2.2 棒线材生产工艺

20.2.2.1 坯料的选用与质量

在连铸技术出现和成熟以前，小型轧机所用的坯料是钢锭经初轧—钢坯连轧机开坯而成的。出现了连铸技术后，最早在小型和线材轧机上应用，以连铸坯为原料一次加热轧制成材，可提高金属收得率 8%~12%，节约能耗 35%~45%，并可提高产品的表面和内在质量。

早期小型轧机所用的连铸坯断面尺寸为 110mm×110mm~120mm×120mm，坯料单重在 1.0~1.5t 之间。后经实践证明，普通碳素钢断面小于 120mm×120mm、合金钢断面小于 140mm×140mm 时连铸机生产的稳定性、效率和质量都要受到影响。为了钢铁的整体生产流程，20 世纪 80 年代后小型轧机的坯料又逐渐加大，目前普通钢小型轧机的坯料断面多为 130mm×130mm~150mm×150mm 之间，也有达 160mm×160mm 者，大于 160mm×160mm的就比较少见了，坯料单重为 1.5~2.0t，有的甚至重达 2.5~3.0t。

合金钢使用的连铸坯断面尺寸为 140mm×140mm~240mm×240mm，以 160mm×160mm~200mm×200mm 用得最多。合金钢质量要求高，从连铸方面考虑采用较大的断面，在连铸过程中有利于夹杂物上浮，更能保证质量；另外，为保证成品质量，要求有一定的压缩比。压缩比是为保证产品组织结构和力学性能所要求的最小变形量。

坯料的质量对成品的质量有决定性作用，产品的许多内部和外部缺陷究其原因是坯料的冶金质量不良所致。如发生在钢材表面的裂纹、发裂、麻点等，大多数是由钢锭或连铸坯的皮下气泡或重皮造成的；如由于坯料的化学成分不合格、偏析严重、夹杂物过多或形态不均所引起的最终的力学性能不合格。因此，不同钢种和用途的钢坯在相关标准中规定了坯料要检查的项目和标准。

20.2.2.2 坯料的加热

加热坯料的设备是加热炉，加热炉是轧钢车间内将钢坯加热到满足轧制要求温度的一个主要设备。加热炉的能耗要占车间工序能耗的60%～70%左右。

加热温度需要考虑是否出现影响轧件成品质量的加热缺陷。加热的开始阶段（例如600℃以下），对高碳工具钢、高锰钢、轴承钢、高速钢等这类热导率小的钢，如果升温速度过快，表面温度骤然升高而断面温差过大，可产生热应力导致裂纹出现。在加热后期，要特别注意防止过热和过烧等缺陷。加热温度过高或在高温下停留时间过长，会使钢的晶粒过分长大，晶粒间的联系削弱使钢变脆，这称为过热。过热的坯料轧制时会产生裂纹，即使轧制中没有开裂，成品的力学性能也不能满足要求。过热进一步发展，晶粒继续长大，而且晶界出现氧化或熔化，轧制时往往碎裂或崩裂，这称为过烧。过烧的坯料是不可挽回的废品。

对轧制质量有影响的还有钢坯厚度、宽度、长度上的加热温度不均匀。如果钢坯上下温度不均，轧制时容易产生弯曲、扭转现象，甚至发生缠辊等事故。端出料的炉子通过出料炉门吸入大量冷空气时，使出炉的钢坯侧面被冷却，造成宽度上的温度不均，轧件可能出现镰刀弯或缠辊。长度上的温度不均匀如水管黑印，在轧制时能使同一轧件尺寸波动，不易控制成品尺寸公差。

加热过程中氧化和脱碳：钢坯在炉内加热的过程中，钢中的金属元素和炉内的氧化性气氛发生反应并生成氧化铁皮。脱碳是钢中的碳元素向表面扩散并和炉内气氛反应而引起的。轴承钢、工具钢、弹簧钢和一些其他钢种，钢的脱碳特别有害，脱碳后的钢件表面在淬火时达不到所要求的硬度，此外还使抗压性能、耐磨和切削性能、弹性降低，容易出现废品，必须进行处理以除去脱碳层，这就明显提高了轧件成本。要减小易脱碳钢的脱碳深度，最有效的办法是低温区缓慢加热以减小温差，高温区快速加热以缩短停留时间，同时尽量使出钢温度接近开轧温度。

20.2.2.3 棒线材的轧制

棒线材采用连续轧制方式可提高生产效率和经济效益，尤其在采用热送热装工艺时。由于连轧生产是一架轧机只轧制一个道次，故棒线材车间的轧机架数多。现代化的棒材车间机架数一般多于18架，线材车间的机架数为21～28架。

A 粗、中轧的生产工艺

粗轧是使坯料得到初步压缩和延伸，得到温度合适、断面形状正确、尺寸合格、表面良好、端头规矩、长度适合工艺要求的轧件。因为粗轧阶段一般采用的是二辊水平轧机，所以轧件通过扭转导卫扭转90°；轧件断面尺寸较大，对张力不敏感，设置活套实现无张力轧制困难也不经济，所以粗轧阶段采用小张力轧制。中轧的主要作用是继续缩减粗轧机组轧出的轧件断面。

对高速线材，为保证成品尺寸的高精度，为保证生产工艺稳定和避免粗轧后工序的轧制事故，通常要求粗轧轧出的轧件尺寸偏差不大于 ±1mm；为减少精轧机的事故，一般要求中轧轧出的相应轧件断面尺寸偏差不大于 ±0.5mm。

粗轧后的切头切尾工序是必要的。轧件头尾两端的散热条件不同于中间部位，轧件头尾两端温度较低，塑性较差；同时轧件端部在轧制变形时由于温度较低、宽展较大、变形不均造成轧件头部形状不规则，这些在继续轧制时都会导致堵塞入口导卫或不能咬入。为此，在经过粗轧后必须将端部切除。

B 预精轧、精轧的生产工艺

预精轧的作用是继续缩减中轧机组轧出的轧件断面，为精轧机组提供轧制成品线材所需要的断面形状正确、尺寸精确并且沿全长断面尺寸均匀、无内在和表面缺陷的中间料。

预精轧的 2~4 个道次，轧件断面较小，对张力已较敏感，轧制速度也较高，张力控制所必需的反应时间要求很短，采用微张力轧制对保证轧件断面尺寸精度和稳定性已难以奏效了。自 20 世纪 70 年代末期开始，高速线材轧机预精轧采用单线无扭无张力轧制，对应每组粗轧机设置一组预精轧机，在预精轧机组前后设置水平侧活套，而预精轧道次间设置垂直上活套。这种方式较好地解决了向精轧供料的问题。

对于高速线材轧机，为避免轧件由于温度过高导致的金属组织与塑性恶化，造成成品缺陷，也为了防止轧件由于温度过高屈服极限急剧降低而过软，而软的小断面轧件在穿轧运行中易发生堆钢事故，在精轧轧出速度超过 85m/s 的线材轧机的预精轧阶段，有的就设置轧件水冷装置对运行中的轧件进行冷却降温。

为保证轧件在精轧的顺利咬入和穿轧，预精轧后轧件要切去头尾冷硬而较粗大的端部。当预精轧及其后步工序出现事故时，预精轧前的轧件应被阻断，此时，应对预精轧机后的轧件碎断，以防止事故扩大。

来自预精轧机的轧件在飞剪处切头后，轧件被抬高，经水平活套、卡断剪进入精轧机组。当轧件被精轧机组第一机架咬入时，精轧机自动降速，轧件在水平活套台形成活套，套量为自动监控，轧件经过无扭微张力轧制成 ϕ5.5~16mm 的线材。如果精轧机本身或精轧以后区域出现故障，则飞剪动作，后续的轧件经过转辙器导向碎断剪碎断。

20.2.2.4 棒线材的精整

棒材一般冷却和精整工艺流程为：精轧→飞剪→控制冷却→冷床→定尺切断→检查→包装。棒材冷却介质有风、水雾等等。即使是一般建筑用钢材，冷床也需要较大的冷却能力。有一些棒材轧机在轧件进入冷床前对建筑用钢筋进行余热淬火。余热淬火轧件的外表面具有很高的强度，内部具有很好的塑性和韧性，建筑钢筋的平均屈服强度可提高约 1/3。

线材一般的精整工艺流程为：精轧→吐丝机→散卷控制冷却→集卷→检查→包装。在现代化的线材生产中，线材轧制速度很高，轧制中的温降较小甚至是升温轧制，因此线材精轧后的温度很高，为保证产品质量，要进行散卷控制冷却。根据产品用途有珠光体型控制冷却和马氏体型控制冷却，其中珠光体型控制冷却常用的有美国的斯太尔摩冷却法和德国的施罗曼冷却法。

20.2.3　孔型系统的选择

圆钢和螺纹钢的轧制中，孔型系统一般由延伸孔型系统和精轧孔型系统两部分组成。延伸孔型的作用是压缩轧件断面，为成品孔型系统提供合适的红坯。

延伸孔型系统一般是几种孔型系统的组合，即所谓的混合孔型系统。常见的混合孔型系统有以下几种：

（1）箱-菱-方孔型系统。由一组以上的箱形孔型和一组以上的菱-方孔型组成。该孔型系统主要应用于三辊开坯和中小型轧机的开坯道次。

（2）箱-六角-方孔型系统。主要应用于中小型轧机的开坯道次。该孔型系统轧制稳定，轧制道次少。

（3）箱-六角-方-椭圆-方孔型系统。主要用于小型和线材轧机上，当用于连轧机时，轧机调整困难。

（4）箱-六角-方-椭圆-（立椭）圆孔型系统。广泛应用于小型和线材连轧机。易于去除氧化铁皮，提高轧件的表面质量，适合轧制塑性较低的合金钢。

（5）箱-椭圆-圆-椭圆-圆孔型系统。主要应用于高速线材轧制和连续式小型轧机。

近些年，为增加粗轧道次的压下量，提高变形效率，考虑到粗轧、中轧的主要任务是使轧件断面缩减、长度延伸，有的棒、线材轧制生产线采用无孔型轧制法，即平辊轧制，到精轧采用孔型轧制，选择的孔型系统为平辊-椭圆-圆-成品孔的孔型系统。该孔型系统有效降低了辊耗，但轧制过程中应避免轧件的脱方等问题。

20.3　棒线材生产设备

20.3.1　粗、中轧机

近年来，小型轧机在追求产量高、适用性强、生产成本低、产品质量好等目标过程中，粗轧、中轧机的组成在不断变化，结构和机型种类较多。粗轧、中轧机向适应大坯料及提高轧制精度的方向发展。为了实现高精度轧制，在轧机刚度、调整精度和控制精度上有了很大改进，使粗轧、中轧工艺实现了稳定轧制，并实现了粗轧、中轧的微张力控制轧制。

粗轧、中轧机的机型种类较多，有45°无扭粗轧机、三辊Y形轧机、紧凑轧机、悬臂轧机、预应力轧机、短应力线轧机等，下面简要介绍几种。

20.3.1.1　45°无扭粗轧机

45°无扭粗轧机的结构是将二辊闭口式机架与地面成45°交替布置，组成粗轧机组。机组一般由2～8个机架组成，安装在一个机座内，其辊径最大达ϕ670mm，其传动方式有集体传动、单独传动或二者相结合的传动方式，传动方式见图20-4。

这种机组机架间距小（1200～2000mm），一般采用椭圆-圆孔型系统，实现无扭微张力轧制。轧辊上配置的孔型数量一般是1～2个。据资料介绍，其辊环材质为碳化钨，轧槽寿命约为一般材质的18倍。同时这种轧机换辊快，可节省换辊次数和换辊时间，从而提高作业率。此外，这种轧机是单槽过钢，其轴承、接轴等也简单，制造安装方便。轧机还具有刚性好，冷却水排泄方便（冷却水直接从轧制线下去），传动设备可安装在水沟外侧等优点。

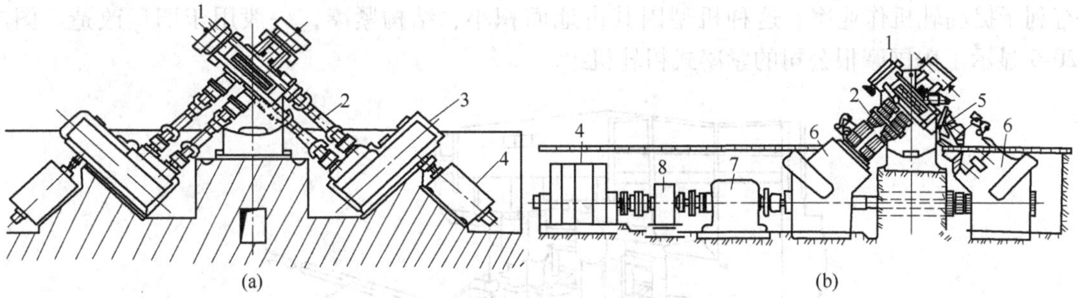

图 20-4　45°无扭粗轧机的传动方式

（a）单独传动方式；（b）集体传动方式

1—机座；2—接轴；3—减速箱、齿轮座；4—电动机；5—底座；6—齿轮座；7—分配齿轮箱；8—减速箱

20.3.1.2　三辊 Y 形轧机

三辊 Y 形轧机的每个机架由三个互成 120°夹角的圆盘形轧辊组成，其形状如同“Y”字，故称 Y 形轧机。三辊 Y 形轧机在 20 世纪 50 年代由德国柯克斯公司研制成功。图 20-5 为三辊 Y 形轧机结构和主传动系统示意图。

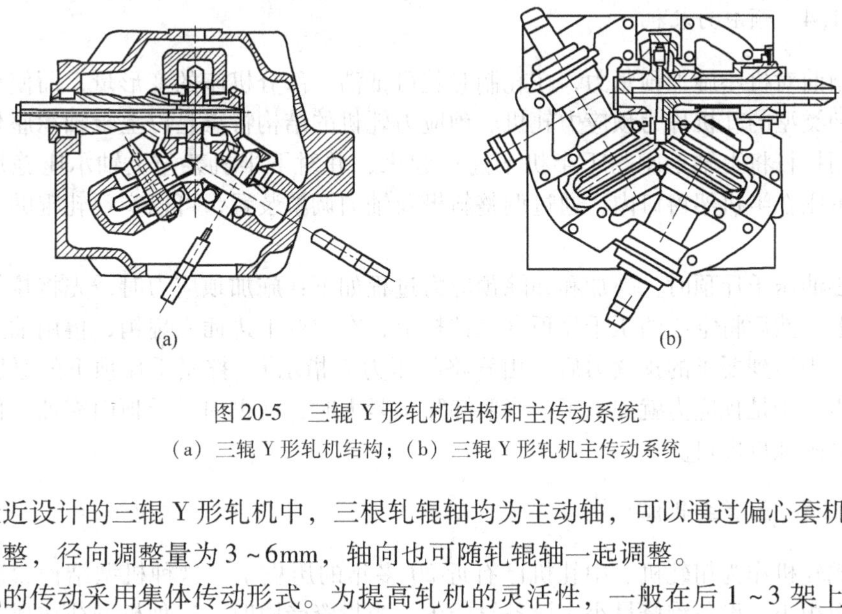

图 20-5　三辊 Y 形轧机结构和主传动系统

（a）三辊 Y 形轧机结构；（b）三辊 Y 形轧机主传动系统

在最近设计的三辊 Y 形轧机中，三根轧辊轴均为主动轴，可以通过偏心套机构进行径向压下调整，径向调整量为 3 ~ 6mm，轴向也可随轧辊轴一起调整。

轧机的传动采用集体传动形式。为提高轧机的灵活性，一般在后 1 ~ 3 架上采用一套差动调速装置，从而可对后 1 ~ 3 架轧制速度进行调节，同时可以调整压下，改变减面率。

换辊采用整机架方式，因此需有备用更换机架。最新设计的两套机架轧辊直径略有不同，这样的轧辊在较大直径机架上使用后，还可以在较小辊径机架上使用。

20.3.1.3　紧凑式粗轧机组

紧凑式轧机是国外于 20 世纪 80 年代研制出的一种结构紧凑、压下量大的高刚度短应力线轧机。轧机均为平-立交替布置，单独电动机传动，可实现无扭微张力轧制。美国伯兹伯勒公司的摩根型紧凑式轧机的每个机架用单独轨道小车换辊。而瑞典摩哥斯哈玛公司的换辊结构，是整个机组置于一个台上进行整体换辊。两种换辊方式的换辊时间均较短，有利于提高轧机作业率。这种机型因其占地面积小、结构紧凑，一般用于旧厂改造。图20-6显示了美国摩根公司的紧凑式粗轧机组。

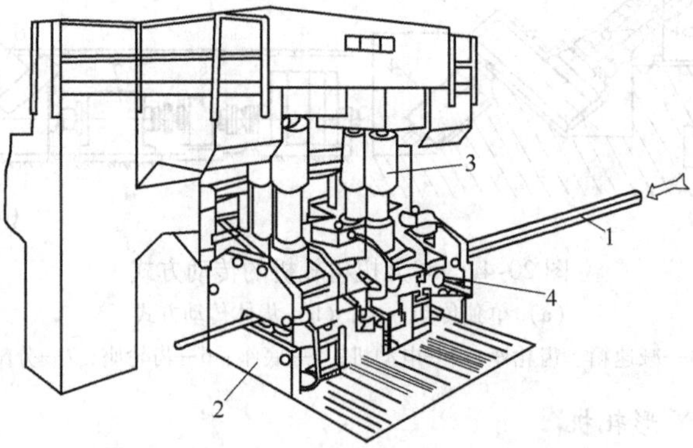

图 20-6　摩根平-立交换紧凑式布置粗轧机组
1—轧件；2—机架；3—立式轧机；4—水平辊轧机

20.3.1.4　预应力轧机

在轧制前对机座施加预紧力，在轧制时就可抵消一部分机座的变形量，而使机座刚度提高，这种类型的轧机称为预应力轧机。预应力轧机的结构特点是以上辊轴承座代替机架上横梁，用拉杆将上轴承座与下半机架连接起来，并对下半机架与上轴承座施加了预应力。下轴承座在半机架窗口内，通过调整斜楔及轴向调整装置，可以实现轧辊的上下及轴向调整。

用空心油压千斤顶时，施加和卸除预应力过程如下：施加顶应力时，先将拉杆上的紧固螺母拧上，然后将空心油压千斤顶套在拉杆上，在拉杆上边插入扁销，再用油泵向千斤顶内打油，当达到要求的预紧力后（由管路的压力表指示），拧紧千斤顶下的紧固螺母将千斤顶卸压，于是预应力就加上了。当要卸除预紧力时，就再向千斤顶内充油，使拉杆伸长，旋松紧固螺母即可。

20.3.1.5　悬臂式轧机

悬臂式轧机作为粗轧机、中轧机已有近20多年的历史了。这种机型结构紧凑、质量轻、占地面积小、设备维修量小、设备投资少，当投资受限时，这种机型往往成为首选机型。但这种机型只能单辊槽轧制，不能像二辊闭口式机架那样换辊槽，影响到轧机的利用系数，且因其轧辊为悬臂结构，刚性稍差，在轧制难变形金属时，其应用受到限制。

这种轧机施洛曼-西马克、德马克、摩根和达涅利公司都有其相应的机型，尤其达涅利公司对此机型进行了较深入的研究，开发出不少悬臂轧机的新结构。

20.3.1.6　短应力线轧机

根据胡克定律，受力零件的弹性变形量与其应力回线长度成正比。轧机机座中受轧制力零件的长度之和，就是该轧机应力回线的长度。提高机座刚度的途径之一，就是缩短其应力回线的长度，图 20-7（a）所示为通常轧机的应力回线，显然对辊径相同的轧机来讲，图 20-7（b）所示的应力回线短，刚性较高。短应力线轧机就是以此原理发展起来的。

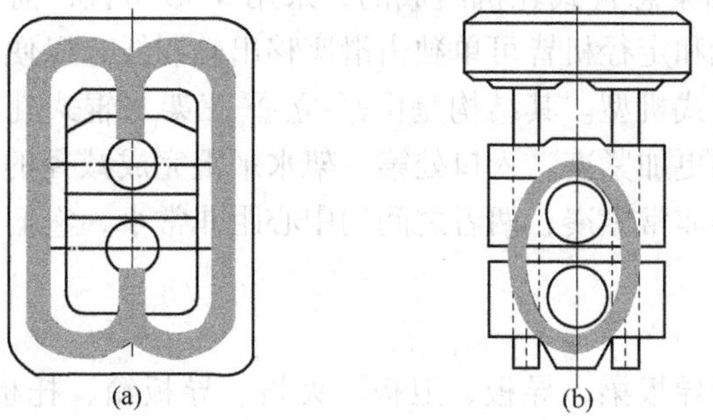

图 20-7 轧机的应力回线

（a）通常轧机的应力回线；（b）短应力线轧机的应力回线

短应力线轧机具有体积小、重量轻、轧机刚度大、轴承使用寿命长等优点，近年来在小型轧机上使用越来越广泛。随着短应力线轧机在线快速换辊装置的出现，避免了整体更换机架，使轧机投资减少，短应力线轧机的应用将会更普遍。短应力线轧机适于用作中轧机和精轧机。

20.3.2 精轧机

对小型棒线材轧机，精轧机的要求主要是速度和精度。目前棒材精轧机最高速度已达 100m/s，线材精轧机最高速度已超 120m/s。精轧机机型主要有以下几种轧机刚度较好的机型：预应力轧机、短应力线轧机和三辊 Y 形轧机。

对高速线材轧机，预精轧和精轧机孔型一般刻在辊环上，辊环和轧辊轴配合在一起。内孔以轧辊轴为支撑，外圆周上刻有孔槽，直接与轧件接触作为变形用工具的环形工件称辊环。上下轧槽构成一个完整的孔型。辊环上一般刻有 1 ~ 2 个轧槽。两个轧槽之间有一个间隔带，以保证辊环的强度。轧槽数是根据孔型的宽度而定的。在实际生产中，每次只使用一个轧槽。当轧制到一定吨位时，轧槽磨损后就要更换下来重新车削或修磨。有两个轧槽的辊环，两槽可交替使用。高速线材精轧机是悬臂无扭轧机。

20.3.3 减定径机

棒线材轧机采用减定径机的主要目的在于提高产品控制精度，优化孔型系统。由于减定径机组减面率小，产品精度高，同时可实现“自由尺寸”轧制。一般棒线材轧制，从中轧机即需要使用多个孔型系列，以满足不同规格产品的来料断面要求，但是采用减定径机后，所有产品从减定径机组轧出，其他轧机采用单一共用孔型系统。轧制不同规格产品时，依次经过精轧机、预精轧机。采用减定径机后，减少了换辊次数和轧辊、辊环储备。

近年来，世界上几个钢铁设备公司都在减定径机方面做了不少工作，推出了不少新机型，如摩根公司的 RSM 和 TEKISUN 机组、西马克公司的 HPR 定径机、达涅利公司的双模块 TMB 机组、柯克斯公司的三辊 RSB、波米尼公司的悬臂式定径机等。这里仅介绍摩根公司的减定径机。

美国摩根公司在减定径机方面有两个机型，即 RSM 轧机和二辊式轧机，前者仅适用于棒线材，后者适用于棒、线和小型钢等产品。

RSM 实际上是由四架悬臂式轧机组成的，采用 V 形布置，前两架起减径作用，后两架起定径作用。减径机和定径机皆可单独由滑座移出轧制线，以便于快速换辊。

另一种机型是二辊式机型。其结构是由平-立-平三架二辊式轧机组成，与紧凑式轧机有些类似，只不过结构更加紧凑。入口处第一架水平辊完成减径的任务，接下来的立辊和水平辊在结构上设计得非常紧凑，两者之间的中心距非常小，它们完成轧件的定径工作。

20.3.4　导卫装置

导卫装置通常包括导板梁、导板、卫板、夹板、导板箱、托板、扭转导管、扭转辊、围盘、导管和其他诱导、夹持轧件或使轧件在孔型以外产生既定变形和扭转等的各种装置。

20.3.4.1　导板梁

导板梁用于安装固定出入口导卫装置部件。

导板梁常见的固定方法有两种：一种是用楔子从侧面挤紧或是从上面压紧于机架立柱内侧面的沟槽内；另一种是用放置于机架立柱正面沟槽内的螺栓固定，如图 20-8 所示。

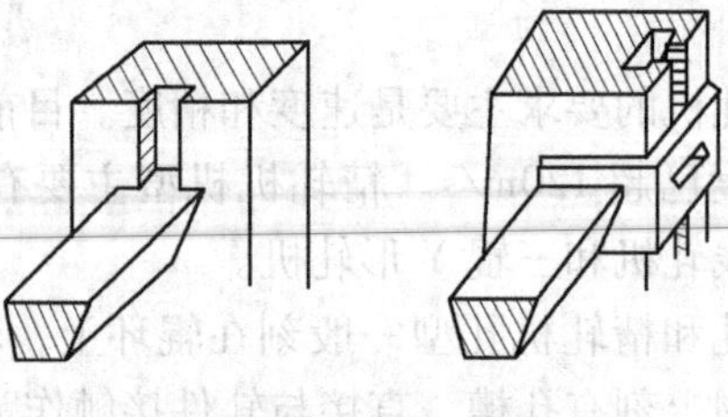

图 20-8　导板梁的固定方法

20.3.4.2　卫板

卫板又称辊刀。使用卫板的目的是防止轧件出孔型后向上或向下弯曲或缠辊。各种孔型使用卫板的情况见图 20-9。

20.3.4.3　导板

导板又称门子。使用导板的目的是保证轧件进出孔型后不左右弯曲。导板的类型和形式很多。最简单的要属平面导板，平面导板的三种形式如图 20-10 所示。图 20-10（a）所示的导板之间无互换性，图 20-10（b）所示有部分有互换性，图 20-10（c）有互换性，但喇叭口太小，引导轧件入孔型的范围小。

20.3.4.4　入口装置

入口装置的作用是诱导轧件正确地进入轧辊孔型，扶持轧件在孔型中稳定变形，以得

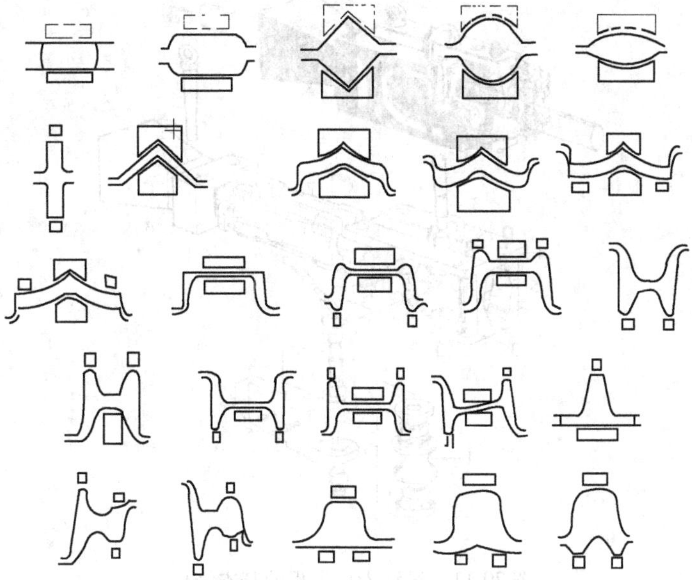

图 20-9　各种孔型使用卫板的情况

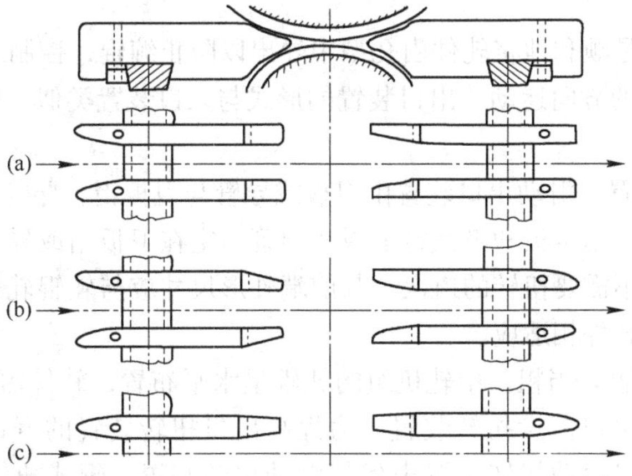

图 20-10　平面导板的三种形式

到所要求的几何形状和尺寸。入口装置的形式按入口导板工作段与所诱导轧件相对摩擦的性质划分为滑动与滚动两种。

（1）滑动入口装置。滑动入口装置多用于轧件进入孔型中变形比较稳定的轧制，如圆、方形轧件进入椭圆孔型的轧制；或轧件断面尺寸比较大，轧制速度比较低的道次，如粗轧机组和中轧机组前几道次的椭圆轧件进入圆形孔型或方形孔型的轧制。滑动入口装置按其结构又可分为两种：一种是死导板；另一种是活导板。

（2）滚动入口装置。滚动入口装置多用于诱导椭圆轧件进入圆或方孔型变形不稳定的、轧制速度较高的中轧、精轧机组，可保证得到几何形状良好、尺寸精度高和表面无刮伤的轧件。图 20-11 所示为滚动入口导板的基本结构。

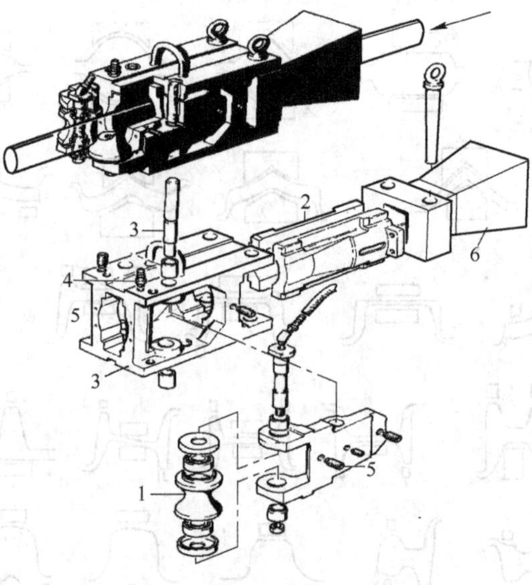

图 20-11　滚动入口导板的基本结构

1—导辊；2—导板支架；3—导板盒；4—入水口；5—润滑口；6—喇叭口

20.3.4.5　出口装置

出口装置的作用是顺利地将轧件由孔型中导出以防止缠辊，控制或强制轧件（扭转或弯曲变形）按照一定的方向运动。出口装置的形式与入口装置类似，也分为两种：滑动的与滚动的。

（1）滑动出口装置。滑动出口装置由卫板或导管与卫板箱、导管箱或出口组合导板梁的卫板或导管箱组成。用压板和楔铁将卫板或导管固定在卫板箱或导管箱内。卫板或导管多用于轧件出轧机后不需要扭转的道次。其前端外形尺寸应与轧辊轧槽相吻合，其内侧形状尺寸应与所诱导的轧件相适应。

（2）滚动出口装置。当粗、中轧机组的轧辊呈水平布置，轧件需扭转 90°。进入下一道次轧制时，轧机的出口需设扭转装置。为提高出口扭转装置的寿命，避免轧件表面刮伤，减少事故，通常以滚动扭转装置来代替滑动扭转装置。辊式扭转装置即滚动扭转装置，根据在同一框架内可通过轧件线数的不同，辊式扭转装置可分为单体的和多线的。而多线的由于框架结构的不同，又可分为半整体的和整体的。

20.4　棒线材产品质量控制

20.4.1　外形尺寸控制

轧件的温度变化将影响变形抗力和宽展，从而造成轧件尺寸的波动。

张力在热轧棒线材生产中是影响轧件尺寸精度的最主要因素。在轧制线材中尽可能实现微张力或无张力轧制是连续式线材轧制的宗旨。

孔型设计与轧件精度也有密切关系，一般来讲，椭圆-立椭圆孔型系统消差作用比较显著，小辊径可以减少宽展量，其消差作用比大辊径好；在精轧机组、中轧机组不采用大延伸可增加孔型系统的适应性，从而增大消差作用。孔型设计中应特别注意轧件尺寸变化后的孔型适应性，即变形的稳定性、不歪扭避免变形方位变化。

棒线材的轧制压力不大，轧机总变形量不大，辊系的弹性变形量在总变形量中并不是主要部分。就提高线材精度而言，提高机件加工精度，减少轧制力传递系统的间隙数量和缩小间隙比增加牌坊刚度、比缩短应力线更有效、更经济。调整精确，不松动，运行稳定对保证机座使用性能是非常重要的，在高速线材轧机生产中，另一个影响轧件精度的重要因素是自动检测和自动控制。

20.4.2 表面质量控制

棒线材表面缺陷一是原料带来的，二是加热轧制或精整过程造成的。

20.4.2.1 坯料质量控制

表面质量的控制首先要严格控制坯料质量，严格检查、正确判定、认真清理修磨。尤其是对隐形缺陷要引起注意，如针孔、潜伏的皮下气泡等，这些缺陷的检查应按铸造批次进行截面检查，并应对炼钢及浇注工序有严格的工艺限定。

20.4.2.2 热轧质量控制

（1）耳子：盘条表面沿轧制方向的条状凸起称为耳子，主要是轧槽过充满造成的。

（2）折叠：盘条表面沿轧制方向平直或弯曲的细线，在横断面上与表面呈小角度交角状的缺陷多为折叠，主要是由前道次的耳子，也可能是其他纵向凸起物折倒轧入本体所造成的，方坯上的缺陷处理不当留下的深沟，轧制时也会形成折叠。折叠的两侧伴有脱碳层或部分脱碳层、折缝中间常存在氧化铁夹杂。

（3）结疤：在盘条表面与盘条本体部分结合或完全未结合的金属片层称为结疤。前者是由成品以前道次轧件上的凸起物轧入本体形成的，后者则是已脱离轧件的金属碎屑轧在轧件表面上形成的。漏检锭上留有的结疤，钢锭表面未清除干净的翘皮、飞翅也可形成结疤。

（4）分层：盘条纵向分成两层或更多层的缺陷称为分层，漏检的沸腾钢锭上部所轧出的钢坯生产的盘条，以及轧制钢坯切头不净，可使盘条产生分层。钢坯上的分层来自钢锭，当浇注钢锭时，上部形成气泡或大量的非金属夹杂物聚集，轧坯时不能焊合，化学成分严重偏析（如硫等），轧坯时造成金属不连续，也是造成分层的原因。

（5）夹杂：盘条表面所见夹杂多为铸钢时耐火材料附在钢锭、钢坯表面，钢坯入炉加热时漏检所致。钢坯加热过程中，炉顶耐火材料或其他异物被轧在盘条表面，也可形成夹杂缺陷。

（6）凸起和压痕：这主要是轧槽损坏或磨损造成的，老式轧机生产的盘条，有时出现这类缺陷，高速线材轧机的产品很少遇到，主要是因为高速轧机的轧辊材质坚硬，磨制光洁平滑。

（7）麻点：这是轧槽磨损严重或吐丝温度过高，冷却速度过慢，盘条表面受到严重氧化造成的，有时盘条轧成后长期贮存在潮湿及腐蚀气氛中，也形成麻点。

（8）划痕：主要是成品通过有缺陷的设备，如水冷箱、夹送辊、吐丝机、散卷输送线、集卷器及打捆机等造成的。

(9) 发纹：连铸坯上的针孔如不清除，经轧制被延伸、氧化、熔接就会造成成品的线状发纹。高碳钢盘条或合金含量高的钢坯加热工艺不当（预热速度过快、加热温度过高等），以及盘条轧成后冷却速度过快，也可能造成成品裂纹，后者还可能出现横向裂纹等。

20.4.3 内在质量控制

棒线材的内在质量控制涉及冶金生产的全流程，包括冶炼、连铸、加热、轧制等生产环节。提高内在质量的方法可从以下角度考虑：

(1) 提高冶炼质量，采用炉外精炼等方法改善内部夹杂物的大小、形态；

(2) 连铸过程中应避免偏析、裂纹等缺陷的产生；

(3) 针对不同的棒线材产品采用合理的加热制度，避免加热缺陷；

(4) 采用控制轧制控制冷却技术，优化轧制生产工艺，改善热轧材的组织性能。

复习思考题

20-1 试述棒线材的一般生产工艺流程。

20-2 说说棒线材轧制生产采用的一般孔型系统。

20-3 棒线材粗轧机组有哪些，分别有何特点？

20-4 在轧制过程中如何控制棒线材的质量？

21 板带钢生产

板带材由于其外形具有可剪裁、拼合、弯曲、冲压成形及护盖包容能力的特点，在国民经济各部门中被广泛使用，同时还由于其断面形状简单，便于采用高速度、自动化和连续化的先进生产方法进行大批量生产，致使板带材在金属材料总产量中所占地位和比例不断提高。板带钢在不少工业先进国家已占到钢产量的50%～66%，我国在2007年也达到了40%多。各种钢板厚度和宽度的组合已超过5000种以上，我国生产的钢板品种规格达4000多种。

板带材按厚度可分为中厚板、薄板和极薄带钢，厚度大于4.0mm的称为中厚板，其中厚度为4.0～20mm的称为中板，21～60mm的称为厚板，大于60mm的称为特厚板，厚度为0.2～4mm的称为薄板，厚板小于0.2mm的称为极薄带钢或箔材。

根据板带材用途的不同，板带钢的主要技术要求也各不一样，但基于其相似的外形特点和使用条件，其技术要求仍有共同的方面，归纳起来就是“尺寸精确板型好，表面光洁性能高”。

板带材生产技术的水平不仅是冶金工业生产发展水平的重要标志，也反映了一个国家工业与科学技术发展的水平。

21.1 中厚板生产

21.1.1 中厚板轧机的形式及其布置

中厚板轧机是以工作辊辊身长度来命名的，例如，5500mm宽厚板轧机，其工作辊辊身长度为5500mm。

21.1.1.1 中厚板轧机的结构形式

中厚板轧机的形式如图21-1所示，从机架结构来看，可分为二辊可逆式、三辊劳特式、四辊可逆式和万能式四种类型。

(1) 二辊可逆式轧机。此种轧机由一台或两台直流电动机驱动，轧制时通过轧辊的可逆运行和利用上辊调整压下量（改变轧制中心线）实现。由于四辊轧机的发展，目前已不再单独兴建二辊式轧机，有时仅将其作为粗轧机或开坯机之用。

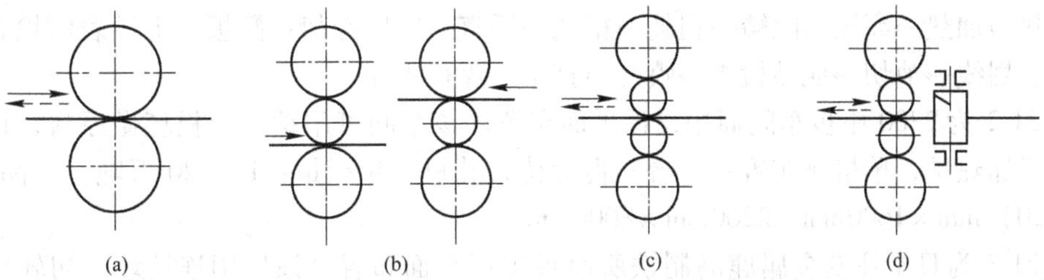

图21-1 中厚板轧机的形式

(a) 二辊可逆式；(b) 三辊劳特式；(c) 四辊可逆式；(d) 四辊万能式

（2）三辊劳特式轧机。此种轧机由三个轧辊所组成，上下轧辊直径较大，为主动辊，中辊直径较小无动力（惰辊），靠上下辊摩擦传动且可上下移动。轧辊的旋转方向不变。三辊劳特式轧机采用交流感应电动机，通过带动飞轮减速器来传动。随着四辊轧机的兴起，目前此种轧机已被四辊可逆式轧机取代。

（3）四辊可逆式轧机。此种轧机是当前应用最为广泛的中厚板轧机，它是由一对小直径工作辊和一对大直径支撑辊组成，通常由直流电动机驱动工作辊。这类轧机由于生产出的钢板质量好，已成为生产中厚板的主流轧机。

（4）万能式轧机。在四辊可逆式、二辊可逆式或三辊劳特式轧机的机前或机后设置一对立辊，也有的在机前和机后各设置一对立辊的轧机称为万能式轧机。立辊的作用是轧制轧件的侧边，生产可以不切边的齐边钢板，降低切损，提高成材率。但理论和实践都证明，立辊轧边只在轧件宽厚比小于60～70时才起作用，故不适合生产宽而薄的轧件。

21.1.1.2　中厚板轧机的布置

根据中厚板的生产特点，中厚板轧机的布置形式可分为：单机架布置、双机架布置和多机架式布置。

（1）单机架布置。在一架轧机上完成由原料到成品的整个轧制过程。由于单机架轧制，粗轧与精轧都在一架轧机上完成，故产品质量较差，产品规格范围受到限制，产量也较低，但该布置投资低。

（2）双机架布置。在两架轧机上完成由原料到成品的整个轧制过程，是现代中厚板生产的主要方式。它是把粗轧和精轧两个阶段的不同任务分别放到两架轧机上去完成，其主要优点是：轧机产量高，产品尺寸精度高，板型和表面质量都较好，换辊次数减少，并且延长了轧辊的使用寿命。

（3）多机架式布置。在多台轧机上完成由原料到成品的整个轧制过程，主要是指半连续式或连续式布置，其成卷生产的板带钢厚度已达25mm。从厚度上看，约2/3的中厚板均可在连轧机组上生产，但钢板宽度不大。中厚板在轧制中一般不用抢温保温，在单、双机架可逆式轧机上即可满足生产多品种钢板的需要，故不必专门采用昂贵的连轧机来进行生产。这就是连续式中厚板轧机很少发展的主要原因。

21.1.2　中厚板生产工艺过程

中厚板生产的工艺过程一般包括原料的准备、加热、轧制、精整等工序。其一般生产工艺流程如下：

原料→加热→高压水除鳞→粗轧→精轧→矫直→冷床冷却→翻板→上下表面检查→激光对线、划线→剪切→成品检查→喷号→打字→垛板入库。

图21-2为2300中板车间通用设计平面布置。该车间可用钢锭或板坯做原料，设有两座连续式加热炉，单机座布置：一台三辊劳特式轧机。年产量：12～20万吨。产品规格：（4.5～20）mm×1600mm～2200mm×8000mm。

图21-3为日本住友金属鹿岛制铁所厚板工厂平面布置。该厂用连铸坯、初轧坯及扁钢锭做原料，设有两座步进式连续加热炉和室状加热炉，轧机为双机架布置：一台四辊可逆粗轧机和一台四辊可逆精轧机。精整作业线上采用四辊可逆式热矫直机、步进式冷床、

自动检查划线装置、超声波探伤设备、喷涂设备等，还设有热处理设施。年产量：192 万吨。

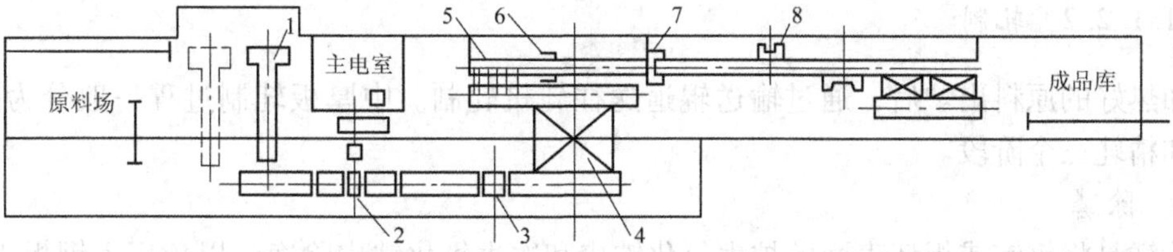

图 21-2　2300 中板车间通用设计平面布置图

1—加热炉；2—轧钢机；3—十一辊矫直机；4—冷床；5—翻板机；

6—划线小车；7—横切铡刀剪；8—纵切铡刀剪

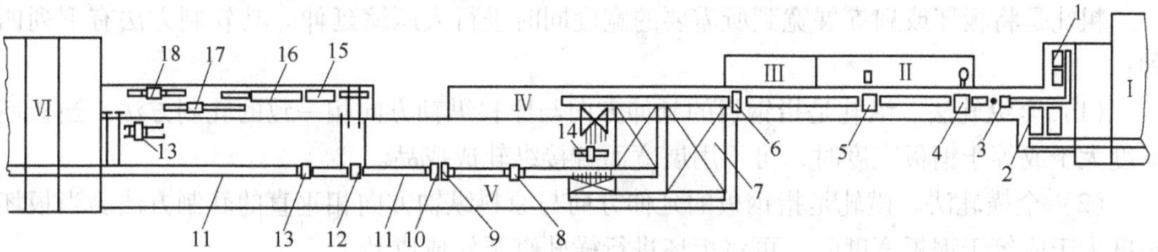

图 21-3　日本住友金属鹿岛制铁所厚板工厂平面布置图

Ⅰ—板坯场；Ⅱ—主电室；Ⅲ—轧辊间；Ⅳ—轧钢跨；Ⅴ—精整跨；Ⅵ—成品库

1—室状炉；2—连续式炉；3—高压水除鳞；4—粗轧机；5—精轧机；6—矫直机；7—冷床；8—切头剪；

9—双边剪；10—纵剪；11—堆垛机；12—端剪；13—超声波探伤设备；14—压力矫直机；

15—淬火机；16—热处理炉；17—涂装机；18—喷砂设备

21.1.2.1　*原料的准备和加热*

轧制中厚板所用的原料主要有扁锭、初轧板坯、连铸板坯和压铸坯等几种。使用连铸板坯已成为主流，连铸比现已达 95% 以上。原料尺寸的选择除考虑轧机的生产率、坯料的成材率外，还需满足轧机设备和加热炉的各种限制条件，并且也要照顾到炼钢车间的生产。

原料在进行加热前要进行表面清理。清理方法分热状态下清理和冷状态下清理两种。热状态清理一般用火焰机清理，对板坯进行全面的剥皮处理。冷状态清理有局部火焰清理、风铲清理、砂轮研磨、机床加工、电弧清理等，对缺陷严重部分亦可用切割方法去除。

原料经表面检查、清理后，送往加热炉进行加热。

中厚板生产用的加热炉分为连续式加热炉、室状炉和均热炉三种。均热炉多用于由钢锭轧制特厚板的情况；室状炉主要用于加热特重、特轻、特厚、特短的板坯或多品种少批量及合金钢种的锭和坯，生产比较灵活；连续式加热炉适用于少品种大批量生产，它不便于对少数板坯做特殊的加热，故在多品种大批量生产的车间，除连续式加热炉以外，往往同时设有室状炉。连续式加热炉是生产中厚板的主要加热设备，新建的中厚板连续式加热炉多为热滑轨式或步进式。

板坯在炉内的加热温度视钢种不同而有所不同，一般加热温度比开轧温度高 50℃左右，在 1150 ~ 1270℃之间。控制轧制板坯加热温度在 1050 ~ 1150℃。

21.1.2.2　轧制

加热好的原料出炉后，通过输送辊道送往轧机轧制。中厚板轧制过程一般分为除鳞、粗轧和精轧三个阶段。

A　除鳞

除鳞是将钢锭或板坯表面的炉生氧化铁皮和次生氧化铁皮除净，以免压入钢板表面产生缺陷。除鳞的方法很多，目前广泛采用投资很少的高压水除鳞箱及轧机前后的高压水喷头除鳞，这样就可满足除鳞要求。高压水压力通常为 18 ~ 25MPa。

B　粗轧

粗轧是将板坯或扁锭展宽到所需要的宽度同时进行大压缩延伸。其轧制方法有下列四种：

（1）全纵轧法。纵轧是指钢板的延伸方向与原料纵轴方向相一致的轧制方法。当板坯宽度大于或等于钢板宽度时，可不用展宽而直接纵轧成成品。

（2）全横轧法。横轧是指钢板的延伸方向与原料纵轴方向相垂直的轧制方法。当板坯长度大于或等于钢板宽度时，可将板坯进行横轧直至轧成成品。

（3）横轧-纵轧法（即综合轧制法）。先纵轧 1 ~ 2 道次，即成形轧制，然后转 90°进行横轧展宽，将板坯宽度延伸至钢板所需宽度，再将板坯转 90°进行纵轧至完成（见图 21-4）。这种轧制操作方法是中厚板生产中最常用的方法。

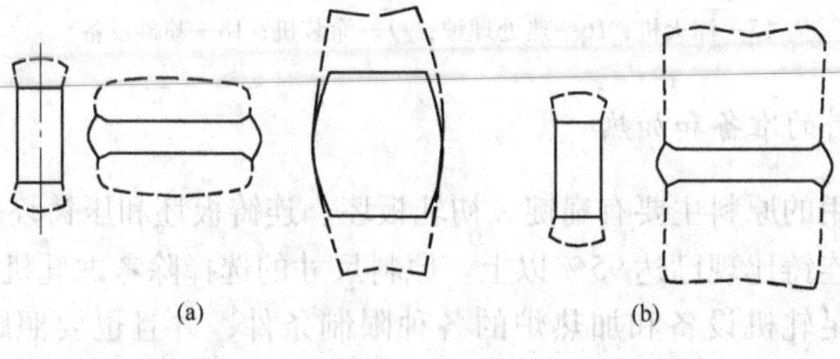

图 21-4　综合轧制、横轧示意图
（a）综合轧制；（b）横轧

（4）角轧-纵轧法。角轧是指将轧件纵轴与轧辊轴线呈一定角度送入轧辊进行轧制的方法（见图 21-5）。其送入角一般在 15° ~ 45°。角轧时每一对角线轧制 1 ~ 2 道次后，再更换另一对角线进行轧制。

C　精轧

粗轧和精轧阶段并没有明显的界限。通常在双机架轧机上把第一台称为粗轧机，第二台称为精轧机。而在单机架上则前期道次为粗轧阶段，后期道次为精轧阶段。精轧除将粗轧后的轧件继续延伸外，主要是质量控制，包括板形、厚度、性能、表面质量等控制。

D　平面形状控制

中厚板平面形状控制技术也就是成品钢板的矩形化轧制技术。由于塑性变形的特点，

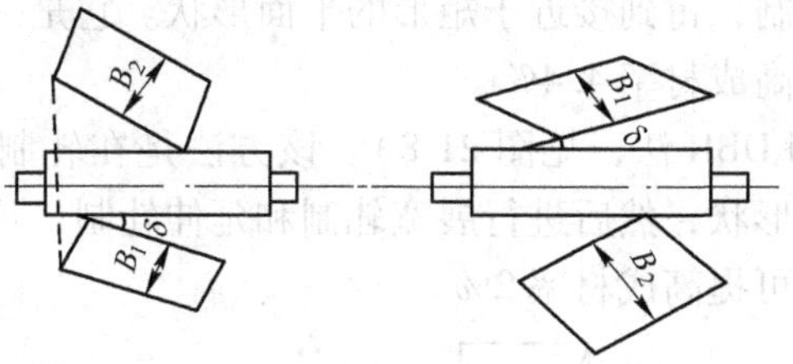

图 21-5 角轧

在轧制中轧件宽度方向变形不均匀，尤其在板坯头尾部更易产生变形不均匀，按照传统的轧制方法轧出的钢板得不到矩形，当轧制的展宽比较大时（如展宽比 1.5 以上）钢板呈桶形（鼓形）；而展宽比较小时（如展宽比小于 1.4）钢板侧边呈凹形，钢板的头尾形状不齐，多呈鱼尾形状（见图 21-6），这样造成中厚板的切头、切尾和切边损失大，从而降低成材率。

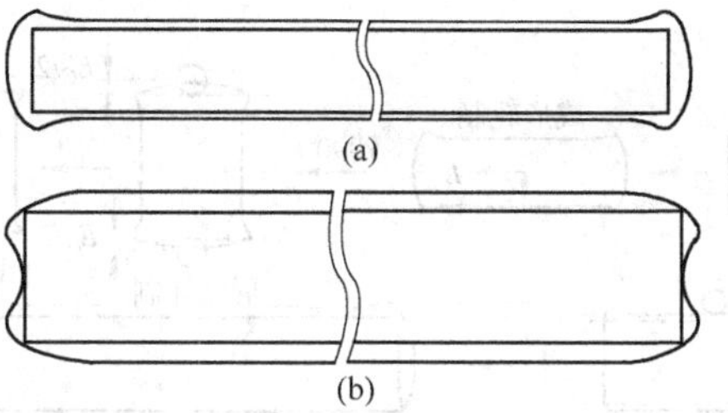

图 21-6 轧制结束时的钢板平面形状

（a）展宽比小，长度方向轧制比大；（b）展宽比大，长度方向轧制比小

长期以来，各国都在寻求解决办法，20 世纪 70 年代以后，相继开发出各种平面形状控制技术，如 MAS 轧制法、狗骨轧制法、立辊轧边法、差厚展宽轧制法、咬边返回轧制法和留尾轧制法。

（1）MAS 轧制法（见图 21-7）。此法是由日本川崎制铁公司水岛厚板厂开发的。该技术是由平面形状预测模型求出侧边、端部切头形状变化量，并把这个变化量换算成成形轧制最后一道次或横轧最后一道次时的轧制方向上的厚度变化量，按设定的厚度变化量在轧

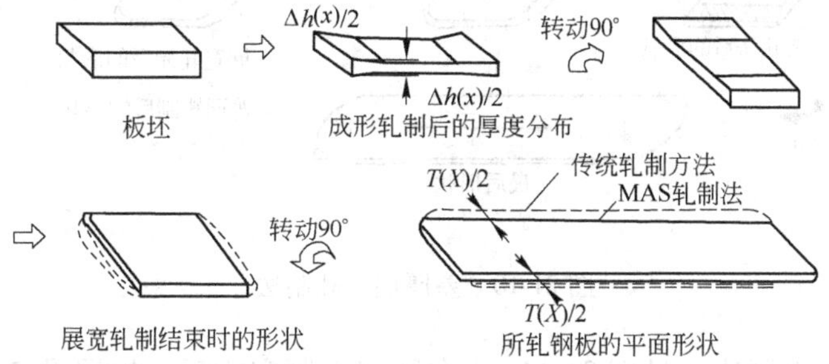

图 21-7 MAS 轧制法

制方向上相应位置进行轧制，得到接近于矩形的平面形状。它是一种控制中厚板平面形状的非常有效的方法，可提高成材率4.4%。

（2）狗骨轧制法（即DBR法，见图21-8）。该方法是在轧制开始时用立辊将板坯厚度断面头尾部分轧成狗骨形状，然后进行展宽轧制和延伸轧制，从而达到成品钢板平面形状矩形化的目的。狗骨法可提高成材率2%。

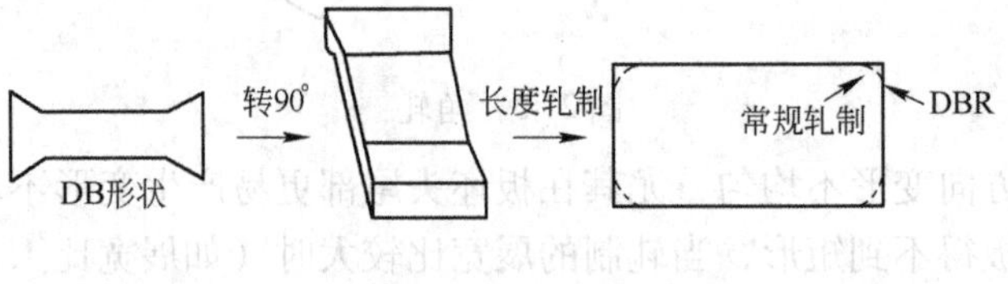

图21-8　狗骨轧制法

（3）立辊轧制法（见图21-9）。该方法是利用立辊的侧压来消除边部的局部展宽和端部的不均匀变形，同时，对钢板的宽度进行控制，以生产出齐边的钢板。立辊轧边法可提高成材率2%～3%。

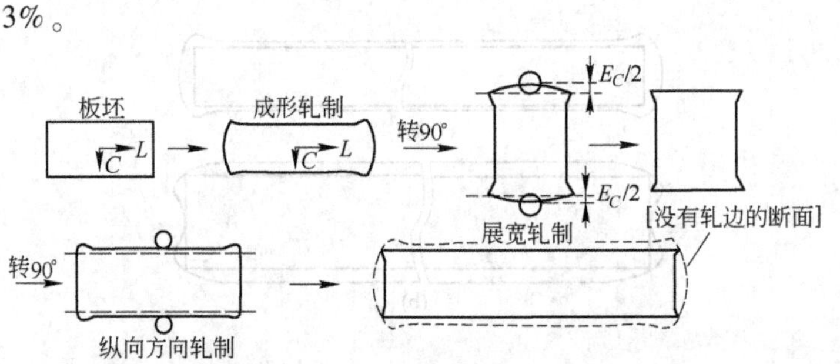

图21-9　立辊轧制法

（4）差厚展宽轧制法（见图21-10）。展宽轧制期间将上轧辊倾斜，仅轧制轧件端部，以此来修正成形轧制时和展宽轧制过程中变得不均匀的两边，使钢板平面矩形化。该方法若与立辊轧制相结合，既改善凸形切边形状又改善凸形切头形状，可使成材率提高1%～1.5%。

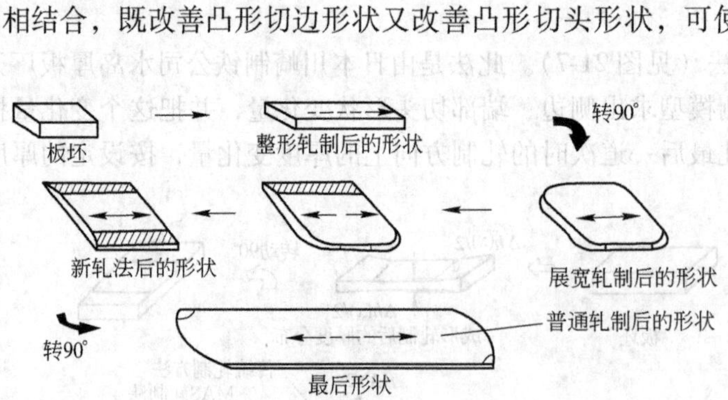

图21-10　差厚展宽轧制法

（5）咬边返回轧制法（见图21-11）。在展宽轧制完成后，根据设定的咬边压下量确定辊缝值，将轧件一个侧边送入轧辊并咬入一定长度，停机轧辊反转退出轧件，然后轧件转过180°将另一侧边送入轧辊并咬入相同长度，再停机轧机反转退出轧件，最后轧件转过

90°，在同一辊缝下纵轧至成品，消除轧件边部凹边，得到头尾两端都是平齐的端部，提高钢板的矩形度。咬边返回轧制法可提高成材率4%。

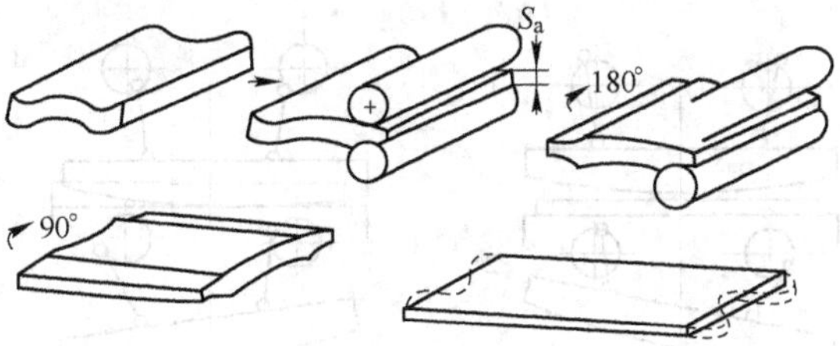

图21-11　咬边返回轧制法

（6）留尾轧制法（见图21-12）。由于坯料为钢锭，锭身有锥度，尾部有圆角，所以成品钢板尾部较窄，增大了切边量。留尾轧制法是将钢锭纵轧到一定厚度以后，留一段尾巴不轧，停机轧辊反转退出轧件，轧件转过90°后进行展宽轧制，增大了尾部宽展量，使切边损失减小。我国舞钢厚板厂采用此轧制方法使厚板成材率提高4%。

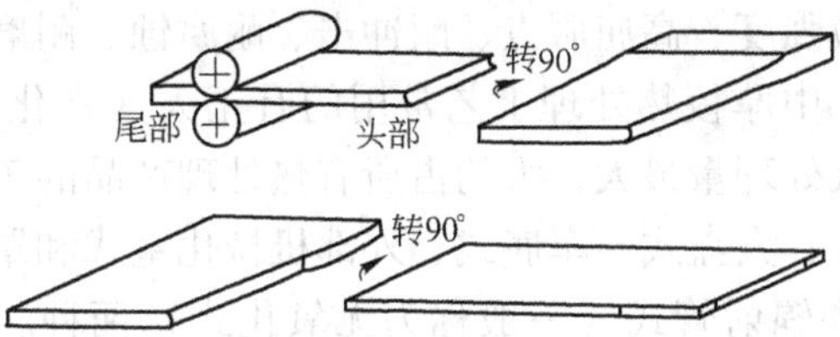

图21-12　留尾轧制法

21.1.2.3　精整

中厚板的精整包括矫直、冷却、检查、划线、剪切、热处理以及酸洗等工序。

为使板形平直，钢板在轧制以后必须趁热进行矫直，热矫直温度一般在600～900℃之间。目前热矫直机已由二重式发展为带支持辊的四重式。特厚板用压力矫直更为合适。对于厚度较小的中厚板（厚度30mm以下），在剪切后及出厂前需要进行冷矫直，以达到良好的板形。冷矫直一般是离线进行的，它除用于热矫后的补充矫直之外，主要还用来矫直经过缓冷处理的合金钢板。

经热矫后的钢板送冷床冷却，在运输和冷却过程中要求冷却均匀并防止刮伤。新建的厚板轧机多采用步进式冷床冷却，它可免于刮伤并且具有良好的冷却条件。为了提高冷床的冷却效果，轧制后增加了喷水设备，并在冷床中设置雾化冷却装置或喷水强迫冷却的设备，以强化冷却。

钢板在冷床冷却至200～150℃后，便可进行检查、划线及剪切。除表面检查外，现在还采用在线超声波探伤以检查内部缺陷。划线工序已逐渐由人工划线向自动划线方向发展。

钢板剪切的任务是：切头、切尾、切边、剖分、定尺剪切及取样。剪机的形式有：斜刀片剪切机（斜刃剪）、圆盘式剪切机和滚切式剪切机。由于滚切剪的剪切运动是滚动形式（见图21-13），与斜刃剪相比剪切质量大为提高，边部整齐，加工硬化现象也不严重，降低了剪切阻力，刀刃重叠量很小，且在整个刀刃宽度上重叠量是不变的，避免了钢板和废边的上弯现象。因此目前无论是新设计还是老机组改造，都已选用滚切式剪切机。

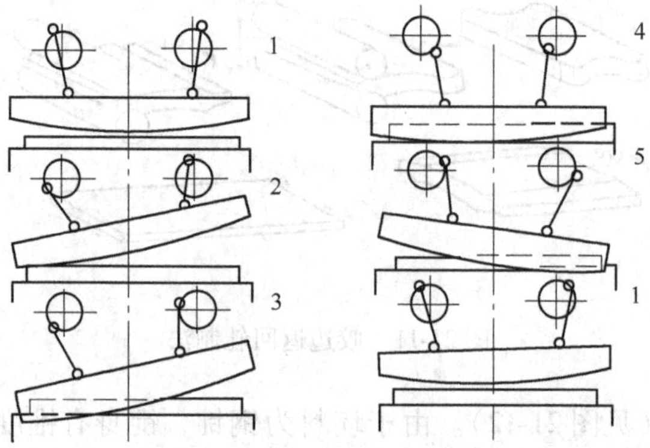

图21-13 滚切式剪切机剪切过程示意图

1—起始位置；2—剪切开始；3—左端相切；4—中部相切；5—右端相切

为了生产具有高抗拉强度、高屈服点、耐冲击、耐腐蚀、耐磨等性能的板材，中厚板厂还需设置热处理设备。中厚板热处理工艺常用的有正火（常化）、调质（淬火＋回火）和退火三种，其中，正火处理量最大，大约占所有热处理产品的70%～80%以上。热处理炉炉型有辊底式、步进式、大盘式、车底式、外部机械化室式和罩式等六种，加热方式有直焰式（一般称明火）和辐射管式（一般称为无氧化式）两种。辊底式炉由于产量、机械化和自动化程度高，得到了广泛的采用。淬火机是热处理工序的又一个关键设备。淬火在辊式、压力或槽式淬火机内进行，是提高中厚板强度的重要手段。由于辊式淬火生产的钢板质量更好、效率更高，所以现代化的热处理线多采用辊式淬火机。

21.1.3 中厚板产品质量

中厚板产品生产中常见的缺陷主要有下列几种：

（1）折叠——钢板表面的折合分层，形似裂纹。

产生原因：原料不合格，轧辊不合理，操作不当及轧制中出现耳子和棱子等。

处理方法：一般要切除掉。

（2）麻点——在钢板表面形成的粗糙表面。

产生原因：由于加热时燃料喷溅侵蚀表面或者是氧化严重而形成的粗糙平面。

处理与预防：轻微者可以修磨，严重者则需切除。加热时应控制好加热炉温度波动与喷油量均匀，防止氧化严重，并加强除鳞。

（3）划伤——钢板的表面留有深浅不等的划道。

产生原因：纵向划伤多为辊道、导板等部位的不光滑棱角刮伤。而横向划伤多为钢板横移时产生，如在冷床上移动时产生的划伤等。

处理与预防：轻微划伤可以修磨，如修磨不能消除则要切除。工序中尽量减少轧件相对滑动及碰撞地方。

（4）夹杂——分为内部夹杂和表面夹杂。

产生原因：原料中带有非金属夹杂物，或者将非金属夹杂物等压入钢板表面。

处理方法：对于面积较小、深度较浅者可以通过清理修磨消除，严重者必须切除。

（5）结疤——钢板表面局部呈现联结的块状或片状金属。

产生原因：原料表面质量不好或原料表面原有的结疤没有彻底清除所致。

处理方法：轻微者可以通过修磨清除，而严重者则需切除。

（6）分层——基材内部的夹层。

产生原因：主要是由于原料中有气泡、缩孔、夹杂等，而在轧制时又未使之焊合，而形成分层。

处理方法：因它破坏基体的完整性，轻微的用修磨加以清理，严重的切除。

（7）气泡——钢板表面局部凸起或酸洗后局部发亮，内有气体使该处分为两层。

产生原因：原料中存在气泡，在轧制时气泡未焊合，而且中间还充有气体，使得轧后钢板表面有圆泡出现。

处理方法：需要切除。

（8）发纹——是指钢板表面细小的裂纹。

产生原因：原料的皮下气泡在轧制过程中未焊合，而在钢板表面形成细小发纹。

处理方法：由于钢板中气泡未焊合所形成的发纹则需切除。

（9）裂纹。

产生原因：在轧制过程中，原料中的气泡破裂，内表面暴露氧化，轧后在钢板表面形成裂纹。原料清理时，由于沟槽过深也有可能形成裂纹。

处理方法：如果裂纹较浅，可以修磨清除，否则则需切除。

（10）凸包——在钢板表面形成有周期的凸起。

产生原因：轧辊或矫直辊表面破坏，形成凹坑所造成。

处理方法：如果凸包轻微，可通过修磨清除，而严重时则为不合格产品。

（11）氧化铁皮压入——钢板表面黏附一层灰黑色、红棕色的氧化铁皮，呈块状、条状分布，深度较麻点浅。

产生原因：轧制时由于氧化铁皮没有清除干净，而被压入钢板表面，形成粗糙的平面。

处理与预防：加强氧化铁皮的清除工作。较轻微的氧化铁皮压入可以通过修磨清除，而严重影响质量时则要切除。

（12）浪形和瓢曲——浪形是指板面沿长度方向呈现高低起伏的波浪弯曲，有中间浪、单边浪和双边浪；瓢曲是指钢板沿纵、横向同时出现同一方向的板型翘曲，呈瓢形。

产生原因：轧制时延伸不均匀及冷却不均所致。

处理方法：产生这种缺陷可以通过矫直来消除。若矫直后浪形和瓢曲仍较严重，可再进行补矫。如果补矫还不合格则应改尺或判废。

（13）镰刀弯——钢板沿长度方向在水平面上向一边弯曲。

产生原因：轧辊调整不当，使钢板一边压下大、一边压下小所致。

处理方法：可以改判规格，并且要及时调整好轧辊辊缝，使轧件变形均匀。

（14）剪切不良——钢板剪斜、剪窄、剪短和剪切错位等。

产生原因：一般是由于划线不准，剪切时剪机控制不准，剪刃间隙过大或压板器失灵等。

处理与预防：应保证划线准确，剪切机、定尺机调整控制得当。对已剪切不良的钢板可改规格后重新剪切。

21.2 热连轧板带钢生产

热连轧带钢生产是当今带材生产的最主要方式。热轧带钢按宽度尺寸分为宽带钢及窄带钢，宽度在700mm以上为宽带钢，我国最大宽度是2050mm，是在大型连轧机上生产的，主要用于汽车、机械制造业、焊管、桥梁及冷轧原料等。宽度在700mm以下的为窄带钢，多用于焊管、冷弯型钢、冷轧原料和用于建筑、轻工、机电等部门。热连轧带钢根据用户需求可成卷交货，也可按张交货，同时也可以将宽带钢按需要纵切成窄带钢交货。热连轧带钢厚度为0.8～25mm。

在工业发达国家中，热连轧带钢已占板带钢总产量的80%左右，占钢材总产量的50%以上，在现代轧钢生产中占着统治地位。我国热连轧带钢生产技术在新中国成立后很长时期内相对落后。1958年鞍钢建成了我国第一套宽带钢热连轧机，即1700mm带钢半连轧机组；1978年武钢引进日本两套1700mm轧机，1989年宝钢引进德国2050mm轧机，这才使中国热连轧技术与世界接轨，标志着我国带钢热连轧生产进入快速发展的时期。

近几十年来，随着一系列新工艺、新技术的开发，如在线调宽技术、宽度自动控制技术、厚度液压自动控制技术、板型控制技术、中间辊道保温罩技术、带坯边部加热技术、控制轧制技术、控制冷却技术、无头轧制技术、连铸坯的直接热装技术和直接轧制技术等，带钢热连轧机生产已从大盘重、高速度向高质量、高成材率和低成本方向转变。随着薄板坯连铸连轧生产技术的发展，更多的新技术正在迅速产生和发展中。

图21-14为热带钢连轧机生产工艺流程图，概括了现代的热轧宽带钢轧机生产过程，不同之处仅在于有无定宽压力机、边部加热器等。

21.2.1 坯料及加热

热连轧带钢生产用的坯料有初轧坯和连铸板坯两种。由于连铸坯具有单重大、成材率高、节能、生产周期短等优点，所以连铸坯的比例迅速增大，目前很多热连轧带钢厂的连铸坯已达100%。

板坯的规格一般厚度在150～350mm，宽度比成品宽度大50～100mm，长度在9000～12000mm，板坯最大单重达45t。

板坯加热一般在热滑轨式或步进式连续加热炉中进行，采用多段供热方式，以便延长炉子高温区，实现强化操作快速烧钢，提高炉底单位面积产量。

加热温度一般为1250～1280℃，取决于开轧温度。

为了节约能耗，近年来板坯热装和直接轧制技术得到迅速发展。热装对板坯的温度要求不如直接轧制严格。直接轧制则是板坯在连铸或初轧之后，不再入加热炉加热而只略经边部补偿加热，即直接进行轧制。

21.2.2 粗轧

热连轧板带车间轧机布置形式，主要取决于粗轧机的布置形式。现代热连轧板带轧机

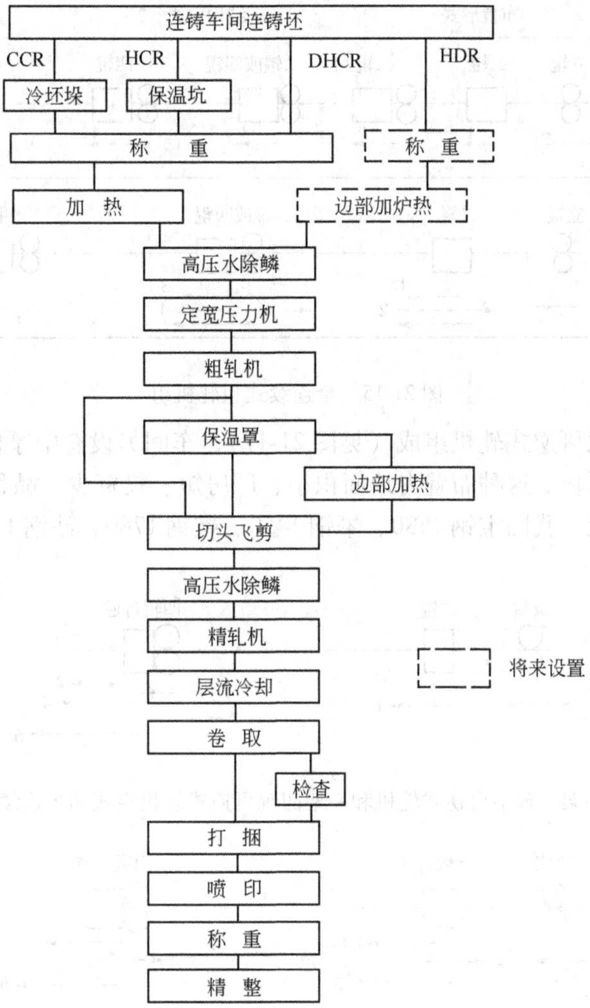

图 21-14 热带钢连轧机生产工艺流程图

的精轧机组大都是由 6 ~ 8 架组成，呈全连续布置，而粗轧机组的组成与布置却各不相同，这正是各种形式热连轧机主要特征之所在。

粗轧机组布置形式主要有三大类：全连续式、3/4 连续式和半连续式。

（1）连续式（又称全连续式）。这种形式指轧件在粗轧阶段自始至终无逆轧道次。其粗轧机组由 5 ~ 6 个机架组成，每架轧制一道，全部为不可逆式，且不形成连轧（见图 21-15）。这种轧机产量可高达 300 ~ 600 万吨/年，适合于大批量单一品种生产。这种布置厂房长、设备多、投资大、轧制道次受限制、对板坯厚度范围的适应性差、粗轧机利用率低，近年来粗轧机已不采用全连续式。我国宝钢、梅钢 1422 轧机为全连续式布置。

为了减少粗轧机机架，出现了空载返回连续式轧机（如图 21-15）即第一或第二架设计成下辊利用斜楔自由升降，借以实现空载返回再轧一道，以减少轧机的数目。

（2）半连续式。半连续式布置有两种形式：一种是粗、中轧机组由一架不可逆式二辊破鳞机架和一架可逆式四辊机架组成（见图 21-16），主要用于生产成卷带钢；另一种是

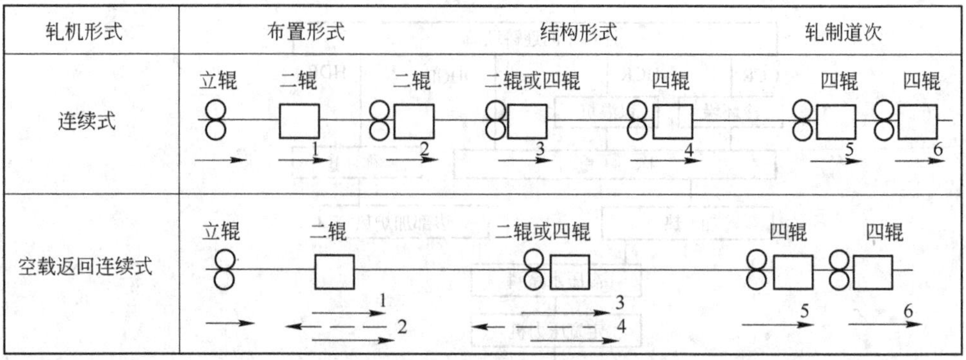

图 21-15　全连续式粗轧机组

粗、中轧机组由两架可逆式轧机组成（见图 21-17），车间另设有中厚板加工线设备，既生产板卷，又生产中厚板。这种布置占地面积小、厂房短、投资少、品种规格灵活，但产量低、精轧机利用率低。我国宝钢 1580、攀钢 1450、鞍钢 1780、沙钢 1700 等轧机呈半连续式布置。

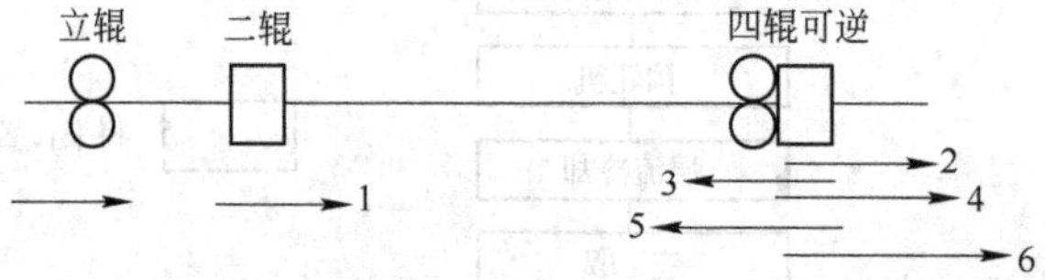

图 21-16　一架二辊不可逆式轧机和一架四辊可逆式轧机组成的半连续式粗轧机组

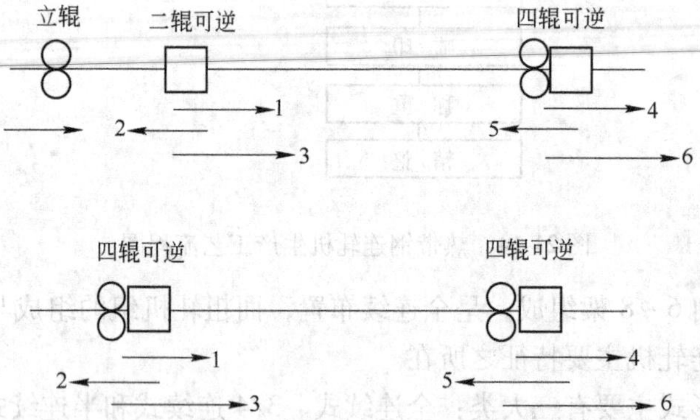

图 21-17　两架可逆式轧机组成的半连续式粗轧机组

（3）3/4 连续式。3/4 连续式于 20 世纪 50 年代出现，它是在粗轧机组内设置一架可逆式轧机，粗轧机由六架缩减为四架，可逆式轧机可放在第二架，也可放在第一架。典型的 3/4 连续式粗轧机的布置见图 21-18。这种布置占地面积小、设备少、厂房短、投资中等、对板坯厚度范围的适应性好、生产能力也不低，是一种较为理想的组合方式。我国武钢 1700、本钢 1700、宝钢 2050 等轧机呈 3/4 连续式布置。

带钢热连轧也分为除鳞、粗轧和精轧三个阶段。

出炉板坯氧化铁皮的清除由除鳞装置完成。除鳞过程中除采用高压水之外，同时还采

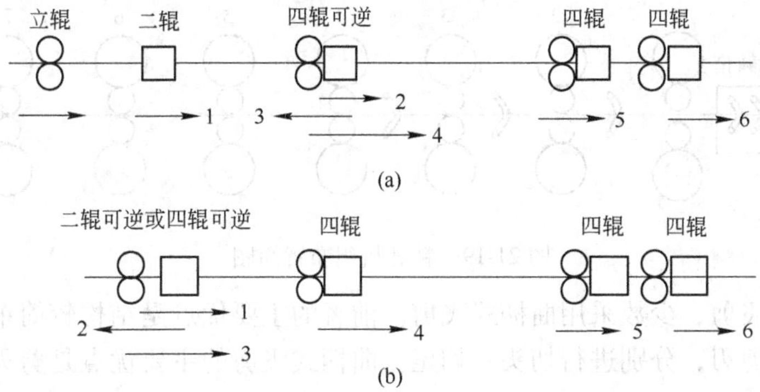

图 21-18 典型的 3/4 连续式粗轧机组布置图
（a）可逆式轧机在第二架；（b）可逆式轧机在第一架

用大立辊轧边，对板坯侧面施以 50 ~ 90mm 的压下量，以调节板坯宽度和提高破鳞的效果，高压水的压力一般为 15 ~ 22MPa，薄板坯采用较高水压，最高达 40MPa。

板坯除鳞后进入二辊轧机轧制，此时板坯厚度大、温度高、塑性好、抗力小，故选用二辊轧机即可满足工艺要求。随着板坯厚度的减薄和温度的下降，变形抗力增大，而对板型及厚度精度的要求也逐渐提高，因此以后各架轧机大多为四辊轧机，以保证足够的压下量和较好的板形。为了使钢板的侧边平整和宽度控制精确，在每架四辊粗轧机前一般皆设有小立辊进行轧边。

粗轧的任务是大幅度减小轧件的厚度，调整和控制宽度，清除一次氧化铁皮。与中厚板轧制任务所不同的是，其在粗轧阶段的宽度控制不是展宽，而是采用立辊轧机或定宽压力机对宽度进行压缩，以调节板坯宽度。定宽压力机位于粗轧机之前，用于对板坯进行全长连续的宽度侧压，与立辊轧机相比每次侧压量大，最大可达 350mm。

粗轧机组最后一个机架后面，设有带钢测厚仪、测宽仪、测温装置及头尾形状检测系统，从而获得一系列精确的数值，以便作为计算机对精轧机组进行前馈控制和对粗轧机组与加热炉进行反馈控制的依据。

带坯从粗轧机组出来后需进入 100 多米长的中间辊道才能进入精轧机组轧制。在中间辊道上一般都设有废品推钢机和废品台架，将不能继续进行精轧的轧件推到辊道旁的废品台架上进行切割处理。此外，为了减少输送辊道上的温度降以节约能耗，很多工厂在粗轧与精轧之间还设有保温装置。常用的保温装置主要有保温罩和热卷取箱，其共同的特点是，不用燃料，保持中间带坯温度。

21.2.3 精轧

由粗轧机组轧出的带坯，经上百米长的中间辊道输送到精轧机组进行精轧。精轧机组的任务是控制成品的厚度精度、板形、表面质量和性能，其布置比较简单，如图 21-19 所示。带坯在中间辊道上要进行测温、测速、位置跟踪等，以便为计算机控制系统提供必要的信息资料，对精轧机组的预设定进行修正和控制。

带坯进入精轧机前，须先经飞剪切去带坯的头部，目的是防止低温的头部损伤辊面，最后还要切除带坯尾部，以免不规则的尾部给卷取及其后的精整工序带来困难。切头飞剪

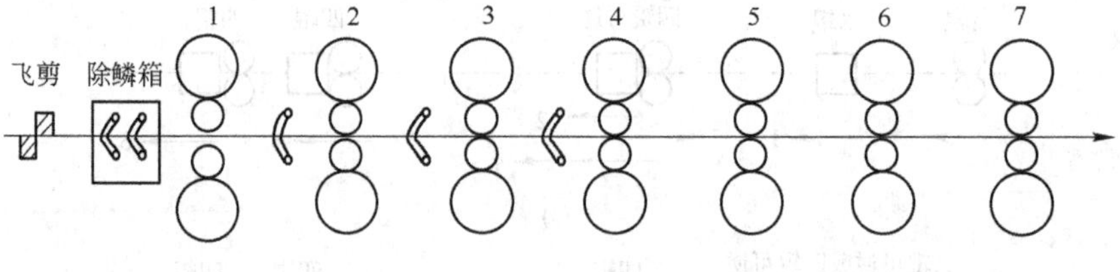

图21-19　精轧机组布置简图

一般采用转鼓式飞剪，少数采用曲柄式飞剪。前者的主要优点是结构较简单，可同时安装两对不同形状的剪刃，分别进行切头、切尾。曲柄式飞剪的主要优点是剪刃垂直剪切，剪切厚度范围大，最厚可达80mm，缺点是只能安装一对直刃剪。

带坯切头后，即进行除鳞。在飞剪与第一架精轧机之间设置高压水除鳞箱以及在精轧机前几架之前设高压水喷嘴，即可满足去除次生氧化铁皮的要求。除鳞箱高压水的压力一般为12～15MPa。

除鳞后，带坯便进入精轧机轧制成0.8～25mm的带钢。精轧机组一般由6～7架组成连轧，有的还留出第八架、第九架的位置，为提高产量和轧制速度、减小头尾温差以及轧制更薄的带钢创造条件。

20世纪60年代以后，随着电气控制技术的进步，出现了升速轧制、层流冷却等新工艺新技术后，采取了低速穿带然后与卷取机同步升速进行高速轧制的方法，使得轧制速度大幅度提高。精轧机的出口速度一般在20m/s以上，最高可达30m/s。

在精轧机组各机架之间设有活套支持器。其作用，一是缓冲金属流量的变化，给控制以调整的时间，并防止成叠进钢，造成事故；二是调节各架的轧制速度以保持连轧常数，当各种工艺参数产生波动时发出信号和命令，以便快速进行调整；三是带钢能在一定范围内保持恒定的小张力，防止因张力过大引起带钢拉缩，造成宽度不均甚至拉断。精轧最后几个机架间的活套支持器还可以调节张力，以控制带钢厚度。

精轧后还要进行测厚、测宽、测温，并进行数据收集和处理。测厚仪和精轧机架上的测压仪、活套支持器、速度调节器及厚度自动调节装置组成厚度自动控制系统，用以控制带钢的厚度精度。

21.2.4　轧后冷却及卷取

带钢从精轧机以高速轧出后需通过100多米长的输出辊道到达卷取机，所用时间为5～10s。要在此时间内将带钢从终轧温度800～900℃冷却到卷取温度600℃左右，必须采用快速冷却的方法。目前广泛采用的是层流冷却系统，其冷却速度快、效果好，是一种大流量（$200m^3/min$）、低水压的喷淋式冷却系统。

经层流冷却后的带钢即送往2～3台地下卷取机卷成板卷。卷取机按抱紧辊数量来区分，有二辊式、三辊式和四辊式等。其中三辊式卷取机既可卷取厚带又可卷取薄带，且结构与维修又较简易，故得到广泛采用。

卷取后的板卷经卸卷小车、翻卷机和运输链运往仓库，作为冷轧原料或作为热轧成品，继续进行精整加工。精整加工线有纵切机组、横切机组、平整机组、热处理炉等设备。

21.2.5 热轧板带产品质量

热轧板带产品生产中常见的缺陷主要有下列几种：

（1）波浪——一般是指板带材的浪形、瓢曲或旁弯的有无及程度，常见的浪形缺陷有中间浪、双边浪、单边浪、四分之一浪等。

产生原因：浪形主要是由轧辊的热膨胀及轧辊本身的弹性变形而引起的；瓢曲主要是由钢板两侧冷却不均加上最后机架压延量过小造成的。

处理方法：

1）双边浪。减小轧制压力或加大后张力，合理控制好辊型，将工作辊中间部分轧制液流量尽量减小，适当调节弯辊。

2）单边浪。将有浪一边轧制力减小，严格要求原料同板厚度差不超过规定，头尾有镰刀弯在酸洗一定要剪掉。

3）中间浪。加大轧制压力或减小后张力。

4）局部肋浪。加大肋浪部位的轧制液流量，认真检查肋浪部位喷嘴是否堵塞。

（2）横折——板带宽度方向上出现的弯折、折纹，程度轻的呈皱纹。易产生于低碳钢和带钢卷内部。

产生原因：开卷时张力辊和压力辊的空气压力不适当，带钢卷形状不良，卷取温度过高。

防止措施：开卷时适当使用压力辊，改善带钢板形，降低卷取温度，完全冷却后开卷。

（3）结疤——板带两边都有完全剥离而凸起的东西，仅头部剥离成鳞状。

产生原因：加热炉炉底擦伤；铸模破碎，浇注时溅渣和钢渣的注入；钢渣清理不彻底。

防止措施：对加热炉炉底、滑轨进行检修改造；彻底清理钢渣；合理铸锭。

（4）刮伤——不规则的、不定型的锐角划伤，正反面同时发生的情况多，多数出现在带卷的内部。

产生原因：开卷时带卷过松引起，装卸钢卷时在宽度方向发生滑动。

防止措施：良好的带钢卷形状，开卷时给一定的张力，装卸时要注意产生滑动。

（5）划伤——较浅的擦伤，在轧制方向连续或不连续出现一条或几条，主要产生在反面，光泽时有时无。

产生原因：输送辊道辊子回转不良引起，轧制和精整作业线上的固定突出物擦伤。

防止措施：辊道辊子彻底检修，保证良好的轧制线，可能与钢板接触的部件要水冷，清除固定突出物。

（6）松卷——指钢卷没有卷紧，处于松散状况的缺陷卷。

防止措施：根据带钢的厚度、宽度、材质、卷取温度、卷取速度设定合适的张力。

（7）边裂——主要出现于带钢上表面边部、呈纵向曲线或山形分布的裂纹（山裂），也有的在带钢边部。

产生原因：主要是由于板坯在加热炉时间过长或温度过高，造成过热或过烧，以至于带钢在加工过程中，边部由于热脆性产生裂纹。

处理方法：

1）合理控制连铸机的拉速与冷却水比率，控制钢坯的冷却速度，防止出现粗大柱状晶及钢坯裂纹；

2）严格控制均热炉加热速度及温度，避免高温下过长时间加热，并定期检查加热炉及仪表的校检工作。

（8）压入氧化铁皮——呈点状、条状或鱼鳞状的黑色斑点，分布面积大小不等，压入的深浅不一。这类铁皮在酸洗工序难以洗净，当铁皮脱落时形成凹坑。

产生原因：板坯加热温度过高，时间过长，炉内呈强氧化气氛，炉生氧化铁皮轧制时压入；高压水压力不足，连轧前氧化铁皮未清除干净；高压水喷嘴堵塞，局部氧化铁皮未清除。

处理方法：

1）严格标准化操作，确保钢水成分合格和连铸稳定并处于较高拉速运行；

2）按照工艺规程严格控制加热温度，加热时间应在允许的时间范围内，不能太久也不能太短；

3）适时调整空燃比及炉内气氛，根据煤气值和温度需要采用不同温度控制模式，调整理想的空燃比，同时保持炉内形成氧化性气氛；

4）在轧机停轧时，加强加热操作与轧机操作的联系，按照工艺制度降温和升温；

5）检修或均热炉等待生产时对炉辊进行在线磨辊。

（9）宽度超差——指宽度超过标准范围（0～+20mm）。

产生原因：精轧机组各种工艺参数和设备参数的变动以及中间坯沿长度方向上尺寸、温度不同，都会引起带钢宽度的变化，其主要影响因素有：

1）水平轧制矩形件引起的宽度增加；

2）精轧机架间张力引起的宽度减小；

3）板凸度对宽度的影响；

4）水印的影响。

处理方法：采用精轧宽度自动控制系统来改善带钢宽度精度。

（10）厚度超差——指板带厚度超过一定标准范围（一般为±50μm）。

产生原因：轧制过程中，影响板厚的主要因素有以下四大类：

1）辊系因素，包括轧辊偏心、轧辊磨损、轧辊弯曲、轧辊热膨胀、油膜厚度变化等；

2）来料因素，包括来料厚度、宽度、硬度变化、轧制区摩擦系数变化；

3）轧制过程参数变化，包括轧制力、张力、轧制速度的变化；

4）控制模型误差和检测仪表误差。

处理方法：目前采用反馈式、厚度计式、前馈式、直接辊缝检测式、张力式和秒流量计式等厚度自动控制系统来控制板坯厚度。

21.3 冷轧板带钢生产

冷轧生产与热轧相比，具有以下优点：

（1）产品表面质量好，粗糙度小，并根据需要可以赋予板带钢各种特殊表面（即进行镀层或涂镀）；

（2）可获得热轧法无法生产的厚度为0.001mm的极薄带材；

（3）产品尺寸精确，厚度均匀，板形平直；

（4）产品性能好，有较高的强度、良好的深冲性能等；

（5）可实现高速轧制和全连续轧制，有很高的生产率。

冷轧板带钢产品种类很多，一般冷轧板的厚度在0.15～0.3mm，宽度在400～2000mm，冷轧极薄带的厚度为0.05～0.001mm。冷轧具有代表性的产品有：金属镀层板（镀Zn、Sn等）、深冲板（以汽车板为最多）、涂层板、电工硅钢板和不锈钢板等。

21.3.1 冷轧工艺特点及冷轧机

21.3.1.1 工艺特点

冷轧与热轧相比，其工艺特点为：

（1）金属的加工硬化。冷轧是在再结晶温度以下进行的轧制。因此在冷加工过程中，晶粒被破碎，它不能在加工过程中产生回复再结晶，所以金属产生加工硬化。当轧件经过一定的总变形量之后，加工硬化也超过了一定的程度，轧件由于过分的硬脆而不适宜于继续轧制，同时轧制变形抗力增高，使轧制力加大，这时需将轧件进行软化热处理，用再结晶退火方法，使钢回复其原来的硬度，然后继续进行轧制。

通常将生产过程中每两次软化热处理之间完成的冷轧工作称为一个“轧程”。在一定的轧制条件下，钢质愈硬，成品愈薄，所需的“轧程”愈多。在一般的冷轧过程中，当总变形率达到60%～80%时，就必须对钢进行软化处理。

（2）工艺冷却与工艺润滑。冷轧过程中产生的变形热和摩擦热使得轧件和轧辊温度升高。轧辊温度的过分升高会引起工作辊淬火层硬度下降，轧辊耐磨性能降低，影响产品表面质量和轧辊寿命。同时，辊温过高也会使冷轧工艺润滑剂失效（润滑剂油膜破裂），使冷轧不能正常进行。如果单靠轧机的自然冷却条件不可能使辊温的升高值保持在允许的范围内，所以必须采用有效的人工冷却。轧制速度越高，冷却问题越显得重要。

水是较理想的冷却剂，其比热大，吸热率高且成本低。油的冷却能力则比水差得多。因此大多数轧机都用水或以水为主要成分的冷却剂，只有某些结构特殊的冷轧机（如二十辊箔材轧机）由于工艺润滑与轧辊轴承润滑共用一种润滑剂，才采用全部油冷。

在冷轧过程中采用工艺润滑的主要作用是减小金属变形抗力，降低轧制压力，而且还可在已有的轧机能力条件下，轧制出厚度更薄的产品。此外，采用有效的工艺润滑也直接对冷轧过程的发热率以及轧辊的温升发生影响，还可防止金属粘辊。实践证明，轧制强度越高的金属或轧前的轧件厚度越薄，冷轧润滑的作用越显著。

常用的润滑剂有棕榈油、蓖麻油、菜籽油等，但这些油的来源比较困难。目前使用的油水混合剂——乳化液，可起到冷却与润滑双重作用，是一种经济实用的冷却润滑剂。

（3）张力轧制。在轧制过程中，带钢的前后端分别有前张力及后张力，这是冷轧过程中的又一大特点。张力的方向以轧制方向为基准，轧件的出口方向称为前张力，在轧件的入口方向称为后张力。张力对冷轧的轧制过程起着非常重要的作用，主要表现在：

1）张力在轧制中能自动调节带钢的延伸，使之均匀化；

2）张力轧制能降低轧制压力，轧制出更薄的产品；

3）张力能防止轧件跑偏，使带钢平直，即在轧制过程中保持板型平直，轧后板型良好。

21.3.1.2 冷轧机

冷轧的轧制力比热轧大得多，为了降低轧制压力和轧制力矩，使用了小直径的工作辊。由于辊径小，在相同的压下量条件下，轧制力就小。但是小直径的工作辊强度和抗弯能力差，故使用了大直径的支持辊，以增加轧机的刚性，降低轧辊的挠度，保证产品的尺寸精确。冷轧带钢多采用四辊轧机及多辊轧机，且为平辊、水平轧制方式，如图21-20所示。

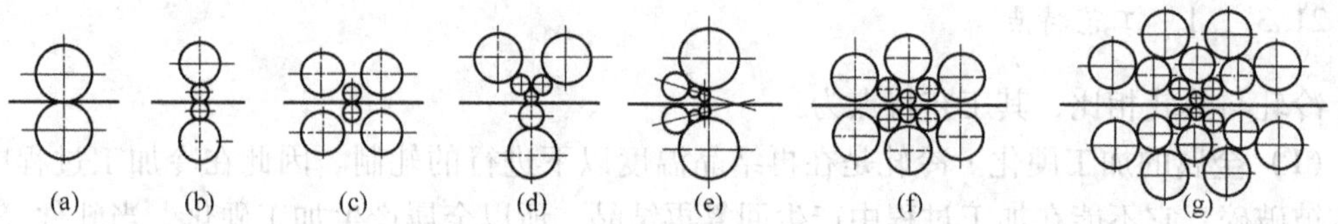

图21-20 板带冷轧机的形式
（a）二辊式；（b）四辊式；（c）六辊式；（d）七辊式；
（e）（偏）八辊式；（f）十二辊式；（g）三十辊式

21.3.2 冷轧生产工艺过程

从工艺流程（见图21-21）可知，冷轧是由下列几个主要工段组成的：

（1）酸洗工段。包括酸洗机组、开卷机组。

（2）冷轧工段。

（3）热处理工段。包括退火设备、保护气体发生装置；有些也包括电解清洗机组等。

（4）精整工段。包括平整、纵剪、横剪、分卷等机组。

（5）镀层、涂层工段。包括热镀锌机组、热镀锡机组等。

21.3.2.1 酸洗

酸洗即利用酸（盐酸或硫酸）与氧化铁皮能发生化学反应原理，将氧化铁皮全部去除的过程。其目的是为了保证钢板表面光洁，以便完满地实现冷轧及其后的表面处理。

带钢酸洗前要先用机械破鳞方法使致密氧化铁皮产生裂纹，即用多辊矫直机进行弯曲破鳞。酸洗方式是将带钢连续数次通过酸洗槽，进行连续酸洗。

为了提高生产效率，现代冷轧车间一般都采用连续酸洗加工线，即将开卷机组和酸洗机组合并成一条连续酸洗机组。

连续酸洗工艺流程为：开卷→矫直→切头尾→焊接→拉矫→酸洗→冷水洗→热水洗→钝化→挤干辊→干燥器→剪切→卷取。

21.3.2.2 冷轧

酸洗后的带钢在冷轧机上轧成成品，冷轧工序包括：开卷—轧制—卷取。

现代冷轧机按轧辊配置方式可分为四辊式与多辊式两大类。按机架排列方式又可分为

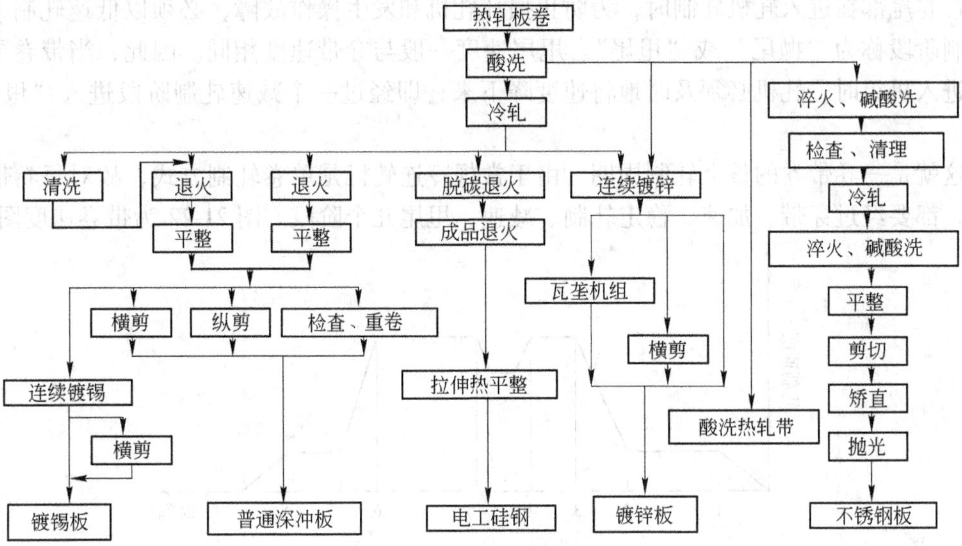

图 21-21　冷轧工艺流程

单机架可逆式与多机架连续式两种。冷连轧机的轧制速度高，一般在 25m/s 以上，最大达 41m/s。根据生产的产品厚度不同，冷连轧机的机架数目亦有所不同。三机架冷连轧机主要用于生产厚度为 0.6～2mm 的产品，总压下率达 60%。四机架冷连轧机，可生产厚度为 0.35～2.7mm 的产品，总压下率达 70%～80%。通用五机架冷连轧机可生产厚度为 0.25～3.5mm 的产品，专用六机架冷连轧机专门用于生产厚度可薄至 0.09mm 的镀锡原板。为生产特薄镀锡板（厚度为 0.065～0.15mm），在五机架或六机架后专门设置了二机架式或三机架式的二次冷轧机。

现代冷连轧机的板卷重量一般为 30～45t 左右，最大已达 60t。1971 年世界上第一套完全连续式冷轧机在日本正式投产，冷轧技术从此发展到一个新阶段，人们通常把一般的冷连轧过程称为“常规冷连轧”，以区别于这种完全连续式冷连轧。

（1）常规冷连轧生产。来自热轧车间的原料板卷经酸洗机组处理后送至冷轧机入口段。入口段设有带卷输送带、带卷横移装置、开卷机等设备。在前一带卷轧制的同时，后一带卷在入口段要完成捆带剥离、切头、直头、对中等工作，还需进行自动测带宽和测卷径。

当前一板卷轧制结束后，便开始“穿带”过程。将带卷头部依次喂入各架轧辊中，直到板卷头部已经进入卷取机芯轴并建立了出口张力为止，这整个过程就称为“穿带”过程。穿带后开始加速轧制，以连轧机组在技术上允许的最大加速度迅速地加至轧机的稳定轧制速度，目的是为了缩短过渡时间，尽快进入稳定轧制阶段，然后以稳定速度进行轧制。由于酸洗后的带卷是由几卷热轧钢卷焊接而成的大卷，因此轧制过程中就存在着过焊缝的问题，一般焊缝处硬度较高，厚度也厚一些，故轧机在过焊缝时需减速轧制（减少对轧辊的冲击和损伤），一般是稳定轧制速度的 70%，但如果焊缝质量很好，也可不减速轧制。由于在稳定轧制阶段，轧制操作及过程控制已完全实现了自动化，所以很少需要人工干预。

带卷尾部在进入轧机轧制时，为防止损坏轧机和发生操作故障，必须以低速轧制，这一轧制阶段称为“抛尾”或“甩尾”。甩尾速度一般与穿带速度相同。因此，当带卷尾部即将进入机组时，轧机必须及时地将速度降下来，即经过一个减速轧制阶段进入“甩尾”阶段。

这就是一卷带卷的整个轧制周期。由于常规冷连轧机是单卷轧制方式，故对每卷带钢来说，都要经过穿带、加速、稳定轧制、减速、甩尾几个阶段。图21-22为带卷速度图。

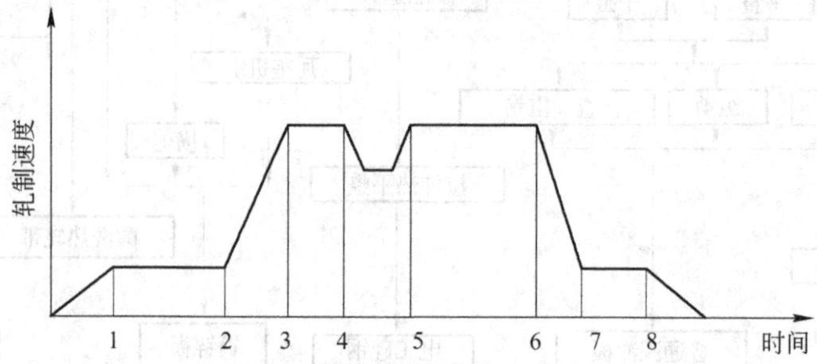

图21-22　带卷速度图

1～2：穿带速度段；2～3：加速段；3～4，5～6：稳定轧制段；
4～5：过焊缝速度段；6～7：减速段；7～8：过尾部时速度段

常规冷连轧生产是单卷生产的轧制方式，对每个板卷来说形成了连轧，但对冷轧生产过程的整体来讲，并没有形成连轧，每个带卷都要经过开卷、卸卷过程，其工时利用率只有65%左右，即有35%左右的工作时间轧机是处于停车状态。为了缩短卷与卷之间的间隙时间，采用了双开卷、双卷取等技术，使工时利用率提高到76%～79%，但这些措施并不能从根本上改变单卷轧制时穿带、甩尾、加减速轧制等过渡阶段带来的不利影响，因为这个过渡阶段会使带钢头尾出现厚度不均甚至超差的现象，影响带钢质量和成材率。全连续式冷轧则很好地解决了这些问题。

（2）全连续式冷轧生产。全连续式冷轧机的特点是将酸洗后带钢预先并接，带钢一旦喂入轧机后，就以高速连续不断地进行轧制，轧出的带钢进行飞剪分卷。这样从根本上改变了单卷生产的方式。

按冷轧带钢生产工序及联合的特点，可将全连续轧机分成三类：

第一类是单一全连续轧机。这类轧机就是在常规冷连轧机的前面，设置焊接机、活套等机电设备，使冷轧带钢不间断地轧制。

第二类是联合式全连续轧机。将单一全连轧机再与其他生产工序的机组联合，称为联合式全连轧机。若单一全连轧机与后面的连续退火机组联合，即为退火联合式全连轧机；全连轧机与前面的酸洗机组联合，即为酸洗联合式全连轧机。目前世界上酸洗联合式全连轧机较多，发展较快，是全连轧的一个发展方向。

第三类是全联合式全连续轧机。这是最新的冷轧生产工艺流程。单一全连轧机与前面酸洗机组和后面连续退火机组（包括清洗、退火、冷却、平整、检查工序）全部联合起来，即为全联合式全连轧机。全世界已有两套这种轧机，最早的是新日铁广畑厂于1986年新建投产，第二条线是美国和日本于1989年合建的。全联合式全连轧机是冷轧带钢生产划时代的技术进步，它标志着冷轧板带设计、研究、生产、控制及计算机技术已进入一个新的时代。

图 21-23 所示的是美国新建的五机架全连续冷轧机组设备。

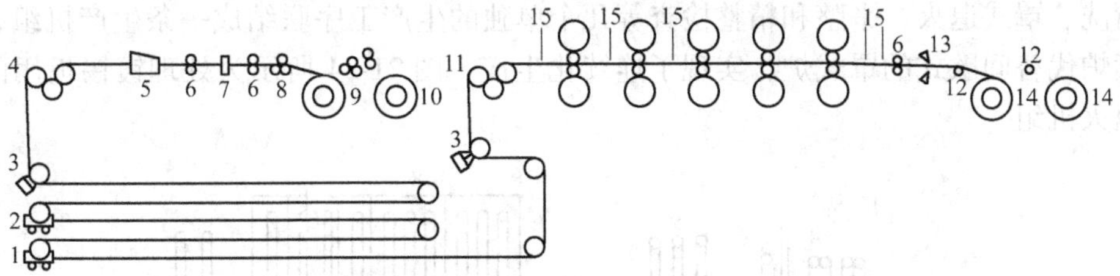

图 21-23　五机架全连续冷轧机组设备组成示意图

1，2—活套小车；3—焊缝检测器；4—活套入口勒导装置；5—焊接机；6—夹送辊；7—剪断机；8—三辊矫直机；9，10—开卷机；11—机组入口勒导装置；12—导向辊；13—分切剪断机；14—卷取机；15—X 射线测厚仪

原料板卷开卷后，经头部矫平机矫平及端部剪切机剪齐并在高速闪光焊接机中进行端部对焊。在焊卷的同时，为保证冷轧机组仍按原速轧制，配备了活套仓，在活套仓的出口端设有导向辊，使带钢垂直向上经由一套三辊式的张力导向辊给 1 号机架提供张力。带钢在进入轧机前的对中由激光准直系统完成。在活套仓的入口与出口处装有焊缝检测器，若在焊缝前后有厚度的变更，检测器可给计算机发出信号，以便对轧机作相应的调整。这种轧机不停车而作调整，使产品规格得以变化并符合设定的要求的操作称为“动态变规格调整”。关于这种调整，不同厚度规格的两个带卷间的调整过渡段仅为 3 ~ 10m，可见调整的适时性。这样快速而复杂的调整过程只有靠计算机才能实现。在末架轧机与两个张力卷筒之间装有一套特殊的夹送辊与回转式横切飞剪。横切飞剪的作用是根据要求将带钢重新剪切成卷。而计算机可对通过机组的带钢焊缝实行跟踪。当需要分切时，总保持在焊缝通过机组之后进行，以使焊缝总是位于板卷的尾部。夹送辊的用途是当带钢一旦被切断而尚未进入第二张力卷筒重建张力之前，维持最后一架一定的前张力。此夹送辊在通常情况下并不与带钢相接触，只有当焊缝走近时，夹送辊即加速至带钢的运行速度并及时夹住带钢。一旦张力重新建立后即行松开。

与常规冷连轧相比，全连续式冷轧有下列优点：工时利用率提高，产量高，质量好；成材率和轧辊寿命提高；消耗少且节省劳动力。

21.3.2.3　脱脂与退火

（1）脱脂：也叫表面清洗，其目的是去除冷轧后带钢表面油污，否则会影响带钢表面质量。

脱脂的方法有电解清洗、机上洗净、燃烧脱脂等。其中常用的是连续电解清洗，采用碱液为清洗剂，通常是 2% ~4% 的硅酸钠水溶液。带钢经电解槽后还需经热冲洗槽进行喷刷，再经干燥机烘干。清洗后的带钢表面质量较高。

（2）退火：是冷轧薄板带钢生产中主要的热处理工序。退火的基本作用有两点：

1）消除冷轧带钢的加工硬化和残余应力，软化金属，提高塑性，降低变形抗力，以便于进一步进行冷轧或其他加工。

2）改善组织结构，产生所需要的晶粒大小和取向。

退火的方法有罩式和连续式两种，其中罩式退火应用较广。连续式退火是把冷轧后的电解清洗、罩式退火、平整和精整检查等几个单独的生产工序联结成一条生产机组，用立式连续炉代替间歇式的罩式炉，实现了连续化生产。图 21-24 所示为处理镀锡板用的塔式连续退火机组。

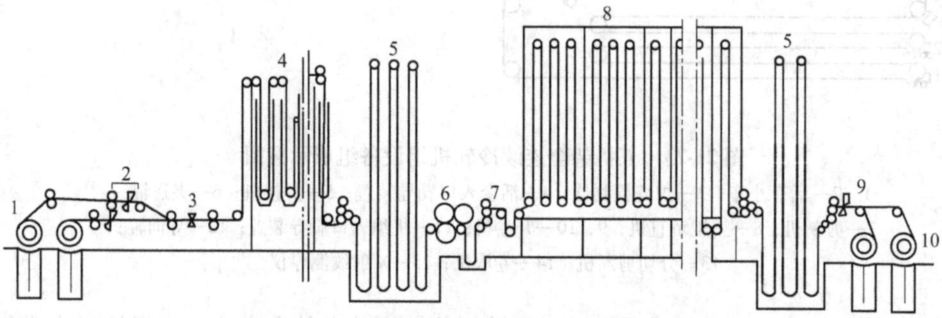

图 21-24　镀锡板塔式连续退火机组设备组成示意图

1—开卷机；2—双切头机；3—焊头机；4—带钢清洗机组；5—活套塔；6—圆盘带；7—张力调节器；8—塔式退火炉；9—切头机；10—卷取机

21.3.2.4　平整

平整是对退火后的带钢以压下率 0.15% ~4% 的冷轧工艺进行轧制，是冷轧板带生产中的重要工序。平整的作用是：

（1）消除退火带钢的屈服平台，控制好带钢的力学性能。

（2）改善带钢的平直度。

（3）使带钢表面具有一定的粗糙度。

平整机分为单机架和双机架。单机架四辊轧机主要用于平整厚度在 0.4mm 以上的带钢，而双机架主要用于平整厚度在 0.4mm 以下的镀锡用带钢。

21.3.3　冷轧板带产品质量

冷轧板带产品生产中常见的缺陷有下列几种：

（1）表面夹杂——表面呈现点状、块状或线条状的非金属夹杂物，沿轧制方向间断或连续分布，其颜色为红棕色、深灰色或白色。严重时，钢板出现孔洞、破裂、断带。

产生原因：

1）炼钢时造渣不良，钢水黏度大、流动性差，渣子不能上浮，钢中非金属夹杂物多；

2）铸温低，沸腾不良，夹杂物未上浮；

3）连铸时，保护渣带入钢中；

4）钢水罐、钢锭模或注管内的非金属材料未清扫干净。

（2）乳化液斑——带钢表面呈灰黑色或黄褐色的大小不等痕迹（条状黑色为黑带）。

产生原因：乳化液中含杂油量过多；轧机出口乳化液吹扫装置效果不良；轧机出口设备不净；压缩空气质量不好。

（3）辊印——表面出现周期性的凹坑或凸包，严重的辊印导致薄带钢轧穿。

产生原因：

1）带钢焊缝过高或清理不平，连轧时引起粘辊；

2）辊子上粘有硬金属物（焊珠、金属屑等）或污垢，轧制或整平时，硬物或污物压在带钢表面上，留下压痕；

3）工作辊掉肉。

（4）氧化色——钢板表面被氧化，由边部向中间部位逐渐变淡的黄褐色或蓝色痕迹，无明显轮廓线，统称氧化色。

产生原因：

1）退火时保护罩密封不严或漏气发生化学反应；

2）保护罩吊罩过早，高温出炉，钢卷边缘表面氧化；

3）保护气体成分不纯；

4）加热前预吹洗时间不足，炉内存在残氧，钢卷在氧化性气氛中退火。

（5）结疤——表面出现不规则的"舌状"、"鱼鳞状"或条状翘起的金属起层，有的与钢板本体相连接，有的与钢板本体不相连，前者叫开口结疤，后者叫闭口结疤，闭口结疤在轧制时易脱落，使板面成为凹坑。

产生原因：

1）炼钢方面，锭模内壁清理不净，横壁掉肉，上注时，钢液飞溅，粘于横壁，发生氧化，铸温低，有时中断注流，继续注钢时，形成翻皮；下注时，保护渣加入不当，造成钢液飞溅。

2）轧钢方面，板坯表面残留结疤未清除干净，经轧制后留在钢板上。

（6）划伤——表面呈现直而细、深浅不一的沟槽。平行于轧向，连续或断续，疏密不一，无一定规律，平整前划伤较平滑，沟槽处颜色为灰黑色，平整后划伤，有毛刺，呈金属亮色。

产生原因：

1）酸洗、轧钢、平整、精整各机组与带钢相接触的零件有尖锐棱角或硬物，产生相对运动；

2）精整线的各种辊（夹送辊、压紧辊、导板）不运转产生划伤；

3）开卷或卷取时，带钢速度变化或层间相对运动。

（7）压痕——表面所呈现的一定深度的一面凹下、一面凸起、有节距的痕迹，有周期性，多少不一，缺陷处颜色较亮。

产生原因：

1）生产过程中多种辅助辊（张力辊、压紧辊、夹送辊、矫直辊等）粘上铁屑、污垢后造成；

2）铁屑、异物掉入钢板垛内。

（8）分层——是基材内部的夹层，这种缺陷不一定出现在表面上，往往表现为单面或双面鼓泡。

产生原因：热轧时气泡未焊合或焊合不良。

（9）酸洗不良——表面有大面积点状缺陷，一般呈单面出现，全面性，退火后呈白色，平整后呈黑点状。

产生原因：热轧钢卷表面氧化不均匀，酸洗退火未完全去除其表面之氧化物。

(10) 刮痕——钢带在冷轧时被硬质物体刮伤而造成之缺陷，通常呈条状，且与轧延方向平行，程度严重者可以用手感觉到所造成的沟槽。

产生原因：由于退火炉进出口羊毛毡中夹杂硬质物体，而刮伤钢带。

(11) 轧入污物——缺陷呈块状，一般呈白色，易集中发生在钢带某段长度。

产生原因：由于外来物（如衬纸、胶粒）被轧入钢带表面，而形成大面积、块状之缺陷。

21.3.4 有机涂层（彩色）钢板生产

将有机涂料或塑料膜涂覆在冷轧带钢、镀锌带钢或镀铝带钢上，可以制成各种彩色花纹，所以有机涂层钢板也称为彩色钢板。彩色涂层钢板自1936年诞生以来，至今已有70多年的历史，其应用领域正随着生产的发展和社会需求的增加不断扩大。

有机涂层钢板具有轻质、美观和良好的防腐蚀性能，又可直接加工，已成为当今建筑业、运输制造业、轻工业、办公家具、家电、食品包装等行业理想的材料，起到了以钢代木、高效施工、节约能源、防止污染等良好效果。

21.3.4.1 有机涂层钢板的生产方法

有机涂层钢板的生产方法有辊压法和层压法两种。

(1) 层压法是将经预先清洗和预处理的钢板或带钢用黏结剂和塑料膜热压黏结而成。

(2) 辊压法是将有机涂料调配成浆液，经涂料辊涂覆于预先经清洗和预处理的板带钢表面。涂覆后的板带进入烘烤炉，加热到260℃使溶剂挥发、涂层固化。一般采用二次涂覆和二次烘烤的工艺，简称二涂二烘。近十几年来已出现三涂三烘的生产方式。

上述两种涂层钢板的结构如图21-25所示。

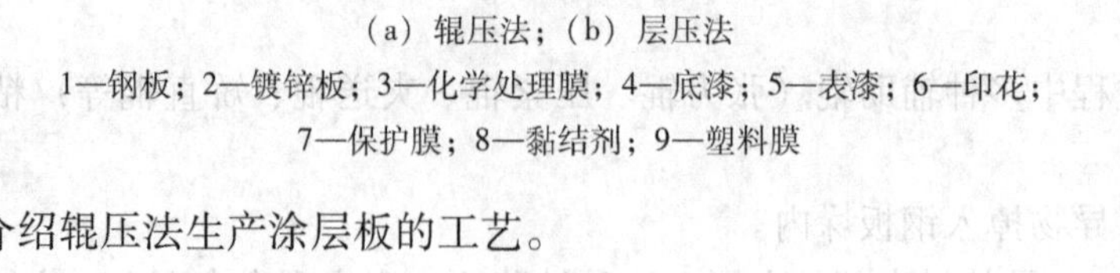

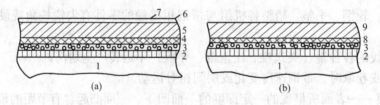

图21-25 两种涂层钢板结构示意图

(a) 辊压法；(b) 层压法

1—钢板；2—镀锌板；3—化学处理膜；4—底漆；5—表漆；6—印花；7—保护膜；8—黏结剂；9—塑料膜

这里主要介绍辊压法生产涂层板的工艺。

21.3.4.2 彩涂板生产工艺

有机涂层的基板有镀锌板（热镀、电镀锌板）、冷轧板、镀铝带钢。

涂层板的生产工艺流程为：开卷→矫直→切头→缝合→预清洗→入口活套塔→清洗→化学转化处理→热空气干燥处理→初涂→初涂烘烤→初涂空冷、水冷（干燥）→精涂→精涂烘烤→精涂空冷、水冷（干燥）→出口活套→表面检查、打印→卷取。

整个工艺过程分为预处理工艺、涂层工艺、烘烤工艺和后处理工艺。

预处理工艺包括脱脂、刷磨、磷化处理、钝化处理等。

后处理工序包括压花、印花、覆膜、平整、涂蜡等。

A 预处理工艺

预处理的目的在于：清洁基板表面，并使之形成一种与钢板表面和涂层结合能力好，且耐腐蚀的膜。

脱脂方法一般采用喷淋法，脱脂液的主体成分是碱。

刷磨是为了去除带钢表面锈蚀、油垢，使表面活化。一般在带钢上下各装 2 ~ 3 对尼龙毡辊，旋转方向与带钢相同。

清洗过的带钢进入下一工序化学转化处理。化学转化处理就是对带钢表面进行磷化处理（磷酸盐溶液）、密封处理及钝化处理（钝化液为铬酸），其目的就是使带钢表面能够很好地与涂层牢固结合以提高彩涂板的质量。

磷化处理是为在基板的表面生成一层磷酸盐薄膜，提高其耐腐蚀性和改进涂料层的耐久性和结合力。

钝化处理的目的是使铬酸处理液与基板上尚未被磷化膜覆盖的空点起化学反应，由反应产物将这些孔封闭起来，以提高表面处理膜的耐腐蚀性能。

热空气干燥处理的作用：一是去掉钝化膜上面的水迹使其洁净和迅速干燥，以便涂黏结剂；二是因为钝化膜可能有孔隙，蒸汽可使孔隙中铁基迅速氧化，生成氧化物（三氧化二铁）薄膜，弥补钝化的不足。

B 涂层工艺

经过化学转化处理的带钢进入涂层室内进行涂敷工艺处理。首先进行初涂，在带钢表面涂敷一层底漆，再在底漆上面进行二次精涂，使之涂敷上一层面漆。涂层室分上下两层，上层为精涂室，下层为初涂室。涂层室是封闭的，使外界空气不得进入涂层室内，以防灰尘弄脏带钢表面。为确保油漆黏度不变和漆膜厚度均匀，涂层室内需保持室温稳定。

辊涂法有两种类型：一种是同向涂层法，另一种是逆向涂层法。所谓同向涂层法就是涂敷辊的转动方向与带钢运行方向一致，故也称作顺涂。逆向涂层法就是涂敷辊的转动方向与带钢运动方向相反，故也称作逆涂（见图 21-26）。

同向涂层法生产的彩涂板的涂层较薄，漆膜外观不平整，涂层均匀性较差。因为当辊面与基板分开的瞬间，夹在它们之间的漆液由于张力的作用不会同时均匀分向辊面和基板，而是成波纹状分开，在基板上形成竖向条纹，影响漆膜外观，涂层的均匀性较差，除涂底漆外一般不用顺涂法施工。

逆向法生产的涂层较厚，漆膜外观平整。

在涂层板生产过程中，对涂料的选择是非常重要的，作为底漆之用的涂料必须要与基板有着牢固的结合力，通常选用环氧树脂涂料。作为面漆的涂料必须要求光泽度好，外观性能好，耐腐蚀性好，可根据用户要求选择所需的品种，主要有聚酯类、乙烯类、聚偏氟乙烯和丙烯酸类等。

（1）聚酯涂料：广泛用于家用电器、车辆、集装箱等。耐腐蚀，耐沾污，硬度高，柔韧性好，一般在 150℃下加热成形。

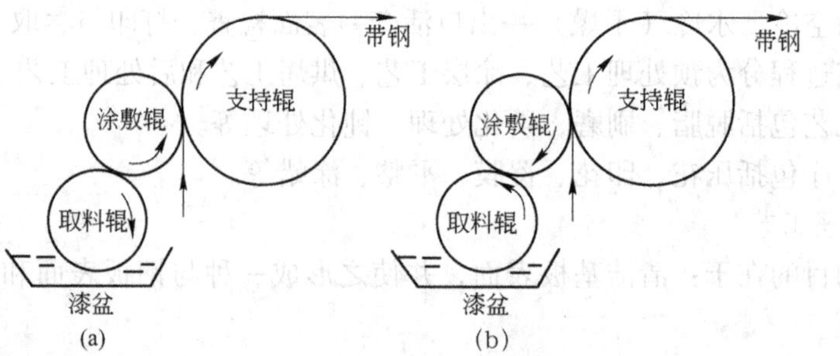

图 21-26　辊涂法示意图

（a）同向涂层法；（b）逆向涂层法

（2）有机硅聚酯涂料：用于工业建筑和化工厂的门板、窗框和屋顶，适用于室外建筑，耐久性可达20年，保光、保色性好。

（3）有机溶胶和塑料溶胶：用于室外钢板或铝板建筑，涂层厚度可达100μm。室外耐久性好，可长达20年。

（4）溶剂型丙烯酸涂料：用于活动汽车房，有较好的保光、保色性，但柔韧性次于聚酯，其应用有减少的趋势。

（5）水溶性丙烯酸涂料：对镀锌板和冷轧板效果较好，但多用于铝板材表面。

辊涂工艺在于使涂料均匀地涂覆于带钢表面并准确地控制涂层的厚度。

C　烘烤工艺

涂层板涂漆之后必须进行烘烤使其表面油漆固化。涂层机组所使用的烘烤炉通常采用悬垂式烘烤炉，以焦炉煤气为燃料，炉子分五个加热段（见图21-27）。焦炉煤气在燃烧室内与空气燃烧产生热风从带钢上下两面的喷嘴吹向涂层板表面并在炉内循环，在炉子的第一段，溶剂通过扩散作用从涂料中挥发出来，并被通过的热风带走，这一段带钢温度不可过高，太高要产生气泡。在炉子后半部，涂层板上的涂料开始聚合反应使其固化。经过烘烤固化后的涂层带钢，首先进行空气冷却，再进行水冷，最后进入出口段。

烘烤分三个过程：雾化（160℃）、干燥（250℃、350℃、380℃）、聚合（300℃）。

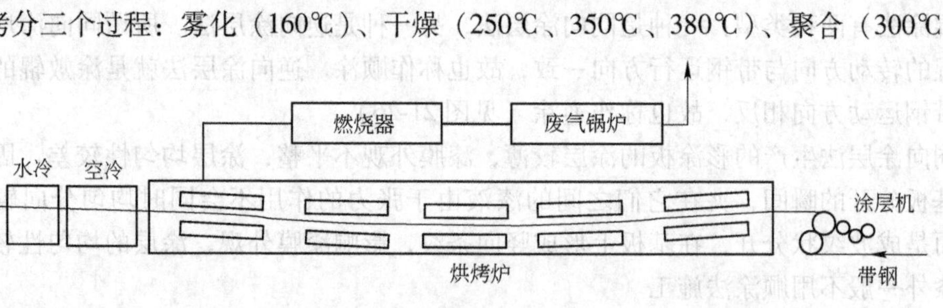

图 21-27　烘烤工艺示意图

D　后处理工艺

后处理工艺是指在基板带钢经过涂覆、烘烤后的处理。

（1）压花：是专门对聚氯乙烯涂层板而设的工艺，它要求涂膜的厚度不小于100μm。这种压花通常在生产线上进行。

（2）覆膜：是指在产品表面覆一层保护膜，以防止在运输储存和施工过程中，将产品的表面污染或划伤。

（3）平整：是为了减小涂层板的表面粗糙度，提高涂层板的加工成形性能。

（4）涂蜡：是为了减少涂层板产品的磨损和划伤。

21.3.4.3 彩色涂层板发展趋势

彩色涂层板随着市场应用不断扩大，近年来发展迅速，其发展趋势有下列几点：

（1）二涂二烘式代替一涂一烘式。二涂二烘式是涂底漆和面漆，这样对提高表面质量和抗腐蚀性能都是必要的，它能满足家电产品等高档次涂层产品的需要。

（2）电镀锌基板代替冷轧基板。电镀锌基板由于与涂料有较好的黏附力，而且有较强抗腐蚀性，是生产彩色涂层板的理想基板。

（3）三辊式涂层工艺代替二辊式涂层工艺。所谓三辊式涂层工艺，就是中间增加一个控制辊，这样对调节涂层厚度和涂层表面质量都有好处，比二辊式涂层调节空间大得多。

（4）“V”形辊涂代替直线形辊涂（见图21-28）。“V”形辊涂比直线形辊涂的调整和换辊更方便，故是今后发展方向。

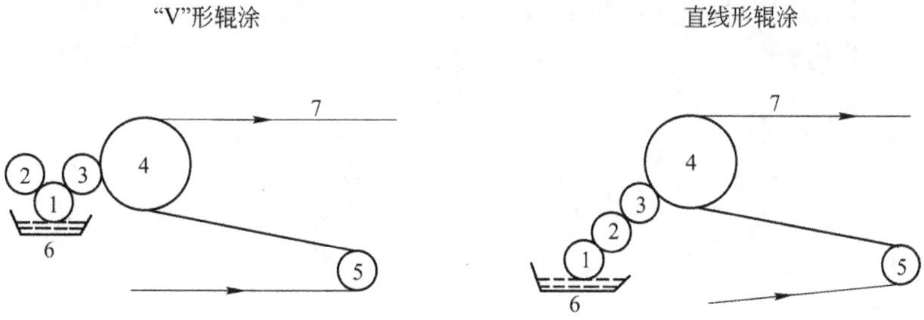

图21-28 “V”形辊涂示意图

1—取料辊；2—调整控制辊；3—涂敷辊；4—支撑辊；5—转向辊；6—漆盆；7—带钢

（5）在表面涂料方面，由聚酯涂料发展到耐久性最好的聚偏氟乙烯涂料。

（6）彩色涂层产品不仅考虑耐久性、耐蚀性，同时向多种多样的外观产品发展，例如，金属纹理型表面等等。

（7）在涂层工艺上，国外已进行静电粉末涂层试验，并在卷材涂层中得到应用。

涂层板即有钢板的强度，又具有塑料的耐腐蚀性和装饰性。它作为一种新型的复合材料越来越受到人们的重视。用涂层板代替其他钢板人工油漆的传统工艺，不仅能够解决工厂的三废污染，而且可以使产品质量稳定、成本降低，提高产品竞争力。因此，如何开发和扩大生产应用涂层板是摆在钢铁企业面前的一项迫切任务。

复习思考题

21-1 中厚板轧机的类型及布置形式有哪些？

21-2　中厚板有哪几种轧制操作方式，其特点是什么?

21-3　写出一般中厚板生产工艺流程。

21-4　试述热连轧带钢生产工艺流程。

21-5　试述热连轧带钢轧机的几种布置形式及特点。

21-6　热连轧精轧机组采用升速轧制的主要作用是什么?

21-7　试述冷轧板带钢生产的工艺特点。

21-8　试述涂层板的生产工艺流程。

22 热轧无缝钢管的生产

钢管，通常被人们称为工业的“血管”，这是因为大多数钢管被用来输送各种流体。钢管还是一种经济钢材，在同样重量下，钢管相对于其他钢材具有更大的抗弯、抗扭能力，可以节约金属、简化施工、节省投资，任何其他类型的钢材都不能完全代替钢管。

钢管根据生产方法、直径大小、制管材质、用途等有各种分类方法。

按生产方法可分为两大类，即无缝钢管和焊接钢管，无缝钢管在钢管中的比例近几年约在42%~45%，焊接钢管有上升的趋势。

无缝钢管可以用热轧、冷拔与冷轧等方法来生产，其中热轧是无缝钢管的主要生产方法，热轧无缝钢管的产量占无缝钢管总产量的80%。热轧无缝钢管除大量直接使用外，还可为冷轧或冷拔管提供管坯料。

无缝钢管的品种规格极为繁多，且生产方式也各式各样。目前，生产热轧无缝钢的机组主要有：自动轧管机组、连续轧管机组、三辊轧管机组、周期式轧管机组、顶管机组、挤压机组等。其中自动轧管机组是生产热轧无缝钢管的主要方法之一，它具有产品范围广和生产率高等优点。

22.1 自动轧管机组生产无缝钢管

在热轧无缝钢管生产中，采用自动轧管机作为中间延伸机来完成轧制荒管工序的整套机组，称为自动轧管机组。自动轧管机组可以生产多种规格、多种用途的钢管，其品种尺寸范围为：外径12.7~660mm，壁厚2~60mm，长度4~16m。

按照所生产钢管的品种范围，可将自动轧管机组分为三大类。

(1) 小型机组。小型机组代号140机组，可生产直径在39~159mm、最小壁厚为2.5~3mm的钢管。

(2) 中型机组。中型机组代号250机组，可生产直径在140~250mm、最小壁厚为3.5~4mm的钢管。

(3) 大型机组。大型机组代号400机组，可生产直径在250~529mm、最小壁厚为4.5~5mm的钢管。如增设扩径机最大管径可达660mm。

22.1.1 自动轧管机组生产工艺流程

自动轧管机组生产工艺流程如图22-1所示。

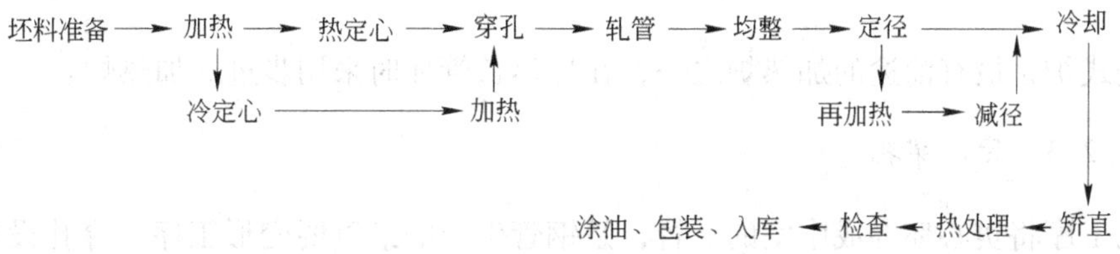

图22-1 自动轧管机组生产工艺流程

22.1.2　无缝钢管生产的基本工序

热轧无缝钢管生产工序为：坯料准备、加热、穿孔、轧管、均整、定减径、精整。

22.1.2.1　坯料准备

坯料准备包括坯料的选择、检查、切断、表面清理、测长称重、定心等，目的是为后续生产工序提供合格管坯。

热轧无缝钢管生产所选用的坯料主要有四种：连铸坯、轧坯、铸（锭）坯、锻坯等，连铸坯是管坯发展的主流，也是钢管实现连铸连轧的首要条件。

管坯的表面状态决定着钢管的外表面质量，且缺陷随着变形而扩展，严重的可使管壁破裂，因此表面如发现裂纹、结疤、折叠等缺陷应及时清理掉，且缺陷处理深度不允许超过管坯直径的5%。表面缺陷的清理方法有：风铲清理或砂轮修磨，高合金钢要用车床清理（剥皮），对重要用途的合金钢还要酸洗后再检查清理。

管坯长度应根据成品钢管的定尺长度而定，当管坯供应长度大于计划要求的长度时必须进行管坯切断。切断的方法有剪切、折断、锯切及火焰切割，生产中应根据具体条件选择相应的方法。

管坯定心是指在管坯前端断面的中心部位钻或冲一个小孔穴，其目的是避免毛管壁厚不均，使咬入过程稳定，增加管坯在顶头前与穿孔机轧辊的接触面积，增加管坯的咬入力，减少顶头鼻部的磨损，延长顶头的寿命。

定心的方法因钢种的不同而主要分成两种，即冷定心和热定心。冷定心是指在室温或低温状态下用专用的车床或钻床在坯料中心钻孔，一般用于变形抗力较大或价格昂贵的高合金钢等。热定心是管坯加热后在热定心机上进行，利用压缩空气或液压方式带动冲头冲孔，其结构简单、效率高，应用比较广泛。

22.1.2.2　加热

加热的目的是降低金属的变形抗力，提高金属的塑性，坯料加热到一定的温度范围对于保证其穿孔性能是至关重要的。

钢种不同管坯的加热温度也不相同，大多数在1200℃左右，含碳量和其他合金元素较多时温度要稍低一些。

现代化的热轧无缝钢管机组中，除个别的连轧管机组采用分段式快速加热炉外，大部分采用环形炉加热管坯。这种加热炉（见图22-2）的底部是环形的，可缓慢地转动，坯料从入口处沿着炉底的直径方向装入，回转一周到出口处之前就可加热和均热到所规定的温度。

步进式炉是最有前途的加热炉之一，在加热长管坯时采用步进式加热炉。

22.1.2.3　管坯穿孔

穿孔工序将实心坯穿成中空的毛管，是钢管生产的最重要变形工序。穿孔设备是穿孔机，它由主传动、工作机座、前台和后台四大部分组成。主传动包括主电动机、齿轮联轴节、减速齿轮座和万向连接轴等。前台包括受料槽、气动推入机、扣瓦装置等辅助设备。

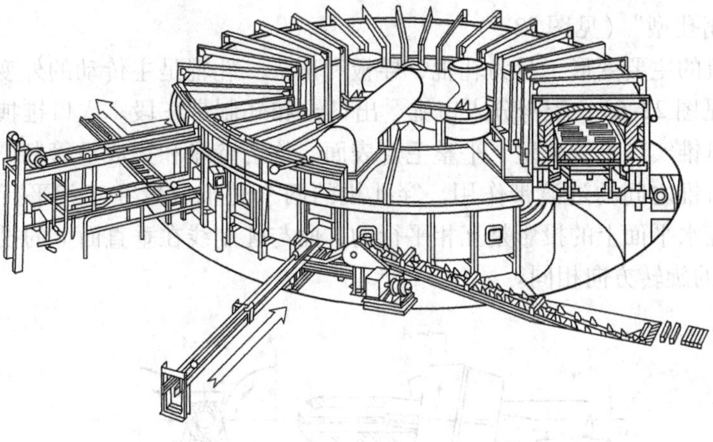

图 22-2　环形加热炉

后台包括顶杆小车、止挡架、定心装置、升降辊和翻料辊等辅助设备。穿孔机设备布置如图 22-3 所示。

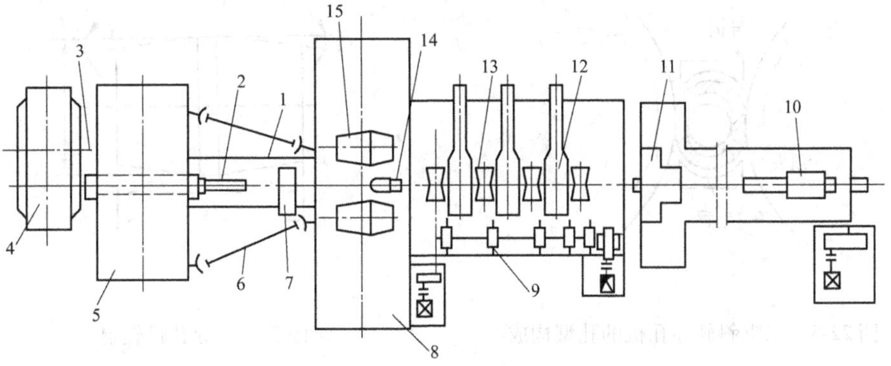

图 22-3　穿孔机设备布置简图

1—受料槽；2—气动推入机；3—齿轮联轴节；4—主电动机；5—减速齿轮座；6—万向连接轴；
7—扣瓦装置；8—穿孔机工作机座；9—翻料辊；10—顶杆小车；11—止挡架；
12—定心装置；13—升降装置；14—顶头；15—轧辊

按照穿孔机的结构和穿孔过程的变形特点，可将穿孔方法分为斜轧穿孔、压力穿孔和推轧穿孔。

斜轧穿孔机由于其生产效率高、适应品种范围广，并能够保证较好的质量，在热轧无缝钢管生产中被广泛采用。它包括曼氏穿孔机、狄舍尔穿孔机、菌式穿孔机以及三辊穿孔机。

二辊斜轧穿孔机是穿孔方法中最先应用的穿孔设备，其他斜轧穿孔机都是在其基础上或其后发明和应用的。

一般的二辊斜轧穿孔机，轧辊左右放置，导板上下放置，这种轧机称二辊卧式斜轧穿孔机（见图 22-4）。新的二辊斜轧穿孔机是轧辊上下放置，导板置于孔型左右位置，这种轧机称二辊立式斜轧穿孔机。二辊斜轧穿孔是由两个相对于轧制线倾斜布置的主动轧辊、两个固定不动的导板（或随动导辊）和一个位于中间的随动顶头（但轴向定位）构成的一个"环形封闭孔型"（见图22-5）。

辊式穿孔机的主要变形工具为轧辊、导板和顶头。轧辊是主传动的外变形工具，其形状是双锥形（见图22-6），辊身分入口锥、出口锥和轧制带三段。入口锥拽入管坯并实现管坯穿孔；出口锥实现毛管减壁、平整毛管表面、均匀壁厚和完成毛管归圆；轧制带起到从入口锥到出口锥之间的过渡带作用。穿孔机的两个轧辊放置在互相平行的两个垂直面上，轧辊轴线在水平面上的投影是互相平行的，而与轧制线在垂直面上的投影相交成5°～12°角，两轧辊的旋转方向相同。

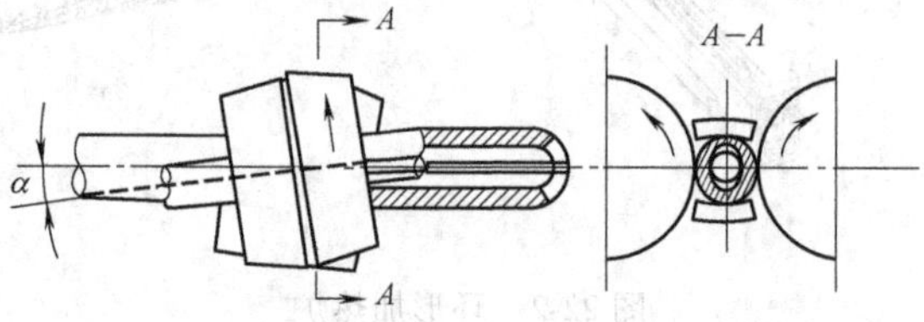

图22-4　二辊卧式斜轧穿孔

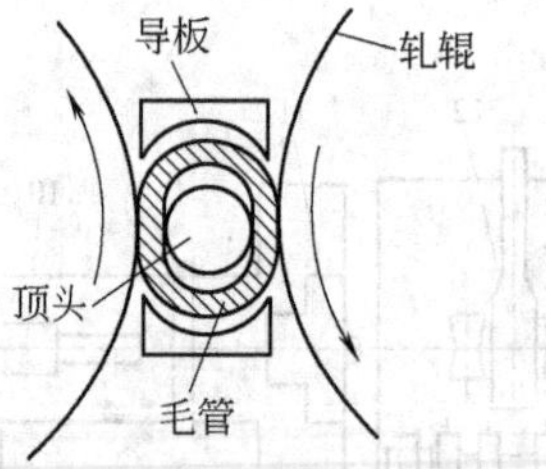

图22-5　二辊斜轧穿孔机的孔型构成

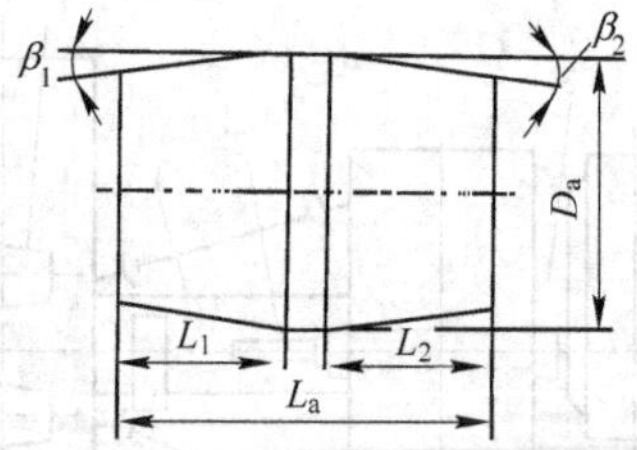

图22-6　穿孔机轧辊

导板是固定不动的外变形工具（见图22-7），其形状沿纵断面也分为三段：入口斜面、出口斜面和过渡带。入口斜面导入管坯；出口斜面导出毛管并限制毛管扩径；过渡带起两个斜面间过渡作用。导板不仅为管坯和毛管导向、限制毛管扩径（横向变形），还起到稳定轧制线、封闭孔型外环的作用。如果没有导板，毛管的扩径量将很大，穿孔过程难以实现。

顶头是随动的内变形工具（见图22-8），其工作表面形状由四个部分组成：顶尖（鼻部）、穿孔锥、平整段和反锥段。鼻部在穿孔时对准管坯定心孔，便于穿正，同时对管坯中心施加一个轴向力，在一定程度上有利于防止预先形成孔腔；穿孔锥起管坯穿孔和毛管减壁的作用；平整段起到毛管均整和平整毛管内外表面的作用；反锥段是防止毛管脱出顶头时产生内划伤。穿孔时，靠顶杆的支撑，顶头在变形区中的轴向位置固定不变。由实心管坯变成空心毛管时，管坯外径变化不大，而内径由零扩大至要求的值，主要是靠顶头来完成的。由于顶头担负的变形任务很重，工作时又受热金属包围，工作条件恶劣，因而顶头是影响穿孔质量和穿孔生产率的关键性工具。

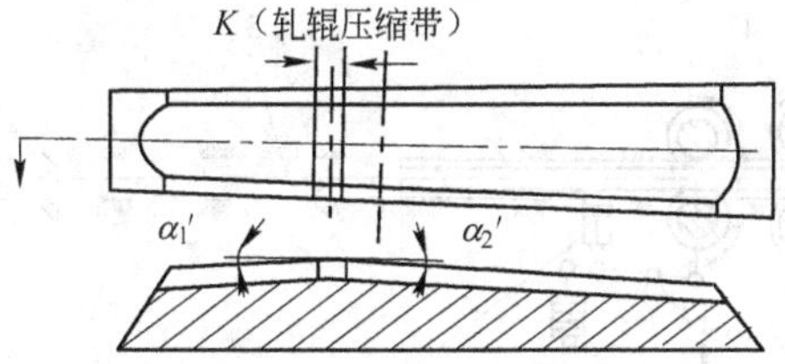

图 22-7 穿孔机导板形状

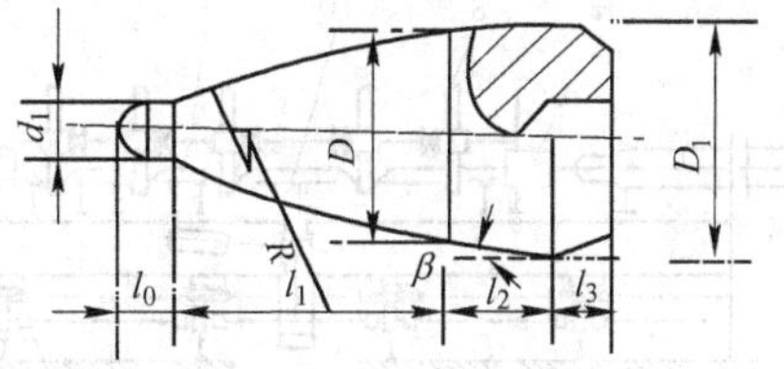

图 22-8 穿孔机顶头形状及其主要尺寸

斜轧穿孔时管坯做螺旋运动，即一面旋转，一面前进，在顶头与轧辊的辗轧下被穿成毛管。管坯的螺旋运动是靠两个轧辊同向旋转和交错布置实现的，见图 22-9。

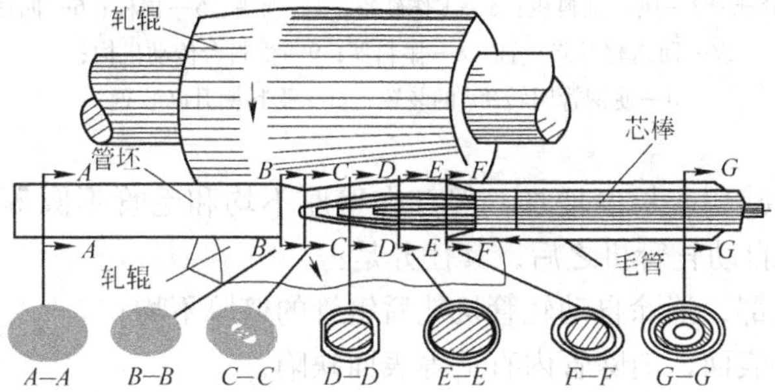

图 22-9 斜轧穿孔过程示意图

22.1.2.4 毛管的轧制

穿孔机只能把实心管坯加工成初具钢管形状的毛管。毛管的表面极不平整，尺寸也不精确，与成品要求相差很远，需要用压力加工方法进一步加工。

轧管工序对空心毛管实施减壁延伸，使轧后荒管壁厚接近于成品尺寸，毛管再加工的第一道工序，其目的是对毛管进行壁厚加工，实现减壁延伸，使壁厚接近或等于成品壁厚。

自动轧管机由主机、前台和后台三个部分组成，如图 22-10 所示。主机为二辊不可逆式纵轧机，轧辊上刻有不同的圆孔型。工作辊后装有一对高速反向旋转的回送辊，并设有上工作辊和下回送辊的快速升降机构。为了减少回送时间，回送辊的线速度大于工作辊的线速度，此外，为了使回送顺利，回送辊孔型中心线略高于工作辊孔型中心线。

毛管是在由轧辊和顶头组成的环形孔型中轧制。钢管在轧机上一般轧两道，变形集中在第一道，第二道用于消除上道孔型开口处管偏厚量，因此第一道次轧完后，需用回送辊将毛管送回工作辊前台，并将钢管翻转 90°，再在同一孔型中轧制第二道次。每轧一道前都需往毛管内撒食盐或木屑的混合物以便在食盐遇热爆炸过程中将毛管内的氧化铁皮炸掉和润滑管内壁。各道次的变形量大小靠两道顶头直径差调节以达到消除椭圆度和继续减壁的作用。轧后的毛管回送至前台后横移至均整机进行均整。

22.1.2.5 钢管均整、定径和减径

A 均整

均整的目的在于消除内外表面缺陷和荒管的椭圆度，减少横向壁厚不均匀。毛管经自

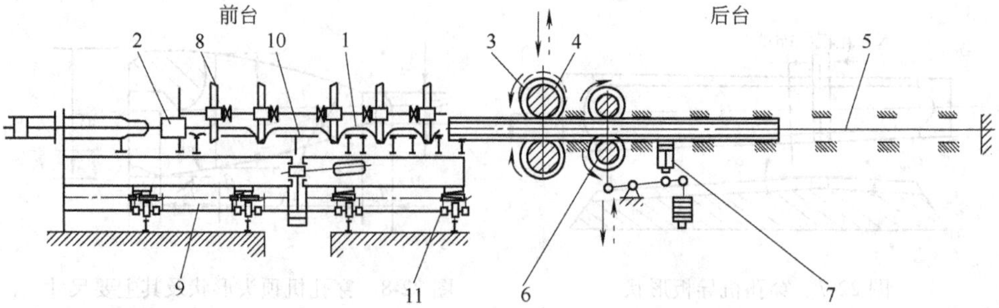

图22-10　自动轧管机示意图

1—受料槽；2—风动推料机；3—工作轧辊；4—顶头；5—顶杆；6—回送辊；
7—回送辊升降气缸；8—抛料器；9—受料台传动机构；
10—使钢管回转90°的装置；11—受料槽升降装置

动轧管机轧制后壁厚减薄，长度增加，但存在壁厚不均和毛管不圆等缺点，必须进行均整。均整工序设置于自动轧管机之后，其任务是：

（1）均整钢管壁部，消除自动轧管机轧后钢管的壁厚不均；

（2）磨光管内外表面，消除管内直道等表面缺陷；

（3）消除和减小钢管的椭圆度；

（4）由于定径能力的限制，不能用定径机定径的厚壁管，需要用均整机完成定径的任务。

目前采用的主要是二辊斜轧均整机，荒管在其上的变形主要是扩径和减壁，所带来的尺寸变化是钢管直径的增加、壁厚减小，长度稍有缩短。均整机的结构、工作原理、生产过程与穿孔机相似，但完成任务不同，因此工具形状不一样。由于均整机的变形量很小，轧制速度较慢，故一般设置两台均整机，以均衡各机组的生产能力。

B　定径

定径的任务是在较小的总减径率和小的单机架减径率条件下将荒管轧成圆形及尺寸准确的成品。定径机一般由3～12架轧机组成，常用的有5～7架，在轧制过程中一般没有减壁现象，而且由于直径减小，壁厚略有增加。

由于定径是多机架的空心连轧过程，故每架定径机轧辊上车有一对断面积顺轧制方向依次逐渐减小的圆孔型。定径机一般单机架减径率为3%～5%，最大总减径率约为30%。

定径机常用二辊式，每架轧辊可单独传动，工作机架安装在同一台架上，轧辊轴线与地平线成45°交角，如图22-11所示。相邻两对轧辊相互垂直。定径时，辊缝互相交替，保证钢管横断面能依次在两个垂直方向受压缩。定径温度必须高于700℃，否则变形抗力大，易出现断辊、主电动机跳闸及损坏其他设备，且钢温过低还影响金属塑性及产品的工艺性能。

新建的轧管机组中，定径机则较多采用了三辊式，原因是三辊式定径机的三辊孔型为整体加工，保证了钢管的尺寸精度；同时由于是整个工作机座更换，时间短，提高了工作效率；另外三辊定径机组一般选用12架左右轧机，且又采用分组传动技术，生产上灵活性大。

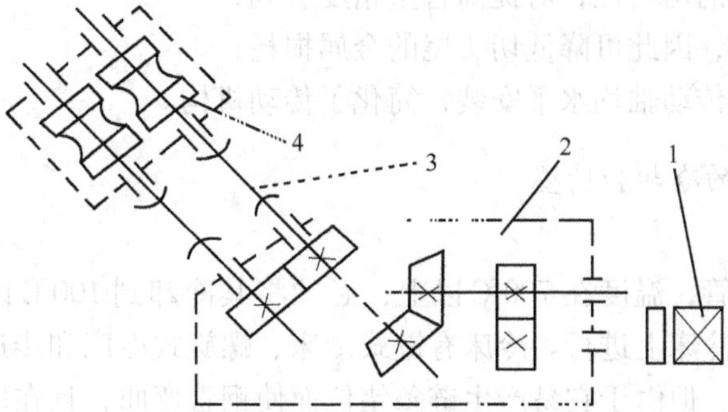

图22-11　二辊式定径机

1—主电动机；2—联合减速机；3—连接轴；4—轧辊

C　减径

直径小于60mm的钢管，由于顶杆强度和刚度的限制，很难由轧管机直接轧得，而必须经过减径工序，所以减径除具有与定径相同的作用外，主要是要实现用大直径管料生产小直径钢管的目的。用减径的方法也可生产异形钢管。因此现在许多中小型自动轧管机组和焊管机组中都装有减径设备，以扩大产品品种范围、提高机组生产能力，特别是张力减径机的出现，更显示出减径机的优越性。

减径过程具有较大的直径压缩变形，为了减少减径时的变形抗力，降低能耗，须将钢管送入加热炉内再加热，然后送至减径机上进行减径。

减径机的数目为9～24架，一般取20架左右。机架结构与定径机相同，单独传动，减径机组布置在与定径机平行的作业线上，单机减径率在3%～3.5%，考虑来料尺寸的波动，第一、二架直径压缩量为允许压缩率的一半，最后机架不给压缩而只起平整作用。

在无张力减径过程中，没有减壁现象。相反，由于径向压下较大，管壁增厚现象较定径明显，特别是横向壁厚不均显著。张力减径克服了上述弱点。

张力减径是一种新的减径工艺，除了减径的任务外，还有通过机架间的张力建立实现减壁的任务。其优点为：

（1）可得到定径生产所不能得到的热轧薄壁钢管，减轻了轧管机负荷，为冷加工管也提供了更合适的管料。

（2）变化张力大小，用同一种坯料，在同一减径机上可得到不同壁厚的钢管。这样可相应减少荒管规格及生产工具。

（3）减径量大（每个机架相对减径量可达7%～12%，钢管直径缩小30%～70%），管壁又减薄（减壁量达44%），这就有条件用大管坯生产各种小口径薄壁管，大幅度提高了生产率。生产率可提高30%～50%。

（4）张力减径的延伸系数高（可达7），可以生产长达165m长的钢管。

张力减径的缺点是：管端部壁厚增加，影响了收得率。

张力减径机的工作机架一般是二辊式或三辊式的，三辊式张力减径机的结构虽比二辊式的复杂，但得到了发展，其优点是：

（1）增加了变形的均匀性，对提高管壁精度有利；

（2）机架间距小，因此可降低切头尾的金属损耗；

（3）所有机架的传动轴均水平安装，简化了传动机构。

22.1.2.6　钢管的冷却和精整

A　冷却

经过定减径的钢管，温度在700℃以上，必须将其冷却到100℃以下，以便后续的精整。钢管冷却一般在冷床上进行。冷床有链式冷床、螺旋式冷床和步进梁式冷床三种。链式冷床虽然结构简单，但由于它易产生链条错位而使钢管弯曲，且在冷床入口处不能自由收集钢管，故现已很少采用。目前主要采用的是步进式和螺旋式冷床，它们均可保证钢管冷却后的弯曲度在±1.6mm/m的范围内。两者相比，步进式冷床更为优越。

B　矫直

钢管冷却后送往矫直机矫直。钢管矫直的任务是消除轧制、运送、冷却和热处理过程中钢管生产的弯曲以及减少钢管的椭圆度。

钢管矫直一般多用冷矫。矫直机有压力矫直机和斜辊矫直机两种。压力矫直机多用以补充矫直，或对弯曲严重的钢管进行预矫。斜辊矫直机有六种形式（见图22-12），矫直辊一般有5~7个，辊形呈双曲线，辊子与钢管轴线成β角，当钢管进入矫直机后，管子被矫直辊带动产生螺旋运动同时多次纵向反复弯曲，从而完成了钢管轴向对称矫直。另外，通过调整矫直辊上、下间距，消除钢管的椭圆度。采用一种矫直辊辊型，通过改变矫直辊倾角β的办法可完成不同尺寸规格钢管的矫直。

C　切断

切管在钢管精整工序中占有很重要的地位。根据钢管产品标准的规定，凡是成品钢管其两端必须切齐整，且切头端面应与钢管中心线垂直。而热轧并经矫直后的管子均达不到上述技术条件的要求，钢管两端往往有各种缺陷存在，故需要切头尾。钢管切断的目的是：切去具有裂纹、结疤、撕裂和壁厚不均的端头，以获得所要求的定尺钢管。目前，在钢管精整切管工序中绝大多数采用专用切断机床（切管机），其产量较高，操作安全可靠，切口齐、毛刺少、质量好。但要求待切管的弯曲度小，否则很难穿入夹管器内进行正常切管。切头长度主要取决于生产方法和生产技术水平。

D　钢管的热处理

对热轧状态下达不到技术要求所规定的力学性能和组织状态的钢管，在精整或交货前需进行热处理。钢管的热处理工艺包括退火、正火、淬火、回火和表面热处理等方法，其中回火又包括调质处理和时效处理。调质的主要目的是得到强度、塑性、韧性都比较好的综合力学性能。时效处理可消除精密量具或模具、零件在长期使用中尺寸、形状发生的变化，稳定精密制件质量。

E　尺寸和质量检查

切断后的钢管根据技术要求进行质量检查，检查的主要内容有：化学成分、尺寸精度、内外表面质量、力学性能及必要的工艺性能与金相组织检验等。如高压钢炉管应检查

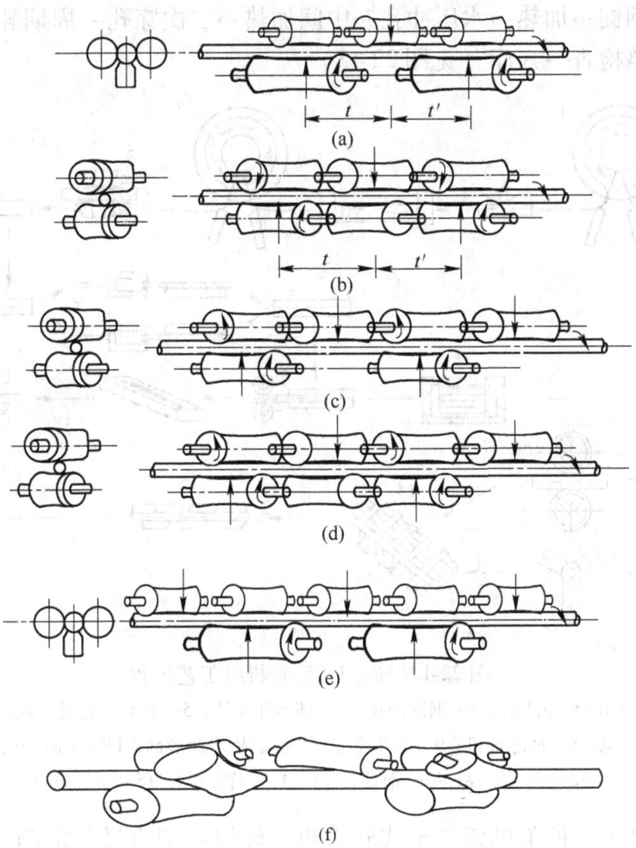

图 22-12 斜辊式矫直机的六种形式

压扁、扩口、水压等；轴承管应检查球化退火组织、硬度、脱碳及力学性能等；不锈钢管应检查抗腐蚀性能等。尺寸及内外表面质量需逐根检查，表面不合格的产品需进行修磨处理；力学性能、工艺性能等需抽样试验检查，试验结果中有一个试样不合格时，需另取双倍数量试样进行不合格项目的复验，如复验结果即使有一个试样不合格，则该批钢管不予验收，但可进行热处理，按新的一批提交验收或重新分类、逐根提交验收。

F 涂油、打印、包装

经检查合格的钢管尚需进行分级、打印、涂油，然后包装入库。有些钢管根据工作条件的要求还要进行特殊的加工，如管端加厚、管端车丝、涂防锈剂（抛光钢管、有表面粗糙度要求的钢管，内外表面应涂防锈剂）等。

22.2 热轧无缝钢管的其他生产方法

22.2.1 周期式轧管机组生产方法

周期式轧管机出现于 1891 年，是在实践中获得成功的轧管机。机组由穿孔机、延伸机、周期式轧管机和定径机等组成，原料可用钢锭或连铸坯，能生产直径 50 ~ 1000mm、壁厚 2.25 ~ 170mm、最大长度达 45m 的钢管。

工艺过程：钢锭→加热→水压冲孔→中间加热→二次穿孔→周期轧管→再加热→定径或张力减径→精整检查→入库（见图 22-13）。

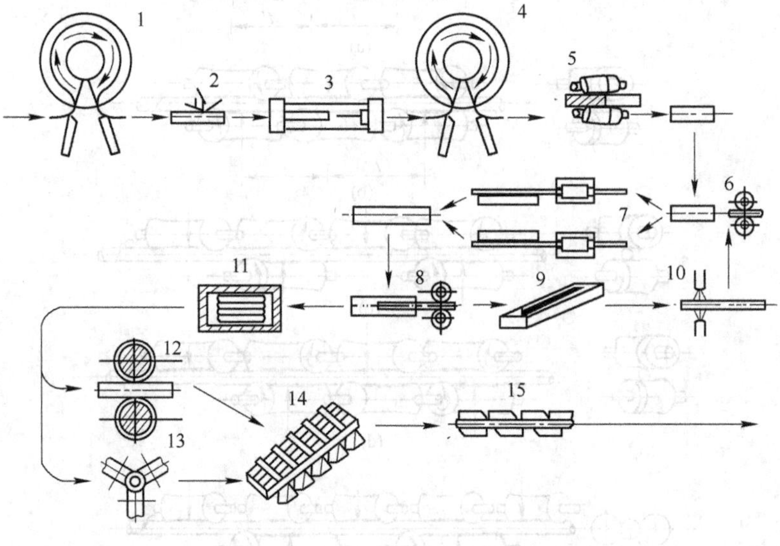

图 22-13　周期式轧管机组工艺流程

1—钢锭加热；2—高压水冲铁水；3—钢锭冲孔；4—杯形坯预热；5—杯底穿孔及斜轧延伸；6—插芯棒机；7—周期式轧机；8—抽芯棒机；9—芯棒冷却；10—芯棒涂润滑剂；11—定减径机前荒管加热；12—钢管定径；13—钢管减径；14—钢管冷却；15—钢管矫直

周期式轧管机是一种单机架二辊式轧管机，轧辊孔型直径是沿圆周变化的，如图 22-14 所示，轧辊的旋转方向与送料轧制方向相反。芯棒穿入毛管后，在变径的工作锥的轧槽上进行变形，然后在等直径的定径带的轧槽上进一步压光，使毛管脱离这一区域能达到或接近成品管的要求，若干个这样的周期中完成一根毛管轧制。

周期式轧管机的主要优点是：用钢锭直接生产钢管，降低成本；可生产特厚、特长和异形钢管；轧制钢种范围广。缺点是：与自动轧管机组和连续轧管机组相比，产量低、作业率低、生产工具消耗大。

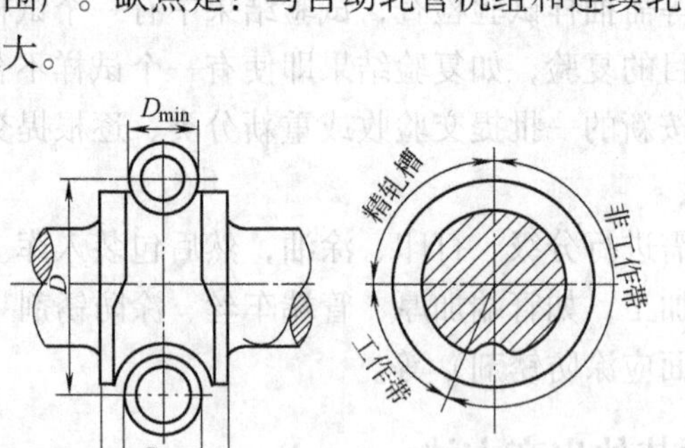

图 22-14　周期式轧管机轧辊图

22. 2. 2　三辊式轧管机组生产方法

三辊式轧管机是一种用长芯棒轧制的斜轧机。按轧管机结构有阿塞尔（Assel）和特朗斯瓦尔（Tranval Mill）两种。机组所用原料为圆轧制坯或圆连铸坯，可生产直径 1 ~ 240mm、壁厚 2 ~ 45mm、最大长度 8 ~ 10m 的钢管。

三辊轧管机组生产是将加热好的管坯在辊式穿孔机上穿成毛管，再将毛管套上一根长芯棒送入三辊轧管机上轧制，然后抽出芯棒送加热炉再加热，经定径，最后冷却、精整入库。其工艺流程见图 22-15。

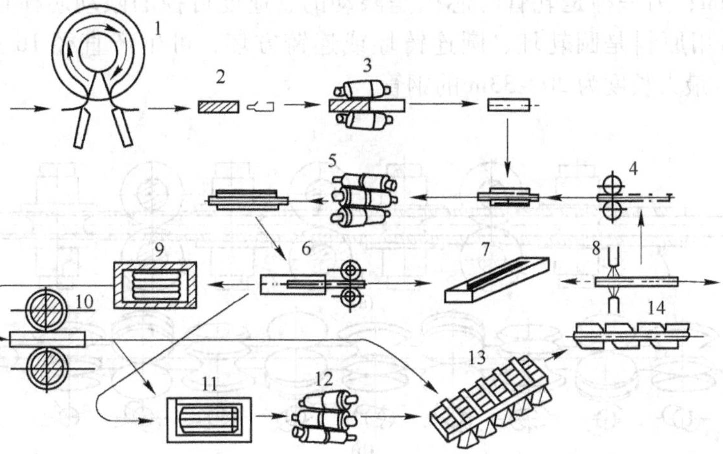

图 22-15　三辊斜轧管机组工艺流程图

1—管坯加热；2—管坯定心；3—斜轧穿孔；4—插芯棒；5—毛管轧制；6—抽芯棒；7—芯棒冷却；8—芯棒涂润滑剂；9，11—荒管再加热；10—二辊式定径；12—斜轧定径机；13—钢管冷却；14—钢管矫直

三辊式轧管机在垂直毛管中心线的平面内有三个互相间隔 120°的轧辊（见图 22-16），三个轧辊做同向旋转。芯棒和在其周围“对称”布置的三个轧辊组成一个环形封闭孔型。轧辊轴线与轧制线（芯棒轴线）成两个倾斜角度；轧制线与轧辊轴线在水平面上的投影之间有一个 3°~9°的夹角，此角称为送进角，它使毛管做螺旋运动。轧制线与轧辊轴线在包含轧制线的垂直平面上的投影有约 7°的夹角，此角称为辗轧角，其大小决定着长芯棒与轧辊表面间的孔型尺寸，即可用以调节变形过程和钢管尺寸。

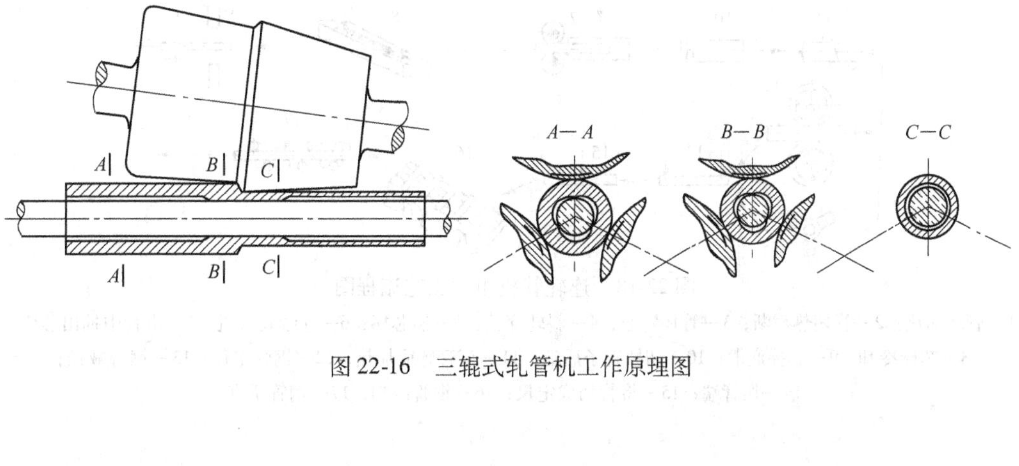

图 22-16　三辊式轧管机工作原理图

三辊轧管机的主要优点是：能轧出精度高的钢管；生产率高，还能生产高合金钢管以及直径、壁厚变化范围很大的钢管。缺点是：设备构造复杂，并需储备大量各种规格的芯棒。

22.2.3　连续式轧管机组生产方法

连续式轧管机一般是由7～9架二辊式机架组成，相邻机架互成90°，机架中心线与水平线成45°（见图22-17）。连轧管机有两种：一种是芯棒随同管子自由运动的长芯棒连轧管机，简称MM；另一种是轧管时芯棒是限动的、速度可控的限动芯棒连轧管机，简称MPM。机组所用原料是圆轧坯、圆连铸坯或连铸方坯，可生产直径16～340mm、壁厚1.75～25mm、最大长度为20～33m的钢管。

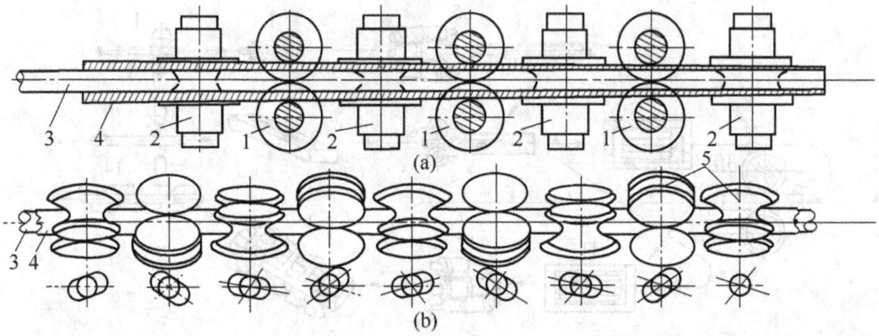

图22-17　连续式轧管机工作原理图

（a）七机架水平、垂直交替布置的连续式轧管机；（b）九机架成45°布置的连续式轧管机

1—平轧辊；2—立轧辊；3—芯棒；4—毛管；5—轧辊

连轧管机组生产是把穿孔后的毛管套在一根长芯棒上送入连续式轧管机上进行轧制，轧后将芯棒抽出，再进行定（减）径，冷却和精整，其工艺流程见图22-18。

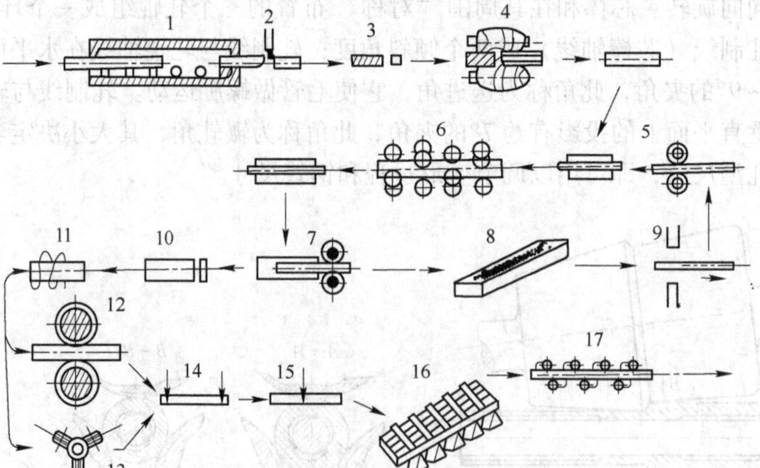

图22-18　连轧管机组的工艺流程图

1—管坯加热；2—管坯热截断；3—管坯定心；4—斜轧穿孔；5—插芯棒；6—连续轧管机；7—由管中抽出芯棒；8—芯棒冷却；9—芯棒润滑；10—切掉管子后端；11—荒管感应加热；12—钢管定径；13—钢管减径；14—切管端；15—将管切成定尺；16—钢管冷却；17—钢管矫直

连轧管机的主要优点是：生产能力高，钢管表面质量好，尺寸精确，自动化程度高，可实现计算机控制，和张力减径机配合可扩大品种范围。缺点是：投资大，设备复杂，操作调整要求高。

22.2.4　顶管机组生产方法

顶管法是艾哈德于1891年发明成功的，所以又称艾哈德法。顶管机组所用原料是方轧坯或方连铸坯，可生产直径57～219mm、壁厚2.5～15mm、长8～10m的钢管。

顶管机组生产是先用水压机将方坯冲成杯形毛管，然后将杯形毛管套在顶管机芯棒上，靠齿轮齿条机构把毛管顶过顺次排列、口径逐渐减小的一组模孔（图22-19），模孔总数可达21个。经过顶管机顶制后，毛管和芯棒一起送到均整机均整。经过均整后，毛管直径有所扩大，毛管与芯棒间产生了2～4mm的间隙，因此在脱棒机上很容易将芯棒抽出。抽掉芯棒后，用热锯切去杯形毛管的底部，然后送至定径机轧制，最后进行精整工序。其工艺流程见图22-20。

顶管机的主要优点是：钢管质量，特别是内外表面质量较高；设备比较简单，初期投资少。缺点是：金属消耗系数较大；生产率低，只适用于生产规模较小的企业。

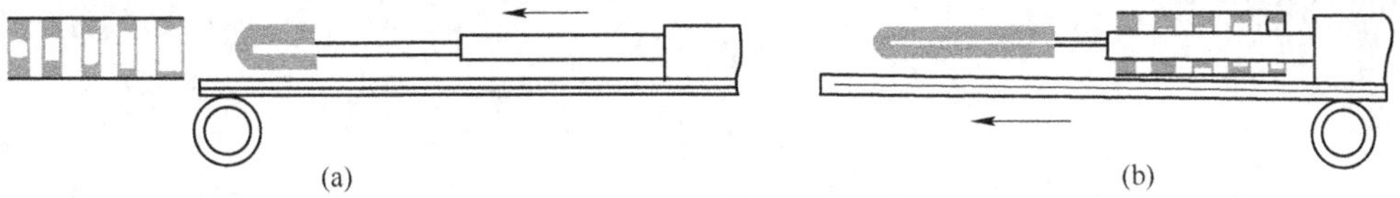

(a)　(b)

图22-19　顶管机工作原理简图

（a）顶管前；（b）顶管后

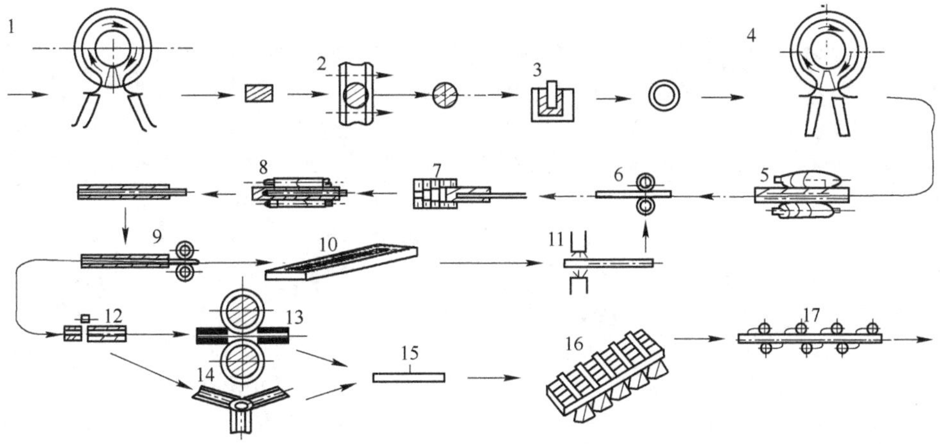

图22-20　顶管机组工艺流程

1—坯料加热；2—方坯四角定型；3—方坯冲孔；4—冲孔杯预热；5—斜轧延伸；6—插入芯棒；7—顶管；8—松棒；9—由管中抽出芯棒；10—芯棒冷却；11—芯棒上涂润滑剂；12—切掉杯底；13—钢管定径；14—钢管减径；15—将钢管切成定尺；16—钢管冷却；17—钢管矫直

复习思考题

22-1　管材穿孔的方法是什么？

22-2　穿孔过程中钢管是如何运动的，为什么？

22-3　管材热轧的变形特点与其他钢材加工有何不同？

22-4　写出自动轧管机组生产工艺流程。

22-5　无缝钢管生产的基本工序有哪些，各自的任务是什么？

23 钢材的其他生产方法

钢材生产除了轧制方法外，还有挤压、拉拔、冲压和锻造等方法。现对除轧制方法之外的其他生产方法分别予以简单介绍。

23.1 整轧车轮与轮箍生产

整轧车轮用于铁路机车、客货车辆和矿山车辆。它由轮毂、轮辐、轮辋三部分组成，见图23-1。

轮箍用于组合车轮。组合车轮由铸铁或铸钢的轮心、套在轮心外的轮箍和扣环组成，见图23-2。由于轮箍磨损后可以更换，故组合车轮节省钢材，成本低。

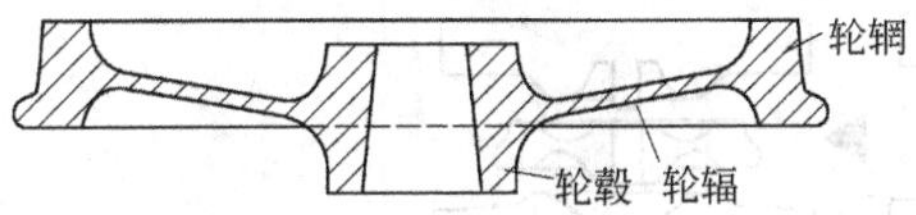

图23-1 整轧车轮

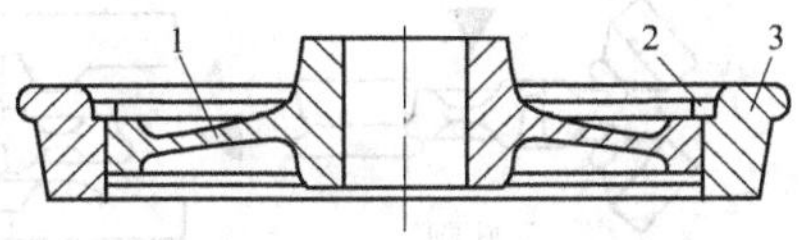

图23-2 组合车轮
1—轮心；2—扣环；3—轮箍

高速行驶的车辆，其车轮、轮箍受到很大的压力、摩擦力和冲击载荷的作用，工作环境十分恶劣。为了保证车辆安全运行，对车轮、轮箍总的要求是要有高的机械强度和耐磨性能以及抗冲击载荷的能力。因此，车轮、轮箍生产对钢的化学成分、轧制、热处理和力学性能都有很高的要求。

目前我国生产的车轮系列主要品种有 ϕ724 ~ 1092mm 的车轮；ϕ550 ~ 700mm 起重机吊车轮。轮箍系列主要品种有 ϕ600 ~ 2000mm 的轮箍；ϕ600 ~ 2010mm 的环形件。

我国目前最大车轮、轮箍厂年设计生产能力为20万吨。其中车轮17万吨，轮箍3万吨。现该厂扩能改造车轮加工三线投产后，车轮产能将得到充分释放，生产规模将达到年产90万吨。

23.1.1 车轮、轮箍坯料准备和加热

（1）整轧车轮用料。车轮轧制用料有CL60、R7和R8。典型的车轮用钢CL60，其成分为：C 0.62%，Si 0.22%，Mn 0.69%，S 0.022%，P 0.021%。

（2）坯料准备。钢水经转炉或电炉熔炼后，用SKF真空炉精炼，经圆坯连铸机浇铸成圆坯，送至车轮轮箍厂，圆坯料先用自动切割机床进行车槽，后用315t水压机折断成一块块坯料。坯料应严格检查，不允许有缩孔、气泡、裂纹、结疤和夹杂等缺陷。

（3）加热。检验合格的坯料用装出料机送入 ϕ28m 的连续式环形加热炉加热，加热温度达1280℃出炉。

23.1.2　整体车轮生产过程

整体车轮生产工艺流程如图23-3所示。

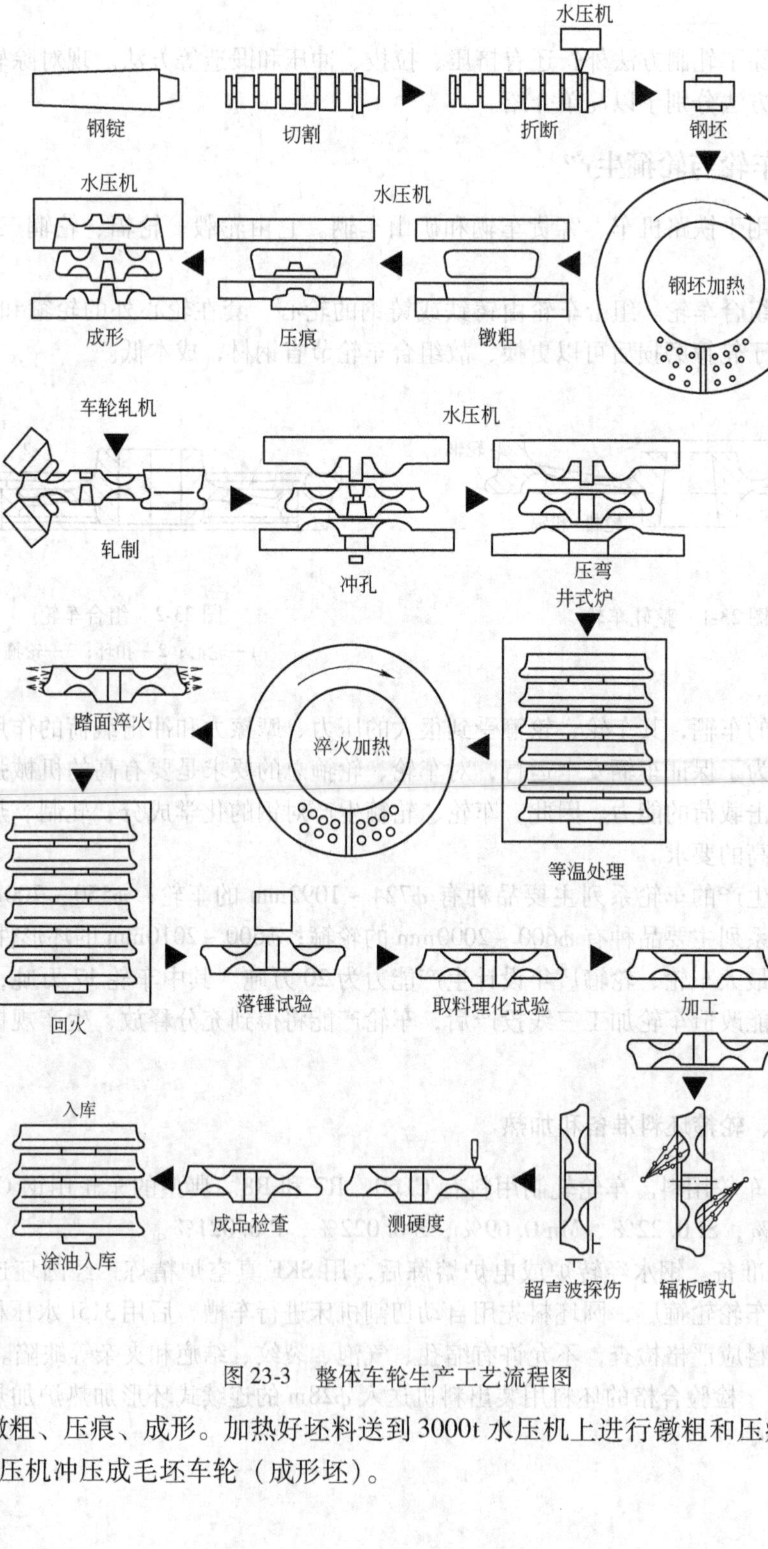

图23-3　整体车轮生产工艺流程图

（1）镦粗、压痕、成形。加热好坯料送到3000t水压机上进行镦粗和压痕，压痕坯再用8000t水压机冲压成毛坯车轮（成形坯）。

（2）轧制。成形坯在七辊卧式车轮轧机上轧制车轮的踏面、轮缘、辐板，平整辋面并使车轮扩径（见图23-4）。在七辊轧机的三个立辊中，1是轧辊，2、3是压紧辊，用以加工车轮的踏面。4、5是斜辊，加工轮缘的内表面和端面。6、7是导向辊。车轮在轧制过程中，由于直径不断增大，故除立辊1位置固定外，其余的辊子都可以移动。图23-4（a）、（b）表示从开始轧制到轧制终了时，车轮的直径和轧辊位置的变化。轧制时，车轮坯由主轧辊带动连续回转，轧机不断对轮坯进行加工，直到加工成所要求的形状和尺寸。

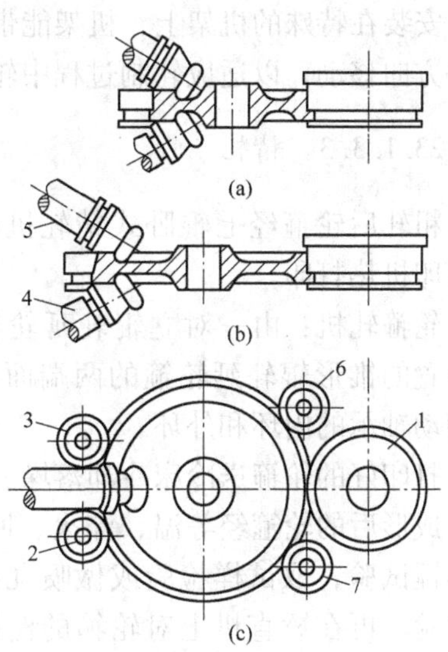

图23-4 车轮轧机
1—轧辊；2，3—压紧辊；
4，5—斜辊；6，7—导向辊

（3）冲孔、压弯、打印。轧制后的车轮在3000t水压机上冲孔并弯曲辐板，以增加刚性和外形稳定性，减少应力。之后，用打印机在轮辋侧面热压产品标志（年月、工厂、熔炼炉罐号等）。

（4）车轮热处理、落锤试验、精整和检验。打印好车轮送冷床冷至600℃后落垛，送井式炉等温处理，目的是除氢和消除应力。等温温度为640℃，等温时间为4h。等温后对车轮踏面进行淬火、回火处理，以提高强度、硬度和耐磨性。

车轮经落锤试验合格后取试样进行理化检验，之后进行机械加工。机械加工包括用车床加工轮毂端面、内辋面、轴孔；双孔车床在辐板上钻两个ϕ50mm孔。

加工后车轮经喷丸、超声波探伤、磁粉探伤、去磁等，检验入库。

23.1.3 轮箍生产流程

23.1.3.1 工艺流程

轮箍生产工艺流程（见图23-5）为：圆钢坯→加热→镦粗→压痕→冲孔→精轧→打印→落垛→等温→淬火→回火→喷丸→探伤→矫直→成品。

↓ ↑

落锤试验

轮箍生产中镦粗、压痕、冲孔与车轮生产相似。

23.1.3.2 粗轧

冲孔后坯料进入八辊卧式粗轧机粗轧。目的是进行轴向（高度）和径向（壁厚）的变形轧制，使断面初步成形。

如图23-6所示，八辊轧机的立辊1、2加工轮箍踏面；斜辊3、4加工轮箍端面；另有四个导向辊5，其中辊2、3、4是传动辊，其余为惰辊（从动辊）。辊1的轴承被支撑在液压缸的柱塞上，轧制时，利用它与辊2之间的距离变小而使轮箍厚度被轧薄。斜辊3

和4安装在特殊的机架上，机架能带动辊3、辊4沿水平方向移动，以适应轧制过程中轮箍直径的增大。

23.1.3.3　精轧

粗轧后轮箍经七辊卧式精轧机轧制成成品，并用打印机热打印。

轮箍轧机：由一对立辊轧延轮箍的内外圆，一对斜置的锥形辊轧延轮箍的两端面。用于轧制车轮或滚动轴承的内环和外环。

打印好的轮箍送冷床冷却落垛。

成形后的轮箍经等温、淬火、回火等热处理后，做落锤试验，取试样检验或做喷丸处理、超声波探伤检验。再在矫直机上对轮箍的椭圆、挠曲进行冷矫直。矫直后轮箍检验合格后即入库。

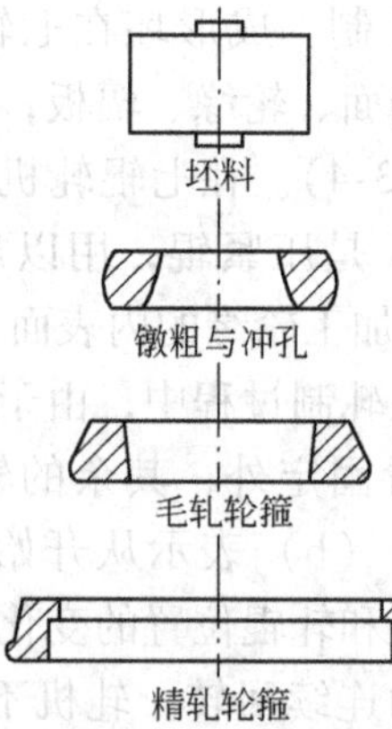

图23-5　轮箍生产工艺流程

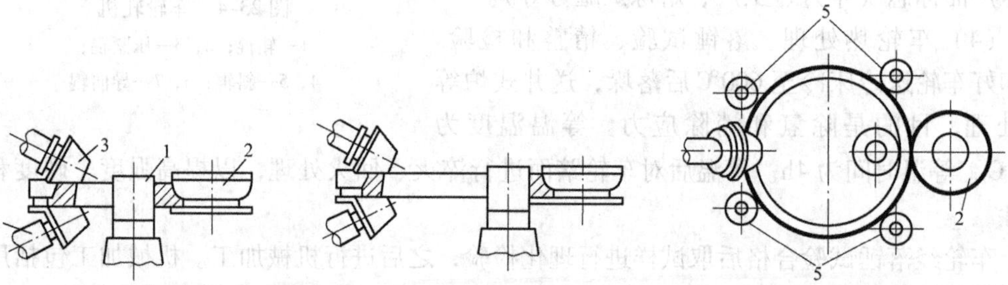

图23-6　轮箍轧机

1，2—立辊；3，4—斜辊；5—导向辊

23.2　挤压生产

挤压就是对放在容器（挤压筒）内的金属锭坯从一端施加外力，强迫其从特定的模孔中流出，获得所需要的断面形状和尺寸的制品的一种塑性成形方法。挤压可以生产管、棒、型、线材以及各种机械零件。

挤压类型可分许多种。热挤压和冷挤压是挤压的两大分支，在冶金工业系统主要应用热挤压，通常称挤压。机械工业主要应用冷挤压与温挤压。本书只详述热挤压，而对冷、温挤压只作简单介绍。

23.2.1　挤压类型

23.2.1.1　正向挤压

正向挤压是挤压时金属的流出方向与挤压杆的运动方向相同的挤压方法，也称直接挤压。正向挤压又可分实心材挤压与空心材挤压以及其他挤压。

挤压时，挤压筒一端被模及模座封死，挤压杆在主柱塞力的作用下由另一端向前挤压，迫使挤压筒内的金属流出模孔，如图 23-7 所示。

其特点有：

（1）挤压过程中挤压筒与金属坯料间的摩擦大，消耗能量多。

（2）金属变形不均匀。

（3）压余多，一般可达 10% ~15%。为了防止在挤压后期脏物进入金属制品内部，而将坯料的一部分留在挤压筒内，这部分金属称为压余。

（4）挤压时更换模具简单、迅速，所需的辅助时间少。

（5）制品的表面质量好。

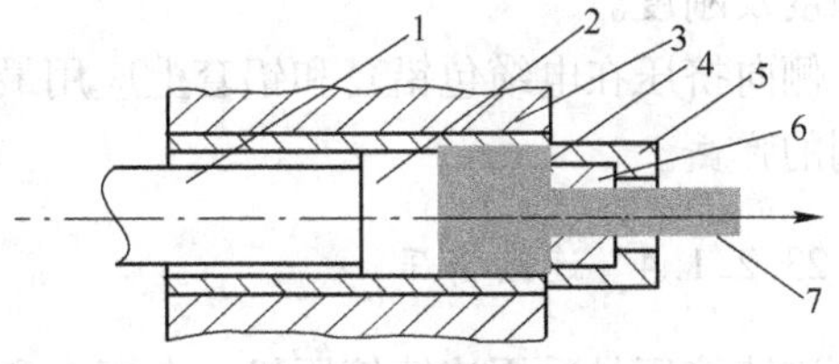

图 23-7　普通正向挤压

1—挤压杆；2—挤压垫；3—挤压筒；4—坯料；5—模座；6—挤压模；7—制品

23. 2. 1. 2　反向挤压

反向挤压是挤压时金属制品的流出方向与挤压杆的运动方向相反的挤压方法，也称间接挤压。挤压杆固定不动，挤压筒在主柱塞力的作用下向前移动，而使挤压杆逐步进入挤压筒进行反向挤压。

反向挤压的特点是：

（1）在挤压过程中锭坯表面与挤压筒内壁之间无相对运动，不存在摩擦。

（2）变形比较均匀，挤压力比正向挤压可降低 30% ~40%，成品率、生产率高。

其缺点是：制品外接圆直径受挤压杆限制，一般比正向挤压小 30%，长度也受限制，表面质量不如正向挤压。反向挤压又可分实心材反向挤压（见图 23-8）与空心材反向挤压。

23. 2. 1. 3　侧向挤压

侧向挤压是制品流出方向与挤压杆运动方向成直角的挤压方法，又称横向挤压，如图 23-9 所示。

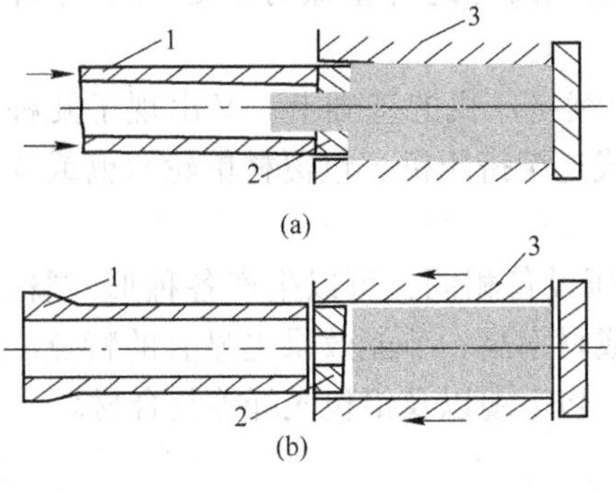

图 23-8　实心材反向挤压

（a）挤压杆可动反向挤压；（b）挤压筒可动的反向挤压

1—挤压杆；2—挤压模；3—挤压筒

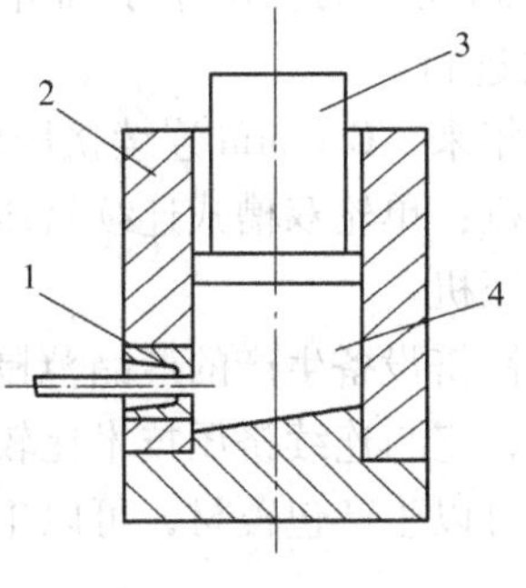

图 23-9　侧向挤压示意图

1—挤压模；2—挤压筒；3—挤压杆；4—锭坯

侧向挤压的特点是：挤压模与锭坯轴线成90°角，金属流动的形式，将使制品纵向力学性能差异最小；变形程度较大，挤压比可达100，制品强度高；要求模具和工具具有高的强度及刚度。

侧向挤压在电缆包铅套和铝套上应用最广泛。也有采用侧向挤压法制造高质量的航空用阀的弹簧。

23.2.1.4 连续挤压

连续挤压是采用连续挤压机，在压力和摩擦力的作用下，使金属坯料连续不断地送入挤压模，获得无限长制品的挤压方法，较为典型的是Conform连续挤压（见图23-10）。

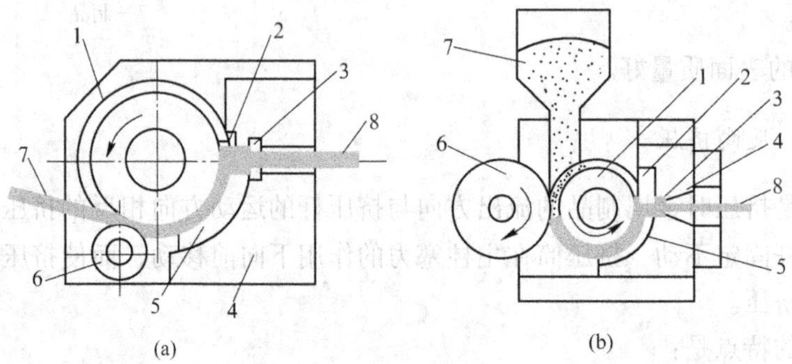

图23-10 Conform连续挤压机示意图

（a）杆料连续挤压机；（b）颗粒料连续挤压机

1—挤压轮轴；2—挡料块；3—挤压模；4—挤压靴；5—槽封块；6—压紧轮；7—坯料（坯料与颗粒料）；8—制品

它是以杆料或颗粒料为坯料，坯料进入旋转的挤压轮与槽封块构成的型腔，坯料与型腔壁产生摩擦力，摩擦力的大小取决于接触压力、接触面积及摩擦系数。在摩擦力的作用下，挡料块处产生足够大的压力，使金属发生塑性变形，挤出模孔。挤压过程将维持到坯料的长度小于临界咬合长度时为止，因为此时摩擦力不足以维持挤压过程的继续进行。

近几年来，Conform连续挤压机在单轮单槽连续挤压机的基础上，又出现了几种新型连续挤压机：单轮双槽式连续挤压机、双轮单槽式连续挤压机、包覆材单轮双槽或双轮单槽连续挤压机。

连续铸挤设备生产的产品范围基本与连续挤压设备相同，可以生产各种形式管、棒、型及线材，它与连续挤压技术比较具有投资少、成材率高、节能效果更显著的特点。连续铸挤机也可以生产包覆材，可以生产铝包钢丝、铝包电缆以及铝包光纤等复合材。

23.2.1.5 特殊挤压

A 静液挤压

静液挤压是利用封闭在挤压筒内锭坯周围的高压液体，迫使锭坯产生塑性变形，并从模孔中挤出的加工方法。由于挤压筒内的锭坯在各方向上受到均匀的压力，又称等静压挤压，如图23-11所示。静液挤压是一种将金属锭坯与工具间的摩擦力降低到最小的挤压方法。挤压时，锭坯周围的液体压力可达1000～3000MPa，高压液体的压力可以直接用增压器将液体压入挤压筒中获得，或者用挤压杆压缩挤压筒内的液体获得，后一种方式由于技术上简单，应用得最广泛。

静液挤压的类型按挤压时的温度不同可分为冷静液挤压和高温静液挤压两种。静液挤压的特点有：

（1）锭坯与挤压筒内壁不直接接触，金属变形极为均匀，产品质量也比较好。又因为锭坯周围有高压液体，挤压时不会弯曲，所以锭坯可以采用大的径高比。

（2）锭坯与模子间处于液体力学润滑状态，摩擦力极小，模子磨损少，制品表面粗糙度低。

（3）制品的力学性能在断面上和长度上都很均匀。

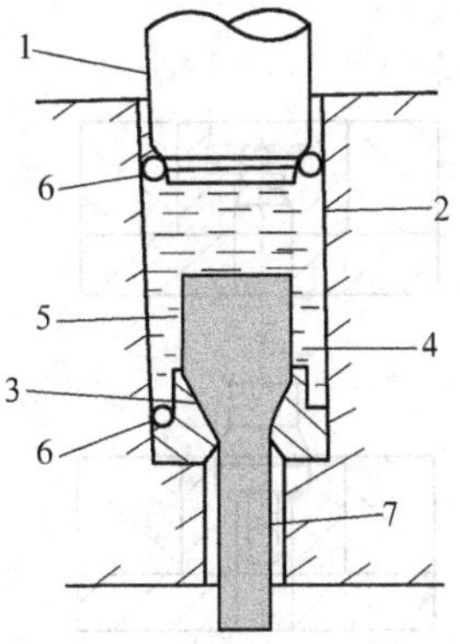

图23-11　静液挤压示意图

1—挤压杆；2—挤压筒；3—模；4—高压液体；5—锭坯；6—O形密封圈；7—制品

（4）挤压力小，可采用大挤压比。

（5）可以挤压断面复杂的型材和复合材料，也可以挤压高强度、高熔点和低塑性的材料。

（6）高温静液挤压的液体温度与压力都很高，需进一步解决耐高温材料以及高温高压密封的问题。

B　有效摩擦挤压

挤压时，挤压筒沿金属流出方向以高于挤压杆的速度移动，挤压筒作用给锭坯的摩擦力的方向与通常正向挤压的相反，从而使摩擦力有效地利用，促进金属流动的挤压方法，称为有效摩擦挤压。实现有效摩擦挤压的必要条件是挤压筒与锭坯之间不能有润滑剂，以便建立起高的摩擦应力。

有效摩擦挤压的优点有：金属变形均匀，无缩尾缺陷，锭坯表面层在变形中不产生很大的附加拉应力，从而可使流出速度大为提高。有效摩擦挤压的缺点主要是：设备结构较复杂，对模具的强度要求高。

C　冷挤压

冷挤压是金属锭坯在回复温度以下进行的挤压，也称为冲击挤压。冷挤压设备一般采用机械压力机。冷挤压工具包括凸模、凹模、顶出器以及模架。通常冷挤压方法有正向挤压、反向挤压和复合挤压，如图23-12所示。冷挤压的时间极短，大约为0.1～0.01s，主要用于生产金属零件。

冷挤压最初只限于铅和锡等软金属挤压，直到19世纪末才开始应用于锌、紫铜、黄铜等较硬的金属挤压。由于钢的变形抗力大，直至20世纪30年代出现磷化处理，使坯料表面形成润滑剂的吸附和支撑层，钢的挤压才取得进展。随着高强度模具材料的发展，冷挤压取得迅速发展。冷挤压的特点有：

（1）坯料可以用热轧、热挤压坯料，也可以用铸造坯料，生产的成品率高，可达

70% ~80%。

（2）加工设备简单，投资少，工序简单。

（3）可以加工用其他方法加工有困难的制品。

（4）制品性能较均匀，表面光洁。

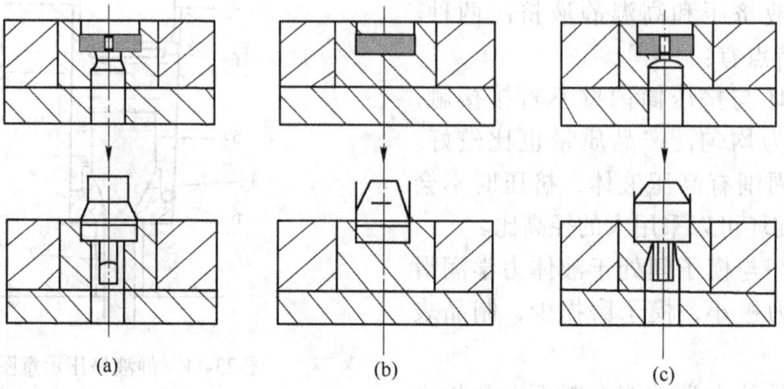

图 23-12 冷挤压的类型示意图

（a）正向挤压；（b）反向挤压；（c）复合挤压

D 扩展模挤压

在挤压机上，将小于管材直径的锭坯，通过扩展模孔和芯头组成的碗形间隙扩大直径形成碗形，然后流出模孔而成管材的挤压方法，称为扩展模挤压，如图 23-13 所示。

扩展模挤压的过程是，在挤压杆压力作用下，挤压筒内锭坯发生塑性变形，首先在扩展模与芯头形成的空腔内金属产生径向流动，形成碗状，随后金属产生轴向流动，从挤压模孔与芯头形成的间隙内流出，形成薄壁管材。

扩展模挤压的特点是，挤压管材的同心性和壁厚精度取决于扩展模模孔表面与芯头表面的平行度，而挤压模与芯头的同轴性不起大的作用。扩展模挤压适合于大直径的薄壁管材生产。

E 液态挤压

液态挤压是在液态模锻与热挤压的基础上发展起来的新型成形工艺。它将液态金属直接浇注于挤压筒（或凹模）内，在挤压杆（或冲头）作用下，对液态及半凝固金属施加压力，使其发生流动、结晶、凝固及塑性变形，如图 23-14 所示。

液态挤压的特点有：

（1）既保持液态金属在压力下结晶、凝固和强制补缩的液态模锻的特色，又可以成形长制品。

（2）既减少工艺流程，缩短了加工周期，节能、节材，同时又大大降低了成本。

（3）制品性能较铸态制品的组织性能大为改善。

（4）对变形合金和铸造合金成形都适用，目前主要用于铅丝挤压、铅包覆电缆挤压及半熔融纤维复合材挤压等。

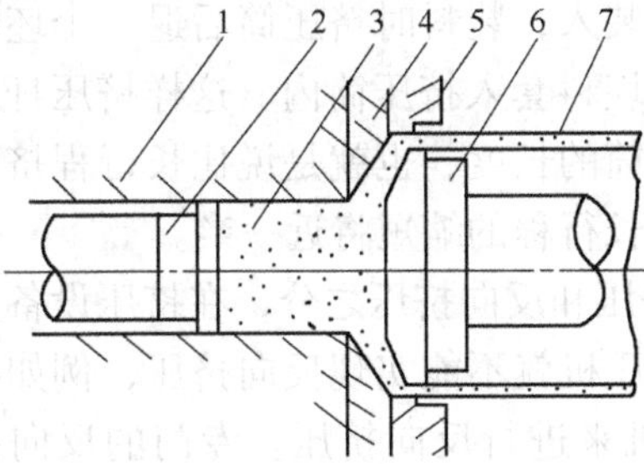

图 23-13 扩展模挤压示意图

1—挤压垫片；2—挤压筒；3—锭坯；4—扩展模；5—挤压模；6—芯杆与芯头；7—管材

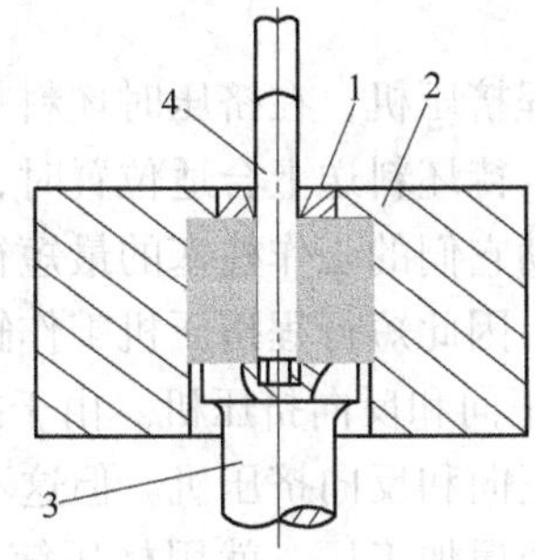

图 23-14 液态挤压成形示意图

1—模子；2—挤压筒；3—挤压杆；4—芯棒

23.2.2 挤压设备

挤压机按传动方式可分为：机械式挤压机和液压式挤压机。机械式挤压机是通过曲轴或偏心轴将回转运动变成往复运动，从而驱动挤压杆对金属进行挤压。这种挤压机在负荷变化时易产生冲击，对速度的调节反应不够灵敏，阻止过载的能力小并且难以大型化，所以较少应用。液压传动的挤压机运动平稳，对过载的适应性较好，而且速度也较易调整，因此被广泛采用。

挤压机由以下几部分组成：

(1) 动力部分：泵（有的还配有蓄势器）。

(2) 主体部分：在其上安装执行机构、各工作缸、挤压筒及模子装置等。

(3) 控制元件：如节流阀、分配器、充填阀、安全阀及闸阀等，用以控制液体的流量、流向及压力。

(4) 工作液体：水（含浓度为1% ~3%的乳液）或油。

(5) 辅助部分：如管道、管道接头、储液槽冷却器或加热器等。

23.2.2.1 挤压机类型

(1) 卧式和立式挤压机。根据挤压机上运动部件的运动方向的不同，挤压机有卧式和立式之分。在卧式挤压机上，运动部件的运动方向跟地面平行，而立式挤压机上的运动部件的运动方向跟地面垂直。

(2) 单动式和复动式挤压机。根据是否带有独立穿孔系统，挤压机可以分成单动式（不带独立穿孔系统）和复动式（带独立穿孔系统）两种。无论是卧式还是立式挤压机都有单动和复动之分。单动式挤压机比复动式挤压机结构简单。

(3) 长行程和短行程挤压机。目前国内使用的卧式挤压机均属于长行程的挤压机，用这种挤压机时，坯料从挤压筒的后面装入，因此在装料过程中挤压杆及穿孔针必须先后退一个坯料长度的距离，考虑到坯料可能的最大长度可以接近等于挤压筒的长度，所以在设计挤压杆、穿孔针及驱动它们的工作柱塞的最短行程时，必须使其大于挤压筒长度的2

倍。

短行程挤压机，在挤压时坯料是从挤压筒的前面装入，装料时挤压筒后退一个坯料长度的距离，待坯料送上合适位置时，挤压筒前进并将坯料套入挤压筒内。这样挤压杆、穿孔针及驱动它们的工作柱塞的最短行程只需大于挤压筒的长度，也就是说比长行程挤压机减少一半。因此短行程挤压机工作缸的长度也可以比长行程的缩短将近一半。

（4）正向和反向挤压机。由于挤压方法有正向挤压和反向挤压之分，在挤压设备上也相应地有正向和反向挤压机。但这不等于说在正向挤压机就不能实现反向挤压，例如我国有些有色金属加工厂，就用挤压筒可动的卧式挤压机来进行反向挤压。专门的反向挤压机，由于其结构复杂，所以设计和制造得很少。

（5）水压机和油压机。目前挤压机的传动介质有两种：油和乳化液。使用油作传动介质的称为油压机，一般为单机使用，适合挤压速度较慢的合金，如铝合金挤压。使用乳化液作传动介质的称为水压机，一般为多机使用，适合大吨位的挤压，挤压速度调节范围宽。

23.2.2.2　挤压机结构

不论是卧式挤压机还是立式挤压机都由三种基本部件组成，即机架、缸与柱塞、挤压工具。

（1）机架。机架是由机座、横梁、张力柱所组成。

（2）缸与柱塞。挤压机的缸与柱塞有三种形式：

1）圆柱式柱塞与缸，是挤压机中的基本结构形式，其特点是只能单向运动；

2）活塞式柱塞与缸，可做往复运动，主要用于辅助机构，如挤压筒移动缸等方面；

3）阶梯式柱塞与缸，做单向运动，主要用于回程缸。

（3）挤压工具。挤压工具主要有挤压筒、挤压杆、穿孔针、挤压垫片及挤压模等。

23.2.3　挤压工艺

用挤压法生产管、棒、型材的工艺流程，如图23-15所示。

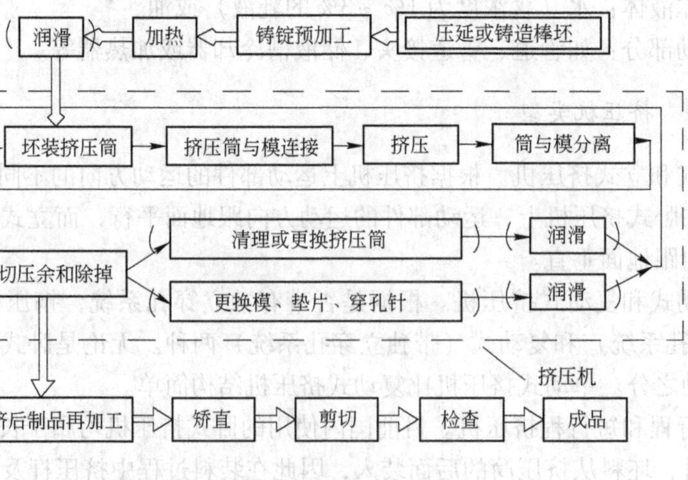

图23-15　挤压生产工艺流程图

挤压生产中还涉及轻金属挤压、重金属挤压和钢挤压方法。

23.3　拉拔生产

23.3.1　拉拔生产概述

拉拔是将具有一定横断面积的金属材料，在外加拉力作用下，强行通过横断面积逐渐缩小的模孔，获得所要求的截面形状和尺寸的制品的塑性加工方法，如图 23-16 所示。

拉拔是管材、棒材、型材及线材的主要生产方法之一。

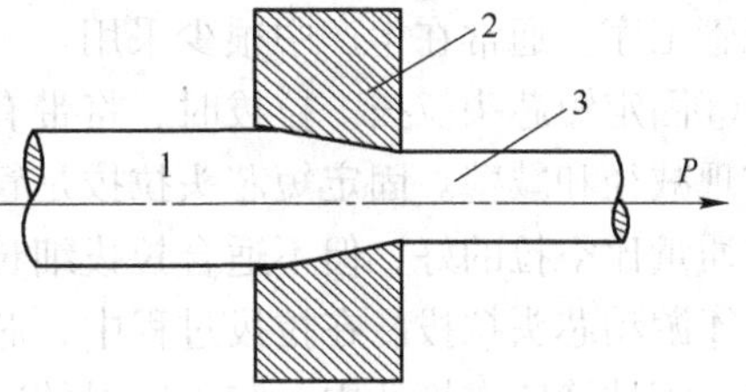

图 23-16　拉拔示意图

1—坯料；2—模子；3—制品

23.3.1.1　拉拔的分类

（1）按温度分为冷拔、热拔、温拔。由于拉拔时材料加热困难，故拉拔一般皆在冷状态下进行，但是对一些在常温下强度高、塑性差的金属材料，如某些合金钢和铍、钨、铜等，则采用温拔。此外，对于具有六方晶格的锌和镁合金，为了提高其塑性，也需采用温拔。

（2）按拉拔时采用的润滑剂分为干拉、湿拉。

（3）按制品截面形状分为实心材拉拔、空心材拉拔。

1）实心材拉拔。实心材拉拔主要包括棒材、型材及线材的拉拔。

2）空心材拉拔。空心材拉拔主要包括管材及空心异形材的拉拔。对于空心材拉拔有如图 23-17 所示的几种基本方法：

①空拉。拉拔时管坯内部不放芯头，通过模孔后外径减小，管壁一般会略有变化，如

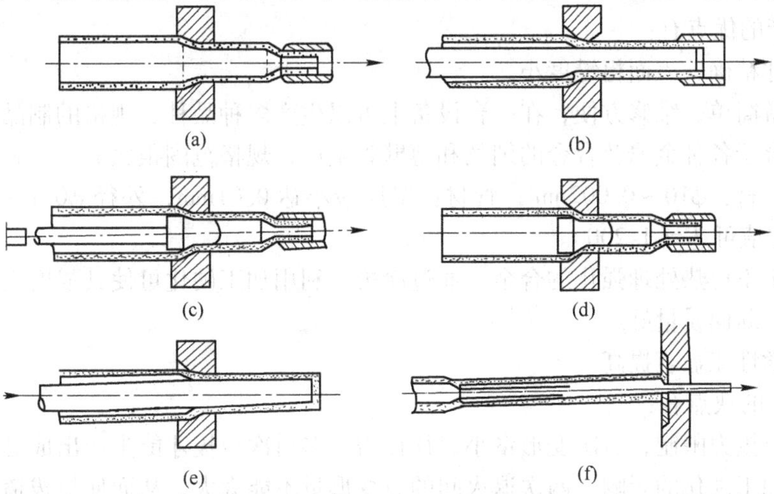

图 23-17　空心材拉拔

（a）空拉；（b）长芯杆拉拔；（c）固定短芯头拉拔；（d）游动芯头拉拔；（e）顶管法；（f）扩径拉拔

图23-17（a）所示。经多次空拉的管材，内表面粗糙，严重者产生裂纹。空拉适用于小直径管材、异型管材、盘管拉拔以及减径量很小的减径与整形拉拔。其变形特点是减径、不减壁。但在减径过程中，壁厚依据 *D/S*（外径/壁厚）值的不同会有所增减。当减径量比较大时，管材内表面会变得比较粗糙。

②长芯杆拉拔。将管坯自由地套在表面抛光的芯杆上，使芯杆与管坯一起拉过模孔，以实现减径和减壁的称为长芯杆拉拔，如图23-17（b）所示。芯杆的长度应略大于管子的长度，在拉拔一道次之后，需要用脱管法或滚轧使之扩径的方法取出芯杆。

长芯杆拉拔的特点是道次加工率较大，但由于需要准备很多不同直径的长芯杆并且增加脱管工序，通常在生产中很少采用。

③固定短芯头拉拔。拉拔时，将带有芯头的芯杆固定，管坯通过芯头与模孔之间的间隙实现减径和减壁。固定短芯头拉拔是管材生产中应用最广泛的一种拉拔方法。管材的内表面质量比空拉的好，但不适合拉拔细长管材。

④游动芯头拉拔。在拉拔过程中，芯头不用固定，芯头靠本身所特有的外形建立起来的力平衡被稳定在模孔中，实现管材的减径和减壁。

游动芯头拉拔是管材拉拔较为先进的一种方法，非常适用于长管和盘管生产，它对提高拉拔生产率、成品率和管材内表面质量极为有利。但是与固定短芯头拉拔相比，游动芯头拉拔难度较大，工艺条件和技术要求较高，配模有一定限制，故不可能完全取代固定短芯头拉拔。

⑤顶管法。将芯杆套入带底的管坯中，操作时芯杆与管坯一同从模孔中顶出，实现减径和减壁，适用于大直径管材生产。

⑥扩径拉拔。管坯通过扩径后，直径增大，壁厚减薄，长度减小。此法适用于在受到设备能力限制时，用小直径管坯生产大直径管材。

23.3.1.2　拉拔生产的特点

拉拔生产的优点有：

（1）尺寸精确，表面粗糙度小。

（2）设备简单，维修方便，在一台设备上可以生产多种品种、规格的制品。

（3）适合于各种金属及合金的细丝和薄壁管生产，规格范围很大。

丝（线）材：$\phi10\sim0.002$mm；管材：壁厚最小达0.01mm，外径$\phi0.1\sim500$mm，壁厚与直径的比值可达到1∶2000。

（4）对于不可热处理强化的合金，通过冷拔，利用加工硬化可使其强度提高。

（5）制品断面质量好。

（6）力学性能显著提高。

拉拔生产的缺点有：

（1）受拉拔力限制，道次变形量小，往往需要多道次拉拔才能生产出成品。

（2）受加工硬化的影响，两次退火间的总变形量不能太大，从而使拉拔道次增加，降低生产效率。

（3）由于受拉应力影响，在生产塑性低、加工硬化程度大的金属时，易产生表面裂纹，甚至拉断。

（4）在生产宽厚比较大的管材和一些较复杂的异型管材时，往往需要多道次成形。

23.3.2　拉拔生产工艺与设备

不同金属、不同合金、不同品种、不同状态、不同规格制品，其拉拔生产工艺流程往往不同，有时甚至相差很大。铝合金拉拔的工艺流程如下。

（1）棒材拉拔：坯料→（退火）→碾头→拉拔→矫直→锯切→成品检验。

（2）管材拉拔：坯料→（退火）→蚀洗→碾头→拉拔→整径→锯切→成品检验。

（3）线材拉拔：坯料→焊接→退火→碾头→拉拔→成品检验。

拉拔的典型代表是冷拔钢管和冷拉钢丝。

热轧线材的最小直径一般为5mm。若线径再小，轧制过程中因冷却很快，而且表面生成的氧化铁皮包裹得很紧，会影响尺寸精度和表面质量，并且由于轧机的弹性变形，不宜进行热轧。

23.3.2.1　冷拉钢丝生产工艺

钢丝是以热轧线材为原料，用拉丝模经多次冷拉而制成的。钢丝生产的一般工艺流程如下：热轧线材→烧线→除锈→拉丝→钢丝→镀层→镀层钢丝。

烧线的目的是使金属变韧，以利于冷拉。方法是：在加热炉内，线材或钢丝穿过带孔的耐火砖被加热；加热后的线材或钢丝再穿过铅液（327℃）进行淬火。

除锈是把烧线时线材表面形成的氧化铁皮清除干净，这样既可以减小冷拉时线材与拉丝模之间的摩擦力，又可使拉拔后的钢丝表面光洁。目前主要用钢丝刷、压缩空气喷铁砂或酸洗的方法除锈。

钢丝生产一般用连续式拉丝机。拉丝机内装有多个拉丝模，其模孔按顺序减小。拉丝前，先把线材的端部锻成一个尖头，然后依次穿过若干个拉丝模的模孔，用钳子钳住后由拉丝机从模孔中强行拉出，使线材被拉拔成细而长的钢丝。

冷拉一定次数后，要返回去烧线，目的是消除加工硬化，以利于继续拉拔。

镀层是在钢丝表面镀上金属保护层，如镀锌、铅、锡等，以提高钢丝的抗腐蚀能力，延长使用寿命。

线材通过逐渐减少截面的模孔发生变形，主要是靠拉丝机加在钢丝轴上的拉拔力和伴随着垂直作用于拉丝模壁上的正压力，此外，还有模孔与线材表面接触处阻碍金属移动的外摩擦力的综合作用来实现的。

近年来，日本住友金属工业公司研制成功轧制直径5mm以下细线的超微型高效冷轧机，轧件可在四个轧辊间边回转边轧制。与冷拉钢丝相比，这种方法生产的产品表面质量高，无需中间热处理。轧制速度为1200m/min，比冷拉速度600～800m/min高50%。该轧机可轧制普碳钢、高碳钢和不锈钢等各种细线。

23.3.2.2　冷拔钢管生产工艺

冷拔钢管是指在常温下用热轧后的钢管或毛管坯料通过一定形状和尺寸的模子（外模和内模）发生变形，使其达到所要求的形状和尺寸的钢管。冷拔更换模具十分方便，设备也简单。缺点是不能生产大口径和薄壁的钢管；冷拔更换模具的每道次变形量较小，因此产量低、成本高。

A 拔管设备

拔管机的形式较多，一般以最大拔制力的吨位数来命名的，我国用LB表示。如LB30表示拉力为30t的拔管机。常用的拔管机有0.5t、1t、3t、5t、8t、10t、15t、20t、30t、45t、60t、75t、100t等。

按传动方式可分为链式、卷筒式和液压传动拔管机，链式传动可分为单链式和双链式拔管机两种。链式拔管机的电动机都采用可调速的直流电动机，以便采用低速咬入减少钢管拔断，当咬入后采用高速拔制，以提高生产率。目前拔管仍以链式拔管机为主，正向高速、多线、长链、机械化方向发展。链式拔管机的拔制速度已达150m/min，小车返回速度达200m/min以上，可同时拔制1～5根管子，长度一般在12m以上，最长可达20m。

B 拔制方法

拔制方法主要有长芯棒拔制、短芯棒拔制、空拔（无芯棒拔制）、游动芯头拔制。

23.3.2.3 拉拔生产设备

A 拉拔工具

拉拔工具主要包括拉拔模和芯头。

（1）拉拔模。拉拔模分普通拉拔模、辊式拉拔模和旋转模。

普通拉拔模根据模孔断面形状可分为锥形模和弧线形模两种。弧线形模一般只用于细线的拉拔。管、棒、型及粗线通常都采用锥形模拉拔。

锥形模的模孔一般由五部分组成：入口锥、润滑锥（带）、工作锥（带）、定径带、出口锥（带）。

辊式拉拔模是一种摩擦系数很小的拉拔模，在拉拔时坯料与辊子没有相对运动，辊子随坯料的拔制而转动。

旋转模是模子的内套中放有模子，外套与内套之间有滚动轴承，通过蜗轮机构带动内套和模子旋转。使用旋转模以滚动代替滑动接触，从而既可使模孔均匀磨损，又可使沿拉拔方向上的摩擦力减小。用旋转模拉拔还可以减少线材的椭圆度，近年来多应用于连续拉线机的成品模上。

（2）芯头。芯头分固定短芯头和游动芯头。根据芯头在芯杆上的固定方式，芯头可以制成空心的和实心的。在通常情况下，使用空心芯头。芯头的外形可以是圆柱形，也可以带一定的锥度。拉拔外径小于5mm的管材时，可以采用细钢丝代替芯头。

芯头的材质一般为钢（35号钢，T8A，30CrMnSi等）或硬质合金（常用YG15）。

B 拉拔设备

（1）管棒材拉拔机。管棒材拉拔机有各种各样的形式，可以按拉拔装置分类，也可以按拉拔管棒材同时拉的根数分类。目前应用最广泛的是链式拉拔机，比较先进的是棒材连续拉拔矫直机列和圆盘式管材拉拔机。

（2）拉线机。拉线机一般多按其拉拔工作制度和出线的直径大小来分类。拉线机按工作制度分为单模拉线机和多模拉线机两大类。线坯在拉拔时只通过一个模的拉线机称为单模拉线机。多模连续拉线机又称为多次拉线机，其工作特点是线材在拉拔时连续通过多个模子，而在两个模子之间有绞盘；线以一定的圈数缠绕于其上，借以建立起拉拔力。根据在拉拔时线与绞盘间的运动速度关系，又可分为滑动式多模连续拉线机与无滑动式多模连续拉线机。近年来多头连续多模拉线机的研制和应用有了飞速的发展。所谓多头连续多模拉线机即是一台拉线机可同时拉几根线并且每一根线通过多个模连续拉拔，此种拉线机称为多头连续多模拉线机。

23.4　冲压生产

23.4.1　冲压概述

23.4.1.1　冲压

冲压是塑性加工中的重要生产方法之一。它是利用安装在压力机上的模具，对板材（主要是金属板材）施压，使其产生分离或变形，以获得一定的形状、尺寸和性能的产品。

冲压一般都是在常温下（室温下）进行加工，所以其又称为冷冲压加工，其原材料一般为板料，故又称之为板料冲压。

23.4.1.2　冲压加工的分类

在生产中所采用的冲压工艺多种多样，但概括起来，冲压可以分为分离工序、成形工序、立体冲压工序。

（1）分离工序。分离工序是在冲压加工过程中，使冲压件与板料沿一定的轮廓线相互分离的工序，习惯上称为冲裁，常用的有落料、打孔、切断、切口，见表23-1。

表23-1　分离工序

工序名称	工序简图	特点及应用范围
落　料	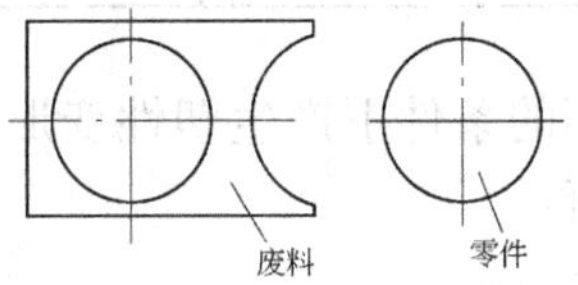	将材料沿封闭轮廓分离，被分离下来的部分大多是平板形的工件或工序件
冲　孔	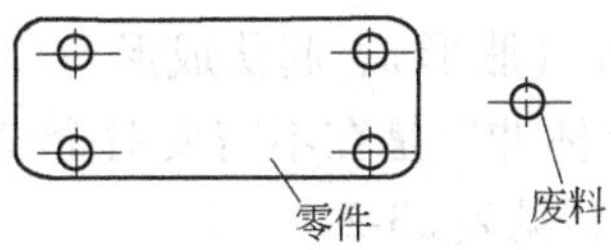	将废料沿封闭轮廓从材料或工序件上分离下来，从而在材料或工序件上获得需要的孔
切　断	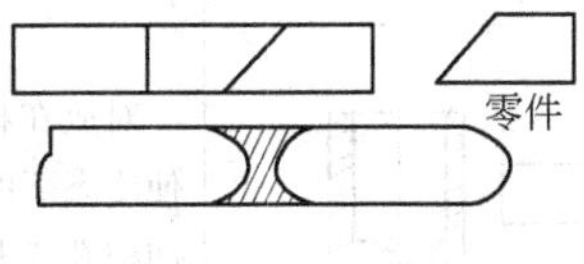	将材料沿敞开轮廓分离，被分离的材料成为工件或工序件

续表 23-1

工序名称	工序简图	特点及应用范围
切　舌	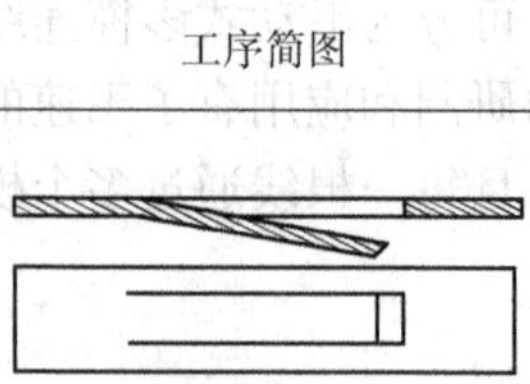	将材料沿敞开轮廓局部而不是完全分离，并使被分离的局部达到工件所要求的一定位置，不再位于分离前所处的平面上
切　边	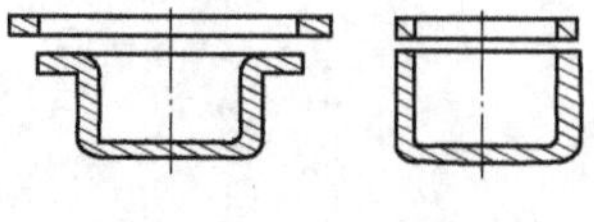	利用冲模修切成形工序件的边缘，使之具有一定直径、一定高度或一定形状
剖　切	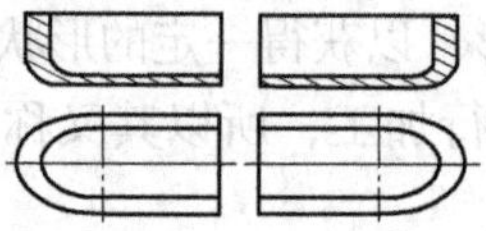	用剖切模将成形工序件一分为几，主要用于不对称零件的成双或成组冲压成形之后的分离
整　修	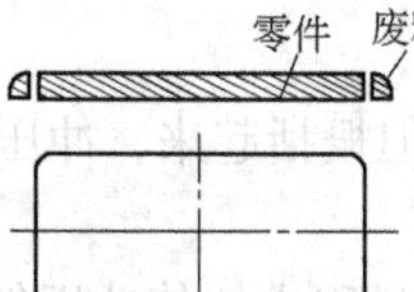	沿外切或内形轮廓切去材料，从而降低断面粗糙度，提高断面垂直度和工件尺寸精度
精　冲	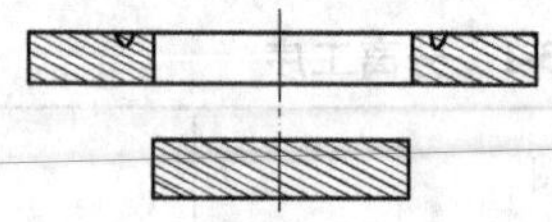	用精冲模冲出尺寸精度高、断面光洁且垂直的零件

（2）成形工序。使毛坯在不被破坏的条件下产生塑性变形，成为达到要求的形状精度、尺寸精度等的产品，习惯上称为压形。

1）弯曲：单角弯曲、双角弯曲、卷边；

2）拉深（延）：不变薄拉深、变薄拉深；

3）成形：校平、翻边、缩口、凸肚（胀形）、起伏成形。

（3）立体冲压（冲挤压）工序。立体冲压是在不需要对金属加热的条件下施加强力，使常温态金属产生塑性变形的冲压加工，见表 23-2。

表 23-2　立体冲压工序

工序名称	工 序 简 图	特点及应用范围
冷挤压	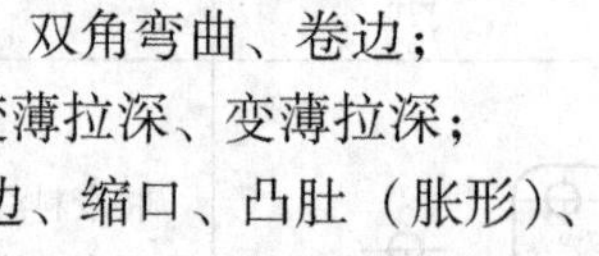	对放在模腔内的坯料施加强大的压力，使冷态下的金属产生塑性变形，并将其从凹模孔或凸、凹模之间的间隙挤出，以获得空心件或横截面积较小的实心件

续表 23-2

工序名称	工序简图	特点及应用范围
冷　镦	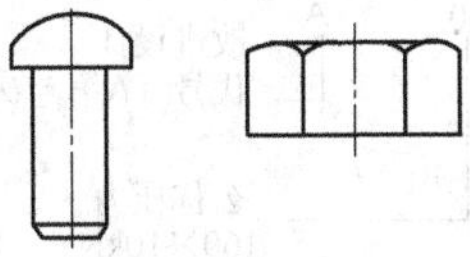	用冷镦，使坯料产生轴向压缩，使其横截面积增大，从而获得如螺钉、螺母等零件
压　花		压花是强行局部排挤材料，在工序件表面形成浅凹花纹、图案、文字或符号，但在压花表面的背面并无对应于浅凹的凸起

23.4.1.3　冲压制品的应用范围及在国民经济中的作用

A　冲压制品的应用范围

（1）在交通运输方面，各种汽车、摩托车和拖拉机等，冲压件约占汽车零件的60%～80%；船舶、军舰的内部装修和用具等，冲压件也占有很大的部分；飞机制造中，冲压件占劳动量的5%～9%，占零件总数的70%～80%，导弹、卫星的壳体等的结构件也采用冲压加工制件。

（2）在电机、电器方面，电动机的锭子、转子和整流元件，工业用电器开关、继电器和仪表等零部件多为冲压件。

（3）在家用电器及日用五金器皿等方面，电视机、电冰箱、洗衣机、电饭锅、电熨斗及电风扇，自行车、钟、表和照相机等零部件，搪瓷和铝制的锅、碗、盆、勺、缸、盒等，门窗配件（把手、插销、挂钩、折页及装饰件）及箱包配件、订书机及夹子等大都是冲压制品。

B　冲压制品在国民经济中的作用

（1）在国民经济中如果没有冲压制品，工业生产将无法高速发展，不采用先进的冲压加工工艺，就不可能在竞争中取得优势，因而冲压生产的能力和技术水平在某种意义上来说可以代表国家工业化的水平。

（2）现代生活如果离开冲压制品就寸步难行。人们在日常生活的每时每刻都要接触冲压制品，如果离开这样的条件，人们就很难生活。

（3）冲压生产是金属材料工业的深加工，为冶金制品生产厂家的产品增值创造条件。

23.4.2　冲压生产设备

冲压生产设备主要是压力机。压力机的种类较多，其常见的有曲柄压力机、摩擦压力机、油压机及水压机等。这里以最常见的曲柄压力机为主，介绍其结构、选用原则及操作方法。

23.4.2.1　压力机的规格型号

压力机的规格型号是按照锻压机械的类别、列和组编制的，按其结构形式和使用对象，分为若干系列，每个系列又分为若干组，其型号示例如图23-18所示。

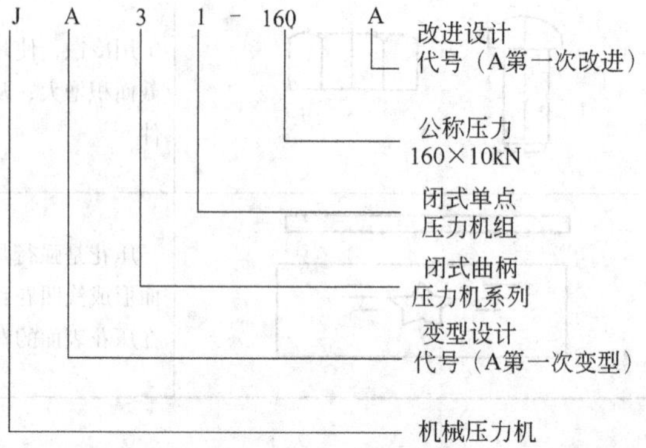

图23-18　压力机规格型号

23.4.2.2　压力机主要参数

曲柄压力机的主要参数是反映一台压力机的工作能力、安装模具的变化范围及有关生产率等技术指标，有公称压力、滑块行程、行程次数、连杆调节长度和闭合高度等参数。

23.4.2.3　曲柄压力机的结构

曲柄压力机的结构主要有支撑系统、传动系统、操作系统、动力系统、工作机构、辅助系统，如图23-19所示。

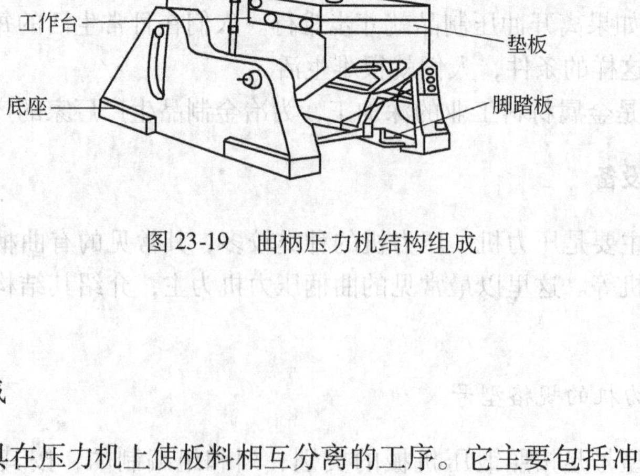

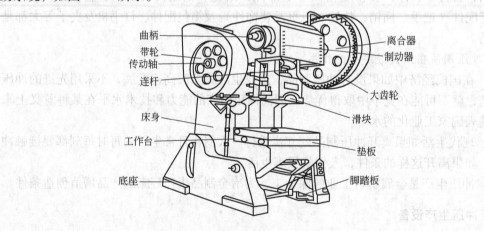

图23-19　曲柄压力机结构组成

23.4.3　冲压工艺

23.4.3.1　冲裁

冲裁是利用模具在压力机上使板料相互分离的工序。它主要包括冲孔、落料、切断和切边等工序内容。

一般来说，冲裁工艺主要是指落料与冲孔两大工序。落料是指冲裁后，冲裁封闭曲线以内的部分为制件；冲孔是指冲裁后，冲裁封闭曲线以外的部分为制件；如垫圈制件，中央小孔的冲压为冲孔工序，外轮廓的冲压为落料工序，因此，一个简单的垫圈制件是由两个工序复合而成的。

冲裁所使用的模具称为冲裁模，如落料模、冲孔模、切边模、冲切模等。冲裁工艺与冲裁模在生产中使用广泛，它可为弯曲、拉深、成形、冷挤压等工序准备毛坯，也可直接制作零件的模具是冲压板状零件的冲裁模。

图 23-20 所示为冲裁加工示意图，由图可见，冲裁加工必须使用模具。图中 1 为凸模，2 为凹模，凸模端部及凹模洞口边缘的轮廓形状与工件形状对应，并有锋利的刃口，凸模刃口轮廓尺寸略小于凹模，其差值称为冲裁间隙。

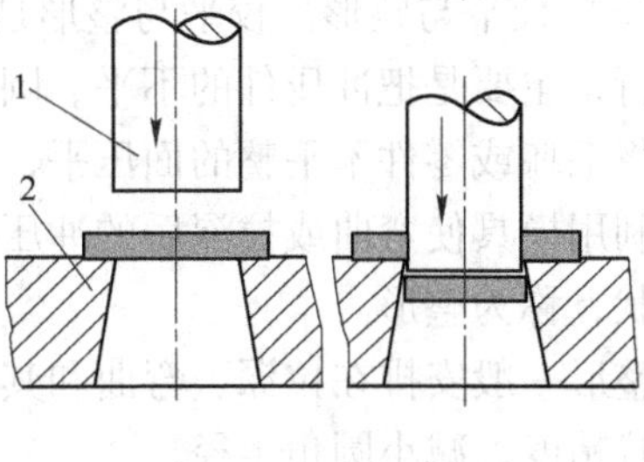

图 23-20 冲裁示意图
1—凸模；2—凹模

23.4.3.2 弯曲

弯曲是将金属板料、棒料、管料或型材等毛坯按照一定的曲率和角度进行变形，从而得到一定角度和形状零件的冲压工序。它属于成形工序，是冲压的基本工序之一，在冲压零件生产中应用较普遍。

弯曲成形的过程是从弹性弯曲到塑性弯曲的过程，弯曲成形的效果表现为弯曲变形区弯曲半径和角度的变化。

23.4.3.3 拉深

拉深（拉延）是利用冲裁后得到的平板坯料通过拉深模在压力机的压力作用下变形成为开口空心零件的冲压工艺方法。它是冲压基本工序之一。用拉深方法可以制成筒形、阶梯形、锥形、球形、盒形和其他不规则的薄壁零件。如果与其他冲压成形工艺配备还可制造形状极为复杂的零件。

拉深可分为不变薄拉深和变薄拉深。前者拉深成形后的零件，其各部分的壁厚与拉深前的坯料相比基本不变；后者拉深成形后的零件，其壁厚与拉深前的坯料相比明显变薄，这种变薄是产品要求的，零件呈现的是底厚、壁薄的特点。在实际生产中，应用较多的是不变薄拉深。

23.4.3.4 成形

成形是指用各种局部变形的方法来改变被加工工件形状的加工方法。常见的成形方法包括起伏成形、翻边、翻孔、胀形、缩口、校平等。

（1）起伏成形。起伏成形是依靠材料的延伸使工件局部产生凹陷或凸起的冲压工序。起伏成形主要用于压制加强筋、文字图案及波浪形表面。起伏成形广泛应用于汽车、飞机、仪表、电子等工业中。起伏成形可以采用金属模，也可以采用橡皮或液体压力成形。

（2）翻边与翻孔。翻边是沿工件外形曲线周围将材料翻成侧立短边的冲压工序，又称为外缘翻边；翻孔是沿工件内孔周围将材料翻成侧立凸缘的冲压工序，又称为内孔翻边。

（3）胀形。胀形是将空心件或管状毛坯沿径向向外扩张的冲压工序。

（4）缩口。缩口是将筒形坯件的开口端直径缩小的一种方法。常见的缩口方式有：整体凹模缩口、分瓣凹模缩口以及旋压缩口等。

（5）校平与整形。校平与整形是一种属于修整性的成形工艺。一般是在弯曲或者拉深后进行，主要是把冲压件的不平、圆角半径和某些形状尺寸修正到合格的要求。

将毛坯或零件不平整的面压平，称为校平。

利用模具使弯曲或拉深后的冲压件局部或整体产生少量塑性变形以得到较准确的尺寸和形状，称为整形。

整形一般安排在拉深、弯曲和其他成形工序之后，整形可以提高拉深和弯曲件的尺寸和形状精度，减小圆角半径。

23.5 锻造生产

23.5.1 锻造概述

用锤击或压制的方法，对金属坯料施加压力使之产生塑性变形，制成形状、尺寸和性能都合乎要求的产品，这种塑性加工方法被称为锻造。

锻造生产由人力用手锤、铁砧使金属变形，发展到今天采用锻造设备进行锻造成形，并出现了许多新的锻造工艺。

23.5.1.1 锻造的类型

锻造按使用的工具不同，可分为自由锻造（自由锻）和模型锻造（模锻）两大类。

（1）自由锻。自由锻是指金属在变形过程中受工具的限制不严格的一种锻造方法。其变形特点是在锻锤（手锤）或压力机上利用锤头或砧块的上下运动，使锭坯（或坯料）在高度（厚度）方向上压缩，在水平方向上自由地伸长（展宽）。

（2）模锻。模锻是指金属从开始变形到最后锻出锻件，都是在锻模的相应型腔（模槽）里进行的，即把坯料放在固定形状的模槽（膛）中使之变形，而模膛壁阻碍金属的自由流动，在锻造终了时金属充满模膛以后便得到了所需零件的形状与尺寸。按变形的特点，模锻分为开式模锻和闭式模锻；按所用设备的不同，模锻又可分为锤上模锻、热模锻压力机模锻、螺旋压力机模锻、平锻机模锻、液压机模锻和高速锤模锻等；按生产锻件的精度等级差别，模锻可分为普通模锻和精密模锻。

23.5.1.2 锻造生产在国民经济中的作用

锻造生产在现代制造业中具有重要地位，因为优质钢材要用锻造开坯，多数优质铝合金结构件、钛合金零部件等都需要经过锻造来得到。在汽车、拖拉机、机床矿山、动力工程、航空航天及航海等部门，如无现代工业生产技术的支柱——锻压生产的密切配合，其发展将是不可能的。

（1）优质钢材需经过锻造开坯后再进行其他塑性加工，钛合金铸锭也必须经过锻造开坯后才能进行轧制或挤压成材；

（2）轧机的轧辊、挤压机的工作缸和张力柱、锻锤的连杆、压力机曲轴及各种齿轮坯等都是锻制的；

（3）在电力工业中，发电设备用的主轴、转子、叶轮、叶片和反磁性护环等重要零件均是由锻造方法得到的；

（4）在交通运输业中，汽车上的锻压件占零件重量的60% ~70%，机车上的锻压件占零件重量的60%，舰船用的轴和曲轴以及发动机上的一些重要零部件也是由锻造获得的；

（5）在国防工业中，飞机上的锻件重量占85%（如铝合金、钛合金的涡轮盘，铝合金螺旋桨、直升机旋翼等），坦克的锻压件重量占70%，兵器上大部分零部件也都是用锻压方法制成的；

（6）在农业和轻工业等方面也广泛采用锻压件。

23.5.2　自由锻造生产

自由锻造所用工具简单，通用性强，灵活性大，适合单件和小批量生产。自由锻是依据锻工的操作技能来控制锻件的形状和尺寸的，所以锻件的尺寸精度差，劳动强度大，生产效率低。针对上述不足，近年来自由锻造生产在提高锻件精度和实现机械化方面，正在不断地得到改善和发展。

23.5.2.1　自由锻造工序

锻件的成形过程是由各种变形工序组成的。根据工序的性质和变形量的不同，自由锻造工序可分为基本工序、辅助工序和修整工序三类。

（1）自由锻基本工序是改变坯料形状和尺寸以获得锻件的工序，包括镦粗、拔长、冲孔、芯轴上扩孔和拔长、弯曲、切割、错移、扭转和锻焊等。

（2）辅助工序是为完成基本工序而使坯料预先产生一定的变形，如坯料倒棱、预锻钳柄、分段压痕等。

（3）修整工序是用来整修锻件的外形尺寸、消除锻件表面不平和歪扭等，包括鼓形滚圆、端面平整和弯曲矫正等，修整工序的变形量一般很小。

23.5.2.2　自由锻造品种

自由锻造是一种通用性很强的成形工艺，可锻出多种锻件。按工艺特点，自由锻件可分为七类。

第一类为轴杆类锻件，包括各种圆形截面实心轴，如传动轴、车轴、推力轴、机车轴、拉杆和立柱等，其基本工序主要是拔长。

第二类是各种矩形断面实心锻件，如方杆、砧块、锤头、模块、各类连杆、摇杆和杠杆等。这类锻件的基本工序是拔长，对于横截面尺寸差大的锻件，为满足锻造比的要求，还应采用镦粗-拔长工序。

第三类为曲柄、曲轴类锻件，包括各种类型的曲轴，其基本工序是拔长、错移和扭转。

第四类为饼块类锻件，包括圆盘、齿轮坯、叶轮和模块。此类锻件的特点是横向尺寸大于高向尺寸，此类锻件主要工序为镦粗。

第五类为各种空心件，包括各种圆环、齿圈、轴承环和各种圆筒、汽缸和空心轴等。此类锻件的基本工序是镦粗、冲孔、芯轴扩孔和芯轴拔长。

第六类为弯曲类锻件，包括各种吊钩、弯杆、铁锚、船尾架和轴瓦盖等。它的基本工序是弯曲，弯曲前的制坯工序一般为拔长。

第七类为各种复杂形状锻件，包括高压容器封头、叉杆、十字头和吊环螺钉等。锻造的难度较大，应根据锻件形状特点，采取适当工序组合锻造。

23.5.2.3　自由锻造生产工艺

（1）镦粗。镦粗是减小坯料高度、增加横向截面积的锻造工序。若使坯料局部截面增大，则称为局部镦粗。

镦粗作用是为了得到比坯料横截面大的锻件，如锻造叶轮、齿轮及圆盘等饼类锻件；锻制空心锻件时作为冲孔前平整端面的预备工序；作为提高拔长时锻压比的预备工序，如锻件对变形量要求高，只有采用镦粗工序才能满足；作为破坏铸造组织并提高锻件的力学性能和减少纤维组织的方向性的预锻工序，镦粗也可作为测定金属最大塑性指标的试验。

（2）拔长。延伸（或拔长）是压缩坯料截面积、增加其长度的锻造工序，常用于锻造长轴类或拉杆类锻件。

（3）冲孔。采用冲子将坯料冲出透孔或盲孔（不透孔）的锻造工序称为冲孔。锻造各种空心锻件时都需要冲孔，如发电机护环、管形件、高压反应筒等锻件。常用冲孔方法有实心冲子冲孔、空心冲子冲孔和在垫环上冲孔三种。

（4）扩孔。减少空心坯料壁厚而增加其内外径的锻造工序称为扩孔，用来锻造各种环形件。常用的扩孔方法有冲子扩孔和芯轴扩孔两种，根据锻件的需要来适当选择。

（5）错移。错移是将坯料的一部分对另一部分相互平移的锻造工序。错开后两部分的轴线仍保持平行。锻曲轴类锻件时常采用错移工序。错移方法有两种，即在两个平面内错移和在一个平面内错移。

（6）扭转。将坯料的一部分相对于另一部分绕其同一轴线扭转一定角度的锻造工序称为扭转，用以锻造曲轴、麻花钻、地脚螺栓等锻件。扭转时，坯料被扭曲，长度略微缩短，直径稍有增加，但其内外层长度收缩不均，内层收缩少、外层收缩多。因此内层产生轴向压应力，而外层产生轴心拉应力。当扭转角度过大时，或扭转低塑性金属时，则可能在坯料表面产生裂纹。为避免产生裂纹，要求如下：扭转部分金属时应将其加热到允许的最高温度并且要均匀热透；受扭部分金属必须细致锻造，沿轴线面积要均匀一致，表面光滑无缺陷。在必要时，经粗加工后再扭转；锻件扭转后应缓冷，最好进行退火以消除扭转应力。

（7）弯曲。弯曲是将坯料弯成所要求形状的锻造工序，用以锻制各种弯曲类锻件如起重吊钩、弯曲轴杆等。

当锻件需要多处弯曲时，一般的顺序是：首先弯曲锻件端部，其次弯曲与直线相连接的部分，最后弯曲其余部分，如图23-21所示。

（8）切割。切割是使坯料分离的工序，如钢锭锻造要切头、切尾，钢坯要切成分块

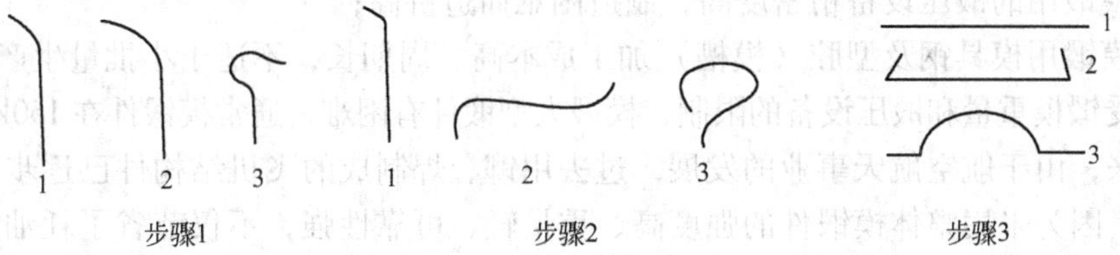

图 23-21　弯曲顺序示意图

等。切割分单面切、双面切、三面切和四面切等。图 23-22 所示为单面和双面切割方法。中型坯采用双面切割，大型或特大锭料则采用三面切割或四面切割等方法。连皮和毛刺需要弄掉，以免影响锻件质量。

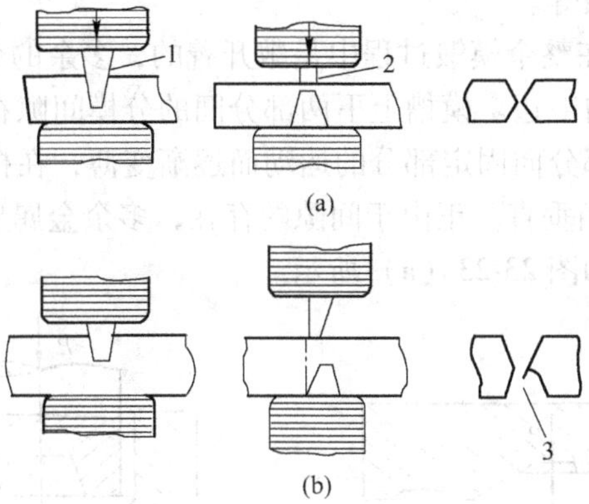

图 23-22　切割坯料方法

（a）单面切割（有连皮）；（b）双面切割（有毛刺）

1—垛刀；2—啃子；3—毛刺

23.5.3　模锻生产

模锻是将金属坯料放入模锻锤或锻压机上的锻模型腔（模槽）内进行锻造的一种塑性加工方法，也称为模型锻造。现代工业的迅速发展，特别是交通运输业、航空航天等多种行业的发展，都需要大批量的高性能零部件，靠自由锻造，无论是锻件数量、断面形状、尺寸精度还是生产效率等诸方面，都无法满足大生产的需求。因而模锻造生产的锻件已被广泛应用在各种制造行业中。

23.5.3.1　模锻特点

模锻和自由锻相比较其特点是：

（1）生产效率高，要高出自由锻 3 ~ 4 倍，甚至十几倍；

（2）锻件尺寸精确，公差较小，如采用冷精压后，可使锻造公差降到 ±（0.1 ~ 1.05）mm，锻件表面光洁，精密模锻件有的能取代锻后的切削加工；

（3）可锻制外形复杂的锻件；

（4）比自由锻节约金属材料约 30% ~60%，节约机械加工工时，降低了产品成本；

（5）模锻用的锻压设备精密度高，制造困难而造价高；

（6）模锻用模具钢及型腔（模槽）加工成本高、周期长，不适于小批量生产；

（7）受锻模重量和锻压设备的限制，模锻大型锻件有困难，通常模锻件在150kg以下。

近年来，由于航空航天事业的发展，过去用铆、焊制成的飞机结构件已逐步被整体锻件所取代。因为采用整体模锻件的强度高、重量轻、可靠性强，不仅节省了耗油量，还提高了飞机的承载能力。

23.5.3.2　模锻工艺

模锻工艺可按不同方法分类：根据模膛结构形式的不同，可分为开式模锻和闭式模锻两种；按所用模膛数目不同，可分为单模膛模锻和多模膛模锻；按生产锻件的精度不同，可分为普通模锻和精密模锻等。

（1）开式模锻。模腔在整个模锻过程中是敞开着的，多余的金属从模子上下两部分间的空隙中流出来，形成横向毛边。模槽上下两部分间的分模间隙在模锻过程中是经常变化的，其厚度随着模子可动部分向固定部分的运动而逐渐变薄，在模锻终了时达到毛边桥高度 h_3。毛边永远和作用力相垂直。正由于间隙的存在，多余金属形成毛边使阻力增大，才促使金属充满整个模槽，如图23-23（a）所示。

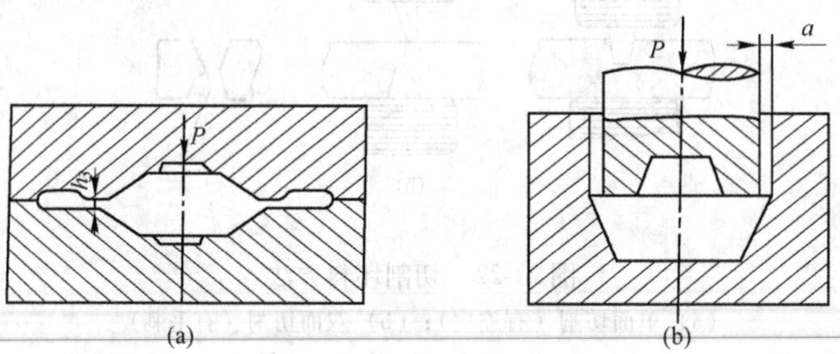

图23-23　开式模锻和闭式模锻

（a）开式模锻；（b）闭式模锻

金属在模槽中的变形过程（开式模锻）：把加热到所需温度的坯料放在下模槽内，然后上模逐渐施加压力。在外力作用下，加热过的金属一面变形，一面充满模槽，通常这一过程进行到上、下模在分模面上接触为止，而各部分的变化过程情况，如图23-24所示。

1）镦粗过程。这个过程从上模接触坯料开始，到金属接触到侧壁为止。变形过程的特征和自由锻相同，坯料被锻成鼓形。

2）侧压过程。金属继续变形到形成毛边为止。在模锻时，为使金属能完全充满模槽并获得正确形状的锻件，所用坯料的体积应比锻件的体积稍大，多余的金属要流向毛边槽。

3）锻足过程。毛边冷却而阻碍金属流出，侧压力逐渐增大，促使金属充满模槽。由此看出，锻足过程是模锻的关键，它决定了能否得到形状清晰和尺寸精确的锻件。

（2）闭式模锻。由凹凸模构成的间隙 a 在模锻过程中是不变的，金属流入其间与作用力 P 形成平行的毛边。间隙 a 的作用是保证上下模顺利地运动而不发生相互碰撞，当坯料计算准确时可以不产生毛边，这种模锻称为闭式模锻，如图23-23（b）所示。

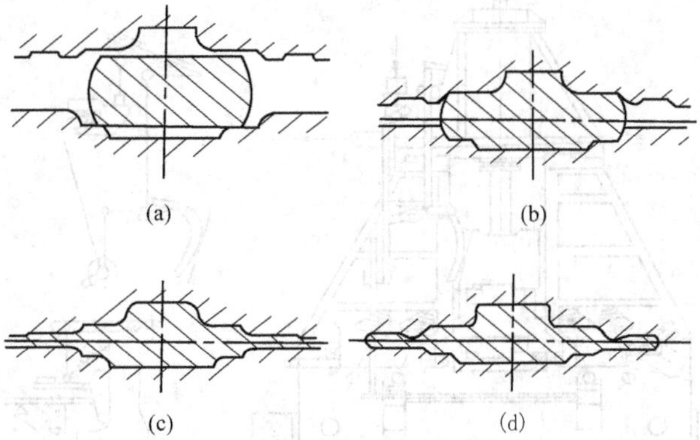

图 23-24 金属在开式模中的流动过程
（a）镦粗过程；（b）侧压过程；（c）锻足过程；（d）最终成形

23.5.3.3 模锻主要设备

模锻可在不同的锻压设备上进行，可在模锻锤上模锻、压力机上模锻、平锻机上模锻、螺旋压力机（摩擦压力机、液压螺旋压力机）上模锻和精锻机上模锻等。

（1）锤上模锻。锤上模锻所使用的设备有蒸汽-空气模锻锤、无砧座锤、高速锤和液压模锻锤等。一般工厂主要采用蒸汽模锻锤，其构造如图 23-25 所示，其动作原理与自由锻锤基本相同。但是由于模锻锻件的精度要求高，故模锻锤锤头与导轨的间隙比自由锻锤的小。模锻锤的机架与砧座连接在一起，这样能提高打击刚性和冲击效率。模锻锤的操纵机构与脚踏板联结在一起，由锻工控制锤头行程和冲击力来打击锻件。模锻锤的吨位一般为 1 ~ 16t，锻件的重量为 0.5 ~ 150kg。

模锻生产过程包括制定锻件图、计算坯料、确定工步、设计模膛、选择设备、加热坯料、模锻、锻件的修整（切边、冲孔、校正）和热处理等工序。

（2）模锻压力机。模锻压力机简称压力机，是针对模锻锤的缺点而由曲柄压力机发展而成的。它是采用曲轴、连杆和滑块的传动机构，为热模锻件生产而专门设计制造的一种压力机。模锻压力机振动小、噪声低，机架刚性大、弹性变形小，滑块导向精度高、承受偏载的能力强，有上、下顶出装置和模具润滑装置等，以此来保证热模锻工艺的顺利进行。所以在成批量生产中，大都采用先进的模锻压力机模锻。

目前国内外先进的模锻厂家普遍采用模锻压力机代替模锻锤，并用辊锻机制坯，采用电感应加热坯料装置，满足大批量生产和专业化生产的需求。但因热模锻压力机比模锻锤造价高，生产规模不大的企业不适于采用这种设备。

（3）螺旋压力机。螺旋压力机按其驱动装置的不同可分为液压螺旋压力机（也称液压螺旋锤）和摩擦螺旋压力机。螺旋压力机介于模锻锤和热模锻压力机之间，属于锻锤类的一种设备。这种设备的工艺用途很广，在其上可进行模锻、镦锻、挤压、弯曲、切边、冲孔、精压、压印、冷校形、热校形和精密锻造等。螺旋压力机上模锻比锤模锻生产效率高，模具寿命长，劳动条件好；与模锻锤相比，造价低、投资少，工艺用途广泛。在中小批量或专业化的企业生产条件下，它的优越性较突出。

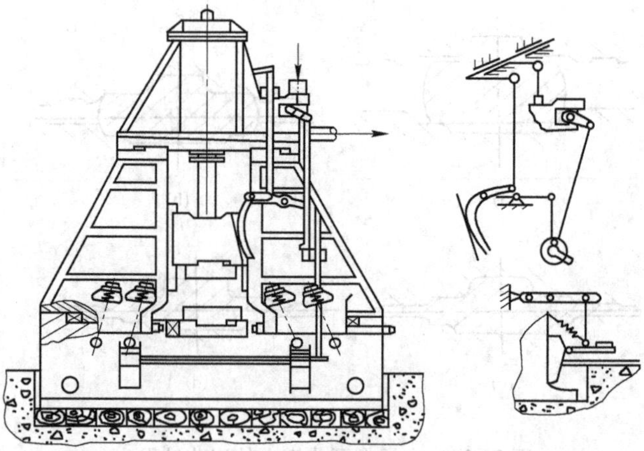

图 23-25　模锻锤结构简图

复习思考题

23-1　分别介绍车轮和轮箍的生产工艺流程。

23-2　为什么挤压一般是热挤，而拉拔一般是冷拉？

23-3　简述冷拉钢丝生产工艺流程。

23-4　简述冲压工艺基本工序。

23-5　简述自由锻造工艺基本工序。

参 考 文 献

[1] 王明海. 冶金生产概论[M]. 北京:冶金工业出版社,2008.
[2] 王庆义. 冶金技术概论[M]. 北京:冶金工业出版社,2006.
[3] 何泽民. 钢铁冶金概论[M]. 北京:冶金工业出版社,1999.
[4] 郭延钢. 氧气转炉炼钢工艺与设备[M]. 北京:兵器工业出版社,2001.
[5] 冯聚和. 氧气顶吹转炉炼钢[M]. 北京:冶金工业出版社,1995.
[6] 王雅贞,张岩. 连续铸钢工艺及设备[M]. 北京:冶金工业出版社,1999.
[7] 王延溥. 板带材生产原理与工艺[M]. 北京:冶金工业出版社,1995.
[8] 曲克. 轧钢工艺学[M]. 北京:冶金工业出版社,2008.
[9] 张景进. 中厚板生产[M]. 北京:冶金工业出版社,2005.
[10] 张景进. 热连轧带钢生产[M]. 北京:冶金工业出版社,2005.
[11] 李生智. 金属压力加工概论[M]. 2 版. 北京:冶金工业出版社,2005.
[12] 康永林. 轧制工程学[M]. 北京:冶金工业出版社,2004.
[13] 卢于逑. 热轧钢管生产知识问答[M]. 北京:冶金工业出版社,1997.
[14] 马怀宪. 金属塑性加工学——挤压、拉拔与管材冷轧[M]. 北京:冶金工业出版社,2010.
[15] 孟延军. 轧钢基础知识[M]. 北京:冶金工业出版社,2005.
[16] 康俊远. 冲压成型技术[M]. 北京:北京理工大学出版社,2008.

冶金工业出版社部分图书推荐

书　名	作　者	定价(元)
物理化学(第4版)(本科国规教材)	王淑兰	45.00
冶金物理化学研究方法(第4版)(本科教材)	王常珍	69.00
冶金与材料热力学(本科教材)	李文超	65.00
热工测量仪表(第2版)(国规教材)	张　华	46.00
现代冶金工艺学——钢铁冶金卷(本科国规教材)	朱苗勇	49.00
冶金物理化学(本科教材)	张家芸	39.00
冶金宏观动力学基础(本科教材)	孟繁明	36.00
冶金原理(本科教材)	韩明荣	40.00
冶金传输原理(本科教材)	刘　坤	46.00
冶金传输原理习题集(本科教材)	刘忠锁	10.00
钢铁冶金原理(第4版)(本科教材)	黄希祜	82.00
耐火材料(第2版)(本科教材)	薛群虎	35.00
钢铁冶金原燃料及辅助材料(本科教材)	储满生	59.00
钢铁冶金学(炼铁部分)(第3版)(本科教材)	王筱留	60.00
炼铁工艺学(本科教材)	那树人	45.00
炼铁学(本科教材)	梁中渝	45.00
炼铁厂设计原理(本科教材)	万　新	38.00
炼钢厂设计原理(本科教材)	王令福	29.00
轧钢厂设计原理(本科教材)	阳　辉	46.00
热工实验原理和技术(本科教材)	邢桂菊	25.00
炉外精炼教程(本科教材)	高泽平	40.00
连续铸钢(第2版)(本科教材)	贺道中	30.00
复合矿与二次资源综合利用(本科教材)	孟繁明	36.00
冶金设备(第2版)(本科教材)	朱　云	56.00
冶金设备课程设计(本科教材)	朱　云	19.00
硬质合金生产原理和质量控制	周书助	39.00
金属压力加工概论(第3版)	李生智	32.00
轧钢加热炉课程设计实例	陈伟鹏	25.00
物理化学(第2版)(高职高专教材)	邓基芹	36.00
特色冶金资源非焦冶炼技术	储满生	70.00
冶金原理(高职高专教材)	卢宇飞	36.00
冶金技术概论(高职高专教材)	王庆义	28.00
炼铁技术(高职高专教材)	卢宇飞	29.00
高炉炼铁设备(高职高专教材)	王宏启	36.00
炼铁工艺及设备(高职高专教材)	郑金星	49.00
炼钢工艺及设备(高职高专教材)	郑金星	49.00
高炉冶炼操作与控制(高职高专教材)	侯向东	49.00
转炉炼钢操作与控制(高职高专教材)	李　荣	39.00
连续铸钢操作与控制(高职高专教材)	冯　捷	39.00
矿热炉控制与操作(第2版)(高职高专国规教材)	石　富	39.00
非高炉炼铁	张建良	90.00